液化天然气技术

第 2 版

顾安忠　鲁雪生　石玉美　林文胜　高　婷　编著

机械工业出版社

本书是2003版国内第一本有关液化天然气专著《液化天然气技术》的修订版。经过十多年的行业使用反响很好，在新能源形势下，进行了重新整合修订。

本书共分11部分，包括绪论、第1章天然气热物理特性、第2章天然气的预处理、第3章液化天然气流程和装置、第4章液化天然气接收终端、第5章液化天然气装置的相关设备、第6章液化天然气的储运、第7章液化天然气的气化与利用、第8章液化天然气安全技术、第9章非常规天然气液化及附录等内容。

本书可作为能源领域、低温工程领域，尤其是天然气开发应用领域的大学专业教材，也可作为从事以上领域的科研人员和工程技术人员的参考书。

图书在版编目（CIP）数据

液化天然气技术/顾安忠等编著. —2版. —北京：机械工业出版社，2015.7（2022.6重印）
ISBN 978-7-111-50344-6

Ⅰ. ①液… Ⅱ. ①顾… Ⅲ. ①液化天然气-技术-高等学校-教材
Ⅳ. ①TE64

中国版本图书馆CIP数据核字（2015）第112216号

机械工业出版社（北京市百万庄大街22号　邮政编码100037）
策划编辑：沈　红　　责任编辑：沈　红
版式设计：霍永明　　责任校对：陈延翔
封面设计：陈　沛　　责任印制：单爱军
北京虎彩文化传播有限公司印刷
2022年6月第2版第5次印刷
184mm×260mm·24.5印张·605千字
标准书号：ISBN 978-7-111-50344-6
定价：78.00元

第2版前言

天然气是一种优质洁净燃料，在能源、交通等领域具有十分诱人的应用前景。天然气的液化和存储是其开发利用的一项关键技术。液化天然气（简称 LNG）技术是高科技的系统工程，已形成了一个产业链。半个世纪以来，LNG 技术作为世界上一门新兴工业正在飞速发展，目前仍继续保持着强劲的发展势头。我国具有丰富的天然气资源，但大规模开发利用天然气，尤其是开发和应用 LNG 技术起步很晚。长期以来，LNG 在我国是一个陌生的名词和概念，对 LNG 工业链既缺乏基础的定量研究，又很少对它的技术内涵有系统了解。为了适应我国已到来的大规模开发利用天然气的新形势，尽快改变国内在 LNG 产业上的薄弱状态，急需相关著作对其进行全面系统的论述和介绍。

为了满足社会的需要，作者于 2003 年率先出版了《液化天然气技术》，该书是我国 LNG 领域的第一本专著。由于本书突出了理论和实践相结合，并具有全面系统和重点突出兼顾的特点，获得了世界读者的广泛好评。10 年来，10 次印刷，销量已达 18000 本以上仍有不断需求。为此，修订再版成为必要。第 2 版编写人员仍以上海交通大学的教授为主组成，顾安忠教授为主编。顾安忠教授承担绪论、第 6 章和第 1 章部分的撰写工作，石玉美教授承担第 2 章、第 3 章、第 4 章和第 1 章部分的撰写工作，鲁雪生研究员承担第 5 章和第 8 章的编写，林文胜博士承担第 7 章和 6.5 节的编写，高婷博士承担第 9 章的编写。

在编写过程中，得到了业界许多能源企业、设备制造商和工程设计院所的关心和支持，其中合肥通用机械研究院陈学东院长、约克公司蒋立新经理提供了特别的帮助，上海流体工程学会阀门专业委员会主任、上海纳福希阀门有限公司杨恒总经理参与了 5.6 节的编写，编写组致以诚挚的感谢。

上海交通大学顾安忠教授团队的研究生在 LNG 相关技术的研究中做出了重要的贡献。编写组感谢团队所有参与工作的研究生，尤其感谢张林、黄美斌、贺红明、席芳、覃朝晖、汪顺华等同学，他们的成果为本书提供了直接的素材。

本书不仅可作为能源领域、低温工程领域，尤其是天然气开发应用领域的大学专业教材，也可作为从事以上领域的科研人员和工程技术人员的参考书。

顾安忠

2015.8

第 1 版前言

天然气是一种优质洁净燃料，在能源、交通等领域具有十分诱人的前景。天然气的液化和储存是其开发利用的一项关键技术。液化天然气（简称 LNG）技术是高科技的系统工程，已形成了一个工业链。三十年来，液化天然气技术作为世界上一门新兴工业正在飞速发展，目前仍然保持着强劲的势头。我国有丰富的天然气资源，但大规模开发利用天然气，尤其是开发和应用 LNG 技术起步很晚。长期以来，LNG 在我国是一个陌生的名词和概念，对 LNG 工业链既缺乏基础的定量研究，又很少对它的技术内涵有系统了解。为了适应我国已经面临大规模开发利用天然气的新形势，尽快改变国内在 LNG 产业上的薄弱状态。急需要有相关著作对其进行全面系统的论述和介绍。

以顾安忠为首的研究小组，从 20 世纪 70 年代末就将 LNG 技术作为一个主要研究目标，持续不断地从基础研究到工程实践，从本科专业教学到高层次人才培养，做了大量的工作。特别是在 20 世纪 90 年代，先后三次获得国家自然科学基金的资助，一次高等院校博士点基金资助，大大促进了对 LNG 应用的基础理论进行深入的研究。与此同时，研究小组还不同程度地参加或参与了我国 LNG 领域的一些重要工程实践，如东海天然气的事故调峰站工程研究，陕北气田 LNG 工程的前期论证，中原油田 LNG 工厂的评审、技术总结等，取得了一系列的成果。在国内外发表了近七十篇论文，其中四篇论文连续四次被世界上权威的 LNG 大会所录用并发表，在国内外同行中形成一定的影响。本书就是在此基础上撰写而成的国内第一本 LNG 技术的专著，突出了理论与实践相结合，全面系统和重点突出相结合的特点。参加编写的人员由研究小组中的教授和博士组成。顾安忠教授为主编，并承担绪论、第 1 章和第 6 章的撰写，鲁雪生研究员撰写第 5 章和第 8 章，汪荣顺教授撰写第 2 章，石玉美博士撰写第 3 章、第 4 章及附录，林文胜博士撰写第 7 章和第 6 章的 6.4 节。全书各章涵盖了天然气的物性、天然气的低温液化和储运、液化气的再气化和冷量回收，以及液化天然气的应用等方面的内容。尤其在第 1 章、第 3 章、第 6 章和第 8 章中，收入了研究组和多位博士生、硕士生的研究结果。

在本书的编写中，得到国际知名能源专家，四次国际 LNG 大会主席，前美国燃气工艺研究院院长李行恕博士的关注，并专门为本书写了"序"，在此深表谢意。为本书的出版，中国科学院理化中心张亮研究员、上海海运学院卢士勋教授和上海交通大学王经教授作了有力的推荐。在本书的编写过程中，还得到了许多能源领域、深冷设备制造企业的专家和工程技术人员的关心、支持，并提供了部分很有价值的素材和信息，在此表示感谢。

本书可作为能源领域、低温工程领域，尤其是天然气应用领域的大学专业教材，也可作为从事这一领域的科研人员和工程技术人员的参考书。

作　者
2003 年 5 月

目　录

本书常用符号、名称及单位

符号	名称	单位	符号	名称	单位
a	热扩散率	m^2/s	q_m	质量流量	kg/s
A	面积	m^2	q_V	体积流量	m^3/s
c	质量热容、比热容	$J/(kg \cdot K)$	Q	热量	J
c_p	质量定压热容、比定压热容	$J(kg \cdot K)$	r	潜热	J/kg
$C_{p,m}^{id}$	理想气体的摩尔定压热容	$J/(mol \cdot K)$	R	摩尔气体常数	$J/(mol \cdot K)$
$C_{V,m}$	混合物的摩尔定容热容	$J/(mol \cdot K)$	Ra	瑞利数	1
D、d	直径	m	S_m	摩尔熵	$J/(mol \cdot K)$
E_x	㶲	J	S_m^{id}	摩尔理想熵	$J/(mol \cdot K)$
e_x	质量㶲、比㶲	J/kg	S_m^{res}	摩尔余熵	$J/(mol \cdot K)$
g	重力加速度	m/s^2	$S_{m,o}$	基准点摩尔熵	$J/(mol \cdot K)$
h	普朗克常数	1	S	熵	J/K
h	高度	m	t	时间	s
h	表面传热系数	$W/(m^2 \cdot K)$	T	温度	K
h	质量焓、比焓	J/kg	T_b	正常沸点温度	K
H	焓	J	T_B	泡点	K
H_m	摩尔焓	J/mol	T_c	临界温度	K
H_m^{id}	摩尔理想焓	J/mol	$T_{c,m}$	混合物的虚拟临界温度	K
H_m^{res}	摩尔余焓	J/mol	T_D	露点	K
$H_{m,o}$	基准点摩尔焓	J/mol	T_r	对比温度（$T_r = T/T_c$）	1
k_{ij}	SPK 方程和 PR 方程中的二元交互作用系数	1	$T_{r,m}$	混合物的虚拟对比温度	1
			ΔT_m	对数平均温差	K
K	传热系数	$W/(m^2 \cdot K)$	u	质量热力学能，比热力学能	J/kg
K_i	相平衡中平衡常数	1	v	速度	m/s
L	长度	m	v	质量体积、比体积	m^3/kg
Le	刘易斯数	1	V	体积	m^3
m	质量	kg	V_m	摩尔体积	m^3/mol
M_r	相对分子质量	1	V_c	临界摩尔体积	m^3/mol
$M_{r,m}$	混合物相对分子质量	1	$V_{c,m}$	混合物的虚拟临界摩尔体积	m^3/mol
p	压力	Pa	V_r	对比摩尔体积	1
p_c	纯物质的临界压力	Pa	x	液相摩尔分数	1
$p_{c,m}$	混合物的虚拟临界压力	Pa	y	气相摩尔分数	1
p_r	纯物质的对比压力（$p_r = p/p_c$）	1	z	总流量中的摩尔分数	1
$p_{r,m}$	混合物的虚拟对比压力	1	z_i	组分 i 的摩尔分数	1
Pr	普朗特数	1	Z	压缩因子	1
q_n	总摩尔流量	mol/s	Z_c	临界压缩因子	1
$q_{n,V}$	气相摩尔流量	mol/s	$Z_{c,i}$	组分 i 的临界压缩因子	1
$q_{n,L}$	液相摩尔流量	mol/s	$Z_{c,m}$	混合物的虚拟临界压缩因子	1

γ	比热［容］比	1	ρ_V	气相密度	kg/m^3
δ	厚度	m	ρ_r	对比密度	1
η	黏度	$Pa \cdot s$	$\rho_{r,m}$	混合物的虚拟对比密度	1
λ	热导率	$W/(m \cdot K)$	σ	表面张力	J/m^2
λ_m	混合物热导率	$W/(m \cdot K)$	ϕ_i	组分 i 的逸度系数	1
ν	运动黏度	m^2/s	$\varPhi$	热流量	W
ρ	密度	kg/m^3	ω	偏心因子	1
ρ_c	临界密度	kg/m^3	ω_m	混合物的偏心因子	1
ρ_L	液相密度	kg/m^3			

绪　　论

　　液化天然气（简称 LNG）是一种清洁、高效的能源。由于进口 LNG 有助于能源消费国实现能源供应的多元化，保障能源安全；而出口 LNG 有助于天然气资源国有效开发生产天然气，且增加收入，以及促进国民经济的发展。因此 LNG 的国际贸易成为全球能源市场的一个热点，连年高速增长，成为全球增长最迅猛的能源行业之一。

　　我国能源中长期规划明确指出，"十二五"期间，大力发展天然气，预计到 2030 年天然气将占到一次能源的 10%，成为我国能源发展战略中的一个亮点和绿色能源支柱之一。在我国，作为对管道天然气的有益补充，LNG 产业的发展，在优化国家能源结构、促进经济持续健康发展、实现节能减排和保护环境方面发挥着重要作用。

　　经过近 20 年的发展，我国小型 LNG 产业链不断完善，商业运营模式日趋成熟，应用领域不断扩大，市场需求快速增长，商业投资和商业推广应用活动日趋活跃，为此在改善偏远地区居民生活燃料结构，提高居民生活质量、降低车辆燃料成本、缓解城市空气污染、保障城市能源安全稳定供应方面取得了立竿见影的效果。小型 LNG 在我国天然气供应和使用中的作用尤为突出，其地位日益提升。

0.1　向天然气转型是世界潮流

　　全球 LNG 工业发展始于 20 世纪 70 年代，在当时的能源危机由日本驱动，年增长率相对平稳，以 2.5% 增长。到 21 世纪初由于环保原因年增长 4% ~ 5%，在美国，特别是推进发展联合循环发电，天然气的需求大大增加。

　　表 0-1 为世界 LNG 2012 年的进出口量。

表 0-1　世界 LNG 2012 年的进出口量

序　号	出　口	容量/ $10^{10} m^3$	序　号	出　口	容量/ $10^{10} m^3$
1	卡塔尔	105.4	10	文莱	9.1
2	马来西亚	31.8	11	阿联酋	7.6
3	澳大利亚	28.1	12	也门	7.1
4	尼日利亚	27.2	13	埃及	6.7
5	印度尼西亚	25.0	14	秘鲁	5.4
6	特立尼达和多巴哥	19.1	15	赤道几内亚	4.9
7	阿尔及利亚	15.3	16	挪威	4.7
8	俄罗斯联邦	14.8	17	其他	4.4
9	阿曼	11.2	总　　计		327.9

（续）

序　号	进　口	容量/ $10^{10}\,m^3$	序　号	进　口	容量/ $10^{10}\,m^3$
1	日本	118.8	11	美国	4.9
2	韩国	49.7	12	墨西哥	4.8
3	西班牙	21.4	13	比利时	4.5
4	印度	20.5	14	智利	4.1
5	中国	36.9	15	巴西	3.2
6	英国	13.7	16	加拿大	1.8
7	法国	10.3	17	泰国	1.4
8	土耳其	7.7	18	其他	7.3
9	意大利	7.1	总　计		327.9
10	阿根廷	5.2			

2010 年以来，西太平洋地区以日本为首的多国都提出"向天然气转型"的能源目标。日本是世界最大天然气进口国，在 2010 年 6 月份，日本首次更新能源战略计划，重新定义了国家能源政策核心目标，其中包括减少温室效应气体排放的目标。新修订计划着重提到天然气的优点，天然气被确定为快速建设低碳社会的重要能源构成，强调加快向天然气的转型。具体表现为对城市燃气产业提出了五个关键措施：①以燃气作为能源的燃料电池系统的推广应用，对民用住宅同时供电和供热；②在商业设施中燃气空调系统的推广应用；③在工业生产中天然气作为替代燃料的推广应用；④大力推广热电联产系统；⑤实现 IT 集中能源管理系统。

美国是世界上最大的天然气消费国，2013 年占世界消费量的 22%。

美国的小型 LNG 装置多用于为高峰时期供气，液化装置生产出的 LNG 被存储在大的 LNG 储罐中。当供气不足时（如在冬天），就将储罐中的 LNG 气化并供给用户。这些装置的液化能力约为 $15 \sim 60 \times 10^4\,m^3$（标）/天。

美国近些年在非常规天然气（页岩气、煤层气和致密岩气）的开发利用上显示出突飞的态势，据报道 2010 年已占全国燃气消耗的 20%，2011 年达到 40%。要从进口国变为出口国。

这些年来，我国将天然气发展视为一项能源结构调整和大气环境改善的重要举措。我国城市燃气已进入了天然气阶段，20 世纪 90 年代末到 21 世纪初，建设了一批天然气输送工程，推动了城市燃气发展。城市燃气普及率提高，燃气结构发生很大变化见表 0-2。

在未来一段时间里，我国城市燃气产业

表 0-2　中国燃气结构

年　份	人工煤气/亿 m^3	LPG/万 t	天然气/亿 m^3
1988	66.79	173.03	57.4
2000	152.36	1057.71	82.15
2005	255.83	1222.01	210.50
2009	382.40	1208.71	405.90

将会有更大的发展阶段，并逐渐从大城市往小型城镇转移，同时特别关注燃气的供应保障和安全供应。

现在我国为保障天然气的供应，已逐渐形成了多个来源的态势：即中亚管道天然气、中缅管道天然气、中俄管道天然气及东部海上 LNG 等，以保障能源安全。

0.2　我国 LNG 产业构架

0.2.1　小型 LNG 工厂

1. LNG 工厂的气源概况

我国已建的 LNG 液化厂气源开始主要来自于国内零散的小气田和油田的伴生气；以后更多取自于管道末端气、煤层气及新兴的煤制天然气。以小型气田为气源的有新疆广汇 LNG、中原油田 LNG、新奥涠洲岛 LNG 等；以海洋天然气为气源的有福山 LNG 和珠海海油 LNG 等；以煤层气为气源的有山西晋城港华 LNG、阳城煤层气 LNG 等；其他都是以管道末端气的气源。LNG 工厂的产品，作为管道输送的补充。

我国煤炭资源丰富，随着煤制气工艺技术的逐步提高，"十二五"期间在新疆、内蒙古、山西、陕西、辽宁、山东煤炭资源丰富地区将陆续上马多个煤制气项目。2015 年煤制气液化能力将达到 140～280 万 t/年，到 2020 年有可能达到 220～700 万 t/年。与此同步，我国的煤层气也将得到进一步开发和利用，页岩气将被重视，会有开发和利用的前景。这些非常规天然气将为小型 LNG 工厂提供更为丰富的气源。

2. LNG 工厂建设概况

我国 LNG 工厂，从上世纪末经过了一个从无到有，从小到大，艰难曲折的发展。首先由上海引进了法国索菲公司 CII 液化工艺技术，建成了一座 10 万 m³ 的 LNG 工厂，它以海上气田为气源，只作为城市调峰。2001 年 9 月，国内首座商业化运行的 LNG 工厂河南中原液化天然气工厂试投产运行，生产规模 15 万 m³/天，年产 LNG 4 万 t。2004 年 9 月，新疆广汇 LNG 工厂投产，年产 LNG 40 万 t。2012 年 7 月，宁夏哈纳斯 LNG 工厂投产，年产 LNG80 万 t，是 2013 年前国内投产的最大的 LNG 工厂。

近年来我国小型 LNG 工厂发展迅速，其中国产液化工艺的工厂越来越多。截止到 2010 年 1 月，我国已经运营小型 LNG 装置有近 60 多座，另有 40 多座在建造之中，近一二年都会陆续投入运行。这些小型 LNG 工厂遍布新疆、四川、江苏、山东、山西、广东、内蒙古等省（区、市），总规模超过 2000 万 m³/天，年产量约 500 万 t。

国内 LNG 工厂一览表见表 0-3。

表 0-3　国内已投产的部分小型天然气液化装置

序　号	名　　称	规模/ (10^4 m³/天)	地　点	投产时间	年产量/ 万 t
1	上海浦东五号沟	10	上海浦东	2000.02	2.67
2	中原绿能	15	河南濮阳	2001.11	4
3	新疆广汇	150	新疆鄯善	2005.08	40

（续）

序　号	名　　称	规模/ (10^4m^3/天)	地　点	投产时间	年产量/ 万 t
4	四川犍为	4	四川犍为	2005.11	1.07
5	新奥涠洲岛	15	广西北海	2006.03	4
6	海南海燃	25	海南福山	2006.03	6.67
7	江阴天力	5	江苏江阴	2006.10	1.33
8	四川泸州	5	四川泸州	2007.03	1.33
9	辽宁沈阳	2	辽宁沈阳	2007.09	0.53
10	苏州华锋	7	江苏苏州	2007.11	1.87
11	大庆 LNG 实验装置	2	黑龙江大庆	2007.12	0.53
12	西宁（一期）	6	青海西宁	2008.01	1.6
13	山东泰安	15	山东泰安	2008.03	4
14	四川龙泉驿	10	四川成都	2008.08	2.67
15	西宁（二期）	20	青海西宁	2008.08	5.33
16	中海油珠海	60	广东珠海	2008.10	16
17	山西晋城	25	山西晋城	2008.10	6.67
18	山西顺泰	50	山西晋城	2008.11	13.33
19	鄂尔多斯	100	鄂尔多斯	2008.12	26.67
20	重庆民生黄水	12	重庆黄水	2008.12	3.2
21	四川星星能源	100	四川达洲	2009	26.67
22	重庆民生璧山	5	重庆璧山	2009	1.33
23	河南安阳	10	河南安阳	2009.02	2.67
24	内蒙古时泰	60	鄂托克前旗	2009.04	16
25	新奥山西沁水	15	山西沁水	2009.04	4
26	安徽合肥	8	安徽合肥	2009.05	2.13
27	鄂尔多斯	15	鄂尔多斯	2009.06	4
28	西宁（三期）	20	青海西宁	2009.06	5.33
29	晋城（二期）	60	山西晋城	2009.09	16
30	宁夏 LNG	30	宁夏银川	2009.10	8
31	山西 SK	50	山西沁水	2010	13.33
32	西安西蓝天然气	50	山西靖边	2010	13.33
33	甘肃兰州燃气集团	30	甘肃兰州	2010.05	8
	总计	991			264.26

另外，在建和拟建设的 LNG 液化项目单座容量都有增大的趋势，达 200 万 ~300 万 m^3/天以上，目前最大的是昆仑能源湖北黄冈 LNG，达 500 万 m^3/天的规模。

3. LNG 工厂工艺技术和装备现状

我国的 LNG 产业，经过了从无到有的迅速发展过程，在液化工艺技术、相关装置和设备方面取得了长足进步，我国参照国外的专利技术也开发了自己的液化流程。但相比国外技术在流程优化方面还有所欠缺，尤其是效率相对较低，设备的可靠性也不高。此外，利用管道天然气自身膨胀液化生产 LNG 适合于压差较大的调压站，我国也已经有了多个应用实践，工艺成熟。

（1）LNG 工厂的工艺　我国已建成投产的 LNG 工厂中，一部分是采用国外流程工艺技术，如美国的 B&V 公司、Salof 公司，法国的 Sofe 公司，德国的 Linde 公司及美国的 ACPI 公司等。另一部分则是采用国内自行开发技术，如中原绿能、成都深冷和中科院理化所等的流程工艺。目前，国产液化工艺包日渐成熟，单条生产线的规模可达 200 万 m³/天，即年产 LNG50 万 t。近年来，以中石油寰球工程公司和中石油工程公司西南分公司为代表，实现了较大容量国产流程的华气安塞、泰安和湖北黄冈等工程，开发自主知识产权的液化气流程、液化工厂。这为我国走出国门，自主建设大型液化工厂打下了坚实的基础。表 0-4 为国内已投产的部分小型天然气液化装置的工艺流程技术。

表 0-4　国内已投产的部分小型天然气液化装置的工艺流程技术

序号	名　称	规模/(10⁴m³/天)	工艺流程技术	序号	名　称	规模/(10⁴m³/天)	工艺流程技术
1	上海浦东五号沟	10	法国索非 CII	16	山西顺泰	50	国产氮甲烷膨胀
2	中原绿城	15	国产级联式	17	鄂尔多斯	100	美国 BV 混冷
3	新疆广汇	150	德国林德混冷	18	重庆民生黄水	12	俄罗斯高压射流
4	四川犍为	4	国产直接膨胀	19	四川星星能源	100	美国 BV 混冷
5	新奥涠洲岛	15	美国 Salof 氮-甲烷膨胀	20	重庆民生壁山	5	俄罗斯高压射流
6	海南海燃	25	加拿大 Propak 氮膨胀	21	河南安阳	10	国产直接膨胀
7	江阴天力	5	国产直接膨胀	22	内蒙古时泰	60	国产氮甲烷膨胀
8	四川泸州	5	国产直接膨胀	23	新奥山西沁水	15	国产氮膨胀
9	苏州华锋	7	国产直接膨胀	24	合肥 LNG 工厂	8	国产氮甲烷膨胀
10	西宁（一期）	6	国产直接膨胀	25	晋城（二期）	60	国产混冷
11	山东泰安	15	国产氮膨胀	26	宁夏 LNG 工厂	30	国产氮甲烷膨胀
12	四川龙泉驿	10	国产氮膨胀	27	西安西蓝天然气	50	美国 BV 混冷
13	西宁（二期）	20	国产氮膨胀	28	甘肃兰州燃气集团	30	美国 BV 混冷
14	中海油珠海	60	美国 BV 混冷		总计	902	
15	山西晋城	25	国产混冷				

（2）LNG 工厂的设备　国内已建和拟建的小型 LNG 液化工厂，有些工厂的配套设备国产化已达到 80%。处理规模为 500 万 m³/天及以下生产线的液化厂，从工艺包到有关设备

选择的集成技术可以基本实现国产化。有些液化工厂根据具体情况采用国产设备和进口设备相结合的方式。

目前，在液化厂主要设备中，离心压缩机大部分还是靠进口；活塞压缩机一般采用国产；冷箱国产化的程度已不断提高；膨胀机部分采用国产，部分进口；低温泵尤其是大型潜液泵，主要依靠进口；30000m³ 以下的储罐以国产为主，而 30000m³ 以上的大型储罐国内尚未突破关键技术，基本上仍采用国外技术。

另外，国内企业和研究机构在设计和建设符合国情的、效率更高的小型 LNG 站方面取得了新的理论和实践成果，且已有多家设计院承担小型 LNG 项目工程设计，上海交大、中科院等研究机构已取得能应用于工程的研究成果，在液化流程工艺优化方面有独到的优势和积累，为多个工程项目提供帮助。在国家能源局和中国机械工业联合会的大力推动下，这些年在设备国产化方面有了长足的进步。

0.2.2　LNG 进口接收站

我国天然气的生产量从 20 世纪 90 年代初开始列入国家计划，自那时起生产量逐年增加。进入 21 世纪，生产量随着国民经济的发展和人民生活水平提高所需，提高更快。从 2005 ~ 2012 年平均增长 15%，2012 年已达 1027 亿 m³/年。但天然气的消费量也相应增加到 1471 亿 m³/年，供需明显不平衡，约有 400 亿 m³/年的差额。为此，政府以进口天然气作为填补供需缺口的重要政策。2013 年我国天然气的对外依赖度为 27.5%。天然气进口除了部分是通过管道从中亚、东南亚进口之外，其他是以 LNG 方式从澳大利亚、中东和东南亚等生产国海运进口。从 20 世纪 90 年代中期开始，国家就计划逐步建设 LNG 进口接收站。

我国第一个 LNG 进口接收站是在广东深圳大鹏，2006 年建成投产。该接收站以站线建设为工程主要内容，接收站第一期容量为 3000 万 t/年，管线分别将气化后的天然气送往周边的天然气发电厂，以及进入城市管网供居民用。该接收站的液化天然气资源来自澳大利亚，中海油与澳方签了 25 年长期供货合同。

根据国家计划，主要由中国海洋石油总公司（以下简称中海油）、中国石油天然气集团公司（以下简称中石油）和中国石油化工集团公司（以下简称中石化）三大国企为主，以独资或跟地方合资建设 LNG 进口接收站，在东部沿海由南往北要建 20 座以上接收站。已经建成投产的有广东深圳大鹏、福建莆田、浙江宁波、上海洋山、江苏如东、山东青岛、河北曹妃甸、天津浮式接收站，辽宁大连等，进口容量将近 3000 万 t/年。

目前，我国的 LNG 进口量已是全球第三位，按计划建成全部 LNG 接收站，将跃升至第二位，跟第一位的日本相差不多了。

0.2.3　LNG 物流模式

LNG 的运营模式是把液化厂生产的 LNG 由接收站进口的 LNG 通过专用汽车、火车或内河沿海的小型船舶运输到使用天然气的末端用户。

1. 公路运输

我国小型 LNG 工厂大都建于内陆地区，LNG 主要靠陆路运输，运输设备为 LNG 罐式集装箱和运输槽车。随着小型 LNG 行业的不断发展，LNG 运输需求也在不断增加。目前我国正在运行的 LNG 运输车约 1300 辆，其中以新疆广汇、新奥燃气、内蒙古鄂尔多斯的运输车辆最多，均超过 100 辆，车型以北方奔驰、陕西重汽、东风天龙居多。

由于公路运输 LNG 成本高，运输半径有限，对市场开拓限制较大。使用公路运输 LNG，全国尚没有统一标准，甚至部分高速公路对 LNG 车辆禁行，也造成了运输成本提高和运输效率降低。公路运输作为短途运输中比较经济的运输方式，其在小型 LNG 的运输环节是无法替代的。即使使用铁路运输和内河运输，公路运输作为铁路运输和内河运输的一种有效补充，还是不可或缺的。随着我国天然气管网数量的不断增加，海气上岸规模不断扩大，公路运输仍然有较大的市场需求。

2. 铁路运输

铁路运输的优点在于运输成本较低、运送能力大，几乎不受天气影响，且计划性强，安全准时。当运输规模较大时，采用铁路运输可以有效降低公路槽车的密度，增加公路的安全性。考虑到铁路运输相对于公路运输的成本优势，在铁路比较发达而又不具备管道运输条件的地区，用铁路运输 LNG 是一个很好的选择。

铁路运输 LNG 的缺点在于始建投资大，建设时间长；始发与到站作业时间长，不利于近距离的运输业务；受轨道限制，灵活性较差；路基、站场等建筑工程投资大。另外，由于铁路一次运载量很大，其危险性也增高，这对安全系统提出了较高的要求。基于以上原因，新疆广汇在 21 世纪初曾经做过较大的努力，结果还是未能实现。

目前，中石油已在探索从青海至西藏的铁路运输 LNG，拟利用中集安瑞科控股有限公司自主开发的罐箱。可以预料，一旦成功将在我国实现 LNG 的铁路运输。

3. 内河和近海船舶运输

国外已有使用内河和近海船舶运输 LNG 的先例。如 2003 年，日本建造了第一艘 2500m³ 的小型 LNG 船，目前日本已拥有 3 艘 $1 \times 10^5 m^3$ 以下的小型 LNG 船。德国乔特波公司设计了可以装载液化石油气（LPG）或者液态乙烯或者 LNG 的液舱支持系统。而荷兰和波兰分别建造了船容为 1100m³ 和 7500 m³ 的小型 LNG 船。目前，我国也开始了对小型 LNG 船舶的研究和开发，如挪威斯考根公司委托江苏圣汇、浙江台州船厂就已建和在建多艘万方级的小型 LNG 运输船舶，但均是出口产品。

然而在国内开展内河和近海船舶运输 LNG 仍存在很多制约因素，如根据《液化天然气码头设计规范》（JTS 165-5—2009），LNG 接收站码头选址、建设要求较高，规范复杂，而且建造成本也高；小型 LNG 船舶受吃水限制、航道要求，运输范围较小，而且船的前后间距、与其他船的运输间距都有严格要求；小型 LNG 船对现有大中型 LNG 接收站停靠的适用性，需要船和码头的设计单位技术论证；目前国内的 LNG 接收站不具有装船功能，如果要进行 LNG 分销转运，需要进行装船功能改造；LNG 船是易燃、易爆的危险介质，属于特殊类船只，营运受海事部门的严格监管，且管理较为复杂。

由于 LNG 工业的迅速发展、海上油气田的开发及 LNG 物流范围的拓展，LNG 内河和近海运输的需求开始出现。我国天然气消费市场主要集中在沿海、沿江城市。而这些城市恰恰离天然气气源较远，也是天然气管网无法覆盖的盲区。凭借国内天然的水用航道，利用小型 LNG 船在近海和内河进行 LNG 水运，且运输量大、成本低，将是较为理想的新型 LNG 物流模式。同时小型 LNG 船也可用于回收海上油田伴生气的输送。

采用液化天然气船运输 LNG 可以从不同的产地装货，具有更自由、灵活的特点。今后从沿海的 LNG 接收站，用小型 LNG 船向沿海中小城市或内河沿江城市输送 LNG，将是一种很有前景的发展方向。

0.2.4　LNG 应用市场

近年来，越来越多的国家把环境保护作为经济发展战略的重要组成部分，通过制定绿色经济政策，积极推动低碳绿色增长，且低碳经济也正成为国人关注的焦点。作为优质清洁能源，天然气将是发展低碳经济、优化能源结构的必然选择。

1. 用于城镇应急调峰储备

我国天然气应急调峰储备方式主要有两种：一是地下储气方式，另一种是液化天然气（LNG）存储。

目前，中石油在新疆呼图壁县拥有国内已建成的最大规模地下储气库——呼图壁储气库，总库容为 107 亿 m^3，生产库容为 45.1 亿 m^3。

利用 LNG 作为城市应急调峰储备气源，应根据其供气规模、运输距离，选择其存储天数，一般小型 LNG 应急调峰储备站的存储天数为 5~7 天。截至目前，我国已投入运行的大型 LNG 储备、应急项目主要有，即上海五号沟 LNG 安全应急项目、深圳 LNG 应急储备项目，城市自建 LNG 液化装置的存储应急项目还有南京 LNG 液化项目、合肥 LNG 液化项目及杭州应急储备站等。另外，我国已有三十多个城市在规划或建设 LNG 存储气化项目。

这类 LNG 储备应急站具有如下功能：①当门站发生异常现象并造成城市天然气供应不足时，提供应急供气；②当次高压管线发生事故工况下，为城市补充应急供气；③满足城市天然气小时调峰的需要，提供稳定的供气；④具备装车功能，可通过汽车槽车为城市其他独立组团、LNG 汽车加气站或小型 LNG 气化站提供非管道运输供气服务。

小型 LNG 用于调峰有较强的灵活性，不仅适用于季节性调峰，也适用于日调峰。而且它对选址没有太多的限制，可根据供气调峰和应急供气的需要建在供气管网的合适位置。小型 LNG 特别适用于城市调峰的各项要求，城市有了自主的小型 LNG，就有了调控优势，储备优势，变被动为主动，同时也减轻了天然气供应商的压力和责任。

目前，我国小型 LNG 用于天然气应急调峰还处于初级阶段，制约因素很多。如在小型 LNG 来源方面，对一些大城市、特大城市要获得较多的 LNG，能否建设自主 LNG 接收装置尚存在制约；在储备模式上，推荐的储备模式为政府储备与商业储备相结合的模式；在储备调峰气价上，LNG 的价格应该维持在比管道气稍高的基础上，只有多元化的 LNG 来源才能有利于价格的降低；在投资渠道上，储备建设的资金来源应以政府投资为主，但政府部门和企业间很难磋商，往往因此而搁浅；缺乏有关小型 LNG 利用的法规和标准，这些都对小型 LNG 用于天然气应急调峰有所制约。

小型 LNG 用于天然气应急调峰储备是缓解城市天然气安全供气的重要途径，应争取在近几年内使建设的储气库工作容量保持在国内天然气总消费量的 10%~15% 左右，使之达到或超过国际平均容量 11% 的水平。尤其在一些特大或大型城市的附近，应适当建立必要的安全应急战略储备气库，即小型 LNG 的灵活性对城市日调峰能起到关键的作用。

2. LNG 作为运输工具的替代燃料

在国内，以 LNG 为燃料的汽车及相应的加气站已初具规模，船舶以 LNG 作为燃料以开始进行试点和示范运行，可以预料在不远的将来也会进入商业化运行。

（1）LNG 用作汽车燃料　LNG 被公认为理想的清洁能源替代燃料之一。与柴油相比，有两大优势：一是环保优势；LNG 发动机排放的氮氧化物只有柴油发动机排放的 25%，碳氢化合物和碳氧化合物分别只有 32% 和 12%，颗粒物的排放几乎为零，LNG 发动机的声功率只有柴油发动机的 36%；据有关资料介绍使用 LNG 作为发动机燃料，尾气中有害物质的含量比使用燃油燃料其二氧化碳、二氧化氮含量分别降低 98% 和 30%，更有利于环保。二是经济优势；相同功率的发动机，基于目前市场上的柴油及 LNG 价格计算，使用 LNG 燃料比使用柴油可节省燃料费用 30%。因此将 LNG 作为替代燃料应用在汽车、船舶等交通运输领域，对国家实现节能减排战略目标具有重要意义。

　　近年来，我国 LNG 燃料汽车已进入了快速发展通道，在短短的 3 年时间内，国内已经有新疆、山西、内蒙古等地的 LNG 重型卡车及北京、杭州、深圳、乌鲁木齐、昆明、海口、湛江、张家口等城市 LNG 公交相继投入了运行，而且这一城市群体还在迅速扩大，充分说明了 LNG 燃料汽车的技术已经完全成熟，节能减排优势明显。表 0-5 是最近 3 年内国内 LNG 燃料汽车的发展情况，表 0-6 是近 3 年汽车市场需求情况统计。

表 0-5　近 3 年内国内 LNG 燃料汽车的发展情况统计表

LNG 燃料汽车分类	全国发展总数/台		
	2008 年	2009 年	2010 年
LNG 客车	50	250	2830
LNG 重卡	0	1000	2952

表 0-6　近 3 年国内 LNG 燃料汽车市场需求情况统计表

LNG 燃料汽车分类	发展数量/台		
	2011 年	2012 年	2013 年
LNG 客车	6000	12000	18000
LNG 重卡	25000	30000	45000

　　为了实现"十二五"节能减排的战略目标，国家已经规划在"十二五"期间重点发展清洁能源汽车，以逐步替代现有的燃油汽车。国家工业和信息化部装备工业公司在《节能与新能源汽车产业发展规划（2011—2020）》中明确了 2015 年的阶段目标："车用燃料结构得到优化，替代燃料占车用燃料消耗的比例达到 10% 以上，天然气汽车推广规模达到 150 万辆以上……。"

　　对 LNG 燃料汽车发展进度影响最大的是配套 LNG 加气站的建设。目前，我国三大能源公司（中石油、中石化、中海油）及新疆广汇、新奥燃气、中国港华燃气、华润燃气等一批公司相继进入了 LNG 替代汽柴油用于新能源汽车领域，并相应做出 3～5 年建设 LNG 汽车加气站和公交汽车和重型卡车的计划。表 0-7 是最近 3 年内国内 LNG 加气站的发展情况，表 0-8 是近 3 年的市场需求情况统计。

表 0-7　近 3 年内国内 LNG 加气站的发展情况统计表

全国发展总数/套		
2008 年	2009 年	2010 年
0	25	101

表 0-8　近 3 年内国内 LNG 加气站市场需求情况统计表

发 展 数 量/套		
2011 年	2012 年	2013 年
380	680	980

（2）LNG 用作船舶燃料　内河船舶用 LNG 替代燃料的优势也主要体现在经济与环保两方面。首先经济方面，天然气价格要比传统燃料低很多，若再考虑到天然气良好的燃烧性，即其效率较高，则可节约更多的燃料成本。其次环保性方面，据分析，纯 LNG 驱动船舶与传统燃料的船舶相比，二氧化碳排放减少约 20%，氮氧化物排放减少约 90%，颗粒排放可以忽略不计，硫含量为零。且采用 LNG 作为船舶燃料在水质保护、降噪等方面也有一定的作用。

然而，LNG 船舶的经济性会受到当地天然气价格的影响，其用户规模会受航道沿线加气站密度的制约。我国 LNG 船舶的发展尚处于起步阶段，且未建立 LNG 船舶加气站，这在一定程度上制约了 LNG 船舶的发展。鉴于此，我国可先在小型渔船和载重船舶上推广 LNG 燃料。由于渔船大都集中停泊在相对固定的港口，因此只需建设少量的加气站即可满足较大区域的 LNG 船舶的燃料需求；对于载重船舶，其燃料一般只用于提供推进动力，因此其一次加注的行驶距离大，对 LNG 加气站的密度要求相对较低。另外，LNG 还可作为小型旅游船只、游艇的替代燃料。这种船只的工作区域一般为环境相对脆弱的公园湖泊，采用 LNG 作为燃料正好发挥了 LNG 在环保方面的巨大优势。而且旅游景点的船只非常集中，且其价格承受能力也较强。

在 2009 年 4 月，全球首套 LNG 船用燃料存储供气系统由张家港富瑞特种装备股份有限公司下属的控股子公司张家港韩中深冷科技有限公司研发试制成功，并顺利交付客户挪威汉姆沃斯公司。同时，在国内 LNG 船舶油改气项目也有了长足的发展。截止到目前，已经先后有湖北西篮、北京油陆、桂林新奥、新疆广汇、福建中闽等多家能源企业为了抢占 LNG 在船舶领域的应用市场而开展了船舶燃料油改气示范项目的运作。国内已经开展的 LNG 在船舶上的应用项目见表 0-9。

表 0-9　国内已经开展的 LNG 在船舶上的应用项目

序　号	项目实施单位	示范船舶名称	用　途	水　域	项目进展情况
1	湖北西篮天然气有限公司	武轮渡拖302 号轮	拖轮	长江	已改造完成并投入示范运行
2	北京油陆集团	苏宿货1260 号船	运输	大运河	已改造完成并投入示范运行
3	桂林新奥燃气有限公司	山水 34 号	游船	漓江	已完成改造工作，目前正在试验阶段
4	新疆广汇集团	522kW 渔政船	渔政	东海	目前正在进行船舶的改造设计
5	福建中闽物流有限公司	待定	运输	闽江	项目科研已完成，正在等政府审批

3. 城镇居民燃气化的应用

近十多年来，我国城镇化进程不断加快，城镇居民数量不断增加。曾在 1990 年，我国城镇人口仅有 3 亿，占全国人口总数的 26%；到 2000 年城镇人口比重已经达到 36.2%；再到 2009 年，我国城镇人口数量已经超过 6.2 亿，城镇人口比重也达到 46.6%；城市人口比重平均每年增加一个百分点。如果按这个增长速度继续保持十年，可以预见到 2020 年，我国的城市化水平将可能达到 58%。而目前我国城市平均气化率程度仅为 30%，管道天然气普及率就更低了，有些地区不到 10%，市场还远未饱和。可见，今后随着我国城镇化进程的加速和城市家庭构成的小型化趋势，城市用天然气的人口和人均天然气消费量还将不断增加，特别是二线城市的城镇化和工业化，这对大力发展天然气提出更高的要求。

根据小型 LNG 的特点，对于居民气化主要适用于以下三种情况：①在气源地附近，或可在因地制宜、配送方便、价格经济的地区优先气化；②对于距离城市较远、不能通过城市管道输送天然气的乡镇、新城市的气化；③对管网已覆盖的地区用作调峰和管网气化的补充用气。

总之，城镇居民尤其是偏远地区居民选择小型 LNG 的供气模式是适合的，也是经济可行的。我国天然气需求潜力巨大，LNG 气化站以其灵活性强的优点今后将继续为我国的天然气市场培育做出贡献，发展前景光明。

4. 天然气的工业应用

小型 LNG 应用于工业方面主要在燃气空调和分布式能源供应发挥着重要作用。

（1）天然气应用于分布式能源 分布式能源系统，是相对于能源集中生产（主要代表形式是大电厂＋大电网）而言的，它主要是通过外部输入的一种或几种一次能源，然后将生产得到的二次能源（电、热、冷）分散输送到一个相对独立的区域（如企业、社区、学校、医院等）。其能源利用率远远高于多数国家依靠大型主要电站将电力从发电厂向终端用户单向传输的集中供电系统。城市内分布式能源系统主要以天然气为燃料。推广利用分布式能源系统的目的是改善区域环境，提高人民生活水平，节约水资源和增强电网调峰能力。

据国际分布式能源联盟统计，截至 2004 年底，美国分布式供能系统装机容量占总装机容量的 7.8%。欧洲分布式供能发展水平世界领先，尤其是丹麦、荷兰、芬兰，其分布式供能发电量分别占到国内总发电量的 52%、38% 和 36%，均远远高于世界平均水平。在日本能源供应领域中，热电（冷）联产系统是仅次于燃气、电力的第三大公益事业。

与发达国家相比，我国分布式供能技术处于起步阶段，且差距较大。我国在技术、经济、政策法规等方面还存在诸多需要完善之处。近几年，在上海、广州和北京已经建成了 10 多座分布式供能系统，并用于医院、机场、商业中心等场合。但同时我国普遍存在微小型燃气轮机依赖进口、动力余热缺乏高效的利用手段、低温余热利用不充分、节能率不高、经济性不够理想等问题。

由于分布式能源系统的初投资大，要用好燃料；同时要有比较稳定的冷、热、电用户，即主要是第三产业和住宅用户；要求具有环保性能较好的特点等，所以它在我国比较适合应用的地区显然是经济比较发达的地区。其他地方如在天然气产地附近、天然气价格特别便宜的地方，分布式能源系统的应用可能也会是适合的。不过，分布式能源系统是能源利用的一个新的发展方向，但在可预见的较长一段时间内，大电厂与大电网仍是我国电力供应的主流。

（2）天然气工业炉窑　天然气制陶瓷等工业炉窑是指以燃气作为能源，用于熔炼、加热、热处理、焙烧、干燥等工艺过程。通常，工业炉窑采用的能源有电、煤、油、气四种。以电为能源的工业炉窑，其加热方式是将电能转换成热能来实现的；以煤、油、气为能源的工业炉窑，其加热方式是将煤、油、气作为燃料，使燃烧产生的火焰和高温烟气对物料进行加热来实现的。主要设备有天然气热处理炉、天然气锻造加热炉、天然气陶瓷窑、天然气铜铝熔化炉和天然气热风机等。

为保证陶瓷质量，清洁能源是其首选燃料。在 LPG 价格居高不下的情况下（正常情况下比天然气价格高 30%），LNG 就成了高档陶瓷工业的唯一选择，提高了陶瓷产品的综合竞争能力；目前陶瓷工业相对集中，单窑用气量大（一般每日用气量在 $5000 \sim 8000 m^3$（标））且建设费用低、周期短。

（3）焊接切割气　切割与焊接是各行各业广泛采用的金属加工形式，其中气割与气焊是利用可燃气体在燃烧时放出的热量加热金属和进一步实现对金属进行切割或焊接的一种气体火焰加工方法。由于气割和气焊具有设备简单、使用灵活方便和比其他焊割方式（如机械切割）效率高、能在各种部位实现焊割作业等特点，目前应用十分普遍，特别是广泛用于钢板下料、铸件冒口切割和较薄的工件及熔点较低的有色金属的焊接。在气体焊、割中，传统的氧—乙炔焰切割与焊接技术目前在我国还占据着大约 90% 以上的市场，但是由于乙炔是由电石与水反应生成的，而生产电石要消耗大量电能和其他一些贵重工业原料，加之乙炔还是重要的化工原料，可以进一步合成多种化工产品，因此将乙炔作为工业燃气烧掉不仅对资源是一种浪费，而且对环境有着严重污染，所以如果能广泛使用天然气代替乙炔进行火焰切割和焊接，将不仅可以收到节约能源、降低成本（80% 以上）的效果，而且十分有利于资源的合理利用和环境保护。该技术应用于油田、铸造、机械、建筑等行业的大批量切割或焊接，一切天然气方便的地方的切割或焊接。其优越性在于：切割质量高，环境污染轻，投资少、使用性能比乙炔安全可靠。由于天然气优越性明显，在未来，天然气作为切割或焊接气应用将逐步替代乙炔和液化石油气。

第1章 天然气热物理特性

1.1 引言

天然气热物性数据包括的范围很广。从大的方面来讲，可分为热力学性质和迁移性质两大类。热力学性质包括：密度或比体积、压缩因子、比热容、焓、熵、亥姆霍兹自由能、生成热、反应热，以及进行气液平衡常数计算所需的逸度系数、活度系数等。迁移性质包括热导率、黏度、扩散系数等。

1.1.1 天然气的热力学性质

天然气热力学性质是天然气液化流程的设计、研究和操作运行中所不可缺少的基础数据。在天然气液化流程中，混合制冷剂和天然气分别要经历压缩与节流膨胀、加热与冷却过程，体系的温度、压力和相态都发生变化、精确计算天然气和混合制冷剂的热力学参数是流程模拟的基础。

在液化天然气流程中，涉及的物性参数有压力 p、温度 T、总流量中的摩尔分数 z、总摩尔流量 q_n、气相摩尔流量 $q_{n,V}$、液相摩尔流量 $q_{n,L}$、液相摩尔分数 x、气相摩尔分数 y、摩尔焓 H_m、摩尔熵 S_m；在计算以上某些参数时，还会涉及压缩因子 Z、逸度系数 ϕ_i、摩尔理想焓 H_m^{id}、摩尔理想熵 S_m^{id}、摩尔余焓 H_m^{res}、摩尔余熵 S_m^{res} 等参数。

p、T、q_n、z 这 4 个参数是计算一个节点其他物性参数的基本数据。程序设计中，这四个参数是计算其他物性参数的已知数。其中 p、T、z 影响单位流量的焓值和熵值，在已知某一节点的 (p, T, q_n, z) 后，首先可通过气液相平衡计算求得该节点处的 $q_{n,V}$、$q_{n,L}$、x 和 y。

在得到 p、T、q_n、z、$q_{n,V}$、$q_{n,L}$、x 和 y 后，可用某一状态方程的焓和熵表达式求得该节点处气相焓和熵、液相焓和熵，再对各相的焓和熵分别进行求和计算。

在计算 $q_{n,V}$、$q_{n,L}$、x、y、H_m 和 S_m 的过程中，表达式中要用到压缩因子 Z、逸度系数 ϕ_i、摩尔理想焓 H_m^{id}、摩尔理想熵 S_m^{id}、摩尔余焓 H_m^{res}、摩尔余熵 S_m^{res} 等参数，这些值可用状态方程或该状态方程推导得到的相应表达式求取。

在计算热物性参数时，必然会用到天然气和混合制冷工质中的各组分的一些基本热力学参数，这些参数值见表 1-1。

目前，大、中型液化天然气（简称 LNG）装置采用的流程常有以下六种：①丙烷预冷混合制冷剂流程 C3MR；②双混合制冷剂流程 DMR；③C3MR + N2 膨胀流程 AP-X™；④混合制冷剂级联流程 MFC；⑤并联混合制冷剂流程 PMR；⑥康菲优化级联流程 CPOCP。这六种流程中均会采用混合制冷剂，混合制冷剂会进行冷凝、蒸发和节流等过程。

在 LNG 流程的热力学模拟过程中，天然气和混合制冷剂的热物性计算是整个流程计算的基础。天然气和混合制冷剂都是多元混合物，在流程中的不同温度和压力范围内，分别呈气态、气液平衡态和液态；同时，随着天然气逐步被冷却，混合物中的轻组分不断冷凝，从而导致气液两相混合物组分不断变化，这是流程计算中物性计算方面的三大难点。

表 1-1　天然气和混合制冷工质中的各组分的基本热力学参数

分 子 式	名　称	$M_r/$ (g/mol)	T_b/K	T_c/K	p_c/MPa	$V_c/$ (m³/mol)	Z_c	ω
N_2	氮	28.013	77.4	126.2	3.394	89.5×10^{-6}	0.290	0.040
CH_4	甲烷	16.043	111.7	190.6	4.600	99.0×10^{-6}	0.288	0.008
C_2H_6	乙烷	30.070	184.5	305.4	4.884	148.0×10^{-6}	0.285	0.098
C_3H_8	丙烷	44.097	231.1	369.8	4.246	203.0×10^{-6}	0.281	0.152
iC_4H_{10}	异丁烷	58.124	261.3	408.1	3.648	263.0×10^{-6}	0.283	0.176
NC_4H_{10}	正丁烷	58.124	272.7	425.2	3.800	255.0×10^{-6}	0.274	0.193
iC_5H_{12}	2-甲基丁烷	72.151	301.0	460.4	3.384	306.0×10^{-6}	0.271	0.227
CO_2	二氧化碳	44.010	194.7	304.2	7.280	94.0×10^{-6}	0.274	0.225

注：M_r—相对分子质量；T_b—正常沸点温度；T_c—临界温度；p_c—临界压力；V_c—纯工质的临界摩尔体积；Z_c—临界压缩因子；ω—偏心因子。

　　流程模拟的准确性在相当大的程度上取决于物性数据的精度，而且从计算量方面来看，整个流程模拟的有关运算中，调用物性模块进行物性数据估算的次数和占用计算量的比例也十分庞大的。由此可见，进行流程模拟，无论是为了获得高质量的模拟结果，还是为了提高计算效率，都非常需要有一套准确的物性数据的保证。

　　Zudkevitch[1]分析了天然气热物性数据对液化流程设备的影响，并按其重要程度分为表 1-2 所示的 A、B、C 三等，指出天然气低温液化流程投资高、功耗大，必须精确计算天然气热物性参数以确保设计的可靠。Melaaen[2]采用概率仿真的方法，分析了焓值及气液相平衡计算误差对基本负荷型天然气液化装置设计的影响，指出精确的天然气物性数据是 LNG 装置设计的基础。

表 1-2　天然气物性数据对天然气液化装置设计影响的重要程度

流 程 设 备	密度	相平衡	焓	熵	迁移性质
预处理	C	A	A	C	B
压缩机与膨胀机	A	A	A	B	B
换热器	C	A	A	B	A
闪蒸	B	A	A	—	B

注：A—影响最大；B—影响中等；C—影响最小。

1.1.2　天然气的迁移特性

　　天然气的迁移特性是天然气传热和流动阻力计算的关键数据，在模拟与天然气输送、液化储存相关的生产过程时，需要有能用于烃混合物及过程条件的范围很大的迁移性质关联式。天然气液化流程中不可避免地存在着流体的流动、不同工质间的传热传质问题，为了更合理有效地发挥各流程设备的作用，需要了解天然气在不同工况下的流动和传热传质特性，而这些也需要有精确的天然气迁移特性数据作为保证。

　　国外从事流体迁移性质研究的机构有 IUPA[3]迁移性质项目中心、德国的 MIDAS 数据中心、美国的 CINDAS[4]和美国国家标准局热力分部。上述机构主要进行流体迁移性质实验数据的收集整理，以及不同迁移性质计算模型的评价工作，对于纯物质建立了较为完备的物性数据库[5-10]，但是在混合物的迁移性质研究方面，由于受到实验数据及理论工作的限制，还很不成熟。

　　相对于国内天然气工业的蓬勃发展的现状，国内天然气迁移性质方面的研究滞后，还未系统地对天然气的迁移性质进行过研究。由于实验条件的限制，天然气的迁移性质数据十分缺乏。天然气迁移性质往往采用拟合的经验、半经验公式计算，或由经验选定，适用范围窄、误差较大，满足不了当前天然气工程设计的精度要求。因此，研究开发应用范围广、准确、可靠的天然气迁移物性计算模型是十分必要的。

天然气迁移物性计算软件应具有以下特点：①储有纯组分的特性参数（如相对分子质量、临界参数、偏心因子等），根据这些特性参数，配合物性关联式，可对纯组分的迁移物性数据进行计算。②合理选择混合规则和物性关联式，根据各纯组分的特性参数推算天然气的迁移性质。③满足天然气在不同相态、温度和压力范围内计算精度的要求。

根据以上要求，天然气迁移性质计算需解决的关键问题如下：①混合规则的选择。②不同相态、温度和压力范围内算法的选取。③不同算法计算精度的实验数据验证。

1.2 天然气的气液相平衡

1.2.1 相平衡计算的难点

在涉及混合制冷的 LNG 流程的热力学模拟过程中，相平衡计算存在四大难点：① 天然气和混合制冷剂都是多元混合物；② 在流程中的不同温度和压力范围内，分别呈气态、气液平衡态和液态；③ 随着天然气逐步被冷却，混合物中的轻组分不断冷凝，从而导致气液两相混合物组分不断变化；④为使流程模拟过程中能正确得到各状态点的物性参数，物性求解中相平衡计算必须智能识别该节点处工质所处的状态。

相平衡计算是天然气热力学性质计算的基础。混合物的相态与组分要由相平衡计算来确定，然后才能进一步计算焓、熵等热力学参数。

1.2.2 相平衡计算所用的状态方程和逸度方程

本研究中用状态方程计算天然气在不同状态下的相平衡，与用活度系数法相比，状态方程法不需要设定标准态，可以用在临界区，容易应用对应态原理。

状态方程法计算气液相平衡的关键是求出两相的分逸度系数。目前已经建立的状态方程，在一定条件下都可以同时用来描述气、液两相的逸度行为。

目前应用最多的是立方形方程。其形式简单，灵活性大，适用于工程计算。

在本书介绍用 SRK 方程和 PR 方程计算混合制冷剂和天然气的相平衡特性。

1. SRK 方程

$$p = \frac{RT}{V_m - b} - \frac{a}{V_m(V_m + b)} \tag{1-1}$$

其中，
$$b = \sum_i z_i b_i \qquad b_i = 0.08664 RT_{c,i}/p_{c,i}$$
$$a = \sum_i \sum_j (a_i a_j)^{0.5} z_i z_j (1 - k_{ij})$$
$$a_i = (0.42747 R^2 T_{c,i}^2/p_{c,i})[1 + m_i(1 - T_{r,i}^{0.5})]^2$$
$$m_i = 0.48 + 1.574\omega_i - 0.176\omega_i^2$$

式中，p 为压力（Pa）；R 为摩尔气体常数，$R = 8.3145 \text{J}/(\text{mol} \cdot \text{K})$；$T$ 为温度（K）；V_m 为摩尔体积（m^3/mol）；b、b_i、a、a_i、a_j、m_i 为与气体种类有关的常数；z_i 为组分 i 的摩尔

分数；$T_{c,i}$为组分i的临界温度（K）；$p_{c,i}$为组分i的临界压力（Pa）；z_j为组分j的摩尔分数；k_{ij}为二元交互作用系数；$T_{r,i}$为组分i的对比温度；ω_i为组分i的偏心因子。

SRK 方程用压缩因子 Z 表示如下：

$$Z^3 - Z^2 + Z(A - B - B^2) - AB = 0 \tag{1-2}$$

其中，压缩因子 $Z = pV/(RT)$，$A = ap/(RT)^2$，$B = bp/(RT)$；a、b 的表达式和含义与式（1-1 相同）。

SRK 方程的逸度系数的表达如下：

$$\ln\phi_i = b_i/b(Z-1) - \ln(Z-B) - A/B[2\sum_j z_i(a_ia_j)^{0.5}(1-k_{ij})/a - b_i/b]\ln(1+B/Z)$$
$$\tag{1-3}$$

式中，ϕ_i 为组分i的逸度系数。

计算液相逸度系数 ϕ_i^l 时，z_i 为 x_i，计算气相逸度系数 ϕ_i^v 时，z_i 为 y_i。

2. PR（Peng-Robinson）**方程的表达式**

$$p = \frac{RT}{V_m - b} - \frac{a\alpha}{V_m^2 + 2bV_m - b^2} \tag{1-4}$$

其中，
$$b = \sum z_ib_i \qquad b_i = 0.0778RT_{ci}/p_{ci}$$
$$a\alpha = \sum\sum z_iz_j(a\alpha)_{ij} \qquad (a\alpha)_{ij} = (1-k_{ij})\sqrt{a_i\alpha_ia_j\alpha_j}$$
$$a_i = 0.45724R^2T_{ci}^2/p_{ci}$$
$$\alpha_i = [1 + 0.37464 + 1.54226\omega_i - 0.26992\omega_i^2(1-T_{ri}^{0.5})]^2$$

式中，$a\alpha$、a_i、α_i 均为与气体种类有关的常数。

PR 方程用压缩因子表示如下：

$$Z^3 - (1-B)Z^2 + (A - 3B^2 - 2B)Z - (AB - B^2 - B^3) = 0 \tag{1-5}$$

其中，$Z = pV/(RT)$，$A = a\alpha p/(RT)^2$，$B = bp/RT$。

PR 方程的逸度系数的表达式如下：

$$\ln\phi_i = \frac{B_i}{B}(Z-1) - \ln(Z-B) + \frac{A}{2.828B}\left[\frac{B_i}{B} - \frac{2}{a\alpha}\sum_j z_j(a\alpha)_{ij}\right]\ln\left[\frac{Z+2.414B}{Z-0.414B}\right] \tag{1-6}$$

计算液相逸度系数 ϕ_i^l 时，z_i 为 x_i，计算气相逸度系数 ϕ_i^v 时，z_i 为 y_i。

对纯组分或单相混合物，式（1-2）和式（1-5）只有 1 个实根，此根等于该相的压缩因子。在两相区，有 3 个实根，最大的一个为气相的压缩因子，最小的一个为液相的压缩因子，中间一个无意义。

状态方程的计算是为逸度计算提供已知数。在闪蒸计算中，两相逸度的计算要用到压缩因子Z。Z正确与否直接关系到逸度的正确性，从而与相平衡计算正确性密切相关。

1.2.3　(p, T) 闪蒸计算

温度T、压力p给定条件下的混合物相平衡计算称为(p, T)闪蒸计算，用于确定各相的摩尔分数、摩尔流量。从而为焓和熵的计算提供已知参数。

1. 计算方法

相平衡计算的已知条件：① 闪蒸压力p；② 闪蒸温度T；③ 进料摩尔流量q_n；④ 各组

分在总流量中的摩尔分数 z_i。

得到的结果为：① 各组分在气相中的摩尔分数 y_i；② 气相摩尔流量 $q_{n,\mathrm{V}}$；③ 各组分在液相中的摩尔分数 x_i；④ 液相摩尔流量 $q_{n\mathrm{L}}$。

多组分的气液平衡条件：

总物料平衡
$$q_n = q_{n\mathrm{L}} + q_{n\mathrm{V}} \tag{1-7}$$

各组分物料平衡
$$q_n z_i = q_{n,\mathrm{L}} x_i + q_{n,\mathrm{V}} y_i \tag{1-8}$$

相平衡方程
$$y_i = K_i x_i \tag{1-9}$$

摩尔分数之和
$$\sum_i (y_i - x_i) = 0 \tag{1-10}$$

式中，K_i 为气液平衡比。

以上方程组迭代的收敛条件为

$$\sum_i (y_i - x_i) = \sum_i \left[z_i (K_i - 1)/(1 - e + eK_i) \right] < \varepsilon$$
$$\left| \sum_i x_i - 1 \right| < \varepsilon \tag{1-11}$$

式中，e 为气化率 $q_{n,\mathrm{V}}/q_n$；ε 为收敛条件判别值。

2. 计算结果与试验数据的比较

为了验证计算结果的正确性，计算结果与国外实验结果[11]作了比较，见表 1-3 和表 1-4。

表 1-3　利用 SRK 方程计算气液相平衡的结果与实验值的比较

压力/MPa 温度/K	组　分	总摩尔分数 z_i	液相组分的 摩尔分数 x_i		气相组分的 摩尔分数 y_i		气液平衡比 K_i	
			实验值	计算值	实验值	计算值	实验值	计算值
5.44 213.9	CH_4	0.8450	0.7840	0.7843	0.9061	0.9077	1.156	1.1574
	C_2H_6	0.1476	0.2037	0.2036	0.0914	0.0897	0.448	0.4406
	C_3H_8	0.0074	0.0123	0.0121	0.0025	0.0026	0.203	0.2113
2.72 213.9	CH_4	0.6199	0.3725	0.3702	0.8673	0.8660	2.328	2.3394
	C_2H_6	0.3231	0.5193	0.5202	0.1270	0.1289	0.244	0.2478
	C_3H_8	0.0570	0.1082	0.1096	0.0057	0.0051	0.052	0.0468
2.04 172.2	CH_4	0.9260	0.8565	0.8252	0.9955	0.9956	1.162	1.2065
	C_2H_6	0.0249	0.0462	0.0558	0.0035	0.0036	0.078	0.0647
	C_3H_8	0.0491	0.0973	0.1191	0.0010	0.0008	0.010	0.0070
1.36 172.2	CH_4	0.7619	0.5487	0.5429	0.9751	0.9758	1.777	1.7973
	C_2H_6	0.2036	0.3826	0.3876	0.0246	0.0238	0.064	0.0615
	C_3H_8	0.0345	0.0687	0.0695	0.0003	0.0003	0.004	0.0050

表 1-4　利用 PR 方程计算气液相平衡的结果与实验值的比较

压力/MPa 温度/K	组　分	总摩尔分数 z_i	液相组分的 摩尔分数 x_i		气相组分的 摩尔分数 y_i		气液平衡比 K_i	
			实验值	计算值	实验值	计算值	实验值	计算值
5.44 213.9	CH_4	0.8450	0.7840	0.7864	0.9061	0.9058	1.156	1.1518
	C_2H_6	0.1476	0.2037	0.2017	0.0914	0.0915	0.448	0.4538
	C_3H_8	0.0074	0.0123	0.0119	0.0025	0.0027	0.203	0.2279

（续）

压力/MPa 温度/K	组分	总摩尔分数 z_i	液相组分的 摩尔分数 x_i		气相组分的 摩尔分数 y_i		气液平衡比 K_i	
			实验值	计算值	实验值	计算值	实验值	计算值
2.72 213.9	CH_4	0.6199	0.3725	0.3815	0.8673	0.8638	2.328	2.2645
	C_2H_6	0.3231	0.5193	0.5113	0.1270	0.1305	0.244	0.2553
	C_3H_8	0.0570	0.1082	0.1072	0.0057	0.0056	0.052	0.0527
2.04 172.2	CH_4	0.9260	0.8565	0.8359	0.9955	0.9954	1.162	1.1909
	C_2H_6	0.0249	0.0462	0.0524	0.0035	0.0037	0.078	0.0702
	C_3H_8	0.0491	0.0973	0.1117	0.0010	0.0009	0.010	0.0080
1.36 172.2	CH_4	0.7619	0.5487	0.5577	0.9751	0.9750	1.777	1.7482
	C_2H_6	0.2036	0.3826	0.3751	0.0246	0.0246	0.064	0.0657
	C_3H_8	0.0345	0.0687	0.0672	0.0003	0.0004	0.004	0.0060

表中列出了液相摩尔分数 x_i，气相摩尔分数 y_i，气液平衡比 K_i 的计算值和实验值。若用绝对平均偏差 AAD 来表示 SRK 方程和 PR 方程的计算气相组分总体误差，则用 SRK 方程计算气液相平衡的气相摩尔分数的 AAD 为 9.86%，液相摩尔分数的 AAD 为 4.76%，用 PR 方程计算气液相平衡的气相摩尔分数的 AAD 为 6.97%，液相摩尔分数的 AAD 为 4.57%。

AAD 的表达式为

$$AAD = \sum_{i=1}^{n} \frac{|实验值 - 计算值|}{n \times 实验值} \times 100\% \qquad (1-12)$$

式中，n 为试验值与计算值进行比较的次数。

1.2.4　泡点和露点的计算

天然气的混合物的泡点、露点温度是天然气液化流程设计中的关键参数，对于确保液化流程设备的正常运行发挥着重要作用。在液化流程中，混合制冷剂的组分是和天然气相仿的，混合制冷剂物性的计算方法与天然气的相同。在确定天然气液化流程的运行参数时，应保证：①混合制冷剂进入压缩机前的温度要高于露点温度，避免液滴进入压缩机发生液击危险；②混合制冷剂进入气液分离器前处于气液两相区，即制冷剂温度处于该压力下的泡点温度 T_B 和露点温度 T_D 之间。

天然气的泡点、露点温度计算，相当于求解以下相平衡问题：①泡点温度和气相组成的计算，给定压力 p 及液相组成，求泡点温度 T_B 及气相组成；②露点温度和液相组成的计算，给定压力 p 及气相组成，求露点温度 T_D 及液相组成。

1. 计算方法

由于 $(p，T)$ 闪蒸算法具有很好的收敛性，本研究调用 $(p，T)$ 闪蒸计算模块求解泡点和露点温度，思路如下：一已知组成的混合物，若在给定压力下处于气液平衡状态，则其温度将随混合物气相分数的不同而异，这一温度变化的上、下限，就是露点温度和泡点温度。当气相分数为 0 时，此时的温度为泡点温度；当液相分数为 0 时，此时的温度为露点温度。

采用上述方法计算天然气和混合制冷剂的泡点和露点温度简便易行，易于收敛，计算精度较高。

2. 计算结果与实验数据的比较

利用上述方法对甲烷-乙烷-丙烷三元体系泡点和露点温度进行计算，并与实验数据进行比较，平均绝对误差为 0.6%，见表 1-5。

表 1-5　甲烷-乙烷-丙烷三元体系泡点温度计算结果与实验数据的比较

压力	液相组分的摩尔分数			实验值	计算值	误差
p/kPa	CH_4	C_2H_6	C_3H_8	T/K	T/K	(%)
680	0.2490	0.4460	0.3050	172.05	172.47	0.24
680	0.1100	0.5800	0.3100	199.85	198.69	0.58
680	0.0210	0.1660	0.8130	255.35	254.56	0.31
1360	0.5280	0.3190	0.1530	172.05	172.41	0.21
1360	0.2360	0.4830	0.2810	199.85	200.36	0.25
1360	0.1190	0.6270	0.2540	227.55	225.60	0.86
1360	0.0457	0.4843	0.4700	255.35	255.45	0.04
2720	0.5191	0.3860	0.0949	199.85	198.76	0.54
2720	0.2780	0.5710	0.1510	227.55	226.15	0.17
2720	0.1364	0.7243	0.1393	255.35	255.00	0.14
2720	0.1100	0.1750	0.7150	283.15	286.48	1.18

1.3　天然气的焓和熵

1.3.1　计算焓和熵的表达式

对于焓和熵的计算，用 LKP 方程计算。LKP 方程是计算压缩因子、定压热容、定容热容、焓和熵的最佳方法。本研究中用 LKP 方程计算天然气和混合制冷工质的余焓和余熵。

1. LKP 方程

$$Z = Z^{(0)} + \frac{\omega}{\omega^{(R)}}(Z^{(R)} - Z^{(0)}) \tag{1-13}$$

$Z^{(0)}$ 和 $Z^{(R)}$ 的计算式为

$$Z = \left(\frac{p_r V_r}{T_r}\right) = 1 + \frac{B}{V_r} + \frac{C}{V_r^2} + \frac{D}{V_r^5} + \frac{c_4}{T_r^3 V_r^2}\left(\beta + \frac{\gamma}{V_r^2}\right)\exp\left(-\frac{\gamma}{V_r^2}\right) \tag{1-14}$$

其中，
$$\left.\begin{array}{l} B = b_1 - b_2/T_r - b_3/T_r^2 - b_4/T_r^3 \\ C = c_1 - c_2/T_r + c_3/T_r^3 \\ D = d_1 + d_2/T_r \end{array}\right\} \tag{1-15}$$

式中，Z 为压缩因子；ω 为偏心因子；p_r 为对比压力；V_r 为对比摩尔体积；T_r 为对比温度；上标 0 表示简单流体的相应参数；上标 R 表示参考流体的相应参数；其余参数为常数。

LKP 方程中分别用氩和正辛烷的实验数据来拟合方程中简单流体和参考流体的 12 个常数，见表 1-6。

表 1-6　LKP 方程中的常数

常　数	简单流体	参考流体	常　数	简单流体	参考流体
b_1	0. 1181193	0. 2026579	c_3	0. 0	0. 016901
b_2	0. 265728	0. 331511	c_4	0. 042724	0. 041577
b_3	0. 154790	0. 027655	d_1	$0. 155488 \times 10^{-4}$	$0. 48736 \times 10^{-4}$
b_4	0. 030323	0. 203488	d_2	$0. 623689 \times 10^{-4}$	$0. 0740336 \times 10^{-4}$
c_1	0. 0236744	0. 0313385	β	0. 65392	1. 226
c_2	0. 0186984	0. 0503618	γ	0. 060167	0. 03754

2. 用对比密度来表示 LKP 方程的表达式

$$f(\rho_r) = T_r\Big[\rho_r + B\rho_r^2 + C\rho_r^3 + D\rho_r^6 + \frac{c_4}{T_r^3}\rho_r^3(\beta + \gamma\rho_r^3)\exp(-\gamma\rho_r^3)\Big] - p_r \tag{1-16}$$

式中，ρ_r 为对比密度；其余参数含义同式（1-13）~式（1-15）。

3. 对于混合物，虚拟临界性质表达式

$$V_{c,i} = (0.2905 - 0.085\omega_i)RT_{c,i}/p_{c,i}$$

$$V_{c,m} = \frac{1}{8}\sum_j\sum_k z_j z_k (V_{c,j}^{1/3} + V_{c,k}^{1/3})^3$$

$$T_{c,m} = \frac{1}{8V_{c,m}}\sum_j\sum_k z_j z_k (V_{c,j}^{1/3} + V_{c,k}^{1/3})^3 \sqrt{T_{c,j}T_{c,k}}$$

$$p_{c,m} = (0.2905 - 0.085\sum_j z_j\omega_j)RT_{c,m}/V_{c,m} \tag{1-17}$$

式中，$V_{c,m}$、$T_{c,m}$、$p_{c,m}$ 分别为混合物的虚拟临界摩尔体积、虚拟临界温度和虚拟临界压力；下标 c 表示临界状态。

4. 工质理想焓和熵的表达式

$$H_m^{id} = \sum_i z_i H_{m,i}^{id} = \sum_i z_i \int_{T_0}^{T} C_{p,m}^{id}\,dT + H_{m,o} \tag{1-18}$$

$$S_m^{id} = \sum_i z_i S_{m,i}^{id} = \sum_i z_i\Big[\int_{T_0}^{T}\frac{C_{p,m}^{id}}{T}dT - R\ln\frac{p}{p_0}\Big] + S_{m,o} \tag{1-19}$$

式中，H_m^{id} 为摩尔理想焓；$H_{m,o}$ 表示焓值基准点（p_0，T_0）下的摩尔焓；S_m^{id} 为摩尔理想熵；$S_{m,o}$ 表示熵值基准点（p_0，T_0）下的摩尔熵；$C_{p,m}^{id}$ 为理想气体的摩尔定压热容；R 为摩尔气体常数；z_i 为组分 i 的摩尔分数；上标 id 表示理想值；下标 i 表示组分 i。

5. 用 LKP 方程计算简单流体和参考流体余焓的方程

$$\frac{H_m - H_m^{id}}{RT_c} = T_r\Big\{Z - 1 - \frac{b_2 + 2b_3/T_r + 3b_4/T_r^2}{T_r V_r} - \frac{c_2 - 3c_3/T_r^2}{2T_r V_r^2} + \frac{d_2}{5T_r V_r^5} + 3E\Big\} \tag{1-20}$$

$$E = \frac{c_4}{2T_r^3\gamma}\Big\{\beta + 1 - \Big(\beta + 1 + \frac{\gamma}{V_r^2}\Big)\exp\Big(-\frac{\gamma}{V_r^2}\Big)\Big\}$$

式中，H_m 为摩尔焓。

6. 用 LKP 方程计算简单流体和参考流体余熵的方程

$$\frac{S_m - S_m^{id}}{R} = \ln(Z) - \frac{b_1 + b_3/T_r^2 + 2b_4/T_r^3}{T_r V_r} - \frac{c_1 - 2c_3/T_r^3}{2V_r^2} - \frac{d_1}{5V_r^5} + 2E \tag{1-21}$$

式中，S_m 为摩尔熵；E 的表达式同式（1-20）中 E 的表达式。

7. 工质的余焓表达式

$$\frac{H_m - H_m^{id}}{RT_c} = \left(\frac{H_m - H_m^{id}}{RT_c}\right)^{(0)} + \frac{\omega}{\omega^{(R)}}\left\{\left(\frac{H_m - H_m^{id}}{RT_c}\right)^{(R)} - \left(\frac{H_m - H_m^{id}}{RT_c}\right)^{(0)}\right\} \quad (1\text{-}22)$$

式中，上标 0 表示简单流体；上标 R 表示参考流体。

8. 工质的余熵表达式

$$\frac{S_m - S_m^{id}}{R} = \left(\frac{S_m - S_m^{id}}{R}\right)^{(0)} + \frac{\omega}{\omega^{(R)}}\left\{\left(\frac{S_m - S_m^{id}}{R}\right)^{(R)} + \left(\frac{S_m - S_m^{id}}{R}\right)^{(0)}\right\} \quad (1\text{-}23)$$

1.3.2　计算焓和熵的方法

焓和熵的计算用余函数法。焓值由两部分组成，即理想焓加余焓。

焓和熵计算的已知条件为：压力 p、温度 T、各组成的摩尔分数 z_i、总流量 q_n 及各组分的临界参数。以下用 LKP 方程求取焓为例进行说明。熵的计算与此相仿。

计算步骤如下：

1）计算（p，T，z_i，q_n）条件下的气液相平衡，得到 x_i、y_i、$q_{n,V}$、$q_{n,L}$。

2）调用计算气相部分理想焓的函数，得到 $H_{m,V}^{id}$。

3）调用计算液相部分理想焓的函数，得到 $H_{m,L}^{id}$。

4）计算气相部分的余焓 $H_{m,V}^{res}$。

5）计算液相部分的余焓 $H_{m,L}^{res}$。

6）总焓值 $H = q_{n,V}(H_{m,V}^{id} + H_{m,V}^{res}) + q_{n,L}(H_{m,L}^{id} + H_{m,L}^{res})$。

1.3.3　计算结果与国外试验结果的比较[12]

为了验证计算结果的正确性，计算结果与国外实验数据[13]进行了比较，见表1-7。

表 1-7　计算结果与国外试验数据的比较

T_2/K	T_1/K	p/MPa	$H_{m,exp}/$ (J/mol)	LKP 方程计算焓和熵 SRK 方程计算相平衡		LKP 方程计算焓和熵 PR 方程计算相平衡	
				$H_{m,cal}$ (J/mol)	$\lvert H_{m,cal} - H_{m,exp}\rvert$ /$H_{m,exp} \times 100$（%）	$H_{m,cal}$ (J/mol)	$\lvert H_{m,cal} - H_{m,exp}\rvert$ /$H_{m,exp} \times 100$（%）
366.91	200.32	1.389	6184.5	6325.1	2.27	6325.1	2.27
366.9	159.05	1.355	9029.9	9052.4	0.25	9114.3	0.93
366.31	155.98	1.391	11240.1	11053.9	1.66	11284.3	0.39
366.92	190.44	1.344	6506.6	6694.2	2.88	6690.1	2.82
367.02	231.46	2.758	5252.1	5390.5	2.64	5390.5	2.64
367.06	200.25	2.799	6615.9	6772.6	2.37	6772.6	2.37
366.84	166.7	2.652	13299.3	13618.5	2.40	13618.5	2.40
367.36	182.73	2.73	7604.2	7920.4	4.16	7926.5	4.24
367.47	255.79	4.463	4454.54	4650.2	4.39	4650.2	4.39
367.29	224.02	4.144	5915.4	6041.3	2.13	6041.3	2.13

（续）

T_2/K	T_1/K	p/MPa	$H_{m,exp}/$ (J/mol)	LKP 方程计算焓和熵 SRK 方程计算相平衡		LKP 方程计算焓和熵 PR 方程计算相平衡	
				$H_{m,cal}$ (J/mol)	$\|H_{m,cal}-H_{m,exp}\|$ /$H_{m,exp}\times100$（%）	$H_{m,cal}$ (J/mol)	$\|H_{m,cal}-H_{m,exp}\|$ /$H_{m,exp}\times100$（%）
367.29	189.39	4.06	8380.6	8665.8	3.40	8670.6	3.46
360.91	207.97	2.706	5669.3	5814.6	2.56	5807.9	2.45
361.79	184.92	1.518	6566.1	6702.3	2.07	6696.6	1.99
361.83	169.29	1.526	7435.2	7609.9	2.35	7610.3	2.35
361.61	180.98	2.785	7403.7	7535.9	1.79	7537.0	1.80
362.21	184.61	1.428	6748.2	6864.6	1.73	6858.4	1.63
362.18	169.16	1.47	7685.6	7852.2	2.17	7855.4	2.21
362.11	157.62	1.459	8797.7	9199.7	4.57	9252.6	5.17
361.59	194.32	2.785	6779.1	6880.3	1.49	6875.1	1.42
361.44	178.37	2.796	7863.3	8212.5	4.44	8227.4	4.63
361.12	192.29	4.223	7362.0	7885.3	7.11	7883.9	7.09
361.07	189.19	4.189	7897.0	8265.9	4.67	8266.2	4.68
361.44	212.64	5.566	6606.2	6818.7	3.22	6818.7	3.22

注：1. T_2—终态温度值（K）；T_1—初态温度值（K）；p—压力（MPa）；$H_{m,exp}$—（p，T_2）状态与（p，T_1）状态之间的焓差的试验值（J/mol）；$H_{m,cal}$—（p，T_2）状态与（p，T_1）状态之间的焓差的计算值（J/mol）；$\|H_{m,cal}-H_{m,exp}\|/H_{m,exp}$ 为试验值与计算值之间的相对误差（%）。其中 T_2、T_1、p、$H_{m,exp}$ 为已知参数。

2. 表中用 SRK 方程计算相平衡，用 LKP 方程计算焓和熵结果的绝对平均偏差 AAD 为 2.901%；用 PR 方程计算相平衡，用 LKP 方程计算焓和熵结果的绝对平均偏差 AAD 为 2.899%。计算结果表明，用这种方法计算天然气和混合制冷剂的焓和熵精度较高，能满足要求。

1.4　天然气的黏度

1.4.1　常用的黏度算法综述

由于天然气的黏度计算涉及天然气的气态、液态的黏度预测，因此首先对常用的气态、液态黏度计算方法进行评述。根据 Reid[14] 的推荐，用于气体黏度估算较好的方法有 Chung、Lucas、Reichenberg 等法，对于非极性物，误差约 0.5% ~ 1.5%，对于极性物，误差约 2% ~ 4%。Lucas 法和 Chung 法可用于非极性和极性化合物，Reichenberg 法主要针对有机物。高压气体的计算则要考虑压力对气体黏度的影响，对上述算法进行修正或采用剩余黏度法计算。

液体黏度的理论研究很多，但这些理论尚难以直接计算液体黏度，一般采用经验关联式。与气体黏度相反，液体黏度随温度升高而减小。低于常沸点时，可采用 Andrade 方程关联；高于常沸点时，可用 Antoine 方程关联。在液体黏度的计算模型中，当 T_r < 0.75 时，以 Van Velzen 的基团影响法和 Przeziecki-Sridhar 的对应状态法较好；T_r > 0.75 时，宜用 Letsou-Stiel 法。总的说来，上述模型计算误差均偏大，一般在 10% ~ 15%。

中、低压力下，压力对液体黏度的影响较小。随压力的增大，其影响逐渐增大。压力的影响还与温度有关，温度越低，压力影响越大。目前尚无成熟的理论预测压力对黏度的影响规律，主要有一些经验、半经验关联式，如 Barus 方程、Eyring 方程、Dymond 模型等。液体混合物的黏度和组成之间一般无直线关系，有时还会出现极大值和极小值甚至 S 曲线关系，目前尚难理论预测。

1.4.2　不同压力范围及相应的天然气黏度计算模型

本节针对天然气所处的不同压力、相应地提出了适用于低压天然气、高压天然气和液化天然气的黏度计算方法。

1. 气体黏度的压力修正界限判别准则

气体压力对气体黏度影响很大，在临界点附近及对比温度 T_r 为 $1\sim2$ 时，气体黏度随压力的上升而增加；当对比压力很大时，可使气体黏度随温度升高而降低。因此，高、低压气体黏度的计算公式不同，需要考虑压力对气体黏度的影响。为此，首先需要确定气体黏度的压力修正的界限，定义天然气的混合规则如下：

$$T_{c,m} = \sum_i z_i T_{c,i} \tag{1-24}$$

$$p_{c,m} = RT_{c,m} \frac{\sum_i z_i Z_{c,i}}{\sum_i z_i V_{c,i}} \tag{1-25}$$

式中，$T_{c,m}$ 为混合物的虚拟临界温度；$p_{c,m}$ 为混合物的虚拟临界压力；$Z_{c,i}$ 为组分 i 的临界压缩因子；$V_{c,i}$ 为组分 i 的临界摩尔体积；z_i 为组分 i 的摩尔分数。

天然气在压力 p、温度 T 下的对比压力、对比温度分别为

$$p_{r,m} = p/p_{c,m} \tag{1-26}$$

$$T_{r,m} = T/T_{c,m} \tag{1-27}$$

式中，$p_{r,m}$、$T_{r,m}$ 为混合物的虚拟对比压力和虚拟对比温度。

由气体修正黏度的分界线示意图[15]，可得如下判别准则：

$$p_{r,m} > 0.188T_{r,m} - 0.12 \tag{1-28}$$

高压气体混合物以式（1-28）为界限。压力低于此限，可忽略压力对气体黏度的影响。

2. 低压天然气的黏度计算公式

低压气体黏度计算较好的计算公式有 Lucas 法和 Chung 法[16]。

1）Lucas 法。Lucas 低压气体混合物的黏度计算公式如下：

$$\eta_m \zeta_m = F_m f(T_{r,m}) \tag{1-29}$$

$$f(T_{r,m}) = 8.07T_{r,m}^{0.618} - 3.57\exp(-0.449T_{r,m}) + 3.4\exp(-4.058T_{r,m}) + 0.18 \tag{1-30}$$

$$\zeta_m = 1.76(T_{c,m}p_{c,m}^{-4}M_m^{-3})^{1/6} \tag{1-31}$$

$$F_m = \sum_i z_i F_i \tag{1-32}$$

式中，η_m 为混合物的黏度；F_m 为极性气体的校正系数。

混合物的参数计算采用 Lucas 混合规则。

2）Chung 法。Chung 低压气体混合物的黏度计算公式如下：

$$\eta_m = 26.69 F_{c,m}(M_{r,m}T)^{1/2}/\sigma_m^2 \Omega_m \tag{1-33}$$

$$F_{cm} = 1 - 0.275\omega_m + 0.059035\mu_{rm}^4 \tag{1-34}$$

$$\mu_{rm} = 131.3\mu_m(V_{c,m}T_{c,m})^{-1/2} \tag{1-35}$$

式中，F_{cm} 为极性气体校正系数；$M_{r,m}$ 为混合物相对分子质量；σ_m 为混合物的碰撞直径；Ω_m 为混合物碰撞积分；ω_m 为混合物的偏心因子；μ_m 为混合物偶极矩。

混合物的参数计算采用 Chung 混合规则。

3. 高压天然气的黏度计算公式

高压气体黏度较好的计算公式有 Lucas 法、Chung 法和剩余黏度法[16]。

1）Lucas 法。Lucas 高压气体黏度计算公式如下：

$$\eta_{pm}\zeta_m = KF_{pm} \tag{1-36}$$

$$K = \eta_m\zeta_m\left[1 + \frac{ap_{r,m}^{1.3088}}{bp_{r,m}^e + (1 + cp_{r,m}^d)^{-1}}\right] \tag{1-37}$$

$$F_{pm} = [1 + (F_m - 1)Y^{-3}]/F_m \tag{1-38}$$

$$e = 0.9425\exp(-0.1853T_{r,m}^{0.4489}) \tag{1-39}$$

$$Y = K/\eta_m\zeta_m \tag{1-40}$$

式中，K 为压力修正项，定义为对比压力、对比温度的函数，计算时不需要求解混合物密度。$\eta_m\zeta_m$ 由式（1-29）计算。

2）Chung 法。Chung 高压气体混合物的黏度计算公式如下：

$$\eta_{pm} = 36.344(M_{r,m}T_{cm})^{1/2}V_{c,m}^{-2/3}\eta_m \tag{1-41}$$

$$\eta_m = \Omega_m^{-1}(T_m^*)^{1/2}F_{cm}(G_2^{-1} + E_6y) + \eta_m^* \tag{1-42}$$

$$y = \rho V_{cm}/6 \tag{1-43}$$

$$G_2 = \frac{E_1\{[1 - \exp(-E_4y)]/y\} + E_2G_1\exp(E_5y) + E_3G_1}{E_1E_4 + E_2 + E_3} \tag{1-44}$$

$$G_1 = (1 - 0.5y)/(1 - y)^3 \tag{1-45}$$

$$\eta_m^* = E_7y^2G_2\exp[E_8 + E_9(T_m^*)^{-1} + E_{10}(T_m^*)^{-2}] \tag{1-46}$$

Chung 法将压力修正项定义为气体密度的函数，计算中需要混合物密度值。

3）剩余黏度法：

$$(\eta_{pm} - \eta_m^0)\zeta_m = 1.08[\exp(1.439\rho_{r,m}) - \exp(-1.111\rho_{r,m}^{1.858})] \tag{1-47}$$

$$\zeta_m = T_{c,m}^{1/6}/(M_m^{1/2}p_{c,m}^{2/3}) \tag{1-48}$$

式中，η_{pm} 为高压气体混合物黏度；η_m^0 为低压气体混合物黏度；$\rho_{r,m}$ 为混合物虚拟对比密度。

剩余黏度法混合规则如下：

$$Z_{c,m} = \sum_i z_i Z_{c,i} \tag{1-49}$$

$$V_{c,m} = \sum_i z_i V_{c,i} \tag{1-50}$$

$$p_{c,m} = Z_{c,m}RT_{c,m}/V_{c,m} \tag{1-51}$$

式中，$Z_{c,m}$ 为混合物的虚拟临界压缩因子。

$T_{c,m}$、$M_{r,m}$ 的混合规则与 Lucas 混合规则相同。

4. 液化天然气黏度计算

液体黏度的理论研究较为复杂，需要多个特性参数，尚难以直接计算液体黏度。一般液体

沸点在 $T_r^{-1} = 1.5$ 附近。当 $T_r^{-1} < 1.5$ 时,$\ln\eta$ 与 T_r^{-1} 呈线性关系,可由经验公式计算;而沸点以上无此关系,要采用对应态关联式估算。液体混合物的黏度由单组分黏度通过混合规则导出。

LNG 各组分的黏度可由以下经验公式计算,相应的公式参数见表1-8。

表1-8 液体黏度的经验公式参数

组 分	适用公式	参 数				温度范围 /℃
		A	B	C	D	
氮	式 (1-53)	-2.795E+01	8.660E+02	2.763E-01	-1.084E-03	-205 ~ -195
甲烷	式 (1-53)	-2.687E+01	1.150E+03	1.871E-01	-5.211E-04	-180 ~ -84
乙烷	式 (1-53)	-1.023E+01	6.680E+02	4.386E-02	-9.588E-05	-180 ~ 32
丙烷	式 (1-53)	-7.764E+0	7.219E+02	2.381E-02	-4.665E-05	-180 ~ 96
正丁烷	式 (1-52)	-3.821E+0	6.121E+02			-90 ~ 0
异丁烷	式 (1-52)	-4.093E+0	6.966E+02			-80 ~ 0
正戊烷	式 (1-52)	-3.958E+0	7.222E+02			-130 ~ 40
异戊烷	式 (1-52)	-4.415E+0	8.458E+02			-50 ~ 30

$$\ln\eta = A + B/T \tag{1-52}$$

$$\ln\eta = A + B/T + CT + DT^2 \tag{1-53}$$

式中,η 为黏度。

液化天然气黏度根据各组分的黏度,采用 Teja 和 Rice 对应态法计算:

$$\ln(\eta_m\zeta_m) = \ln(\eta\zeta)^{(r1)} + \left[\ln(\eta\zeta)^{(r2)} - \ln(\eta\zeta)^{(r1)}\right]\frac{\omega_m - \omega^{(r1)}}{\omega^{(r2)} - \omega^{(r1)}} \tag{1-54}$$

$$\zeta_m = V_{c,m}^{2/3}/(T_{c,m}M_{r,m})^{1/2} \tag{1-55}$$

式中,r1、r2 代表两种参考流体,可选天然气中摩尔组分最大的两种组分,由 Teja 混合规则计算。

1.4.3 天然气的统一黏度计算模型

通过对常用黏度计算方法的分析和比较,从中选取了适用于不同压力、相态范围的天然气黏度计算方法。通过调试运算,发现上述常用的天然气黏度算法存在着如下问题:

1) 适用范围窄,计算较为烦琐。天然气是多组分混合物,由于产地及管输、液化等加工处理工艺的不同,天然气的组分、温度和压力差异较大,且有相态变化。上述算法由于其理论局限性,不能对天然气在整个相态变化范围内的黏度性质给出精确的描述,适用范围较窄。在计算天然气黏度时,只能针对天然气的具体状态——气相或液相,高压或低压,选择相应的算法,计算过程较为烦琐。

2) 计算精度不高。由于黏度计算需要综合考虑因素的增加,引入了各种误差,直接影响到计算精度。例如:计算高压天然气的黏度时,需要低压气体黏度或密度值等参数,当上述参数无实测值而采用计算值时,就引入了相应的计算误差,对最终黏度的计算精度产生不良影响。

由于传统黏度算法存在着上述不足,因此研究开发应用范围广、准确、简洁的天然气黏度计算模型是十分必要的。基于上述考虑，建立了基于对应态原理的统一黏度模型，对天然气气相和液相黏度进行预测。

1. 对应态原理

以临界点参数为基准，物质的黏度可通过对比参数表示。对比参数定义为实际条件下的参数除以临界点参数。根据对应态原理，如果一组物质中所有物质的对比黏度 η_r 与对比密度 ρ_r 和对比温度 T_r 的函数关系均相同，则该组物质的黏度遵循对应态原理。在这种情况下，仅需要组内一个组分的详细黏度数据，其他组分的黏度以此作为参比就可以很容易地求出。

天然气是以甲烷为主（摩尔分数 75% 以上）的轻烃混合物，各组分的化学性质较为近似，而且甲烷拥有大量精确的黏度实验数据。因此，选取甲烷作为参比物质，采用对应态原理可以较好地预测天然气黏度。为校正简单对应态原理与实际混合物黏度计算的偏差，Ely 和 Hanley 提出了形状因子的概念，将对比黏度 η_r 表示为对比密度 ρ_r 和对比温度 T_r 的函数。由于形状因子的表达式复杂，且需要通过密度的迭代求解确定，致使该算法较为烦琐，并直接影响到黏度计算的精度[17]。为有效解决上述问题，在采用的黏度对应态模型中，将 η_r 表示为对比压力 p_r 和对比温度 T_r 的函数[18]：

$$\eta_r = \eta\zeta = f(p_r, T_r) \tag{1-56}$$

式中，ζ 是由气体运动理论导出的黏度对比化参数，由式（1-57）确定：

$$\zeta = T_{c,m}^{1/6} M^{-1/2} p_{c,m}^{-2/3} \tag{1-57}$$

压力 p、温度 T 状态下混合物的黏度可由下式计算：

$$\eta_m(p, T) = \frac{\alpha_m \zeta_0}{\alpha_0 \zeta_m} \eta_0(p_0, T_0) \tag{1-58}$$

$$p_0 = p p_{c0} \alpha_0 / (p_{c,m} \alpha_m) \tag{1-59}$$

$$T_0 = T T_{c0} \alpha_0 / (T_{c,m} \alpha_m) \tag{1-60}$$

式中，ζ_0、ζ_m 为参比物质和混合物的黏度对比化参数；α_0、α_m 为参比物质和混合物的转动耦合系数；η_0 为甲烷在压力 p_0、温度 T_0 状态下的黏度。

2. 混合规则

根据对应态原理，混合物可看做具有一套按一定规则求出的假临界参数、性质均一的虚拟的纯物质。通过引入混合规则，仅需天然气各组分的相对分子质量、偏心因子和临界参数即可预测混合物黏度。考虑到较重的组分对混合物黏度有较大影响，根据已有的黏度数据可导出如下的混合规则[19]：

$$V_{c,m} = \sum_i \sum_j z_i z_j V_{c,ij} \tag{1-61}$$

$$T_{c,m} V_{c,m} = \sum_i \sum_j z_i z_j T_{c,ij} V_{c,ij} \tag{1-62}$$

$$p_{c,m} = R Z_{c,m} T_{c,m} / V_{c,m} \tag{1-63}$$

$$M_{r,m} = 1.304 \times 10^{-4} (\overline{M}_w^{2.303} - \overline{M}_n^{2.303}) + \overline{M}_n \tag{1-64}$$

$$V_{c,ij} = \frac{1}{8} (V_{c,i}^{1/3} + V_{c,j}^{1/3}) \tag{1-65}$$

$$T_{c,ij} = (T_{c,i} T_{c,j})^{1/2} \tag{1-66}$$

$$V_{c,i} = R Z_{c,i} T_{c,i} / p_{c,i} \tag{1-67}$$

式中，$V_{c,m}$、$T_{c,m}$、$p_{c,m}$、$M_{r,m}$ 为混合物的虚拟临界摩尔体积、虚拟临界温度、虚拟临界压力和相对分子质量；z_i、z_j 为组分 i 与 j 的摩尔分数；$\overline{M}_w$、$\overline{M}_n$ 为重量平均相对分子质量和平均摩尔分子质量。

3. 算法

由式（1-58）即可计算天然气黏度。天然气和参比物质甲烷的转动耦合系数 α_m 和 α_o 可分别由下式估算：

$$\alpha_m = 1.0 + 7.378 \times 10^{-3} \rho_r^{1.847} M_m^{0.5173} \tag{1-68}$$

$$\alpha_o = 1.0 + 0.031 \rho_r^{1.847} \tag{1-69}$$

$$\rho_r = \rho_o(TT_{c,o}/T_{c,m}, pp_{c,o}/p_{c,m})/\rho_{co} \tag{1-70}$$

式中，$p_{c,o}$、$T_{c,o}$、$\rho_{c,o}$ 为参比物质甲烷的临界压力、临界温度和临界密度。

参比物质甲烷的黏度计算采用 Hanley 提出的甲烷黏度模型[20]。该模型建立在大量实验数据的基础上，适用范围广，可用于计算温度 95～400K，压力由常压直至 50MPa 范围的天然气气、液相黏度，误差为 2%。具体表达式如下：

$$\eta(\rho, T) = \eta_0(T) + \eta_1(T)\rho + \Delta\eta(\rho, T) \tag{1-71}$$

式中，ρ 为密度；$\eta_0(T)$ 为稀薄气体黏度项：$\eta_1(T)$ 为黏度的密度一阶修正项；$\Delta\eta$ 为黏度余项。

稀薄气体黏度项 $\eta_0(T)$ 可由气体运动理论计算，对于甲烷可得如下的多项式：

$$\eta_0(T) = G_1 T^{-1} + G_2 T^{-2/3} + G_3 T^{-1/3} + G_4 + G_5 T^{1/3} + G_6 T^{2/3} + G_7 T + G_8 T^{4/3} + G_9 T^{5/3} \tag{1-72}$$

黏度的密度一阶修正项 $\eta_1(T)$ 由式（1-73）计算：

$$\eta_1(T) = A + B\left(C - \ln\frac{T}{F}\right)^2 \tag{1-73}$$

黏度余项 $\Delta\eta$ 由式（1-74）计算：

$$\Delta\eta(\rho, T) = \exp(j_1 + j_4/T)\left[\exp\left[\rho^{0.1}(j_2 + j_3/T^{3/2}) + \theta\rho^{0.5}(j_5 + j_6/T + j_7/T^2)\right] - 1.0\right] \tag{1-74}$$

精确求解甲烷密度是黏度计算的关键，甲烷的密度采用 McCarty 提出的 32 个参数的甲烷状态方程计算[21]：

$$p = \sum_{n=1}^{9} a_n(T)\rho^n + \sum_{n=10}^{15} a_n(T)\rho^{2n-17} e^{-\gamma\rho^2} \tag{1-75}$$

具体参数取值可见参考文献［20］，上述方程采用牛顿法迭代求解。

4. 计算结果与实验数据的对比分析[22]

由于实验条件的限制，国内外公开发表的天然气黏度数据较少。本节采用 Anthony[23] 测得的高压天然气黏度数据对不同黏度算法的精度进行验证。分别采用统一对应态黏度模型、Chung 法、Lucas 法、剩余黏度法对 3 个天然气试样的高压气体黏度进行了预测，其中剩余黏度法计算中所需要的低压天然气黏度值由 Lucas 法计算。天然气试样成分见表 1-9，预测结果列于表 1-10～表 1-13。

通过上述不同算法对高压天然气黏度的预测值与实验数据的比较，可得到如下结论：对应态黏度模型的精度最高，平均绝对误差为 2.13%；Lucas 法、剩余黏度法、Chung 法的计算精度次之，平均绝对误差分别为 2.16%、3.32% 和 3.82%。

表 1-9　天然气试样组成分析表

试样	组分的摩尔分数（%）										
	N_2	CO_2	H6	CH_4	C_2H_6	C_3H_8	$n\text{-}C_4H_{10}$	$i\text{-}C_4H_{10}$	C_5H_{12}	C_6H_{14}	C_7^+
1	—	3.20	—	86.30	6.80	2.40	0.48	0.43	0.22	0.10	0.04
2	1.40	1.40	0.03	71.70	14.00	8.30	1.90	0.77	0.39	0.09	0.01
3	0.55	1.70	—	91.50	3.10	1.40	0.50	0.67	0.28	0.26	0.08

表 1-10　对应态黏度模型对高压天然气黏度的预测结果

气 样	点 数	T/K	p/MPa	MAD（%）	AAD（%）
1	30	310.95 ~ 444.25	1.379 ~ 27.579	1.96	0.69
2	33	310.95 ~ 444.25	4.826 ~ 55.158	6.95	2.93
3	26	310.95 ~ 444.25	2.758 ~ 55.158	7.36	2.88

表 1-11　Lucas 对高压天然气黏度的预测结果

气 样	点 数	T/K	p/MPa	MAD（%）	AAD（%）
1	30	310.95 ~ 444.25	1.379 ~ 27.579	3.69	1.816
2	33	310.95 ~ 444.25	4.826 ~ 55.158	2.46	1.007
3	26	310.95 ~ 444.25	2.758 ~ 55.158	9.87	4.02

表 1-12　Chung 法对高压天然气黏度的预测结果

气 样	点 数	T/K	p/MPa	MAD（%）	AAD（%）
1	30	310.95 ~ 444.25	1.379 ~ 27.579	6.12	3.92
2	33	310.95 ~ 444.25	4.826 ~ 55.158	6.65	3.462
3	26	310.95 ~ 444.25	2.758 ~ 55.158	11.68	4.15

表 1-13　剩余黏度法对高压天然气黏度的预测结果

气 样	点 数	T/K	p/MPa	MAD（%）	AAD（%）
1	30	310.95 ~ 444.25	1.379 ~ 27.579	3.23	1.25
2	33	310.95 ~ 444.25	4.826 ~ 55.158	10.53	4.697
3	26	310.95 ~ 444.25	2.758 ~ 55.158	9.23	3.974

注：MAD（%）= max（|计算值 − 实验值|）/实验值 × 100%

　　AAD（%）=（1/数据点数）× Σ（|计算值 − 实验值|）/实验值 × 100%

表 1-14 为对应态模型对 1 号天然气试样黏度的预测结果。图 1-1 绘出了 410.95K 时，对应态模型、Lucas 法和 Chung 法对 1 号天然气试样的黏度预测值随压力的变化关系曲线。由上述图表可知，采用对应态黏度模型计算天然气黏度具有较高的精度，对天然气高压黏度的预测结果要优于 Lucas 法、Chung 法和剩余黏度法。

表 1-14　对应态模型对 1 号天然气黏度的预测

压力 p/MPa	黏度 $\eta/\mu Pa \cdot s$									
	37.8℃		71.1℃		104.4℃		137.8℃		171.1℃	
	实验值	计算值	实验值	计算值	实验值	计算值	实验值	计算值	实验值	计算值
1.379	—	—	—	—	—	—	15.15	14.92	—	—
2.068	—	—	—	—	—	—	—	—	16.15	15.96
2.758	—	—	—	—	—	—	15.20	15.14	16.32	16.06
4.137	—	—	—	—	—	—	15.41	15.38	16.40	16.28
4.826	12.61	12.81	13.72	13.71	14.59	14.61	—	—	—	—
5.516	12.78	13.03	13.88	13.90	14.73	14.77	15.70	15.65	—	—
6.895	13.31	13.54	14.19	14.30	15.10	15.12	16.00	15.94	16.90	16.78
13.790	17.18	17.38	16.91	17.05	17.20	17.28	17.71	17.75	18.39	18.32
17.237	19.92	19.98	18.77	18.82	—	—	—	—	—	—
20.684	—	—	—	—	—	—	—	—	—	—
24.132	—	—	—	—	—	—	—	—	—	—
27.579	—	—	—	—	—	—	22.64	22.48	—	—

应用对应态黏度模型对二元烃混合物的黏度进行预测，计算结果与 Dille 测得的甲烷-氮气、甲烷-乙烷和甲烷-丙烷二元烃混合物共计 749 点的黏度数据[22,24,25]进行了比较，见表 1-15。混合物的状态从液相区到稀薄气相区，对应态黏度模型预测结果的平均绝对误差 AAD 为 4.13%。对于液体黏度的预测，对应态黏度模型的平均绝对误差为 4.428%，优于 Teja 和 Rice 模型 6.18% 的预测精度。

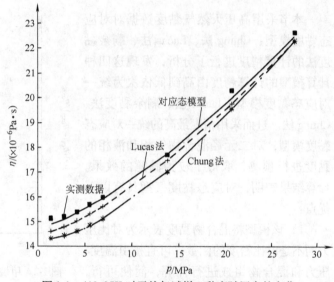

图 1-1　410.95K 时天然气试样 1 黏度随压力的变化

表 1-15　对应态模型对二元烃混合物黏度的预测结果

体系	CH_4 摩尔分数	相态	点数	T/K	p/MPa	MAD（%）	AAD（%）
CH_4-N_2	0.3166～0.4988	气相	166	170～300	1.603～32.943	7.27	4.17
		液相	138	100～165	2.263～32.645	11.6	6.08
CH_4-C_2H_6	0.3453～0.5022	气相	94	270～300	1.558～34.859	7.29	2.89
		液相	221	100～250	1.545～32.871	11.85	3.90
CH_4-C_3H_8	0.221～0.753	气相	27	253～310	3.448～34.475	5.98	3.00
		液相	103	133～213	3.448～34.375	9.52	3.35

表 1-16 具体列出了对应态模型对二元 CH_4-C_2H_6 体系黏度的预测结果，从中可看到随着甲烷含量的上升，混合物液体的黏度预测误差整体呈下降趋势。图 1-2 为采用对应态模型预测 $0.68526CH_4 + 0.31474C_2H_6$ 二元烃混合物气、液相黏度时，计算误差随摩尔浓度的变化曲线。由图 1-2 可知，该模型能对混合物气、液相的黏度计算给出相一致的结果，计算误差在 5% 以内。由于黏度表示为温度和压力的函数，对应态黏度模型较好地克服了 Lohrenz 关联式等黏度模型预测结果对密度值敏感的问题，在高密度液相区的计算误差很小。

表 1-16　对应态模型对二元 CH_4-C_2H_6 体系黏度的预测结果

试　　样	摩 尔 分 数		相态	点数	T/K	p/MPa	MAD（%）	AAD（%）
	CH_4	C_2H_6						
1	0.34528	0.65472	气相	18	300	1.558~31.731	5.152	3.242
			液相	65	100~230	2.232~32.112	11.85	6.09
2	0.50217	0.49783	气相	35	280~300	1.6815~34.8592	7.29	3.476
			液相	89	105~250	1.545~31.133	8.81	4.00
3	0.68526	0.31474	气相	41	270~300	2.414~31.827	4.68	2.24
			液相	67	100~230	2.344~32.871	4.26	1.637

本节采用高压天然气黏度数据对对应态黏度模型、Chung 法、Lucas 法、剩余黏度法的计算精度进行了分析，发现这四种计算模型的计算精度由高到低依次为统一对应态黏度模型、Lucas 法、剩余黏度法、Chung 法。进而采用精度最高的统一对应态黏度模型，对二元烃混合物气相和液相的黏度进行预测，取得了较为满意的效果。计算结果表明，对应态黏度模型具有以下优点：

1）该模型将混合物黏度表示为对比压力而不是对比密度的函数，可直接由温度、压力和混合物组成进行计算，简便可行，在高密度区计算误差小。

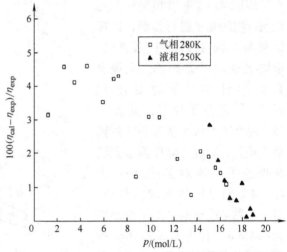

图 1-2　甲烷-乙烷混合物气液相黏度的对应态预测值

2）由于参比物质甲烷拥有大量的黏度实验数据和精确的黏度关联式，可充分利用天然气与甲烷性质的相似性，预测天然气的迁移性质。大量实验数据与对应态模型的预测结果的比较表明，该模型在宽广的温度和压力范围内，对天然气黏度预测具有较高的精度。

1.5　天然气的热导率

1.5.1　常用的热导率计算方法综述

常用的气体热导率计算方法有单原子气体理论方程、Chung 热导率模型、Ely-Hanley 模型及 Stiel-Thodos 模型。高压下气体的热导率随压力变化较为复杂,常用的计算模型有 Chung 热导率模型和 Ely-Hanley 模型。Chung 热导率模型对非极性气体的平均计算误差为 5% ~ 8%,Ely-Hanley 模型则较为复杂,对于烃类的计算误差为 3% ~ 8%,最大可达 15%。气体混合物热导率的计算一般可采用 Mason-saxena 法、Chung 法或 Stiel-Thodos 模型计算。

液体的热导率测定由于液体对流的存在而非常困难,实验数据更显缺乏。目前理论研究虽然很多,但尚难以直接预测热导率,一般还是采用估算法。液体热导率较为重要的几种计算方法为 Sato-Reidel 法、Latini 法、Sheffy-Johnson 法和 Jamieson 双参数方程。相比较而言,Jamieson 双参数方程适用的物质类别和温度范围较广。总的来说,液体热导率的计算还是以采用经验关联式较为准确。由于实验数据的缺乏,多元液体混合物热导率的研究还很不成熟。目前,液体混合物热导率的估算方法有指数方程、Li 方程等。

1.5.2 不同压力范围及相态的天然气热导率计算模型

热导率的理论研究较为复杂,需针对物质所处的不同状态选择合适的计算模型。天然气可处于低压气体、高压气体及低压液体状态。根据天然气的不同压力范围及相态,给出了天然气在低压气体、高压气体及低压液体状态下的热导率算法。

1. 低压天然气的热导率计算公式

精度较高的可直接对混合物热导率进行计算的模型有 Chung 热导率模型,另外,若已知混合物各组分的热导率值,也可采用 Mason-Saxenafa 法计算混合物热导率[14]。

(1) Chung 热导率模型 采用 Chung 混合规则,低压气体热导率的计算公式如下:

$$\frac{\lambda_m M_{r,m}}{\eta_m C_{V,m}} = 3.75 \frac{\psi_m}{(C_{V,m}/R)} \tag{1-76}$$

式中,λ_m 为混合物热导率;$M_{r,m}$ 为混合物相对分子质量;η_m 为气体混合物黏度;R 为摩尔气体常数;ψ_m 为校正系数;$C_{V,m}$ 为混合物的摩尔定容热容,由式 (1-77) 计算:

$$C_{V,m} = \sum_i z_i C_{V,i} \tag{1-77}$$

(2) Mason-Saxenafa 法 将混合物的热导率表示不同组分热导率的关系式:

$$\lambda_m = \sum_{i=1}^{n} (z_i \lambda_i / \sum_{j=1}^{n} z_i A_{ij}) \tag{1-78}$$

$$A_{ij} = [1 + (\lambda_{tr,i}/\lambda_{tr,j})^{1/2} (M_{r,i}/M_{r,j})^{1/4}]^2 [8(1 + M_{r,i}/M_{r,j})]^{-1/2} \tag{1-79}$$

$$\frac{\lambda_{tr,i}}{\lambda_{tr,j}} = \frac{\Gamma_j [\exp(0.0464T_{r,i}) - \exp(-0.2412T_{r,i})]}{\Gamma_i [\exp(0.0464T_{r,j}) - \exp(-0.2412T_{r,j})]} \tag{1-80}$$

$$\Gamma_i = 210(T_{c,i} p_{c,i}^{-4} M_{r,i}^3)^{1/6} \tag{1-81}$$

Mason-Saxenafa 法是在已知混合物各组分热导率的情况下,对非极性低压气体混合物的计算误差为 3% ~ 4%。当混合物各组分热导率未知时,必须通过其他的纯物质热导率模型计算各组分热导率。Stiel-Thodos 模型是单组分热导率模型中精度较高的一种,计算公式如下[14]:

$$\lambda = \frac{\eta}{M_r} C_{V,m} \left(1.15 + \frac{2.03}{C_{V,m}/R}\right) \tag{1-82}$$

式中,λ 为热导率。

2. 高压天然气的热导率计算公式

当压力在 10^{-4} ~ 1MPa 时,压力对气体热导率的影响可忽略不计。高于 1MPa 时,气体热导率随压力的变化关系比较复杂。经比较分析，高压天然气热导率计算可采用 Chung 热导率模型和 Stiel-Thodos 模型[14]。

（1）Chung 热导率模型　考虑压力的影响，Chung 高压气体热导率的计算公式为

$$\lambda_{m} = \frac{31.2\eta^{0}\psi}{M_{r,m}}(G_{2}^{-1} + B_{6}\rho_{r}) + qB_{7}y^{2}T_{r}^{1/2}G_{2} \tag{1-83}$$

$$q = 3.586 \times 10^{-3}(T_{c,m}/M_{r,m})^{1/2}V_{c,m}^{-2/3} \tag{1-84}$$

式中，ρ_{r} 为对比密度；η^{0} 为低压气体黏度；G_{2} 为校正因子。

Chung 法将压力修正项定义为气体密度的函数，需要计算混合物密度。

（2）Stiel-Thodos 模型　Stiel-Thodos 高压热导率模型的具体表达式如下：

$$(\lambda_{m} - \lambda_{m}^{0})\Gamma Z_{c,m}^{5} = 1.22 \times 10^{-2}[\exp(0.535\rho_{r,m}) - 1]\rho_{r,m} < 0.5 \tag{1-85a}$$

$$(\lambda_{m} - \lambda_{m}^{0})\Gamma Z_{c,m}^{5} = 1.14 \times 10^{-2}[\exp(0.67\rho_{r,m}) - 1.069]0.5 \leqslant \rho_{r,m} < 2.0 \tag{1-85b}$$

$$(\lambda_{m} - \lambda_{m}^{0})\Gamma Z_{c,m}^{5} = 2.6 \times 10^{-3}[\exp(1.155\rho_{r,m}) + 2.016]2.0 \leqslant \rho_{r,m} < 2.8 \tag{1-85c}$$

$$\Gamma = 210(T_{c,m}M_{r,m}^{3}p_{c,m}^{-4})^{1/6} \tag{1-86}$$

式中，λ_{m} 为混合物热导率；λ_{m}^{0} 为低压气体混合物热导率；$\rho_{r,m}$ 为混合物虚拟对比密度；$Z_{c,m}$ 为混合物的虚拟临界压缩因子。

Stiel-Thodos 模型的混合规则与 Teja 对应态相同。

3. LNG 的热导率计算

大多数液体的热导率随温度升高而减少，但不像黏度那样对温度敏感。在沸点前，热导率与温度近似成直线关系。常温下，压力对液体的影响较小。直至 5～6MPa 的中压范围，工程上仍可忽略压力对热导率的影响。液体混合物的热导率一般由单组分热导率通过混合规则导出。目前较为成熟的混合物热导率模型多针对两组分混合物，多组分液体混合物的热导率公式相对较少，以 Li 模型较为方便、准确。本节 LNG 的热导率计算，采用热导率经验关联式与 Li 模型结合使用的方法。

LNG 各组分的热导率可由以下经验公式计算，有机物采用式（1-87），无机物采用式（1-88），相应的公式参数见表1-17。

$$\lg\lambda = A + B[1 - T/C]^{2/7} \tag{1-87}$$

$$\lambda = A + BT + CT^{2} \tag{1-88}$$

表1-17　天然气组分液体热导率的经验公式参数

组　分	适用公式	参　数			温度范围 /K
		A	B	C	
氮	式（1-88）	0.213	$-4.2050E - 04$	$-7.2951E - 06$	70～126
甲烷	式（1-87）	-1.0976	0.5387	190.58	91～181
乙烷	式（1-87）	-1.3474	0.7003	305.42	90～290
丙烷	式（1-87）	-1.2127	0.6611	369.82	85～351
正丁烷	式（1-87）	-1.8929	1.2885	425.18	135～404
异丁烷	式（1-87）	-1.6862	0.9802	408.14	114～388
正戊烷	式（1-87）	-1.2287	0.5322	469.65	143～446
异戊烷	式（1-87）	-1.6824	0.9955	460.43	113～437

Li 模型如下:

$$\lambda_{\mathrm{m}} = \sum_{i}^{n} \sum_{j}^{n} \phi_i \phi_j \lambda_{ij} \tag{1-89}$$

$$\lambda_{ij} = 2(\lambda_i^{-1} + \lambda_j^{-1})^{-1} \tag{1-90}$$

$$\phi_i = \frac{z_i V_{\mathrm{m},i}}{\sum_{j=1}^{n} z_j V_{\mathrm{m},j}} \tag{1-91}$$

式中, z_i 为组分 i 的摩尔分数; ϕ_i 为组分 i 的体积分数; $V_{\mathrm{m},i}$ 为组分 i 纯液体的摩尔体积。

1.5.3 天然气热导率对应态预测模型

通过对上述不同压力范围及相态的热导率算法的分析和比较, 发现常用的天然气热导率算法也存在着适用范围窄, 计算较为烦琐的问题, 由上文对天然气黏度算法的计算分析可知, 采用对应态模型预测天然气黏度具有适用范围广、精度高的优点, 这主要是由于参比物质甲烷和天然气的化学结构和相对分子质量近似, 较好地符合了对应态原理。因此, 本节考虑采用对应态理论计算天然气热导率。

简单热导率对应态模型中, 对于一组遵循对应态原理的物质, 对比热导率可以表示为对比压力 p_r 和对比温度 T_r 的函数, 即

$$\lambda_r = \lambda \zeta = f(p_r, T_r) \tag{1-92}$$

式中, ζ 是由气体运动理论导出的热导率对比化参数。

$$\zeta = T_c^{1/6} M_r^{1/2} p_c^{-2/3} \tag{1-93}$$

混合物的热导率计算必须对简单的对应态原理进行校正, 将热导率分成两部分:

$$\lambda = \lambda_{\mathrm{tr}} + \lambda_{\mathrm{int}} \tag{1-94}$$

式中, λ_{tr} 为考虑平移能量传递影响的热导率; λ_{int} 为考虑热力学能传递影响的热导率。

对应态理论只适用于计算混合物热导率中的平移项。

采用校正系数 α 校正混合物热导率与简单对应态模型之间的偏离, 得到如下的混合物热导率的模型[23]:

$$\lambda_{\mathrm{m}}(p, T) = \frac{\alpha_{\mathrm{m}} \zeta_0}{\alpha_0 \zeta_{\mathrm{m}}} [\lambda_0(p_0, T_0) - \lambda_{\mathrm{int},0}(T_0)] + \lambda_{\mathrm{int,m}}(T) \tag{1-95}$$

$$p_0 = p p_{c0} \alpha_0 / (p_{c,m} \alpha_{\mathrm{m}}) \tag{1-96}$$

$$T_0 = T T_{c0} \alpha_0 / (T_{c,m} \alpha_{\mathrm{m}}) \tag{1-97}$$

式中, ζ_0、ζ_{m} 为参比物质和混合物的热导率对比化参数; α_0、α_{m} 为参比物质和混合物的热导率校正项; λ_0 为参比物质在压力 p_0、温度 T_0 状态下的热导率; $\lambda_{\mathrm{int},0}$、$\lambda_{\mathrm{int,m}}$ 是参比物和混合物热导率的热力学能项。

$$\lambda_{\mathrm{int}} = 1.18653 \eta_1 (C_{\mathrm{p,m}}^{\mathrm{id}} - 2.5R) f(\rho_r) / M_r \tag{1-98}$$

$$f(\rho_r) = 1 + 0.053432 \rho_r - 0.03182 \rho_r^2 - 0.029725 \rho_r^3 \tag{1-99}$$

式中, η_1 为混合工质在温度 T 和 101kPa 下的黏度; $C_{\mathrm{p,m}}^{\mathrm{id}}$ 为温度 T 时理想气体的摩尔定压热容。

热导率的混合规则与天然气黏度对应态模型类似, $T_{c,m}$ 和 $p_{c,m}$ 可分别由式 (1-61) ~ 式 (1-63) 计算, 混合物相对分子质量 $M_{r,m}$ 由 Chapman-Enskog 理论导出。

$$M_{r,m} = \frac{1}{8}\Big[\sum_i \sum_j \big(z_i z_j (1/M_{r,i} + 1/M_{r,j})^{1/2} (T_{c,i}T_{c,j})^{1/4}\big)/\big((T_{c,i}/p_{c,i})^{1/3} + $$
$$(T_{c,j}/p_{c,j})^{1/3})^2\Big]^{-2} T_{c,m}^{-1/3} p_{c,m}^{4/3} \tag{1-100}$$

由式（1-95）即可根据甲烷的热导率计算天然气的热导率，混合物的热导率校正项 α_m 由下式估算：

$$\alpha_m = \sum_i \sum_j z_i z_j (\alpha_i \alpha_j)^{0.5} \tag{1-101}$$

$$\alpha_i = 1 + 0.0006004 \rho_{r,i}^{2.043} M_{r,i}^{1.086} \tag{1-102}$$

$$\rho_{r,i} = \rho_0 (TT_{c0}/T_{c,i}, pp_{c0}/p_{c,i})/\rho_{c0} \tag{1-103}$$

采用 Hanley 提出的甲烷热导率模型[16]，该模型建立在大量实验数据的基础上，适用范围广，可用于计算温度 95 ~ 400K，压力由常压直至 50MPa 范围内的甲烷气态、液态的热导率，最大误差为 2%。甲烷热导率模型的具体表达式如下：

$$\lambda(p,T) = \lambda_0(T) + \lambda_1(T)\rho + \Delta\lambda(\rho,T) + \Delta\lambda_c(\rho,T) \tag{1-104}$$

式中，ρ 为密度；λ_0 为稀薄气体热导率；λ_1 为热导率的密度一阶修正项；$\Delta\lambda$ 为余项；$\Delta\lambda_c$ 为热导率的临界点增强项。

1.5.4　计算结果与实验数据的对比分析[26]

采用对应态热导率模型、Chung 法和 Stiel-Thodos 模型，对二元混合物气体的热导率进行了预测，预测结果与 Christensen[27] 测得的甲烷-氮气、甲烷-二氧化碳实验数据进行了对比，见表 1-18 ~ 表 1-20。由表中的预测结果可知，对应态热导率模型的平均绝对误差为 5.03%，Chung 法，Stiel-Thodos 模型的平均绝对误差分别为 4.93% 和 7.57%。

表 1-18　对应态模型对二元混合物热导率的预测结果

体　系	CH₄ 的摩尔分数	点　数	T/K	p/MPa	MAD（%）	AAD（%）
N₂-CH₄	0.5061	14	228.1 ~ 272.1	0.26 ~ 1.77	8.38	5.31
CH₄-CO₂	0.5102	11	221.3 ~ 248.4	0.29 ~ 8.62	7.28	4.68

表 1-19　Chung 热导率模型对二元混合物热导率的预测结果

体　系	CH₄ 的摩尔分数	点　数	T/K	p/MPa	MAD（%）	AAD（%）
N₂-CH₄	0.5061	14	228.1 ~ 272.1	0.26 ~ 1.77	5.36	3.28
CH₄-CO₂	0.5102	11	221.3 ~ 248.4	0.29 ~ 8.62	11.35	7.03

表 1-20　Stiel-Thodos 模型对二元混合物热导率的预测结果

体　系	CH₄ 的摩尔分数	点　数	T/K	p/MPa	MAD（%）	AAD（%）
N₂-CH₄	0.5061	14	228.1 ~ 272.1	0.26 ~ 1.77	9.34	5.92
CH₄-CO₂	0.5102	11	221.3 ~ 248.4	0.29 ~ 8.62	11.92	9.68

采用上述热导率模型对一组氮烃类混合物的热导率[28]进行了预测，混合物组分的摩尔分数组成为：N₂（0.367），CH₄（0.246）、C₂H₆（0.12）、C₃H₈（0.267）。对应态热导率模型对混合物气相预测的平均绝对误差为 2.09%，Chung 法、Stiel-Thodos 模型的平均绝对误差分别为

2.35% 和 4.38%。对应态热导率模型对混合物液相的平均绝对误差为 4.35%，而 Li 模型的计算平均绝对误差为 7.51%。对应态热导率模型的预测结果列于表 1-21。

表 1-21　对应态模型对混合物热导率的预测结果

温度/K	压力/MPa	相　态	实验值 $\lambda/[\times10^{-4}\mathrm{W}/(\mathrm{m}\cdot\mathrm{K})]$	计算值 $\lambda/[\times10^{-4}\mathrm{W}/(\mathrm{m}\cdot\mathrm{K})]$	AAD（%）
170.4	0.072	气相	97.3	101.8	4.62
233.0	0.110	气相	169.4	167.2	1.30
257.2	0.980	气相	199.7	196.3	1.70
335.5	1.352	气相	285.0	292.4	2.59
281.7	2.516	气相	230.6	226.5	1.78
331.4	3.163	气相	285.5	288.8	1.16
331.2	4.364	气相	289.0	286.4	0.90
296.6	4.457	气相	252.7	242.5	4.04
332.0	5.335	气相	292.0	289.6	0.82
329.5	5.715	气相	291.1	285.3	1.99
94.1	0.787	液相	2173	2071.5	4.67
106.2	5.493	液相	2072	1992.3	3.85
122.1	1.420	液相	1907	1824.7	4.32
158.1	5.464	液相	1483	1398.2	5.72
185.7	5.478	液相	1291	1249.8	3.19

由上述计算结果可知，对应态热导率模型、Chung 法的计算精度，要优于 Stiel-Thodos 模型。而且对应态热导率模型的适用温度、压力范围广，可以对天然气的气态、液态热导率进行计算，精度较高，优点较为明显。

1.6　天然气的表面张力

可以把液相与气相的界面看作是具有介乎液体性质和气体性质之间的第三相，表面层的定性微观图片表明，在分子上作用着不相等的力，也就是说，在密度低的气体一方，表面张力受到指向液体的侧向吸引力，而在气体方向上吸引力较小，因此表面层受到张力，使得它的面积达到与物质的质量、容器的约束，以及外力（如重力）相适应的最低程度。表示表面层这一特征的方法很多，最常用的是表面张力。表面张力的定义为单位长度的表面内所施加的力。

由于本章使用的天然气表面张力计算公式是由纯组分的计算公式推导而来的，因此这里首先对后者进行说明。

目前有许多计算纯液体和液体混合物表面张力的公式，应用较为广泛的是 1964 年 Hirschfelder 等人提出的模型[29]。但是最简单的模型是 Macleod 在 1923 年提出的经验关系式，即平衡态时液体表面张力是液相和气相密度的函数：

$$\sigma = K(\rho_\mathrm{L} - \rho_\mathrm{V})^4$$

式中，K 为反映液体特征的常数，它与温度无关。

1924 年 Sugden 对此表达式进行了修改。修改后的公式如下：

$$\sigma = \left[\wp(\rho_L - \rho_V) \right]^4 \tag{1-105}$$

式中，$\wp$ 为等张比体积，它与温度无关。

1953 年，Quayle 运用许多化合物的表面张力试验值及现有的密度数据，对有机化合物成功地拟合出了等张比体积值，并且根据碳氢群论理论对等张比体积进行了修正。从式（1-105）可以看出，表面张力对液体的等张比体积和其密度十分敏感。

1990 年，Boudh-Hir 和 Mansoori 从统计热力学角度，给表面张力下的定义式如下：

$$\sigma = \left\{ (kT/4) \tau^{4-2g} (a/a_c) \zeta(\tau, \rho_L, \rho_V) \right\} (\rho_L - \rho_V)^4 \tag{1-106}$$

$$\tau = (1 - T/T_c) \tag{1-106a}$$

$$a = (2\pi mkT/h^2)^{1/2} \exp(\mu/kT) \tag{1-106b}$$

$$a_c = (2\pi mkT_c/h^2)^{1/2} \exp(\mu/kT_c) \tag{1-106c}$$

$$\zeta(\tau, \rho_L, \rho_V) = \int \partial_{z1} x(1, \zeta) \exp[\rho_c \tau x(1, \zeta)] \partial_{z2} x(2, \zeta) \exp[\rho_c \tau x(2, \zeta)]$$
$$c(1,2)(r_{12}^2 - Z_{12}^2) dZ_1 d\Omega_1 dr_2 d\Omega_2 \tag{1-106d}$$

$$x(i, \zeta) = \int c(i, j, \zeta) \{ -g_c v(i, j) \exp[-g_c w(i, j)] + g_c \mu - 3/2 \} e^{\Delta c(j, \zeta)} \tag{1-106e}$$

$$\rho_c \tau x(i, \zeta) = \Delta c(i) = c(i) - c_c(i) \tag{1-106f}$$

式中，k 为 Boltzmann 常数；T 为体系的温度；τ 为与温度有关的参数，计算式见式（1-106a）；g 为指数；a 为活度，计算式见式（1-106b）；a_c 为临界温度下的活度，计算式见式（1-106c）；μ 为化学势；h 为普朗克常量；ρ_L、ρ_V 为液相和气相密度；$c(i, j; \zeta)$ 为双粒子直流函数；g_c 为指数 g 临界温度时的值；$v(i, j)$ 为平均力势能；$w(i, j)$ 为对偶势能；ζ 为一个依赖于 τ 的等级参数，$\zeta = 0$ 对应于系统处于临界温度，$\zeta = l$ 是指系统处于给定温度；$\Delta c(i)$ 为单粒子所处温度时的直流函数值减去临界温度时的直流函数值；ρ_c 为临界密度。

需要说明的是：式（1-106）是通用的。如果附加对偶势能满足条件，无论流体的特性如何，其均能满足使用条件。虽然表面张力等一项在临界温度附近保持不变，但是在温度升高并趋向于临界值时，Macleod 的公式中的常数对此参数却十分敏感。为此，我们认为用式（1-106）近似地预测表面张力是合适的。

液体混合物的表面张力不是纯流体表面张力关系式的简单组合。此外，液相的组分和气液界面处的组分并非相同。混合物处于平衡态时，界面上存在着最低表面张力或单位面积最小亥姆霍兹自由能的组分的迁移，此现象导致表面张力最大的组分富集在液相，从而气相富集的为表面张力最小的组分。根据 Chapela 等人在 1977 年的解释，混合物中较易于挥发的组分，比其他组分有更多的原子扩散到气相中去[30-34]。

尽管多数情况下化合物的组分是已知的，气液相界面处的组分却是未知的。因此，需要建立混合物表面张力与液相浓度和特性的关系式（密度）。

一般来说，评价混合物的表面张力有以下几种方法：① 基于流体经验或半经验的热力学：② 基于统计热力学群论。前面提出了计算天然气纯组分表面张力的表达式，此种表达式可以在大温区范围内精确地预测纯组分的表面张力。这里我们将此方法扩展到混合物[35,36]。

在计算天然气表面张力时，由于无法获得天然气表面张力的实验数据，从而仅能运用其他混合物的实验数据进行比较，并且尽量保证所选择的混合物具有代表性。

所有这些两组分混合物的表面张力，按照以下步骤进行计算：

1）利用式（1-106）求得等张比体积。

2）利用实际气体状态方程求解气相和液相的密度。

3）最后计算出混合物的表面张力。

参 考 文 献

[1] Zudkevitch D, Gray R D. Impact of fluid Proiperties on the Design of E quipment for Handling LNG [J]. Advanced in Cryogenic Engineering, 1974 (18).

[2] Melaaen I S, Owren G. How do the Inaccuracies of Enthalpy and Vapour-Liuid Equilibrium Calculations Influende Baseload LNG Plant Design [J]. Computers Chem. Eng, 1995, 20 (1): 1-11.

[3] Angus Cole, De Reuker RD, Wakeham. The Imperial College Thermophysical Properties Data Center. Int [J]. Thermophys. 1986 (7): 973.

[4] Liley. Thermophysical Properties Research at CINDAS and Purdue University [J]. AICHE Symp. Ser. (1984) 80273: 16.

[5] Chhabra. Predication of Viscosity of Liquid Hydrocarbon Mixtures [J]. AIChE Journal, 1992, 38 (10): 1657.

[6] Mehrotra Anil K. Generalized Viscosity Equation for Pure Heavy Hydrocarbons [J]. Industiral & Engineering Chemitry Research, 30 (2), 1991: 420-427.

[7] Mehrotra Anil K. Generalized One Parameter Viscosity Equation for Light and Medium hydrocarbons [J]. Ind. Eng. Chem. Res, 30 (6), 1991 (6): 1367-1372.

[8] Friend D G., Huber M L. Thermophysical Property Standard Reference Data from NIST [J]. International Journal of Thermophysics, 15 (6), 1994 (11): 1279-1288.

[9] Vesovic. Prediction of the Viscosity of Fluid Mixtures over Wide Ranges of Temperature [J]. Chemical Engineering Science, 44 (10), 1989: 2181-2189.

[10] Touloukian Y S, Saxena S C. Thermophysical Properties of Matter. Vol. 11 [M]. Viscosity, Plenum, New York, 1975.

[11] Mukhopadhyay M, Awasthi R. K-Value Predictions for the Methane-ethane-propane System [M]. Cryogenics, 1981 (6).

[12] 石玉美. 混合制冷循环液化天然气液程的热力研究 [D]. 上海交通大学. 1998.

[13] Ashton G J, Haselden G G, Measurements of enthalpy and phase equlibrium for simulated natural gas mixtures and correlation of the results by a modified Starling equation [J]. Cryogenics, 1980 (Jan): 41-47.

[14] Robert CR. The Properties of Gases and Liquids [M]. The 4th edition. USA: McGraw-Hill Book Company, 1987.

[15] 童景山. 流体的热物理性质 [M]. 北京：中国石化出版社, 1996.

[16] 王福安. 化工数据导引 [M]. 北京：化学工业出版社, 1995.

[17] Zhang Lu, Gu Anzhong. Prediction of Viscosities of LNG Mixtures by Two Corresponding States Principle [C] //Journal of Shanghai Jiaotong University, 1997, E-2 (1): 88-92.

[18] K S 佩德森. 石油与天然气的性质 [M]. 郭天民译. 北京：中国石化出版社, 1992.

[19] Mo K C, Gubbins K E. Conformal Solution Theory for Viscosity and Thermal Conductivity of Mixtures [J]. Molecular Physics, 1976 (31): 825-847.

[20] Hanley H J, McCarty R D. Equations for the Viscosity and Thermal Conductivity Coefficients of Methane [J]. Cryogenics, 1975 (6): 413-418.

[21] Ely J F, Hanley H J. Prediction of Transport Properties, 1. Viscosity of Fluids and Mixtures [J].

Ind. Eng. Chem. Fundam, 1981 (20): 323-333.

[22] Diller. Measurements of the Viscosity of Compressed Gaseous and Liquid Nitrogen + Methane Mixtures [J]. Thermophys. 1982 (3): 273.

[23] Christensen H J. Fredenslund. A Corresponding States Model for the Thermal Conductivity of Gases and Liquids [J]. Chem. Eng. Sci. , 1980 (35): 871 ~ 875.

[24] Diller. Measurements of the Viscosity of Compressed Gaseous and Liquid Nitrogen + Ethane Mixtures [J]. Phys Chem. Ref Data, 1984 (29): 215.

[25] Diller. Measurements of the Viscosity of Compressed Gaseous and Liquid Carbon Dioxide + Ethane Mixtures [J]. Chem. Eng. Data, 1982 (5): 27.

[26] 朱刚. 天然气迁移性质与调峰型液化流程的优化研究 [D]. 上海：上海交通大学, 2002.

[27] Christensen P L. Thermal conductivity of gaseous mixtures of methane with nitrogen and carbon dioxide [J]. Journal of Chemical and Engineering Data, 1979, 24 (4): 281-284.

[28] 公茂琼. 用状态方程计算多元混合工质的热导率 [J]. 低温工程, 1997 (5): 18.

[29] J A Hugill. Surface Tension. A Simple Correlation for Natural Gas + Condensate Systems [J]. Fluid Phase Equilibrium, 29, 1986.

[30] Joel Escobedo. Surface Tension Prediction for Pure Fluids [J]. AIChE Journal, 1996. 5, 42 (5).

[31] 童景山, 等. 应用分子聚集溶液理论推算液体混合物的表面张力 [J]. 天然气汽工, 1995 (20).

[32] 陈新志, 等. 利用形状因子对应态原理研究流体及混合物的表面张力 [J]. 浙江大学学报 (自然科学版), 26 (5).

[33] 曹伟红, 等. 液体混合物的表面张力方程 [J]. 浙江大学学报, 1989 (1).

[34] 曹伟红, 韩世钧. 多元液体混合物表面张力的预测 [J]. 浙江大学学报 (自然科学版), 1990 (1).

[35] Joel Escobedo. Surface Tension Prediction for Liquid Mixtures [J]. AIChE Journal, 1996. 5, 42 (5).

[36] 王兆林, 等. 混合物表面张力的新方程 [J]. 高校化工学报, 1995 (6).

第2章 天然气的预处理

作为液化装置的原料气，首先必须对天然气进行预处理。天然气的预处理是指脱除天然气中的硫化氢、二氧化碳、水分、重烃和汞等杂质，以免这些杂质腐蚀设备及在低温下冻结而堵塞设备和管道。

液化装置对原料气杂质的要求见表 2-1 和表 2-2。表 2-1 是按液化天然气的溶解度考虑时，液化天然气（简称 LNG）中允许的原料气杂质含量[1]；表 2-2 是基本负荷型天然气液化装置液化前的净化指标及限制依据[2,3]。

表 2-1 原料气杂质在 LNG 中的溶解度

组　分	在 LNG 中的溶解度[①]	组　分	在 LNG 中的溶解度[①]
CO_2	4×10^{-5}（体积分数）	壬烷	10^{-7}（体积分数）
H_2S	7.35×10^{-4}（体积分数）	癸烷	5×10^{-12}（体积分数）
甲硫醇	4.7×10^{-5}（体积分数）	环己烷	1.15×10^{-4}（体积分数）
乙硫醇	1.34×10^{-4}（体积分数）	甲基环戊烷	0.575%（摩尔分数）
COS	3.2%（摩尔分数[②]）	甲基环己烷	0.335%（摩尔分数）
异丁烷	62.6%（摩尔分数[②]）	苯	1.53×10^{-6}（体积分数）
正丁烷	15.3%（摩尔分数[②]）	甲苯	2.49×10^{-5}（体积分数）
异戊烷	2.3%（摩尔分数）	邻二甲苯	2.2×10^{-7}（体积分数）
正戊烷	0.89%（摩尔分数）	间二甲苯	1.54×10^{-6}（体积分数）
己烷	2.17×10^{-4}（体积分数）	对二甲苯	0.012（摩尔分数）
庚烷	7×10^{-5}（体积分数）	H_2O	10^{-11}（体积分数[③]）
辛烷	5×10^{-7}（体积分数）	汞	—[④]

① 按在储罐中纯 LNG 的溶解度为基准，再校正为原料气杂质含量。考虑数据误差则乘以 1.2 的系数。

② 如果含量达到表中数值，这样高的摩尔百分数会改变溶剂（LNG）的性质，故应重新计算其他组分的溶解度。这样做并非十分合理，因此表中列出的全部溶解度是将纯净 LNG 当作溶剂来计算的。

③ 根据经验，水的体积百分数达到 0.5×10^{-6} 时不会出现水的冷凝析出问题。

④ 由于汞对铝有害，原料气中不允许有任何汞存在。

表 2-2 基本负荷 LNG 工厂预处理指标

杂　质	预处理指标	限制依据	杂　质	预处理指标	限制依据
水	$<0.1 \times 10^{-6} m^3/m^3$	A	硫化物总量	$10 \sim 50 mg/m^{3*}$	C
CO_2	$(50 \sim 100) \times 10^{-6} m^3/m^3$	B	汞	$<0.01 \mu g/m^{3*}$	A
H_2S	$4 \times 10^{-6} m^3/m^3$	C	芳香族化合物	$(1 \sim 10) \times 10^{-6} m^3/m^3$	A 或 B
COS	$<0.5 \times 10^{-6} m^3/m^3$	C			

注：1. A 为无限制生产下的累积允许值；B 为溶解度限制；C 为产品规格。

2. 表中打 * 处的 m^3 是指标准状态下的体积数。

2.1 脱酸性气体

由地层采出的天然气除通常含有水蒸气外，往往还含有一些酸性气体。这些酸性气体一般是 H_2S、CO_2、COS 与 RSH 等气相杂质。天然气最常见的酸性气体是 H_2S、CO_2 和 COS。含有酸性气体的天然气通常称为酸性气或含硫气。

H_2S 是酸性天然气中含有的毒性最大的一种酸气组分。H_2S 有一种类似臭蛋的气味，具有致命的剧毒。它在很低含量下就会对人体的眼、鼻和喉部有刺激性。若在含 H_2S 体积分数为 0.06% 的空气中停留 2min，人可能会死亡。另外 H_2S 对金属具有腐蚀性。

CO_2 也是酸性气体，在天然气液化装置中，CO_2 易成为固相析出，堵塞管道。同时 CO_2 不燃烧，无热值，所以运输和液化它是不经济的。

COS 相对来说是无腐蚀性的，但它的危害不可轻视。首先，它可以被极少量的水化，从而形成 H_2S 和 CO_2；其次，COS 的正常沸点为 -48℃，与丙烷的沸点 -42℃ 很接近，当分离回收丙烷时，约有 90% 的 COS 出现在丙烷尾气或 LPG 中，如果在运输和存储中出现潮湿，即使是 $0.5 \times 10^{-6} m^3/m^3$ 的 COS 被水化，也会产生腐蚀故障。所以，COS 必须在净化时脱除掉。

因此，酸性气体不但对人身有害，对设备管道有腐蚀作用，而且因其沸点较高，在降温过程中易呈固体析出，故必须脱除。脱除酸性气体常称为脱硫脱碳，或习惯上称为脱硫。在净化天然气时，可考虑同时除去 CO_2 和 H_2S，因为醇胺法和用分子筛吸附净化中，这两种组分可以被一起脱除[2,4,5]。

2.1.1 脱硫方法分类

脱硫方法一般可分为化学吸收法、物理吸收法、联合吸收法、直接转化法、非再生性法、膜分离法和低温分离法等。其中采用溶液或溶剂作脱硫剂的化学吸收法、物理吸收法、联合吸收法及直接转化法，习惯上统称为湿法；采用固体床脱硫的海绵铁法、分子筛法统称为干法[1]。表 2-3 列出了具有代表性的脱硫方法及其原理与主要特点。

表 2-3 脱硫方法及其原理与主要特点

类 别	方 法	原 理	主 要 特 点
化学吸收法	MEA、DEA、SNPA-DEA、Adip、E-Conamine（DGA）、MDEA、FLEXSORB、Benfield、Catacarb 等	靠酸碱反应吸收酸气，升温脱出酸气	净化度高，适应性宽，经验丰富，应用广泛
物理吸收法	Selexol、Purisol、Flour Solvent 等	靠物理溶解吸收酸气，闪蒸脱出酸气	再生能耗低，吸收重烃，高净化度需有特别再生措施
联合吸收法	Sulfinol（-D、-M）、Selefining、Optisol、Amisol 等	兼有化学及物理吸收法二者的优点	脱有机硫较好，再生能耗较低，吸收重烃
直接转化法	Stretford、Sulfolin、Lo—Cat、Sulferox、Unisulf 等	靠氧化还原反应将 H_2S 氧化为元素硫	集脱硫与硫回收为一体，溶液硫容低
非再生性法	Chemsweet，Slurrisweet 等	与 H_2S 反应，定期排放	简易，废液需妥善处理
膜分离法	Prism、Separex、Gasep，Delsep 等	靠气体中各个组分渗透速率不同而分离	能耗低，适于处理高 CO_2 气
低温分离法	Ryan-Holmes、Cryofrac 等	靠低温分馏而分离	用于 CO_2 驱油伴生气

（1）**化学吸收法** 这是以弱碱性溶液为吸收溶剂，与天然气中的酸性气体（主要是 H_2S 和 CO_2）反应形成化合物。当吸收了酸性气体的溶液（富液）温度升高、压力降低时，该化合物即分解放出酸性气体。

在化学吸收法中，各种烷醇胺法（简称胺法）应用最广，所使用的胺有一乙醇胺（MEA）、二乙醇胺（DEA）、二异丙醇胺（DIPA）、甲基二乙醇胺（MDEA）等。这几种溶剂的物化性质及技术参数见表 2-4[6]。胺法的突出优点是成本低、高反应率、良好的稳定性和易再生。

1）一乙醇胺（MEA）。这是各种醇胺中最强的碱，所以它与酸气反应最迅速，很容易使原料气中的 H_2S 降到 $5mg/m^3$，最低可到 $1.5\ mg/m^3$，脱除 H_2S 的同时，CO_2 脱除率超过 90%。MEA 化学性能稳定，可以最大限度地降低溶剂降解损失，用蒸汽气提容易使它与酸气组分分离。缺点是蒸气压高，溶剂损失量大，腐蚀性强；与 COS 和 CS_2 发生不可逆反应、不易除去硫醇、蒸发损失大。当原料气中含有大量的 COS 和 CS_2 时，要用 DEA 法净化。

2）二乙醇胺（DEA）。其碱性较 MEA 弱，对 H_2S 和 CO_2 没有选择性。其净化度没有一乙醇胺高，即使采用 SNPA（法国阿基坦国家石油公司）改进型工艺，净化程度也只能达到 $2.29mg/m^3$。优点是溶剂蒸发损失较 MEA 小，腐蚀性弱，再生时具有比一乙醇胺溶剂低的残余酸性组分浓度。

表 2-4 几种醇胺溶剂的物化性质及技术参数

名称 项目		一乙醇胺 MEA	二乙醇胺 DEA	甲基二乙醇胺 MDEA	二异丙醇胺 DIPA
物化性质	相对分子质量	61.08	105.14	119.16	133.19
	沸点/℃	171	269	247	248
	凝固点/℃	10.5	27.8	-21	42
	密度（20℃）/（kg/m³）	1016	1092（30℃）	1047.8	989（45℃）
	蒸气压（20℃）/Pa	47.996	1.333	0.093（25℃）	1.333
	黏度/mPa·s	24.1（20℃）	350（20℃）（90% 溶液）	101（20℃）	870（30℃）198（45℃）86（54℃）
	与 H_2S 反应热/（kJ/kg）	1924.6	1196.6	1054.4	1112.9
	与 CO_2 反应热/（kJ/kg）	1937.2	1531.1	1425.9	1481.1
	气化热/（kJ/kg）	825.6	669	518	430
	水中溶解度/（kg/kg）	完全互溶	96.4	完全互溶	87
技术参数	常用溶剂质量分数（%）	10~15	20~25	30~40	20~25
	酸气负荷/[mol（H_2S+CO_2）/mol（胺）]	0.3~0.35	0.35~0.4	0.4~0.45	0.4~0.45

3）二异丙醇胺（DIPA）和甲基二乙醇胺（MDEA）。这两种溶剂均是近年来用于天然气的选择性溶剂。DIPA 在天然气净化领域主要应用是与环丁砜组成砜胺-Ⅱ溶液。MDEA 在 CO_2 存在时，对 H_2S 有较高的选择性。其溶剂具有高使用浓度、高酸气负荷、低腐蚀性、抗降解能力强、高脱硫选择性、低能耗等优点。有三个固有的弱点：一是与伯、仲胺相比，其碱性较弱，在较低的吸收压力下，净化气中 H_2S 含量不易达到 $20mg/m^3$ 的管输标准；二是若 CO_2/H_2S 比

值高，这时 MDEA 与 CO_2 的反应速率较低，净化气中 CO_2 含量不易达到 ≤3% 的管输要求；三是如果需要深度脱碳，仅采用 MDEA 不能达到要求。

上述四种胺溶剂对于原料气中单独存在的 H_2S 或 H_2S/CO_2 较高，同时不要求 CO_2 净化度的情况，净化气完全可以达到管输要求；对于 H_2S 与 CO_2 共存，且 H_2S/CO_2 较低，同时对两种酸性组分都有深度要求（天然气中 H_2S 小于 $5mg/m^3$，和 CO_2 小于 $50mg/m^3$）的情况，尽管 MEA 醇胺溶剂有腐蚀性强、溶剂蒸发损失量大等缺点，采用 MEA 醇胺溶剂仍然是较合适的选择。

化学吸收法中另外还有碱性盐溶液法，如改良热钾碱法和氨基酸盐法。

(2) 物理吸收法 此法采用有机化合物作为吸收溶剂，吸收天然气中的酸性气体。物理吸收法的溶剂用量与原料气中的酸性气体含量无关。因此，如果天然气中的酸性气体分压高，最好采用物理吸收法。由于物理溶剂对天然气中的重烃有较大的溶解度，因而物理吸收法常用于酸气分压大于 0.35MPa、重烃含量低的天然气脱硫，其中某些方法可选择性地脱除 H_2S。

主要的物理吸收法有冷甲醇法、多乙二醇二甲醚法、碳酸丙烯酯法、N-甲基吡咯烷酮法等，见表 2-5。

表 2-5 物理吸收法

方　法	冷甲醇法	多乙二醇二甲醚法	碳酸丙烯酯法	N-甲基吡咯烷酮法
国外商业名称	Rectisd	Selexol	Fluor Solvent	Purisol
技术拥有者	德国 Lurgi	美国 Allied 化学 南京化工研究院	美国 Fluor 杭州化工研究院	德国 Lurgi
国内应用情况	有	有	有	无

由于酸气在物理溶剂中的溶解热大大低于其与化学溶剂的反应热，故溶剂再生能耗低。

(3) 联合吸收法 此法兼有化学吸收和物理吸收两类方法的特点。目前在工业上应用较多的是砜胺法或称莎菲诺（Sulfinol）法、二乙醇胺-热碳酸盐联合法或称海培尔（Hi-Pure）法。

在净化高含量的 CO_2 和 H_2S 气体时，吸收过程可分为初步净化和最终净化二级。初步净化可用不完全再生的一乙醇胺溶液，最终净化使用完全再生的溶液。对含高含量的 H_2S 气体或高含量的 CO_2 气体，也可用水来净化，但需要较大的水耗量。

(4) 直接转化法 此法也称为氧化还原法。它以氧化-还原反应为基础，借助于溶液中氧载体的催化作用，把被碱性溶液吸收的 H_2S 氧化为硫，然后鼓入空气，使吸收液再生。直接转化法主要有以铁为氧载体的铁法；以钒为氧载体的钒法，见表 2-6。

表 2-6 直接转化法

铁　法	铁碱法、Lo-cat 类 (232)、SulFerox (20)、FD、Bio-SR、Cataban、Hiperion (4)、Fumaks、Konox 等
钒　法	Stretford（>150）、Sulfolin (6)、Unisulf (4)、栲胶、茶多酚、KCA、氧化煤等
其　他	Takahax、PDS、MSQ、GV、氨水催化等

直接转化法的特点：①主要脱除 H_2S、仅吸收少量的 CO_2；②基本无气相污染，但是因液相运行中产生 $Na_2S_2O_3$ 及有机物降解，需要适量排放以保持溶液稳定性，故废液处理是直接转化法的问题所在。

直接转化法的优点：①流程简单、投资较低。无须硫回收装置；②再生能耗低。

直接转化法有以下缺点：①吸收硫的质量较低，一般不超过 $1kg/m^3$，所以处理的气量不大，且 H_2S 浓度不能太高；②所需的再生设备大；③副反应较多，生成的硫黄质量差；④直接转化法在脱硫中出现固相硫，产生硫堵塞、腐蚀-磨蚀的操作问题。

这类方法目前在天然气中应用不多，但对于低或中等 H_2S 含量（$24 \sim 2400mg/m^3$）的天然气，当 CO_2/H_2S 的比值高，处理气量不大时，可采用直接转化法脱硫。

(5) 非再生性法　此法适用于边远 H_2S 含量很低的小气井脱硫。按照脱硫剂可分为固体脱硫剂（氧化铁为基质）、浆液脱硫剂、液体脱硫剂。

1）固体脱硫剂。主要有天然气 CT8-4B 和美国 Sulfatreat 公司的脱硫剂。CT8-4B 已在四川气田等获应用，以处理小股低 H_2S 天然气。Sulfatreat 公司的脱硫剂，用于长庆气田等处的天然气脱硫。Sulfatreat 法工艺使用质量分数为 30% 的单一的铁化合物，与质量分数为 30% 的蒙脱石和 30% ~ 40% 水组合而成，呈黑色颗粒状。Sulfatreat 的脱硫剂具有均匀的孔隙度和渗透率，对压力不敏感，并且不受气体中任何其他组分的影响。Sulfatreat 艺完全有选择性的脱除 H_2S，并且不产生任何废气，不与其他组分发生反应，因此没有副作用和腐蚀。适合于小规模的深度脱硫。

2）浆液脱硫剂。由于固体脱硫剂装卸麻烦，发展了将细粒脱硫剂悬浮于液体中的浆液方法。浆液脱硫剂有氧化铁浆液及锌盐浆液两类。化学净化法（Chemsweet 法）使用氧化锌、醋酸锌及水的混合物作脱硫剂，并用分散剂使用固体颗呈悬浮状态

3）液体脱硫剂。表 2-7 列出国外一些液体脱硫剂。

表 2-7　液体脱硫剂

商品名称	主组分	商品名称	主组分
Sulfa-Check	亚硝酸盐	Scavinox	甲醛-甲醇
Magnatreat	三嗪	Sulfurid	醇胺
Sulfa Guard	三嗪	Gas Treat 102	非再生胺
Sulfa-scrub	三嗪	Tretolite	非再生胺
Gas Treat 114	非再生胺	Inhibit 101	硫化胺

(6) 膜分离法　20 世纪 80 年代以来，为解决酸气含量很高的天然气净化问题，国外致力于开发利用物理原理进行分离的方法，其中膜分离方法是较成功的一种。膜分离器应用于气体分离有下列优点：①在分离过程中不发生相变，因而能耗甚低；②分离过程不涉及化学药剂，副反应很少，基本不存在常见的腐蚀问题；③设备简单，占地面积小，过程容易控制。

从天然气中脱除 H_2S、CO_2、H_2O，是利用由于各种气体通过膜的速率各不相同这一原理，从而达到分离的目的。气体渗透过程可分为三个阶段：①气体分子溶解于膜表面；②溶解的气体分子在膜内活性扩散、移动；③气体分子从膜的另一侧解吸。气体分离是一个浓缩驱动过程，它直接与进料气和渗透气的压力和组成有关。

膜材料按材质大致可分为多孔质膜和非多孔质膜。多孔质膜靠渗透速度的差别达到分离的目的。通常微孔中气体的渗透速度与其分子量平方根的倒数成正比。目前在气体分离中常用的是非多孔质膜，其分离效果基本上和气体的流动状态无关，有两个参数对分离有较大的影响：一为渗透系数 K，表示气体渗过不同膜时的难易程度；二为分离因子（α），表示要求分离的两

种气体渗透系数的比值。选择分离用的膜时，既要有较大的渗透系数，也要求有适合的分离因子。非多孔质膜的渗透系数比多孔质膜小，但其分离因子却大得多，这就是非多孔质膜在气体分离工艺中被广泛采用的原因。H_2S 对甲烷的分离因子为 50，CO_2 对甲烷的分离因子为 30，所以用膜分离技术从天然气中分离掉 H_2S 和 CO_2 是可以实现的。

为提高膜的分离效率，目前工业上采用的膜分离单元主要有中空纤维型和螺旋卷型两类，可根据具体的处理条件恰当进行选择。中空纤维型膜的单位面积价格要比螺旋卷型薄膜便宜，但膜的渗透性较差，因而需要的膜面积就较大。螺旋卷型比中空纤维型具有更高的渗透流量和膜承受能力；还可根据特殊的要求，将单元设计成适当的尺寸，以便于安装和操作。

操作条件对分离效果有下列影响：

1）H_2S 和 CO_2 的渗透系数随压力升高而显著增加。

2）随着操作时间的增加，膜的渗透率下降。

3）原料气流量增加时，进入渗透气中的 CO_2 量减少，即 CO_2 渗透系数变小，但甲烷渗透系数比 CO_2 更快。实际上 CO_2 与甲烷的分离因子有所提高，渗透气中 CO_2 的绝对量虽然减少了，但其浓度增加了。

4）CO_2 与甲烷的分离因子随操作温度升高而变小，即分离效果变差，实际确定操作温度时，其上限约 60℃，高于此温度会使膜的抗压强度变差而严重影响分离能力。当原料气中 CO_2 含量超过 60% 后，渗透过程中会有明显的"冷却效应"，即原料气和渗透气之间出现高达 20℃以上的温差。其原因是 CO_2 在渗透过程中由于压力差而膨胀产生温降。

5）原料气中 CO_2 含量越高，经济上越有利，但当压力为一定值时，只有原料气中的 CO_2 含量超过一定值时，CO_2 与甲烷的渗透率才会增加。

H_2S 对甲烷的分离因子和 CO_2 对甲烷的分离因子相仿，因而用膜分离技术从天然气中分离掉 H_2S 也是有效的。水蒸气的相对渗透率要比甲烷大 500 倍，因而用膜分离技术进行气体脱水也很有吸引力。但液体水对膜的性能有损害。膜分离技术的缺点是烃损较大，为 6.3% ~ 7.5%，且烃损随原料气压力升高而增大[2,4,5,7]。

膜分离技术适合处理原料气流量较低、含酸气浓度较高的天然气，对原料气流量或酸气浓度发生变化的情况也同样适用，但不能作为获取高纯度的气体的处理方法。对原料气流量大、酸气含量低的天然气不适合，而且过多水分与酸气同时存在，会对膜的性能产生不利影响。另外，膜分离技术烃损较大，为 6.3% ~7.5%，烃损随原料气压力升高而增大。目前国外膜分离技术处理天然气，主要是除去其中的 CO_2，分离 H_2S 的应用比较少，而且处理的 H_2S 浓度一般也比较低，多数应用的处理流量不大，常作为 CO_2 和 H_2S 的粗级净化，有些仅用于边远地区的单口气井。但膜分离技术作为一种脱除大量酸气的处理工艺，或者与传统工艺混合使用，则为含高浓度酸气的天然气处理提供了一种可行的方法。

(7) 低温分离法　此法是专用于 CO_2 驱油伴生气处理的方法，可根据对产品的不同要求而采用二塔、三塔及四塔流程。当应用注 CO_2 以提高原油采收率的技术（CO_2/EOR）时，采出的油田气中，CO_2 体积分数可从初期的约 10% 上升至 70% ~80%，然后稳定在此水平上。此类原料气不仅 CO_2 含量高，而且酸气含量波动很大，一般化学吸收法（如醇胺法、热钾碱法等）很难处理，而低温分离技术提供了合理的解决途径。酸性天然气的低温分馏需要解决三个技术问题：

1）在 CH_4-CO_2 分离过程中防止生成固体 CO_2。

2）防止 C$_2$-CO$_2$ 形成共沸混合物。

3）原料气中存在 H$_2$S 时，如何分离 H$_2$S-CO$_2$。

低温分馏技术主要应用于 EOR 过程采出的油田气脱 CO$_2$，应该和油田的 EOR 工艺过程结合考虑，关键是原料气的压力有多少可以利用。国外此类装置的冷量基本自给，故能耗很低。

（8）干法（固体床脱硫法） 此法是利用酸性气体在固体脱硫剂表面的吸附作用，或者与表面上的某些组分反应，脱除天然气中的酸性气体。

常用干法的固体脱硫剂为氧化铁（或称海绵铁），采用浸透了水合氧化铁的木屑作脱硫剂；分子筛法采用分子筛作脱硫剂。

固体吸附剂常用于小型装置，含 H$_2$S 不高和含水量也较低时，分子筛选择性地脱除 H$_2$S。从热力学上讲，用液体吸收剂的净化比用吸附剂更合理，因为液体吸收剂对 H$_2$S 和 CO$_2$ 有较高的吸收能力，而用吸附剂须有较高的再生温度，且吸附热较大[2,4,5]。

2.1.2 常用的净化方法

针对天然气的特点及特定的脱硫装置，选择脱硫方法时不仅要考虑脱硫方法本身，还要综合考虑对于下游设备工艺的影响、投资及操作费用、环境保护等。在天然气液体装置中，常用的净化方法有三种，即醇胺法、热钾碱法、砜胺法。下面对这三种方法进行介绍、比较。最后介绍在基本负荷型装置中所用的脱酸方法。

1. 醇胺法

醇胺法利用以胺为溶剂的水溶液，与原料天然气中的酸性气体发生化学反应来脱除天然气中的酸性气体的，此法可同时脱除 CO$_2$ 和 H$_2$S。目前主要采用一乙醇胺及二乙醇胺为溶剂。

图 2-1 示出醇胺法的典型流程。原料气自吸收塔 2 的底部进入，与从塔顶喷淋下的胺水溶液相接触，其中的酸性气体被溶剂洗涤吸收后自塔顶逸出，经分离器 1 脱去游离水再进入下一道预处理工序。塔底含有酸性气体的富液，经贫-富液换热器 4 被加热，然后进入再生塔 6 的顶部，沿再生塔的填料层向下流动，被上升的气体加热而解吸；然后流入加热器 9，被水蒸气加热后返回再生塔 6 的底部，其中的酸性气体（并带有胺蒸气）便蒸发出来，流

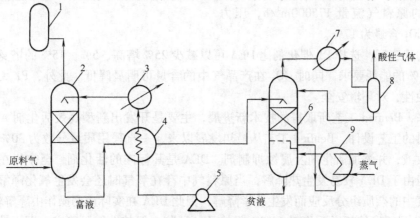

图 2-1 醇胺法脱除酸性气体的流程图

1、8—分离器 2—吸收塔 3、7—冷却器 4—贫-富液换热器 5—胺液泵 6—再生塔 9—加热器

过填料层自塔顶排出，经冷却器7冷却并经分离器8脱去夹带的胺液后去回收装置。分离器8中的胺液流入再生塔6。再生塔底的贫液由胺液泵5抽出，经贫-富液换热器4冷却后，再引入吸收塔2的顶部供循环使用。

当原料气中只含有CO_2，则用一乙醇胺；若原料气中含有H_2S或硫化氢与二氧化碳兼有，一般用二乙醇胺。

2. 热钾碱法（Benfied）

Benfied溶剂是碳酸钾、催化剂、防腐剂和水组分的混合物。可同时脱除H_2S和CO_2。供气压力在7MPa以上，酸性气体超过50%的工作条件，它都可以适应。热钾碱法的吸收温度较高，净化程度好，对含有大量二氧化碳的原料气尤为适合。目前，热钾碱法处理各种气体的装置数量超过了700套，下面介绍Benfied流程的新工艺[2,3,6]。

（1）Benfied Hipure流程　在LNG工业中成功运用了的Benfied Hipure流程，是由Benfied系统与胺系统联合的混合方案。碳酸钾除去大量的酸气成分，胺溶液用于最后商品气的纯化。所有酸气都从碳酸盐再生塔的顶部抽出。该流程在天然气预处理方面有着良好的可靠性纪录，其优越性已在印度尼西亚、阿联酋的8套LNG装置中充分显现。

（2）Benfied-100流程　此流程是由碳酸钾吸收和分子筛吸收设备组合而成的高效系统。前者去除天然气中大量的酸性气体和COS，后者脱水并除去剩余的酸性气体及汞。产品气部分反流用于分子筛再生并被再循环进入原料气，由此可使烃成分损失最少。Benfied-100流程的主要优点是：几乎可以清除所有的硫化物，对COS的清除效率达80%～99%，对甲基汞的清除可达95%～100%；烃产品的回收率可达100%；无须另外的脱水装置，流程的经济性好。

（3）Benfied流程中新型催化剂的研制

美国环球石油公司（UOP）和联合碳化物公司的有关机构经过上百种物质的筛选，研制出一种代号为P1的新型催化剂，从而取代了常用的二乙醇胺（DEA）等催化物质。他们分别在实验工厂和三个氨化工厂进行了对比实验和现场试验，得到了如表2-8的结果。现场试验的原料气流量175000m³/h，压力2.8MPa，CO_2含量为17%。

表2-8　催化剂对比试验结果

催化剂	对比项目	工厂（代号）		
		A	B	C
DEA	处理后的CO_2的体积分数10^{-6}	900	1450	500
P1	处理后的CO_2的体积分数10^{-6}	700	200	250
	再生能节省（%）①	10	0	6

① 再生能节省是相对于DEA等作催化物质的流程。

对于初建工厂，选择P1催化剂比DEA可以减少25%塔高、5%～15%的塔身直径，以及5%～15%的能耗要求，同时CO_2在产品气中的含量可明显降低。此外，P1无毒、无泡沫、无腐蚀性，对环境安全。

近年来，Benfied工艺所取得的技术新进展，主要是开发出新型高效活化剂ACT-1和采用高效填料的工艺设计。Benfied工艺从最初发展以来，一直采用质量分数为30%的碳酸钾溶液作吸收液，并添加活化剂及腐蚀抑制剂。DEA是其标准的活化剂，至今仍在许多装置上应用。但由于DEA较易发生热降解，当原料气中存在氧气时还会发生氧化降解，同时可能与原料气中的杂质组分反应而发生化学降解，因此DEA在实际应用操作中降解较为严重。最近UOP公司开发的新型活化剂ACT-1仍然是一种胺，但其性能更稳定，更不易降解，且用量更少，在溶液中的质量分数为0.3%～1.0%（DEA为3%）。UOP公司在Benfied工艺的吸收塔和再生塔中，推荐采用的标准填料为钢质鲍尔环或类似填料。这些类型的填料来源较广，拥有多种规格和材质，而且其效率完全能够满足工业应用。最近，通过对 Norton 公司的 IMTP 填料、Glitsch 公司的 Mini 环填料、Nutter 工程公司的 Nutter 环填料，以及 Koch 工程公司的 Fleximax 填料进行测试，结果发现它们均比鲍尔环具有更高的传质效率，目前它们已被 UOP 公司在针对新建装置或改造装置的设计中确立为新的标准，并在几套新建装置上获得确认。

3. 砜胺法（Sulfinol）

砜胺（Sulfinol）法是近年来发展最快的联合吸收法。该法的吸收溶液由物理溶剂环丁砜、化学吸收剂二异丙醇胺加少量的水组成。通过物理与化学作用，选择性地或同时吸收原料气中的 CO_2 和 H_2S，然后在常压（或稍高于常压）下将溶液加热再生以供循环使用。由于溶液中存在着化学吸收剂，吸收能力原则上不受酸性气体分压的影响，所以可使净化后原料气中的 H_2S 含量降得很低[5]。由于砜胺法兼有物理吸收法和化学吸收法两者的优点，因而自 1964 年工业化以来发展很快，现在已成为天然气脱硫的重要方法之一。但是该方法不能深度脱硫，常用于硫的粗脱，与其他方法配合使用。

砜胺法对中至高酸气分压的天然气有广泛的适应性，而且有良好的脱有机硫能力，能耗也较低。适合于在高压下净化，且净化度较高，在高温部分的腐蚀率只有一乙醇胺法的 1/4 ~ 1/10。此法的缺点是对烃类有较高的溶解度，会造成有效组分的损失。

对于低温装置，经环丁砜洗涤后的天然气，还要经过吸附处理，以达到低温装置对 H_2S 和 CO_2 含量的要求。

热钾碱法及砜胺法的流程与醇胺法相近，故不再介绍。

4. 三种方法的比较

表 2-9 列出了以上三种脱酸性气体方法的比较[8]。

表 2-9　三种基本脱酸气方法比较

方　　法	脱　酸　剂	脱酸情况及应用
一乙醇胺法 （MEA）	一乙醇胺水溶液	主要是化学吸收过程，操作压力影响较小，当酸气分压较低时用此法较为经济。此法工艺成熟，同时吸收 CO_2 和 H_2S 的能力强，尤其在 CO_2 含量比 H_2S 含量较高时应用，亦可部分脱除有机硫。缺点是必须较高再生热，溶液易发泡，与有机硫作用易变质等
改良热钾碱法 （Benfied 或 Pot Carb）	碳酸钾溶液中，加入烷基醇胺和硼酸盐等活化剂	主要是化学吸收过程，在酸气分压较高时用此方法较经济。压力对操作影响较大，在 CO_2 含量比 H_2S 含量较高时适用。此法所需的再生热较低
砜胺法（Sulfinol）	环丁砜和二异丙醇胺或甲基二醇胺水溶液	兼有化学吸收和物理吸收作用，天然气中酸气分压较高，H_2S 含量比 CO_2 含量较高时，此法较经济。此法净化能力强，能脱除有机硫化合物，对设备腐蚀小，缺点是价格较高，能吸收重烃

5. 基本负荷型天然气液化装置中的脱酸系统

表 2-10 列出了国内部分天然气净化厂脱硫装置[6]。表 2-11 列出了世界上 12 座基本负荷型天然气液化装置的酸气吸收工艺及其他情况[3]。从表中可以看出，这些基本负荷装置主要采用了以上三种酸性气体脱除方法，即胺吸收（MEA）法、改良热钾碱法（Benfied）法、砜胺（Sulfinol）法。

表 2-10　我国天然气净化厂脱硫装置

省　市	工　厂		套数	工 艺 方 法	处理能力/（×10⁴m³/天）
四川省	川西南气矿	净化一厂	2	MEA	2×70
		净化二厂	2	MDEA（砜胺-Ⅰ，砜胺-Ⅱ）	2×70
	川西北气矿	净化厂	1	砜胺-Ⅱ	120
	川中油气矿	引进装置	1	MDEA	50
		净化厂	1	MDEA	80
重庆市	川东净化总厂	东溪装置	1	MEA	15
		垫江分厂	3	MDEA（砜胺-Ⅰ，砜胺-Ⅱ）	3×125
		引进分厂	1	砜胺-Ⅲ（砜胺-Ⅱ）	400
		渠县分厂	2	MDEA	2×200
		长寿分厂	2	MDEA 配方	2×200
贵州省	赤水天然气化肥厂	脱硫分厂	2	ADA-NaVO₃	2×100
陕西省	长庆石油勘探局	靖边净化厂	3	MDEA	3×250
湖北省	江汉石油管理局	利川脱硫装置	1	MDEA	15
河南省	中原石油勘探局			MEA	30

表 2-11　基本负荷型天然气液化装置中的脱酸系统

公司（工厂所在地）	投产年	天然气预处理流程	工厂总生产能力/（Mm³/h）	生产线条数	进气 H₂S 含量	进气 CO₂ 含量（%）	进气压力/MPa
Sonatrach（GL4-2）（阿索、阿尔及利亚）	1964	MEA	270	3	0	0.2	3.66
Phillips-Marathon（可奈、阿拉斯加）	1969	MEA	220	1		0.05	4.49
Sirte Oil（马萨布兰卡、利比亚）	1970	类 Benfied	450	2			4.66
Sonatrach（GL1.2&3K）（斯堪答、阿尔及利亚）	1972	MEA	1120	6	0	0.2	3.66
文莱 LNG（拉姆特、文莱）	1972	Sulfinol	850	5			5.28
阿联酋燃气（塔斯岛、阿联酋）	1977	Benfied Hipure	500	2	4.7%	4.9	5.20
Pertamina/Huffco（巴答卡、加里曼丹，印度尼西亚）	1977	MEA & UCARSOL	2230	5	3×10⁻⁶*	5.8	4.59
Pertamina-Mobil Arun（苏门答腊印度尼西亚）	1978	Benfied Hipure	2450	6	8×10⁻⁵*	15.1	7.59

（续）

公司（工厂所在地）	投产年	天然气预处理流程	工厂总生产能力/（Mm³/h）	生产线条数	进气 H_2S 含量	进气 CO_2 含量（%）	进气压力/MPa
Sonatrach（LNG-1/GL1-Z）（阿索、阿尔及利亚）	1978	MEA	1300	6	0	0.2	3.66
Sonatrach（LNG-2/GL2-Z）（阿索、阿尔及利亚）	1981	MEA	1400	6	0	0.2	3.66
马来西亚 LNG（宾士卢、马来西亚）	1982	Sulfinol	1120	3	$<2\times10^{-5}$*	5.5	5.22
Woodside 石油（西北大陆架、澳大利亚）	1989	Sulfinol	690	2	2×10^{-6}*	4.0	5.42

注：表中 * 处表示其含量为体积浓度（m³/m³）；其余含量指摩尔分数。

为了提高净化和干燥流程的技术经济性和热力学效率，在一个系统中同时吸收不同的非目标组分，即多用途吸附是一种有效的方法。要找到一种吸收剂同时能吸收所有非目标组分，并达到预定的很高的净化要求是很困难的。但可以选择吸收剂的混合物，其中每一种吸收剂选择吸收一种或几种杂质。

2.1.3　脱硫方法选择原则

天然气脱硫方法的选择，不仅对于脱硫过程本身，就是对于下游工艺过程，包括酸气处理和硫黄回收、脱水、天然气液回收等都有很大的影响。针对一个特定的脱硫装置，选择脱硫方法要考虑下列因素：

1）有关大气污染的脱硫及/或尾气处理规范。
2）酸性气中气相杂质的类型及含量。
3）对脱除酸性气体后脱硫气（或净化气）的技术要求。
4）对酸气的技术要求。
5）需要处理的酸性气的体积流量。
6）酸性气中的烃类组成。
7）对需要脱除的酸气组分的选择性要求。
8）需要处理的酸性气温度和压力，脱硫气外输时所要求的温度和压力。
9）投资及操作费用。
10）方法的专利费。
11）对液体产品的技术要求。

以下是选择天然气脱硫方法的一些经验：

1）处理量比较大的脱硫装置，应首先考虑醇胺法及砜胺法。

2）酸气分压低、CO_2 含量比 H_2S 含量较高时，H_2S 指标要求严格并需同时脱除 CO_2 时，可选 MEA、DEA 或混合醇胺法。若含有较多 COS、CS_2，可选用砜胺法或 DEA（轻微降解），不应采用 MEA。

3）酸气分压高、烃类含量低，可选砜胺法或物理溶剂法。若烃含量高，不应选择物理溶剂法，考察经济性，可选用 MEA、DEA 或 MDEA 方法，工艺中应升高富液闪蒸温度，提高烃回收效率。

4）H_2S 含量高，选择性脱硫，可选用 MDEA、砜胺-Ⅲ 溶液、DIPA，MDEA 优于 DIPA。当 CO_2 也有严格的净化规格时，可采用活化 MDEA 或 MDEA 配方溶液。

5）CO_2/H_2S 比较大（如大于 6 时），可选用 MDEA 或 MDEA 配方溶液，气液比大，节能效果好。

6）主要脱除天然气中大量 CO_2 时，可选用活化 MDEA 法，物理溶剂法亦可考虑。小流量、烃至少的可选用膜分离法。

7）CO_2 驱油伴生气应用低温分离法。

8）除 H_2S 及 CO_2 外，天然气中含有相当量有机硫需要脱除才能达到质量指标时，宜选用砜胺-Ⅱ 或砜胺-Ⅲ 型工艺。若还需要选择性脱除 H_2S，应选用砜胺-Ⅲ 型工艺。

9）处理 H_2S 含量低的小股天然气（其硫含量低于 0.1t/天，最多不超过 0.5t/天），可采用固体氧化铁脱硫剂或氧化铁浆液等方法。处理 H_2S 含量不高、含硫量在 0.5～5t/天间的天然气，亦可考虑采用直接转化的铁法、钒法或 PDS 法等。

10）高寒及沙漠缺水区域，可选择二甘醇胺（DGA）。DGA 在较高吸收温度也可保证 H_2S 的净化度，故再生后溶液的冷却可只用空冷而无须水冷，故可用于缺水区域。DGA 的质量分数通常在 60% 以上，凝点在 -20℃ 以下，故可用于严寒地区。

表 2-12 列出一些脱硫方法的特征，可供选择脱硫方法时参考。

表 2-12　气体脱硫方法特征综合表

脱 硫 方 法	可否达到 6 mg/m^3 的技术要求	脱除 RSH、COS 等硫化物的情况	可否选择性地脱除 H_2S	括号中的物质可否造成溶剂降解
MEA 法	可	部分脱除	否	可（COS，CO_2，CS_2）
DEA 法	可	部分脱除	否	轻度（COS，CO_2，CS_2）
DGA 法	可	部分脱除	否	可（COS，CO_2，CS_2）
MDEA 法	可	略微脱除	可④	否
Sulfinol 法	可	可以脱除	可④	轻度（CO_2，CS_2）
Selexol 法	可	略微脱除	可④	否
Hot Pot-Benfield 法	可①	不能脱除③	否	否
Flour 法	否②	不能脱除	否	否
海绵铁法	否	部分脱除	可	—
分子筛法	否	可以脱除	可	—
蒽醌法	否	不能脱除	可	高浓度的 CO_2
Lo-Cat 法	否	不能脱除	可	高浓度的 CO_2
Chemsweet 法	否	部分脱除 COS	可	否

注：表中 mg/m^3 为标准状态下的 mg/m^3。

① 高纯度型。

② COS 仅仅水解。

③ 这方法稍有选择性。

④ 可以满足特定的设计要求。

2.2　脱水

在液化装置中，若天然气中含有水分，水在低于零度时将以冰或霜的形式冻结在换热器的表面和节流阀的工作部分。另外，天然气和水会形成天然气水合物，它是半稳定的固态化合物，可以在零度以上形成。它不仅可能导致管线堵塞，也可造成喷嘴和分离设备的堵塞。水合物形成温度的影响因素主要有以下三个方面：①混合物中重烃特别是异丁烷的含量；②混合物的组分，即使密度相同而组分不同，气体混合物形成水合物的温度也不相同；③压力越高，生成水合物的起始温度也越高[4,9]。

在输送含有酸性组分的天然气时，液态水的存在还会加速酸性组分（H_2S、CO_2等）对管壁、阀门件的腐蚀，减少管线的使用寿命。

为了避免天然气中由于水的存在造成堵塞现象，通常须在高于水合物形成温度时就将原料气中的游离水脱除，使其露点达到 −100℃ 以下。目前，常用的天然气脱水方法有冷却法、吸收法和吸附法等[1]，以及近年发展起来的膜分离法。表 2-13[6] 对这四类脱水方法进行了一般性的比较。

表 2-13　天然气脱水方法比较

类　别	方　　法	脱湿度	大气露点/℃	安装面积	运转维修	分离理论	主要设备	适用范围
冷却脱水	加压、降温、节流、制冷方式等	低	0 ~ −20	大	中	凝聚	冷冻机、换热器或节流设备、透平膨胀机	大量水分的粗分离
溶剂吸收脱水	醇类脱水吸收剂	中	0 ~ −30	大	难	吸收	吸收塔、换热器、泵	大型液化装置中，脱除原料气所含的大部分水分
固体吸附脱水	活性氧化铝、硅胶、分子筛	高	−30 ~ −50	中	中	吸附	吸附塔、换热器、转换开关、鼓风机	要求露点降高或小流量气体的脱水
膜分离法脱水	吹扫、真空	中-高	−20 ~ −40	小	易	透过	膜换热器、过滤器、真空泵	净化厂集中脱水和集气站、边远井站单井脱水

2.2.1　吸收法脱水

吸收脱水是用吸湿性液体（或活性固体）吸收的方法脱除气流中的水蒸气。

用作脱水吸收剂的物质应具有以下特点：对天然气有很强的吸水能力，热稳定性好，脱水时不发生化学反应，容易再生，黏度小，对天然气和液烃的溶解度较低，起泡和乳化倾向小，对设备无腐蚀性，同时还应价格低廉，容易得到。

甘油是最先用来干燥燃料气体的液体之一，在 1929，Tupholme 年曾描述以甘油用于城市煤气脱水的工厂设计。据报道，氯化钙溶液是首先用于天然气脱水的液体，在 20 世纪 30 年代初期曾经被采用过。1936 年秋，二甘醇（DEG）开始用来干燥天然气。实践证明二甘醇及其相邻的同系物三甘醇（TEG）特别有效的。下面分析几种常用醇类脱水吸收剂的优缺点[1]。

1. 三甘醇水溶液

优点：浓溶液不会凝固；天然气中硫、氧、CO_2 存在时，在一般操作温度下性能稳定；高的吸湿性；容易再生，用一般再生方法可得到体积分数为 98.7% 的三甘醇水溶液；蒸气压低，携带损失量小，露点降大，三甘醇的质量分数为 98%～99% 时，露点降可达 33～42℃。

缺点：投资高；当有轻质烃液体存在时会有一定程度的起泡倾向，有时需要加入消泡剂。三甘醇脱水由于露点降大和运行可靠，在各种甘醇类化合物中其经济效果最好，因而国外广为采用。我国主要使用二甘醇或三甘醇，在三甘醇脱水吸收剂和固体脱水吸附剂两者脱水都能满足露点降的要求时，采用三甘醇脱水经济效益更好。

2. 甘醇胺溶液

优点：可同时脱除水、CO_2 和 H_2S，甘醇能降低醇胺溶液起泡倾向。

缺点：携带损失量较三甘醇大；需要较高的再生温度，易产生严重腐蚀；露点降小于三甘醇脱水装置，仅限于酸性天然气脱水。

3. 二甘醇水溶液

优点：浓溶液不会凝固；天然气中有硫、氧和 CO_2 存在时，在一般操作温度下溶液性能稳定，高的吸湿性。

缺点：携带损失比三甘醇大；溶剂容易再生，但用一般方法再生的二甘醇水溶液的体积分数不超过 95%；露点降小于三甘醇溶液，当贫液的质量分数为 95%～96% 时，露点降约为 28℃；投资高。

甘醇法脱水装置的典型工艺流程如图 2-2 所示。湿原料气经分离器粗脱水后，从底部进入吸收塔 2，被甘醇贫液将水吸收脱除，从塔顶排出干燥气体，经过雾沫分离器 1 后，送去进一步脱水。塔底的甘醇富液经换热器 6 吸热后，经闪蒸罐 7 和过滤器 8，进入再生塔 9 加热脱水后，用甘醇泵输送至吸收塔顶循环使用。

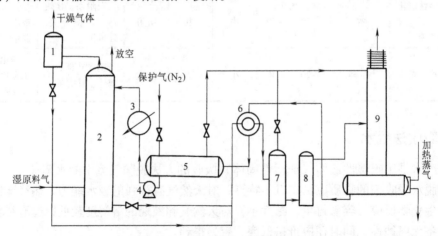

图 2-2　常压甘醇法脱水装置流程图

1—雾沫分离器　2—吸收塔　3—冷却器　4—甘醇循环泵

5—中间缸　6—换热器　7—闪蒸罐　8—过滤器　9—再生塔

利用此法必须注意防止甘醇分解，当再生温度超过204℃及系统中有氧气及液态烃存在时，都会降低甘醇的 pH 值，促使甘醇分解。因此需要定期检查甘醇的 pH 值，要控制 pH 值大于7。在有条件时将甘醇用氮气保护，以防止氧化。

甘醇法适用于大型天然气液化装置中脱除原料气所含的大部分水分。

与采用固体吸附剂脱水的吸附塔比较，甘醇吸收塔的优点是：①一次投资较低，压降少，可节省动力；②可连续运行，③容易扩建；④塔易重新装配；⑤可方便地应用于在某些固体吸附剂易受污染的场合。

2.2.2　吸附法脱水

"吸附"一词最早由 Kayser 于1881年提出，意思是气体在自由表面上的凝聚。现在国际上吸附的严格定义为：一个或多个组分在界面上的富集（正吸附或简单吸附）或损耗（负吸附）。其机理是在两相界面上，由于异相分子间作用力不同于主体分子间作用力，使相界面上流体的分子密度异于主体密度而发生"吸附"。

按吸附作用力性质的不同，可将吸附区分为物理吸附和化学吸附两种类型。物理吸附是由分子间作用力，即范德华力产生的。由于范德华力是一种普遍存在于各吸附质与吸附剂之间的弱的相互作用力，因此，物理吸附具有吸附速率快，易于达到吸附平衡和易于脱附等特征。化学吸附是由化学键力的作用产生的，在化学吸附的过程中，可以发生电子的转移、原子的重排、化学键的断裂与形成等微观过程。吸附质与基质之间形成的化学键多为共价键，而且趋向于基质配位数最大的位置上。化学吸附通常具有明显的选择性，且只能发生单分子层吸附，还具有不易解吸，吸附与解吸的速率都较小，不易达到吸附平衡等特点。物理吸附和化学吸附是很难截然分开的，在适当的条件下，两者可以同时发生。

1. 吸附法脱水的优缺点

与液体吸收脱水的方法比较，吸附脱水能够提供非常低的露点，可使水的体积分数降至 $1 \times 10^{-6} m^3/m^3$ 以下；吸附法对气温、流速、压力等变化不敏感；相比之下没有腐蚀、形成泡沫等问题；一般情况下压力降较高；吸附剂易于中毒或碎裂；再生时需要的热量较多。

由此可见，如要求的露点降仅为22～28℃，一般情况下采用甘醇吸收水较经济；如要求的露点降为28～44℃，则甘醇法和吸附法均可考虑，可参照其他影响因素确定；如要求的露点降高于44℃，一般情况下应考虑吸附法脱水，至少也应先采用甘醇吸收脱水，再串接吸附法脱水。

在某些情况下，特别是在气体流量、温度、压力变化频繁的情况下，由于吸附法脱水适应性好，操作灵活，而且可保证脱水后的气体中无液体，所以成本虽高仍应采用吸附法脱水[1]。

2. 几种常用的吸附剂

目前在天然净化过程中，主要使用的吸附剂有活性氧化铝、硅胶和分子筛三大类。活性炭的脱水能力甚微，主要用于从天然气中回收液烃。

（1）活性氧化铝　其主要成分是部分水化的、多孔的和无定型的氧化铝，并含有少量的其他金属化合物。活性氧化铝是一种极性吸附剂，它对多数气体和蒸气都是稳定的，是没有毒性的坚实颗粒，浸入水或液体中不会软化、溶胀或蹦碎破裂，抗冲击和磨损的能力强。它常用于气体、油品和石油化工产品的脱水干燥。活性氧化铝干燥后的气体露点可低达 -73℃。活性氧化铝循环使用后，其物化性能变化不大。

为了防止生成胶质沉淀，活性氧化铝宜在 177~316℃ 下再生，即床层再生气体在出口时最低温度需维持在 177℃，方可恢复至原有的吸附能力，因此其再生时耗热量较高。活性氧化铝吸附的重烃在再生时不易除去。氧化铝呈碱性，可与无机酸发生化学反应，故不宜处理酸性天然气。

（2）硅胶　这是一种坚硬无定形链状和网状结构的硅酸聚合物颗粒，为一种亲水性的极性吸附剂。硅胶的分子式为 $SiO_2 \cdot nH_2O$，其孔径在 2~20nm。硅胶对极性分子和不饱和烃具有明显的选择性，因此可用于天然气脱水。

硅胶的吸附性能和其他吸附剂大致相同，一般可使天然气的露点达 -60℃。硅胶很容易再生，再生温度为 180~200℃。虽然硅胶的脱水能力很强，但易于被水饱和，且与液态水接触很易炸裂，产生粉尘。为了避免进料气夹带的水滴损坏硅胶，除了湿进料气进吸附塔前应很好地脱除液态水外，有时也采用在吸附床进口处，加一层不易被液态水破坏的吸附剂，称作吸附剂保护层。粗孔硅胶，如 W 型硅胶即可用于此目的。

（3）分子筛　这是一种天然或人工合成的沸石型硅铝酸盐，天然分子筛也称沸石，人工合成的则多称分子筛。

分子筛的物理性质取决于其化学组成和晶体结构。在分子筛的结构中有许多孔径均匀的孔道与排列整齐的孔穴。这些孔穴不仅提供了很大的比表面，而且它只允许直径比孔径小的分子进入，而比孔径大的分子则不能进入，从而使分子筛吸附分子有很强的选择性。

根据孔径的大小不同，以及分子筛中 SiO_2 与 Al_2O_3 的摩尔比不同，分子筛可分为几种不同的型号，见表2-14。X 型分子筛能吸附所有能被 A 型分子筛吸附的分子，并且具有稍高的湿容量。

表 2-14　几种常用的分子筛

型　号	SiO_2/Al_2O_3摩尔比	孔径/（$\times10^{-10}$m）	化学组成（$M_{2/n}O \cdot Al_2O_3 \cdot x\,SiO_2 \cdot yH_2O$）
3A（钾 A 型）	2	3~3.3	$2/3K_2O \cdot 1/3Na_2O \cdot Al_2O_3 \cdot SiO_2 \cdot 4.5H_2O$
4A（钠 A 型）	2	4.2~4.7	$Na_2O \cdot Al_2O_3 \cdot 2SiO_2 \cdot 4.5H_2O$
5A（钙 A 型）	2	4.9~5.6	$0.7CaO \cdot 0.3Na_2O \cdot Al_2O_3 \cdot 2SiO_2 \cdot 4.5H_2O$
10X（钙 X 型）	2.2~3.3	8~9	$0.8CaO \cdot 0.2Na_2O \cdot Al_2O_3 \cdot 2.5SiO_2 \cdot 6H_2O$
13X（钠 X 型）	2.3~3.3	9~10	$Na_2O \cdot Al_2O_3 \cdot 2.5SiO_2 \cdot 6H_2O$
Y（钠 Y 型）	3.3~6	9~10	$Na_2O \cdot Al_2O_3 \cdot 5SiO_2 \cdot 8H_2O$
钠丝光沸石	3.3~6	约5	$Na_2O \cdot Al_2O_3 \cdot 10SiO_2 \cdot 6~7H_2O$

在天然气净化过程中常见的几种物质分子的公称直径见表2-15。

结合表2-14 和表2-15 可得出，要用分子筛脱水，选择 4A 分子筛是比较合适的，因为 4A 分子筛的孔径为（4.2~4.7）$\times10^{-10}$m，水的公称直径为 3.2×10^{-10}m。4A 分子筛也可吸附 CO_2 和 H_2S 等杂质，但不吸附重烃，所以分子筛是优良的水吸附剂。

早在 1964 年，在威斯康欣建造的调峰型

表 2-15　常见的几种分子公称直径

分子	公称直径/（10^{-10}m）	分子	公称直径/（10^{-10}m）
H_2	2.4	CH_4	4.0
CO_2	2.8	C_2H_6	4.4
N_2	3.0	C_3H_8	4.9
水	3.2	$nC_4 \sim nC_{22}$	4.9
H_2S	3.6	$iC_4 \sim iC_{22}$	5.6
CH_3OH	4.4	苯	6.7

液化天然气装置中，使用分子筛脱除原料气中的水分。目前分子筛脱水在天然气液化装置中得到了广泛的应用。

综上所述，分子筛与活性氧化铝和硅胶相比较，具有以下显著优点：

1）吸附选择性强，只吸附临界直径比分子筛孔径小的分子；另外，对极性分子也具有高度选择性，能牢牢地吸附住这些分子。

2）脱水用分子筛如 4A 分子筛，它不吸附重烃，从而避免因吸附重烃而使吸附剂失效。

3）具有高效吸附性能，在相对湿度或分压很低时，仍保持相当高的吸附容量，特别适用于深度干燥。

4）吸附水时，同时可以进一步脱除残余酸性气体。

5）不易受液态水的损害。

现代液化天然气工厂采用的吸附脱水方法大都是分子筛吸附。尽管分子筛价格较高，但却是一种极好的脱水吸附剂。在天然气液化或深度冷冻之前，要求先将天然气的露点降低至很低值，此时用分子筛脱水比较合适。

在实际使用中，可将分子筛同硅胶或活性氧化铝等串联使用。需干燥的天然气首先通过硅胶床层脱去大部分饱和水，再通过分子筛床层深度脱除残余的微量水分，以获得很低的露点。

分子筛的主要缺点是当有油滴或醇类等化学品带入时，会使分子筛变质恶化；再生时耗热高。

表 2-16 为用分子筛进行天然气脱水装置的典型操作条件。

表 2-16　用分子筛脱除天然气中水分的典型操作条件

参　　数	操 作 条 件
天然气流量/（m^3/h）	$10^4 \sim 1.67 \times 10^6$
天然气进口含水量/（m^3/m^3）	$150 \times 10^{-6} \sim$ 饱和
天然气压力/MPa	$1.5 \sim 10.5$
吸附循环时间/h	$8 \sim 24$
天然气出口含水量	$<10^{-7} m^3/m^3$ 或 $-170℃$ 露点
再生气体	干燥装置尾气，压力等于或低于原料气压力，据再压缩条件需定
再生气体加热温度/℃	$230 \sim 290$（床层进口）

3. 吸附法脱水装置工艺流程

图 2-3 是吸附法高压天然气脱水的典型双塔流程图。LNG 工厂的脱水工艺流程采用的装置主要是固定床吸附塔。为保证连续运行，至少需要两个吸附塔，一塔进行脱水操作，另一塔进行吸附剂的再生和冷却，然后切换。在三塔或多塔装置中，切换程序有所不同。对于普通的三塔流程，一般是一塔脱水，一塔再生，另一塔冷却。

在吸附时，为了减少气流对吸附剂床层扰动的影响，需干燥的天然气一般自上而下流过吸附塔。1 号干燥塔吸附时，湿天然气经阀 1 进入塔顶，自上而下流过干燥塔，经阀 4 输出干燥的天然气。2 号干燥塔吸附时，湿天然气经阀 7 进入塔顶，自上而下流过干燥塔，经阀 10 输出干燥的天然气。

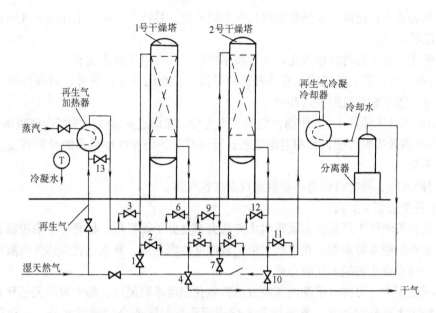

图 2-3　吸附法高压天然气脱水典型工艺流程示意图

1～13—阀门

当一个塔吸附时，另一个塔进行再生。吸附剂再生需要吸热，所以当一个吸附塔在脱水再生时，先对再生气用某种方式进行加热，然后再生气自下而上流过再生塔，对吸附层进行脱水再生。再生气自下而上流动，可以确保与湿原料气脱水时最后接触的底部床层得到充分再生，因为底部床层的再生效果直接影响流出床层的干天然气质量。再生气加热器可以采用直接燃烧的加热炉，也可以采用热油、蒸气或其他热源的间接加热器。再生气可以采用湿原料气，也可采用出口干气。1 号干燥塔再生气时，再生气经阀 6 进入塔底，自下而上流过干燥塔，经阀 2 至再生气冷凝冷却器冷却。2 号干燥塔再生气时，再生气经阀 12 进入塔底，自下而上流过干燥塔，经阀 8 至再生气冷凝冷却器冷却。

对吸附剂再生后，还需经过冷却后才能具有较好的吸附能力。在对再生后的床层进行冷却时，可以停用加热器或使冷却气流从加热器的旁通阀 13 流过，以冷却再生后的热床层。冷却气通常是自上而下流过吸附剂床层，从而使冷却气中的水分被吸附在床层的顶部。这样，在脱水操作中，床层顶部的水分就不会对干燥后的天然气露点产生过大影响。1 号干燥塔冷却时，冷却气经阀 3 进入塔顶，自上而下流过干燥塔，经阀 5 至再生气冷凝冷却器冷却。2 号干燥塔冷却时，冷却气经阀 9 进入塔顶，自上而下流过干燥塔，经阀 11 至再生气冷凝冷却器冷却。

再生气和冷却气离开吸附塔后，进入再生气冷却器，从吸附塔再生脱除的水分在此冷凝，并由分离器底部排出。一般可用定时切换的自控阀门来控制吸附塔的脱水、再生和冷却。

2.2.3　低温冷凝法脱水

低温冷凝法脱水也就是冷却脱水，它是利用当压力不变时，天然气的含水量随温度降低而减少的原理实现天然气脱水。此法只适用于大量水分的粗分离。

对于气体，增加气体的压力和降低气体的温度，都会促使气体的液化。对于天然气这种多组分的混合物，各组成部分的液化温度都不同，其中水和重烃较易液化。所以采用加压和降温措施，可促使天然气中的水分冷凝析出。天然气中水的露点随气体中水分降低而下降。脱水的目的就是使天然气中水的露点足够低，从而防止低温下水冷凝、冻结及水合物的形成。

对于井口压力很高的气体，可直接利用井口的压力，对气体进行节流降压到管输气的压力，根据焦耳-汤姆逊的效应，在降压过程中，天然气的温度也会相应降低，若天然气中水的含量很高，露点在节流后的温度以上，则节流后就会有水析出，从而达到脱水的目的。

对于压力比较低的天然气，可采用制冷方式进行冷却脱水。首先对天然气进行压缩，使天然气达到高温高压、经水冷却器冷却，再经节流元件进行节流，从而使温度降至天然气中水的露点以下，则水从天然气中析出，实现脱水。

冷却脱水过程达不到作为液化厂原料气中对水露点的要求，还应采用其他方法对天然气进行进一步的脱水。

通常用冷却脱水法脱除水分的过程中，还会脱除部分重烃。

2.2.4　膜分离法脱水

天然气膜分离法（简称膜法）脱水是近年来发展起来的新技术。它克服了传统净化的许多不足，具有投资少、低能耗、维修保养费用低、环境友好及结构紧凑等优点。膜分离法脱水具有较大的发展潜力和广阔的应用前景，尤其适用于海上采油平台等对空间要求较严格的场所。另外，膜分离法在天然气脱水同时，还可以进行部分轻烃回收。

膜法脱水材料主要有聚砜、醋酸纤维素、聚酰亚胺等，通常制备成中空纤维或卷式膜组件[10,11]。

天然气膜分离技术是利用特殊设计和制备的高分子气体分离膜，对天然气中酸性组分的优先选择渗透性。当原料天然气流经膜表面时，其酸性组分（如 H_2O、CO_2 和少量 H_2S）优先透过分离膜而被脱除掉。图 2-4 示出膜分离法脱水基本原理。

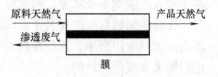

图 2-4　膜分离法脱水基本原理

膜分离法具有下列特点：

1）利用天然气自身压力作为净化的推动力，几乎无压力损失。

2）无试剂加入，属"干法"净化。净化过程中无额外材料消耗；无须再生，无二次污染。

3）工艺相容性强，具有同时脱除性，如在脱水的同时，部分地脱除 H_2S、CO_2。

4）工艺简单，组装方便；易操作，易撬装。

5）技术单元灵活，占地面积小。

与其他几种脱水方法相比，膜分离法脱水占地面积小，运转维修方便，所能达到的脱水露点范围较宽。另外，膜分离法脱水装置规模主要由膜组件的数量决定，装置较为灵活，因此它不仅适用于净化厂集中脱水和集气站小站脱水，同时也能够灵活、方便地应用于边远井站单井脱水。

天然气中水蒸气为微量、可凝性组分，水蒸气分压较低，从而膜两侧水蒸气渗透推动力较低。另外，水蒸气在膜的渗透侧富集，可能产生冷凝，降低传质推动力，影响膜的寿命。因此，在膜法脱水过程中，一般采用渗透侧干燥气体吹扫或抽真空工艺，以迅速排出渗透侧水蒸气，提高传质推动力。同时，还有将渗透侧的水蒸气干燥的膜吸收法和温差推动技术。

2.3　其他杂质的脱除

在天然气中，降了前面所述的水和酸性气体以外，还有汞、重烃等一些杂质，下面分别对这些非目标组分及其危害和净化方法作一简单介绍。

1. 汞

汞的存在会严重腐蚀铝制设备。1973 年 12 月，在斯基柯达天然气液化装置的低温换热器铝管中，发生了严重的汞腐蚀现象，致使该液化系统停工 14 个月之久。当汞（包括单质汞、汞离子及有机汞化合物）存在时，铝会与水反应生成白色粉末状的腐蚀产物，严重破坏铝的性质。极微量的汞含量足以给铝制设备带来严重的破坏，而且汞还会造成环境污染，以及检修过程中对人员的危害。所以汞的含量应受到严格的限制。

脱除汞依据的原理是汞与硫在催化反应器中的反应。在高的流速下，可脱除含量低于 $0.001\mu g/m^3$ 的汞，汞的脱除不受可凝混合物 C_5^+ 烃及水的影响。美国匹兹堡 Colgon 公司活性炭分公司，研制了一种专门用于从气体中脱除汞的硫浸煤基活性炭 HGR。日本东京的 JGC 公司，采用了一种新的 MR-3 吸收剂用于净化天然气中的汞。它能使汞含量降低至 $0.001\mu g/m^3$ 以下，比 HGR 的性能优良[12]。

图 2-5 示出美国环球石油公司（UOP）HgSIV 汞脱除、干燥及再生系统[6]。天然气经过两个吸收塔脱汞和水分，同时将产生的无汞干气的一部分用于吸附剂再生；然后经冷却分离，再经压缩机后与进气混合，HgSIV 吸附剂与传统的分子筛相似，用相同方法安装在吸附塔内。无须专门费用，只要在现有干燥用的吸附剂上加一层脱汞 HgSIV 吸附剂，就能同时达到脱水及脱汞的目的。

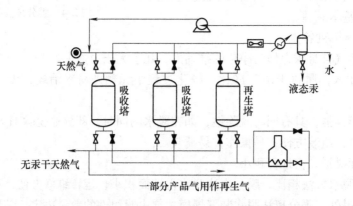

图 2-5　UOP 公司 HgSIV 汞脱除、干燥及再生系统

2. 重烃

重烃常指 C_5^+ 的烃类。在烃类中，分子量由小到大时，其沸点是由低到高变化的，所以在冷凝天然气的循环中，重烃总是先被冷凝下来。如果未把重烃先分离掉，或在冷凝后分离掉，则重烃将可能冻结从而堵塞设备。

极少量的 C_6^+ 馏分特性的微小变化，对于预测烃系的相特性有相当大的影响。C_6^+ 馏分对气体混合物影响如此之大的原因，被认为是气体的露点受混合物中最重组分的影响较大，重组分的变化对露点温度或压力有惊人的影响。

在 $-183.3℃$ 以上，乙烷和丙烷能以各种浓度溶解于 LNG 中。最不易溶解的是 C_6^+ 烃（特别是环状化合物），还有 CO_2 和水。在用分子筛、活性氧化铝或硅胶吸附脱水时，重烃可被部分脱除。脱除的程度取决于吸附剂的负荷和再生的形式等，但采用吸附剂不可能使重烃的含量降低到所要求的很低浓度，余下的重烃通常在低温区中的一个或多个分离器中除去，此法也称为深冷分离法[13]。

3. 氦气

氦气（He）是现代工业、国防和近代技术不可缺少的气体之一。氦气在核反应堆、超导体、空间模拟装置、薄膜工业、飞船和导弹工业等现代技术中，作为低温流体和惰性气体是必不可少的。世界上唯一供大量开采的氦气资源是含氦气的天然气。所以天然气中的氦气应该分离提取出来加以利用。

我国的天然气中氦气的含量很低，若仅用深冷法提氦，则需液化大量的甲烷和氮，操作费用很高。利用膜分离技术和深冷分离技术相结合的方法，即联合法从天然气中提取氦气，在经济上具有较强的竞争力。图 2-6 示出联合法的工艺流程[14]。

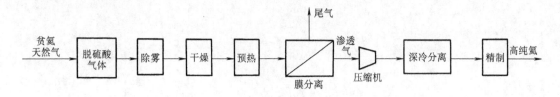

图 2-6 联合法从贫氦天然气中提氦工艺流程

4. 氮气

氮气的液化温度（常压下 77K）比天然气的主要成分甲烷的液化温度（常压下约110K）低。当天然气中氮含量越多，LNG 越困难，则液化过程的动力消耗增加。对于氮气，一般采用最终闪蒸的方法从 LNG 中选择性地脱除氮。

参 考 文 献

[1] 王遇冬，陈慧芳. 天然气处理与加工工艺 [D]. 西安：西安石油学院，1993.

[2] Kosseim A J, et al. New Development in Gas Purification for LNG Plants [J]. Tenth international Conference & Exhibition on Liquefied Natural Gas, 1992, Session Ⅱ: 11.

[3] 郑大振. LNG 工厂的天然气净化工艺及其新发展 [J]. 天然气工业，1994，14（4）：67-72.

[4] 邹仁筠，等. 石油化工分离原理与技术 [M]. 北京：化学工业出版社，1988.

[5] Hamid Arastoopour. University of Indonesia Gas Engineering Program [J]. Institute of Gas Technology, 1982.

［6］顾安忠，鲁雪生．液化天然气技术手册［M］．北京：机械工业出版社，2010.

［7］陈赓良．膜分离技术在天然气净化工艺中的应用［J］．天然气工业，1989，9（2）：57-63.

［8］刘磊．LNG 装置中天然气深度净化处理技术研究［D］．哈尔滨：哈尔滨工业大学，2010.

［9］K S 佩德森．石油与天然气的性质［M］．郭天民，等译．北京：中国石化出版社，1992.

［10］刘丽．天然气膜法脱水净化技术与应用［J］．当代化工，2001，30（4）：214-218.

［11］杨得湖，徐敏．天然气膜法处理技术［J］．内蒙古石油化工，2004，30（2）：28-31.

［12］Takashi Goto, et al. High Efficiency Mercury Removal Adsorbent for Natural Gas Liquefaction Plant［J］.
Tenth international Conference & Exhibition on Liquefied Natural Gas, 1992：17.

［13］韩建多，等．天然气分离工艺及其选择建议［J］．天然气化工，1996（2）：47-50.

［14］陈华，蒋国梁．膜分离法与深冷法联合用于从天然气提氦［J］．天然气工业，1995，15（2）：71-73.

第 3 章　液化天然气流程和装置

3.1　概述

自阿尔及利亚的 Camel 液化天然气工厂 1965 年投入运作以来，液化天然气（简称 LNG）生产已有近 50 年的历史了。LNG 装置中流程有以下三大类：①混合制冷剂流程；②级联流程；③膨胀流程。

对液化流程的一种分类方式为按流程的循环数量来划分，分为单循环流程、双循环流程和三循环流程[1]。流程中制冷循环回路数越多，则以此为流程的 LNG 单线产能越大。

单循环流程有：各种类型的单混合制冷剂流程、氮气膨胀流程。

双循环流程有：各种类型的丙烷预冷混合制冷剂流程、双混合制冷剂流程、氮气-甲烷膨胀流程。

三循环流程有：APCI 的 AP-X™ 流程、Sell 的并联混合制冷剂流程 PMR、Linde 的混合制冷剂级联流程 MFC 及 ConocoPhilips 的康菲优化级联流程。

对于双循环和三循环流程，各循环分别具有单独的压缩机、中间冷却器和后部冷却器、换热器等。

对于流程中的制冷循环的数量，只有在不增加循环数量的情况下增加产量，才能实现液化装置的规模经济效应。当需要的循环数增加时，设备数量、安装空间及复杂度都相应增加因而使得液化流程改进所节省的开支消耗掉。但当 LNG 流程的生产规模增大时，气体处理设施、产品存储、运输设施、应用及装船环节的经济性也会提高。因此，若有足够气源且在可获得相应的设备前提下，LNG 装置越大越好。

混合制冷剂流程（MRC）是以碳氢化合物及 N_2 等组成的多组分混合制冷剂为制冷剂，进行逐级冷凝、蒸发、节流膨胀得到不同温度水平的热沉，以达到逐步冷却和液化天然气为目的的循环。MRC 既达到类似级联式液化流程的目的，又克服了其系统复杂的缺点[2]。

使用混合制冷剂时，主要制冷剂一般为甲烷、乙烯、丙烷、氮气的混合物，也可包括丁烷和戊烷，具体选择何种物质作为制冷剂需根据混合制冷剂循环类型和原料气的工况等因素来确定。

混合制冷剂的优点如下：

1）由于混合制冷剂是混合物，因此其吸热沸腾过程是个变温过程，这使换热器中热流和冷流之间的传热温差始终较低，从而换热器的效率高。

2）当生产条件，如天然气的组分、环境温度、产量要求等发生变化时，可通过调节混合制冷剂的组分使流程适应这些条件的变化，从而使流程运行在较低的比功率之下。

使用混合制冷剂的缺点是：需要实现混合制冷剂在换热器内的均匀分布以实现适当的热交换。

混合制冷剂流程有：①SMR：单混合制冷剂流程；②C3MR：丙烷预冷混合制冷剂流程；③DMR：双混合制冷剂流程；④AP-X™：C3MR + N2 膨胀流程；⑤MFC：混合制冷剂级联流程；⑥PMR：并联混合制冷剂流程。其中 SMR 为单循环流程。C3MR 和 DMR 为双循环流程。AP-X^{TM}、MFC 和 PMR 为三循环流程。

纯工质级联流程中，原料气在三个独立的制冷循环中被冷却，每个回路分别包括一种纯制冷剂。在每个回路中，低压气相制冷剂被压缩、冷却和冷凝，液态制冷剂经节流或膨胀降压降温，然后吸热蒸发以实现制冷。

与混合制冷剂流程相比，纯工质级联流程的主要特点是采用纯工质作为制冷剂。级联循环与混合制冷剂相比，有如下缺点：

1）级联循环能实现的最大单线产能与 C3MR 和 DMR 相当，但与 C3MR 和 DMR 流程相比，级联流程循环回路多，设备多，初投资成本高，系统复杂。

2）由于使用纯工质作制冷剂，蒸发时温度不变，因此冷却过程中换热器内冷热流体间的温差大，换热器效率低。

3）乙烯通常用作制冷剂之一，但乙烯一般不存在于天然气原料气中，获得困难。

纯工质级联流程有两类：经典级联流程和康菲优化级联流程。

以上流程分类有的有交叉，如 MFC 也是三级级联的，只是所采用的制冷剂均为混合制冷剂，因此在本章介绍中作为混合制冷剂流程介绍。

膨胀流程有：①单级氮气膨胀流程；②双级氮气膨胀流程；③氮气-甲烷膨胀流程；④带预冷的双级氮膨胀流程。

以上各类流程都有各种变形，本章将介绍在实际应用中广被采用或知名公司的流程。

液化装置有不同的目的，如有的用于出口 LNG、有的用于调峰、有的用于为 LNG 汽车提供燃料。与同时期的用于调峰等 LNG 装置相比，用于出口 LNG 的 LNG 装置常常具有较大的单线产能。以下流程适用于以出口液化天然气为目的的 LNG 装置：①C3MR：丙烷预冷混合制冷剂流程；②DMR：双混合制冷剂流程；③AP-X^{TM}：C3MR + N2 膨胀流程；④MFC：混合制冷剂级联流程；⑤PMR：并联混合制冷剂流程；⑥级联流程。在 3.2 将介绍这些流程有在全球以出口为目的的 LNG 装置上的应用。而单混合制冷剂流程 SMR 和各类膨胀流程在大量液化规模较小的装置中采用，在 3.3 将介绍这些流程及在我国的应用。需要指出的是：1972 年利比亚的以出口 LNG 为目的的装置采用了 SMR 流程，单线产能为 0.8Mt/年，由于产能较小，因此不作为中大型天然气流程介绍。

目前正兴起海上浮式液化装置 FLNG 的开发和建造，3.4 将介绍 FLNG 装置。

3.2　中、大型 LNG 流程

3.2.1　C3MR 丙烷预冷混合制冷剂流程

当单线产能大于 2Mt/年且不带预冷时，则主制冷剂流量会很大，很难匹配到合适的压缩机，此时需要增加预冷循环来分担冷负荷[2]，带预冷循环的混合制冷剂流程应运而生。APCI 和 Shell 等公司提出了丙烷预冷混合制冷剂流程 C3MR，即流程由丙烷预冷循环和混合制冷剂循环组成。SMR 流程第一次使用于利比亚 LNG 装置上时单生产线能力为 0.8Mt/年，而第一个在文莱使用的 C3MR 流程单生产线能力 1.3Mt/年。生产能力的增加是因为丙烷预冷循环分担了一部分的热负荷。图 3-1 为天然气降温曲线及在两个循环的热负荷分配示意图[3]。

随着大型压缩机、驱动机和换热器制造能力的不断增强及压缩机与驱动机之间良好的功率分配，使该类流程的生产能力可达到 5Mt/年⊖。这一流程在陆上大、中型装置中占了主导地位。

丙烷是迄今为止使用得最普遍的预冷制冷剂。丙烷作为预冷制冷剂的优点是[2]：①系统非常易于操作；②丙烷几乎存在于所有天然气的原料气中，且可由分馏单元现场提供；③丙烷的物性非常适合于在所要求的温度范围内进行冷却。

丙烷作为制冷剂的缺点是：能达到的最低预冷温度不能低于常压下丙烷的冷凝温度，即使之不能很好地适应环境温度的变化，尤其是在极寒地区。

在目前已建成的 C3MR 流程装置中，APCI 占据了绝对主导的地位。接下来介绍 APCI 的 C3MR 流程及其在应用于 LNG 装置的情况。

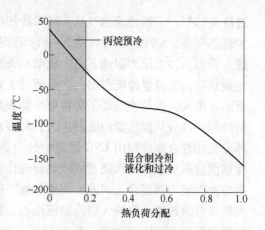

图 3-1　天然气降温曲线及在两个循环的热负荷分配示意图[3]

图 3-2 为一典型的 APCI 丙烷预冷混合制冷剂循环 C3MR，该流程具有两个制冷剂循环。预冷循环使用纯丙烷，液化和过冷循环使用混合制冷剂，且由氮、甲烷、乙烷和丙烷组成[4]。预冷循环在 3 个或 4 个压力等级中使用丙烷，可将天然气和混合制冷剂预冷至 −40 ~ −35℃，并可冷凝部分混合制冷剂。使用釜式换热器，丙烷制冷剂在壳侧吸热后沸腾和蒸发，天然气和混合制冷剂分别流过浸没在液体丙烷中的管内放热冷却[4]。

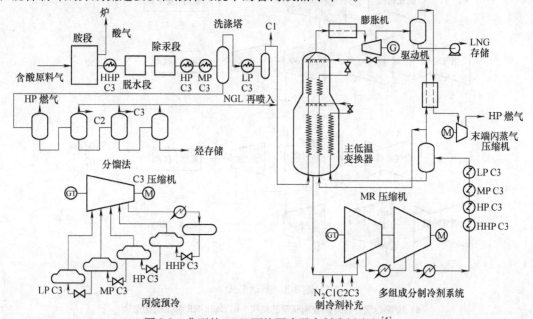

图 3-2　典型的 APCI 丙烷预冷混合制冷剂流程[5]

蒸发的丙烷进入离心压缩机压缩，被压缩至 1.5 ~ 2.5MPa，在冷却器中被水或空气冷却后，进入丙烷釜式换热器，冷却后节流膨胀返回换热器为天然气和混合制冷剂提供冷量。在 MR 循环中，被丙烷预冷后成两相的制冷剂被分离成气态和液态制冷剂，用于液化并

⊖ 摘自 http://www.airproducts.com/LNG/Experience/Baseloadplants.htm。

过冷天然气，一般将天然气从 –35℃冷却至 –150 ~ –160℃。在绕管式换热器（SWHE）中实现热交换，SWHE 中常包括 2 ~ 3 组管束，并在壳体中垂直排列；天然气和制冷剂从底部进入管内，并在压力驱动下向上流动。天然气流过管束并在顶部被液化。液态 MR 流体在一定换热器高度位置处被引出，之后通过 J-T 阀或膨胀机膨胀降温返回至换热器的壳侧，向下流动并蒸发，冷却换热器下部管束中的天然气和高压混合制冷剂。经分离器得到的气相混合制冷剂一部分从换热器的底部进入，经冷却后在换热器顶部离开换热器，并节流降温；另一部分气相混合制冷剂由 LNG 储罐中的闪蒸气冷却后，节流降温。这两部分节流降温后的制冷剂混合后从顶部流入绕管式换热器壳体，用于冷却换热器上部的天然气和混合制冷剂，然后与液态制冷剂混合，共同冷却换热器下部的天然气和高压混合制冷剂。吸热后的制冷剂从壳侧离开换热器，再进入制冷剂压缩机压缩。首先由水或空气、后由丙烷预冷循环冷却，然后再循环至 SWHE 开始新一轮的循环。在早期的装置中，混合制冷剂压缩的所有阶段一般都采用离心式。但是，在近年来的一些装置中，低压阶段使用轴流压缩机，高压阶段采用离心压缩机。轴流压缩机效率比离心压缩机效率高，但易泄漏。近年来的装置常使用通用公司 Frame6 或 Frame7 燃气涡轮驱动机，而早期的装置常采用蒸汽轮机驱动机[4,5]。

2003 年之前，丙烷压缩机和混合制冷剂压缩机由单独的驱动机驱动，如图 3-3a 所示。丙烷压缩机功耗占整个制冷功耗的 1/3，混合制冷剂压缩机功耗占整个制冷功耗的 2/3。

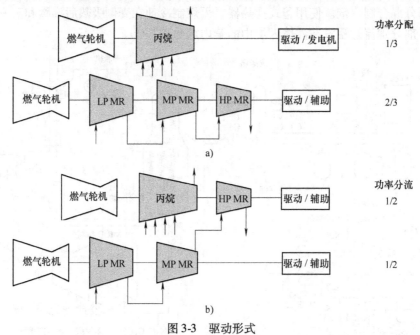

图 3-3　驱动形式

a）丙烷与混合制冷剂分别驱动的结构　b）Split-MR ®系统构造[5]

通过使用 Split-MR ®技术，部分混合制冷剂压缩机与丙烷压缩机使用同一驱动机驱动（图 3-3b），当希望流程能实现更大的单线产能且驱动机是限制因素时，采用 Split-MR ®技术可选择两个能得到的最大功率的驱动机；部分制冷剂压缩机由预冷循环的驱动机驱动，实现驱动机功率的均匀分配，且在不增加生产线中压缩机和驱动机数量的情况下实现单线产能最大化。Split-MR ®技术可广泛应用于 C3MR 流程和 AP-X™ 流程中。表 3-1 为 APCI 公司 C3MR 流程在 LNG 装置中的应用情况。

表 3-1　APCI 公司 C3MR 流程在 LNG 装置中的应用情况①

国　家	地　址	项　目	起动年	工　艺	生产链	名义年总产能/(Mt/年)
		已建的				
阿尔及利亚	Arzew	GL1Z	1978	APCI-C3MR	6	7.8
	Arzew	G12Z	1981	APCI-C3MR	6	8.4
澳大利亚	Karratha, WA	NWS Australia LNG	1989—1994	APCI-C3MR	3	7.5
文莱	Lumut	Brunei LNG	1972	APCI-C3MR	5	7.2
埃及	Damietta	SEGAS LNG	2005	APCI-C3MR/SplitMR	1	5
印度尼西亚	Bontang, East Kalimantan	Badak LNG A-G	1977–1997	APCI-C3MR	7	18.2
	Bontang, East Kalimantan	Badak LNG H	1999	APCI-C3MR	1	3
	Aceh	Arun (PhaseⅠ-Ⅵ)	1977—1986	APCI-C3MR	6	12
	Papua	Tangguh	2009	APCI-C3MR/SplitMR	2	7.6
马来西亚	Bintulu Sarawak	MLNG Ⅰ (SATU)	1982	APCI-C3MR	3	7.5
	Bintulu Sarawak	MLNG Ⅱ (DUA)	1995—1996	APCI-C3MR	3	8.4
	Bintulu Sarawak	MLNG Ⅲ (TIGA)	2003	APCI-C3MR	2	7.6
尼日利亚	Bonny Island	NLNG T1&T2	1999	APCI-C3MR	2	6.4
	Bonny Island	NLNG T3	2002	APCI-C3MR	1	3.2
	Bonny Island	NLNG T4/5: NLNGPlus	2006	APCI-C3MR	2	8.2
	Bonny Island	NLNG Six	2008	APCI-C3MR	1	4.1
阿曼	Qalhat	OLNG	2000	APCI-C3MR	2	6.6
	Qalhat	Qalhat LNG	2006	APCI-C3MR	1	3.3
秘鲁	PampaMelchorita	Peru LNG	2010	APCI-C3MR/SplitMR	1	4

（续）

国家	地址	项目	起动年	工艺	生产链	名义年总产能（Mt/a）
		已建的				
卡塔尔	RasLaffan	RasGas T1-T2	1999	APCI-C3MR	2	6.6
	RasLaffan	RasGas II T3	2004	APCI-C3MR/SplitMR	1	4.7
	RasLaffan	RasGas II T4	2005	APCI-C3MR/SplitMR	1	4.7
	RasLaffan	RasGas II T5	2006	APCI-C3MR/SplitMR	1	4.7
	RasLaffan	Qatargas T1-3	1996—2005	APCI-C3MR	3	9.6
阿联酋	Abu Dhabi	ADGAS（DasIsland Ⅰ）	1977	APCI-C3MR	2	3.4
	Abu Dhabi	ADGAS（DasIsland Ⅱ）	1994	APCI-C3MR	1	2.6
也门	Balhaf	Yemen LNG	2009/2010	APCI-C3MR/SplitMR	2	6.7
		合计			68	179
		在建的				
阿尔及利亚	Arzew	GNL3Z	2013	APCI-C3MR/SplitMR	1	4.7
	Skida	Skida re-build	2013—2014	APCI-C3MR/SplitMR	1	4.5
澳大利亚	Dawin，NT	ichthys	2017	APCI-C3MR/SplitMR	2	8.4
	WA	Gorgon LNG	2015—2016	APCI-C3MR/SplitMR	3	15
印度尼西亚	Sulawesi	Donggi-Senoro	2014	APCI-C3MR	1	2.1
马来西亚	Bintulu Sarawak	Petronas9	2016	APCI-C3MR/SplitMR	1	3.6
巴布亚新几内亚	Port Moresby	PNG LNG	2014	APCI-C3MR/SplitMR	2	6.6
		合计			11	44.9

① 摘自 LNG Journal，2013（3）：57-58；World Gas Map，2013 edition，Chevron；Air Products' experience：leadship in midsize to large LNG plant projects. http://www.airproducts.com/~/media/downloads/brochure/L/en-lng-brochure-and-data-sheets.pdf。

　　LNG 装置单线产能的提高利益于设备能力的增强，同时通过合理地利用设备可提高单线产能。图 3-4 为 APCI 的 C3MR 流程历年的单线产能图，可以看出，随着时间的推进，LNG 装置中设备能力增强，单线产能总体呈增加的趋势。

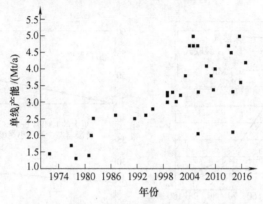

图 3-4　APCI 的 C3MR 流程历年的单线产能

注：对于跨年度的项目，作此图时年份取了跨年度期间的平均年份。

3.2.2　DMR 双混合制冷剂流程

　　尽管 C3MR 流程在 LNG 行业中得到了广泛就用，但丙烷作为预冷制冷剂存在缺点，典型的丙烷预冷循环可冷却至 -40 ~ -35℃，这一温度由丙烷的物性决定。若要取得更低的温度，则丙烷预冷循环中最低压力会低于大气压。因此即使环境温度很低，丙烷预冷循环也只能将天然气和混合制冷剂预冷至 -40 ~ -35℃；不能进一步分担后续混合制冷剂循环的负荷，且缺乏对环境温度变化的适应性。为了克服这一缺点，将丙烷预冷循环更改为混合制冷剂循环，从而提高了流程的灵活性。在环境温度大幅度变化时，通过改变混合制冷剂的组分，达到合理分配预冷循环和制冷循环的负荷，且充分利用两个循环中压缩机驱动机的功率，从而使流程处于高效运行的状态。环境温度对流程 LNG 相对生产率的影响如图 3-5 所示。由图 3-5 可知，随着环境温度降低，DMR 流程可使流程的生产能持续上升，而 C3MR 流程不存在此优点[6]。

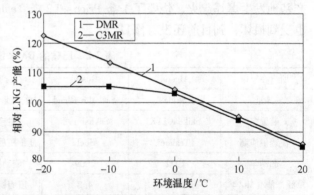

图 3-5　环境温度对流程 LNG 相对生产率的影响[6]

　　DMR 流程采用混合制冷剂作为预冷制冷剂具有如下优点：

　　1）因为是混合制冷剂，在换热器中制冷剂蒸发过程是个变温过程，这可使得换热器的冷热流体之间实现小温差传热，如图 3-6 所示，这可使流程总体比功耗低、热效率高。

　　2）当预冷循环的制冷剂在压缩后进行空冷或水冷时，会产生气相两相混合物，对于 C3MR 流程，由于预冷制冷剂为纯工质丙烷，因此在冷凝过程中温度不变，而对于 DMR 流程，由于其预冷介质是混合物，因此在其冷凝过程中温度会逐渐降低，如图 3-7 所示，当需要冷却到相同的出口温度时，DMR 流程的冷却器内冷热流体间的传热温差大于 C3MR 流程。当进行相同的热交换量时，DMR 流程的压缩机后冷却器尺寸可小于 C3MR 流程的压缩机后冷却器[8]。

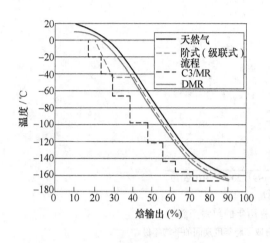

图 3-6　天然气降温曲线与几种流程中
制冷剂温度曲线[7]

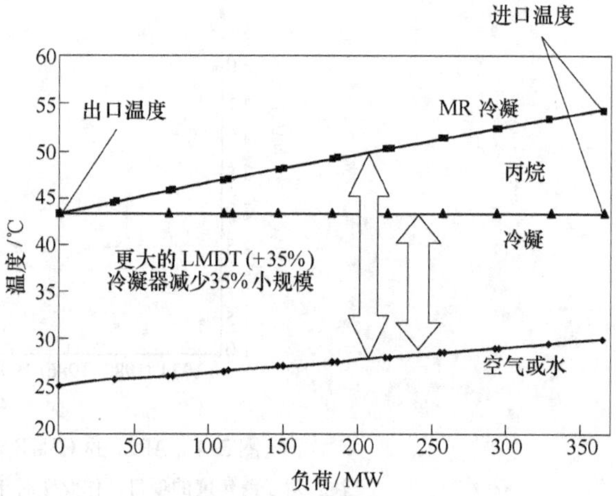

图 3-7　丙烷或混合制冷剂在压缩机后
冷却器中的传热温差[8]

3）由于是混合制冷剂，因此其组分可以调节。当流程的运行条件，如环境温度、天然气的组分发生变化时，可调节混合制冷剂组分，从而可使天然气冷却过程所需释放的热负荷在两个循环中合理匹配，以及均衡地使用压缩机驱动机的功率，实现整体流程的低功耗。

DMR 流程采用混合制冷剂作为预冷制冷剂存在如下缺点：

1）混合制冷剂预冷循环的操作比纯丙烷预冷循环操作及调节上复杂。

2）DMR 流程在实际中应用远比 C3MR 流程少，其实际运行经验和运行数据少。

表 3-2 中列出了已建 DMR 流程装置的信息。2001 年 1 月，阿尔及利亚 Skikda 的 LNG 生产基地发生爆炸起火，烧毁了 1 条 Prico 和 2 条 Tealarc LNG 生产线，另一条 Tealarc 生产线也受到损坏，到目前还没有修复[9]。

表 3-2　已建的 DMR 流程装置

所　在　国	Algeria	Russia	生产线数	3	2
地址	Skida	Sakhalin Island	总产能/(Mt/年)	3	9.6
装置名	SkikdaGL1K	Sakhalin Ⅱ	主换热器	SWHE	SWHE（Linde）
流程供应商	Tealarc	Shell	压缩机后冷却方式	SW	Air
起动年	1972	2009	驱动机型号		GEFr7
单线产能/(Mt/年)	1.0	4.8	压缩机供应商	—	MAN Turbo；Elliott

下面介绍 Shell、APCI、Axens 和 Exxonmobil 的 DMR 流程。

1. Shell 的 DMR 流程

图 3-8 为 Shell 为萨哈林岛 LNG 装置设计的双混合制冷剂 DMR 流程。萨哈林岛 LNG 装置有两条液化生产线，总生产能力为 9.6Mt/年[10]。这是 Shell 的 DMR 流程第一次在实际的 LNG 装置上使用。在图 3-8 所示的 DMR 流程的预冷循环，混合制冷剂经压缩机压缩后，采

用空气冷却器冷却，然后流入第一个预冷换热器，冷却后离开换热器，一部分节流降温后流回第一个预冷换热器为天然气、高压预冷制冷剂、高压主混合制冷剂提供冷量。其余部分流入第二个预冷换热器，冷却后离开换热器节流降温，流回第二个预冷换热器为天然气、中压预冷制冷剂、高压主混合制冷剂提供冷量。从两个预冷换热器壳体流出的预冷制冷剂分别流入预冷压缩机进行压缩，开始新一轮的预冷循环。主制冷循环的流程与 Shell C3MR 中的主制冷循环流程相同，在此不再赘述。

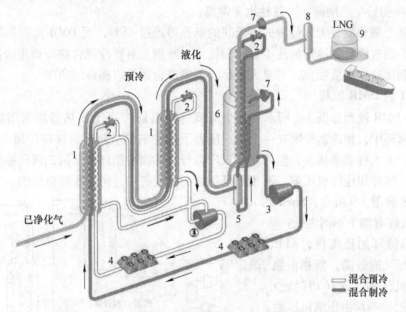

图 3-8 ShellDMR 流程简图[6]

1—预冷换热器 2—节流阀 3—压缩机 4—空气冷却器 5—混合制冷剂气液分离器
6—主低温换热器 7—液体膨胀机 8—去氮 9—LNG 储罐

DMR 流程采用两个混合制冷剂（MR）循环，在预冷回路中采用一重分子混合制冷剂，主要由乙烷和丙烷组成；在主液化循环中采用一个轻分子混合制冷剂，由氮、甲烷、乙烷和丙烷组成，其流程主要设计特点如下。

1）在两个循环中换热器均采用绕管式换热器。在预冷循环使用绕管式换热器代替 C3MR 流程中的釜式换热器，从而需要较少的占地空间。

2）压缩后的制冷剂采用空气冷却而不用海水冷却，这是综合考虑成本、规模和环保因素后做出的选择。空气冷却器的防冻处理包括防止一些含水过程流的过度冷却和结冰。在冬季，用变速驱动机来控制空气流量。

3）鉴于萨哈林岛严酷的冬季气候条件，在很多环节采取了措施，①对于分馏和原料气处理过程中需要加热的设备中，采用热油作为加热介质，因此它的凝固点在萨哈林岛最低环境温度以下。②关键设备被置于带有供暖设施的防护罩内。③在管道和旋转设备上安有电热监控以防止产生结露，以避免旋转设备内润滑油的凝固。④使用绝热管来保护基础设施。

在萨哈林岛的 DMR 流程中，采用了如下主要设备：Linde 的绕管式换热器，MAN Turbo 轴流压缩机作为低压混合制冷剂压缩机，Elliott 离心压缩机作为高压混合制冷剂压缩机和预冷混合制冷剂压缩机，压缩机由 Nuovo Pignone/GE 的两个 GE Frame-7 燃气涡轮驱动，以及驱动机的辅助电动机采用 Siemens 公司的产品。

2009 年 3 月 5 日，首批生产的 LNG 进入储罐。首批 LNG 出口货物于 2009 年 3 月 15 日装载完成。对于生产线 1，在首次运行终了之后，20 天之内生产量达到了设计生产能力的 80% 以上。在首批 LNG 货物交付后的 1 个月内，生产线 1 的生产量达到了设计生产能力的 98%。运行的前 3 个月，平均生产线产量达到了设计生产能力的 94%。对于生产线 2，在一个月内，生产量达到了设计生产能力的 93%。在此期间，最高生产量达到了设计生产能力的 98%。且在初始生产期间，可靠性也非常高。

萨哈林岛上最热的夏天和最冷的冬天间的温差可超过 45℃，而 DMR 流程可以很好地符合这些条件。通过混合制冷剂的连续监测和优化，特别是对预冷混合制冷剂组分的调整和优化，可充分利用这些温度变化，与夏天相比，冬季产量还可以提高约 30%。

2. APCI 的 DMR 流程

APCI 的 DMR 流程如图 3-9 所示。这个流程的特点是[10]：①换热器均采用绕管式换热器；②预冷循环中，预冷制冷剂在一个单一压力下蒸发来提供制冷，这与使用 2 ~ 3 个压力等级的流程，无大幅功率损失，但简化了工厂运行。③预冷循环中，第二级压缩机进口前进行气液分离，气相用压缩机压缩，液相用泵压缩，实现省功并防止压缩机液击。

如图 3-8 和图 3-9 所示，Shell 和 AP-CI 的 DMR 流程有如下不同之处：

1）预冷循环的压缩机，APCI 的一级压缩后进行气液分离，液相由泵压缩，气相由压缩机压缩，这样功耗较小。而 Shell 的预冷制冷剂均由压缩机压缩。

2）预冷循环换热器，APCI 只有一个换热器，Shell 有两个换热器。

3）制冷循环，APCI 的 DMR 流程中以液态进入换热器的制冷剂通过节流阀降压降温。Shell 的 DMR 流程以液态进入

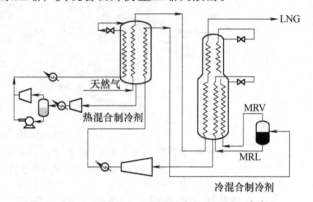

图 3-9　APCI 提出的单压 DMR 流程简图[10]

换热器的制冷剂通过膨胀机降压降温。而 APCI 的 DMR 流程还未在实际 LNG 装置中使用。

3. Axens 的 IFP/Axens Liquefin 流程

图 3-10 是 Axens 的 IFP/Axens Liquefin 双混合制冷剂流程。整个换热器链中都使用板翅式换热器。压缩后用水冷却。此流程的单线产能可达 6Mt/年[4,8]。

在预冷循环中，经压缩和水冷却后，进入换热器冷却，分别在三个不同位置引出换热器，节流降温后回到换热器为天然气和高压制冷剂提供冷量。在主制冷循环中（图 3-10 中为轻 MR 流程），混合制冷剂经两级压缩并经水冷却器冷却后，在主换热器中冷却后离开换热器，经透平膨胀和节流后降温为换热器的低温部分提供冷量，将天然气冷却生成 LNG。此 DMR 流程还未在实际 LNG 装置中使用。

4. Exxonmobil 的 DMR 流程

图 3-11 为 Exxonmobil 提出的 DMR 流程，换热器采用板翅式换热器[11]。在流程中，天然气经预冷循环和制冷循环的两个换热器换热后，经透平膨胀和节流阀降温降压后进行气液分离，产生的液态天然气由泵输送至 LNG 储罐存储，产生的气体经压缩后作为 LNG 工厂的燃料。

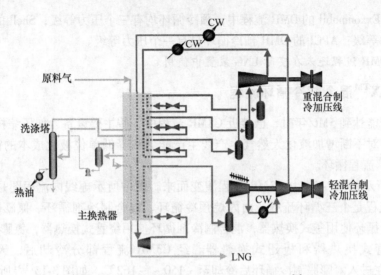

图 3-10   Axens 的 IFP/Axens Liquefin 流程[8]

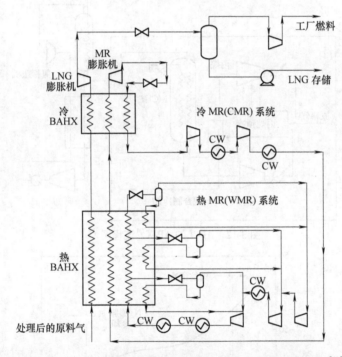

图 3-11   Exxonmobil 提出的使用板翅式换热器的 DMR 流程简图[11]

在预冷循环（在图 3-11 中为热混合制冷剂循环）中，制冷剂分别在预冷换热器（在图 3-11 中为热换热器）的三个位置处引出混合制冷剂，经节流和气液分离后，产生的液相返回换热器用于冷却天然气、主制冷剂（图 3-11 中为冷制冷剂）和高压预冷制冷剂，产生的气相在与从换热器中流出的同一压缩等级的制冷剂混合后进入压缩机压缩。

在制冷循环（图 3-11 中为冷混合制冷剂循环）中，制冷剂经压缩和水冷后，流经预冷换热器继续降温，然后流入冷换热器继续冷却，离开换热器后透平膨胀和节流降温后，流回换热器为高压主制冷剂和天然气提供冷量。

　　Axens 和 Exxonmobil 的 DMR 流程中，预冷循环均有三个压力等级；Shell 的 DMR 预冷循环有两个压力等级；APCI 的 DMR 预冷循环只有一个压力等级。

　　注：此 DMR 流程还未在实际 LNG 装置中使用。

3.2.3　AP-X™混合制冷循环流程

　　当单线产能达到 5Mt/年时，已接近 C3MR 流程中一些主要设备，如压缩机的工作极限。为了满足客户对不断增加液化天然气生产线生产能力和降低单位液化成本的需求[6]，APCI 开发了 AP-X™流程循环。

　　图 3-12 所示的 AP-X™由 C3MR 流程演变而来，图中所示虚线内流程图是 C3MR 循环。AP-X™循环流程是个三循环流程，由丙烷预冷循环、混合制冷剂循环、氮膨胀制冷循环组成。丙烷预冷循环使用釜式换热器，混合制冷剂循环使用绕管式换热器，氮膨胀制冷循环使用另一个绕管式换热器和板翅式换热器。经 C3MR 流程部分冷却后，天然气约冷却至 -115℃，在进入氮膨胀制冷循环后冷却至 -150 ~ -162℃，如图 3-13[3,5] 所示。

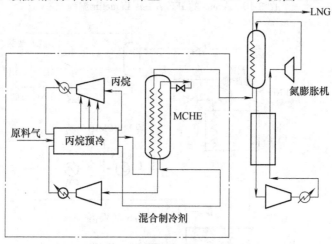

图 3-12　APCI 的 AP-X™流程图[5]

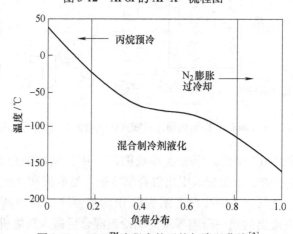

图 3-13　AP-X™流程中的天然气降温曲线[3]

　　在新增的氮膨胀制冷循环中，氮被压缩，然后被冷却到接近周围的温度。然后高压的氮被反流的低压氮冷却，接着氮膨胀到一个更低的压力进一步降温，从而为天然气提供冷量[6]。

　　由于氮膨胀制冷循环为天然气提供了一部分冷量，因此在液化相同数量的天然气时需由 C3MR 部分提供的冷量降低，表现为丙烷和混合制冷剂流量的降低，流量分别降为 80％ 和 60％。反之，如果保持丙烷和混合制冷剂的流量，则可液化更多的天然气，从而实现生产量的提高[6]。

　　丙烷预冷循环，混合制冷剂循环和氮膨胀制冷循环之间的功率划分是灵活的，可通过改变三个制冷循环的温度范围来进行操作。如果再结合使用 Split-MR™ 技术，可使在匹配压缩机驱动机设置时有相当大的灵活性[12]。

　　目前该流程已应用于卡塔尔 Ras Laffan 工业区的 6 个 LNG 生产线中，单线生产规模达 7.8Mt/年[13]。各生产线中用 3 台 GE/NP 公司的 Frame 9E 燃气涡轮机分别驱动丙烷压缩机、混合制冷剂压缩机和氮气压缩机[14]。

　　使用 APCI 公司 AP-X™ 流程的 LNG 装置信息见表 3-3。

表 3-3　使用 APCI 公司 AP-X™ 流程的 LNG 装置信息汇总表

国　家	地　址	项　目	起动年	生产链	名义年总产能/(Mt/年)
卡塔尔	Ras Laffan	RasGas 3 T6	2009	1	7.8
		RasGas 3 T7	2010	1	7.8
		Qatargas 2 T4-T5	2009—2010	2	15.6
		Qatargas 3 T6	2010	1	7.8
		Qatargas 4 T7	2011	1	7.8
合计				6	46.8

3.2.4　MFC 混合制冷剂级联流程

　　图 3-14 为 Statoil 和 Linde 组成的技术联盟开发的用于挪威 Snøhvit LNG 项目的混合制冷剂级联流程 MFC，是个三循环流程：预冷循环 PC、液化循环 LQ 和过冷循环 SC，流体被冷却至 -155.45℃，单线产能为 4.3Mt/年[15]。该 LNG 装置是欧洲第一个大中型 LNG 装置，也是世界上第一个三个循环均采用混合制冷剂的级联循环。此类 MFC 流程单生产线的生产能力可达 8Mt/年[17]。

　　Snøhvit LNG 项目的原料气各组分摩尔分数为：甲烷 86.13％、乙烷 6.35％、丙烷 2.84％、丁烷 1.38％、戊烷 0.67％、氮 2.63％。压力为 6.15MPa[16]。

　　预冷循环中，制冷剂在压缩机 C1 中被压缩，在海水冷却器 CW1 中被液化并在低温换热器 E1A 中被过冷。一部分被节流至中间压力并用作 E1A 中的制冷剂，

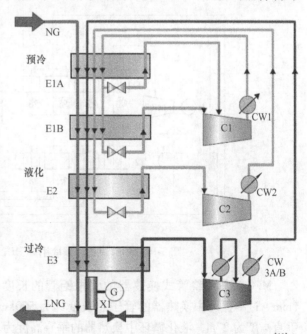

图 3-14　Statoil 和 Linde 技术联盟开发的 MFC 流程[16]

另一部分进一步在换热器 E1B 中被过冷并节流至压缩机 C1 的吸入压力，然后被用作换热器 E1B 的制冷剂。液化循环中 MR 被压缩机 C2 压缩、由海水冷却器 CW2 冷却以及在换热器 E1A、E1B 和 E2 中的进一步冷却。然后被节流降温用作液化器 E2 中的制冷剂。过冷循环中 MR 被压缩机 C3 压缩、由海水冷却器 CW3A 和 CW3B 冷却并在换热器 E1A、E1B、E2 和 E3 中进一步冷却、经透平膨胀机 X1 膨胀降温后流回过冷换热器 E3 作为制冷剂冷却天然气和高压过冷循环制冷剂。所有压缩机吸入流体被稍微过热至各自露点温度以上，以免压缩机产生液击现象[15]。

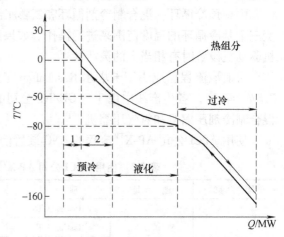

图 3-15　MFC 流程中典型的天然气冷却曲线
（压力高于 4MPa）[17]

天然气在 MFC 流程中冷却曲线如图 3-15 所示。与纯工质级联流程相比，换热器内冷热流体间的温差更小，因此流程效率更高[17]。

MFC 流程中预冷换热器（E1A 和 E1B）为板翅式换热器 PFHE，液化换热器（E2）和过冷换热器（E3）为绕管式换热器 SWHE。流程图如图 3-16 所示。板翅式换热器和绕管式换热器均由 Linde 提供[18]。

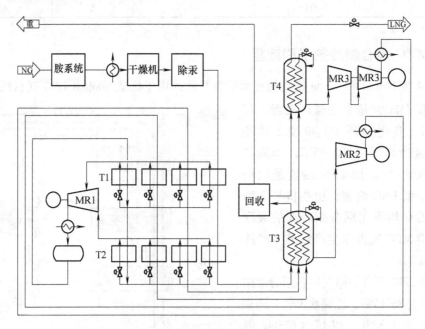

图 3-16　MFC 流程：预冷用 PFHE，液化和过冷用 SWHE[18]

MFC 流程中绕管式换热器的每根铝管的长度约为 100m，外径为 10 ~ 12mm，壁厚为 1mm。过冷循环中换热器的管子总长度约为 500km，总冷却面积超过 200000m²。该设备的垂直高度为 27m，液化循环中换热器的垂直高度为 22m[17]。

采用此流程的挪威 Snøhvit LNG 项目中驱动机为 5 个 GE 公司的 LM 6000 燃气涡轮机，带有发电机。备用电力将由当地电网提供。可实现制冷剂压缩机的变速驱动[19]。

冷海水用于冷却压缩后的制冷剂。在水深 80m 处收集海水，温度为 5℃。项目所在地低的环境温度使得 LNG 生产的电力消耗比温暖地区约低 20% ~ 30%。海水换热器采用 HELIFIN ®热交换器，管侧为海水，壳侧为制冷剂[19]。

MFC 流程用于实际装置的挪威 Snøhvit LNG 工厂信息见表 3-4。

表 3-4 挪威 Snøhvit LNG 工厂

所在国	挪威
所在地	Hammerfest
装置名	Snohvit［Hammerfest］LNG
流程供应商	LINDE/Statoil
起动年	2007
单线产能/（Mt/年）	4.3
生产线数	1
主换热器	SWHE（Linde）
压缩机后冷却方式	SW（HELIFIN ®）
驱动机型号	GE-LM6000

3.2.5 PMR 并联混合制冷剂流程

对于实现大规模的单生产线流程，Shell 提出了并联混合制冷剂流程 PMR，它包括一个预冷循环和两个并联的混合制冷剂循环，如图 3-17 所示。该预冷循环可以使用丙烷预冷循环，也可使用混合制冷剂预冷循环，即 C3/PMR 流程或 MR/PMR 流程。流程中的 NGL 提取单元可使生产得到的 LNG 满足英美市场对天然气低热值的要求[20]。

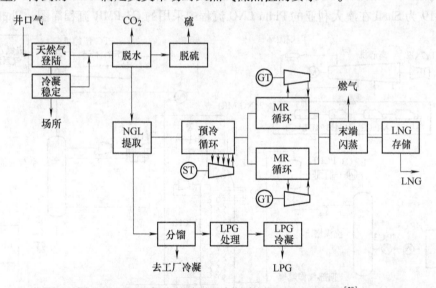

图 3-17　Shell 提出的并联混合制冷剂流程 PMR 简图[20]

当流程中用 3 个 GE-Frame7 燃气涡轮驱动压缩机时，PMR 流程的生产线能力可达到 8.5Mt/年[20]。图 3-18 给出了 Shell 提出的 C3/PMR 流程[21]。

C3/PMR 流程中采用 3 个带有辅助起动机的 GE-Frame7 燃气涡轮机来驱动压缩机。PMR 技术有如下的优势[21]：

1）并联流程提高了生产线整体可用率，减少了技术风险。如果一个液化循环出现故障，那么液化天然气的生产可继续以生产线生产能力的 60% 运行。

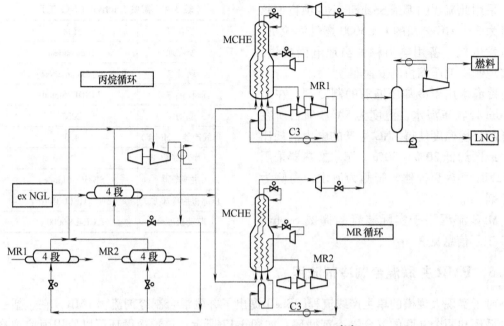

图 3-18　带 NGL 提取的 C3/PMR 流程[21]

2）与 AP-X™相比，并联阵容减少了系统的压力降。

图 3-19 为 Shell 在澳大利亚的 Pluto LNG 流程中采用的 C3-PMR 流程简图。Pluto LNG 装

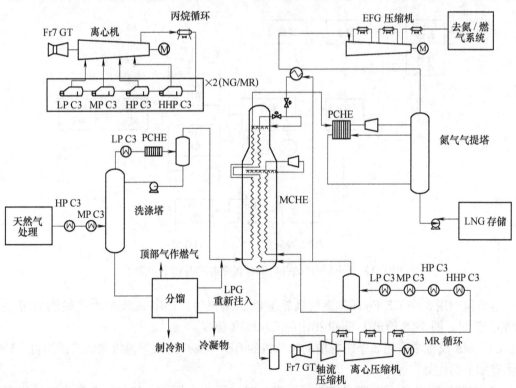

图 3-19　Shell 在澳大利亚的 Pluto LNG 装置中的 C3MR 流程简图[22]

置产能为 4.3Mt/年，装置中压缩机由 GE Frame-7EA 燃气涡轮机驱动，并配备了用于起动燃气涡轮机的 20MW ABB 辅助电动机。丙烷压缩分为四级：低压（LP）、中压（MP）、高压（HP）和超高压（HHP），采用 3MCL1405 型离心丙烷压缩机。低压级混合制冷剂由 AN-250 型轴流压缩机压缩，中压和高压级混合制冷剂由 2BCL806 型离心压缩机压缩。制冷剂被压缩后由空气进行冷却。

图 3-19 所示的近期在澳大利亚 Pluto LNG 流程的原料气中含氮高，达 8mol%，这降低了液化单元的效率，氮需要除去以达到 LNG 的标准。在液化单元后增加了氮脱除单元，主要包括脱氮塔。天然气在两个并联 Linde 绕管式换热器中被冷却到约 −157℃，经膨胀机降压后进入脱氮塔。脱氮塔将生成含氮量低于 1mol% 的 LNG，同时生成含氮量约为 53mol% 的气体，此气体经压缩处理后进入燃料气体系统。装置信息见表 3-5。

表 3-5　应用壳牌 C3-PMR 流程的澳大利亚的 Pluto LNG 装置

所　在　国	澳 大 利 亚
地址	Carnavon area，WA
装置名	Pluto LNG
流程供应商	Shell
起动年	2012
单线产能/(Mt/年)	4.3
生产线数	1
主换热器	Linde
压缩机后冷却方式	Air
驱动机型号	GE F7

Shell 的 split-propane 技术是针对丙烷压缩机与驱动机。在 split-propane 流程中 4 级丙烷压缩被分成两组。第一台机器压缩第一级 LP 和第三级 HP 丙烷至排气压力，而第二台压缩机压缩第二级 MP 和第四级压力 HHP 的丙烷至排气压力，如图 3-20[23] 所示。

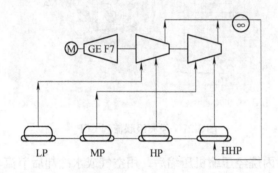

图 3-20　Shell 的 split-propane 流程中压缩机与驱动机的匹配[21]

3.2.6　经典级联流程

图 3-21 为经典级联液化流程示意图[19]。该液化流程由三级独立的制冷循环组成，制冷剂分别为丙烷、乙烯和甲烷。每个制冷循环中均含有 3 个换热器。

经典级联流程中较低温度级的循环，将热量转移给相邻的较高温度级的循环。第一级丙烷制冷循环为天然气、乙烯和甲烷提供冷量；第二级乙烯制冷循环为天然气和甲烷提供冷量；第三级甲烷制冷循环为天然气提供冷量。通过 9 个换热器的冷却，天然气的温度逐步降低直至液化。

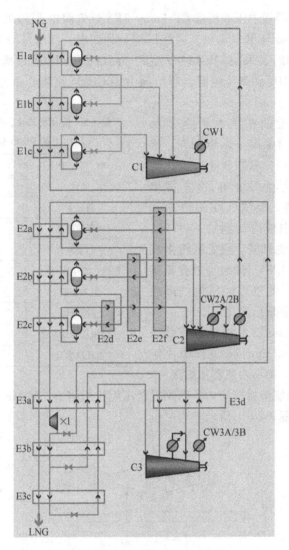

图 3-21　经典级联流程 CCP[19]

　　丙烷预冷循环中，丙烷经压缩机压缩后，用空气或水冷却后节流、降压、降温，经分离器分离后产生的气相返回压缩机，产生的液相一部分进换热器吸收乙烯、甲烷和天然气的热量后气化，进入丙烷第三级压缩机的入口。余下的液态丙烷再经过节流、降温、降压，经分离器分离后产生的气相返回压缩机，产生的液相一部分进换热器吸收乙烯、甲烷和天然气的热量后气化，进入丙烷第二级压缩机的入口。余下的液态丙烷再节流、降温、降压，全部进换热器吸收乙烯、甲烷和天然气的热量后气化，进入丙烷第一级压缩机的入口。

　　乙烯制冷循环与丙烷制冷循环的不同之处就是经压缩机压缩并水冷后，先流经丙烷的 3 个换热器进行预冷，再进行节流降温为甲烷和天然气提供冷量。在经典级联流程中，乙烷可替代乙烯作为第二级制冷循环的制冷剂。

　　甲烷制冷循环中，甲烷压缩并水冷后，先流经丙烷和乙烯的 6 个换热器进行预冷，再进行节流、降温，为天然气提供冷量。

　　一个典型的配置是天然气被丙烷冷却到大约 -40℃，被乙烯冷却至约 -90℃，最终被甲烷制冷剂冷却凝结至 -163℃[24]。

　　在阿尔及利亚建造的世界上第一座天然气液化装置（CAMEL）中，采用了丙烷、乙烯和甲烷组成的经典级联式液化流程。于 1965 年在阿尔及利亚 Arzew 交付使用。该液化工厂共有三套相同的液化装置，每套产能为 0.9Mt/年，合计产能 2.7Mt/年[9]。

3.2.7　康菲优化级联流程

　　康菲优化级联流程 CPOCP 是由 ConocoPhilips 于 20 世纪 60 年代开发的，目的是设计一个在原料气变化大的范围内，可以容易启动和顺利运行的天然气液化系统。开发的流程是对经典级联流程的一种改进[25]。

　　康菲优化级联流程有两类，闭式流程（图 3-22[26]）和开式流程（图 3-23[25]）。

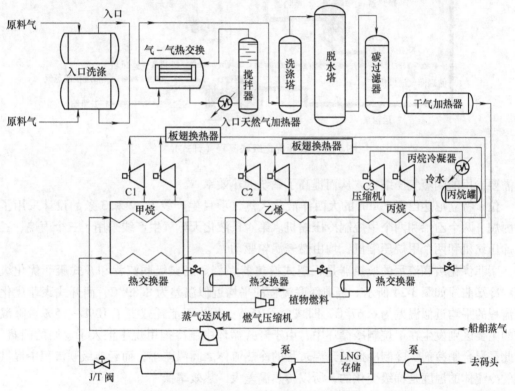

图 3-22　康菲优化级联循环（闭式）[26]

　　位于阿拉斯加 Kenai 的 LNG 工厂采用了闭式康菲优化级联流程。在闭式流程中，丙烷循环、乙烯循环和甲烷循环均为闭式循环。

　　经预处理的天然气进入闭式流程，分别进入丙烷循环、乙烯循环和甲烷循环，逐步冷却成液化天然气 LNG，最后经节流阀节流至常压下存储。

　　在特立尼达和多巴哥、埃及、赤道几内亚及澳大利亚，采用的是开式康菲优化级联流程，流程中丙烷循环和乙烯循环为闭式循环，甲烷循环为开式循环，作用是冷却天然气和回收最后闪蒸的天然气。在此流程中，在 LNG 储罐中产生的闪蒸气（若在 LNG 装船时，还合同装船过程蒸发的气体）流至甲烷换热器与甲烷混合，回收冷量，然后一起进入甲烷压缩机进行压缩后作为 LNG 工厂的燃料。此流程的优势在于回收了 LNG 低温闪蒸气的冷量，且

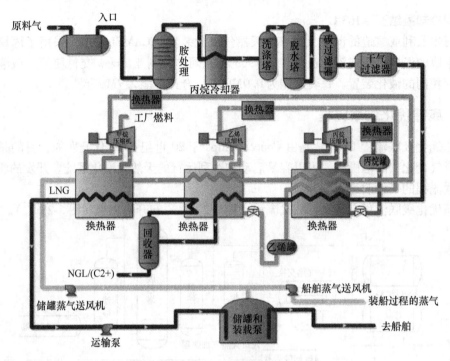

图 3-23　康菲优化级联流程（开式）[25]

不需要专用的闪蒸气压缩机，从而提高了系统的热效率。

　　位于特立尼达巴哥 Fortin 的大西洋液化天然气项目生产线 1、2 和 3 条的设计采用了两个丙烷、两个乙烯和两个甲烷制冷压缩机。第 4 条液化天然气生产线采用了三个丙烷、三个乙烯压缩机和两个甲烷压缩机，均由燃气涡轮驱动[25]。

　　康菲优化级联流程的换热器是板翅式换热器[25,27]。经典级联流程和开式康菲优化级联流程冷曲线如图 3-24 所示。经典级联流程的平均近似温差为 8.89°C，而开式康菲优化级联流程的平均近似温差为 6.67°C，即减少了 25%，相当于能耗减少了 10% ~ 15%。降温曲线的主要区别发生在甲烷制冷循环中，由于开式循环中制冷剂甲烷中汇入了返回的闪蒸气，因此是混合制冷剂。冷制冷剂的升温过程的冷热流体之间温差小，而经典级联流程中提供冷量的冷流体的温度是梯级变化的，所以传热温差大，热效率低[27]。

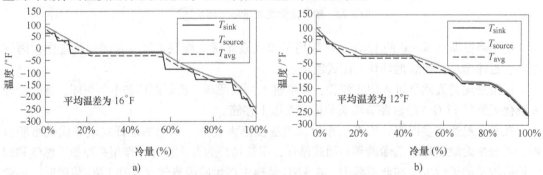

图 3-24　经典级联流程和开式康菲优化级联流程完整冷却曲线[27]
a）经典级联流程冷却曲线　b）开式康菲优化级联流程完整冷却曲线

康菲优化级联流程在 1969 年首次应用在阿拉斯加 kenai 液化天然气设施中，该设施由 Bechtel 公司设计和建造，流程中采用单轴燃气涡轮机驱动。康菲优化级联流程后来又用作特立尼达和多巴哥的 Atlantic LNG 的 4 条生产线、埃及 Toll LNG 的 2 条生产线、赤道几内亚 EG LNG 的一条生产线，以及澳大利亚 Darwin LNG 生产线的液化流程[27]。

康菲斯流程在 LNG 装置中的使用情况见表 3-6。已有 9 条生产线投入运行，合计产能 30.2Mt/年，仅次于 C3MR 和 AP-X™ 的流程所对应的 LNG 装置总产能。

表 3-6 康菲优化级联流程装置信息汇总表

国 家	地 址	项 目	起动年	生产链	名义年总产能/(Mt/年)
已建的					
澳大利亚	Dawin, NT	Darwin LNG	2006	1	3.7
埃及	Idku	EgyptianLNG T1/T2	2005	2	7.2
赤道几内亚	Bioko island	Equatorial Guinea LNG（EG LNG）	2007	1	3.7
特立尼达和多巴哥	Point Fortin	Atlantic LNG T1	1999	1	3.0
		Atlantic LNG T2-T3	2002/2003	2	6.6
		Atlantic LNG T4	2005	1	5.2
美国	Cook Inlet	Kenai	1969	1	1.5
		合计		9	30.9
在建的					
安哥拉	Soyo	Angola LNG	2013	1	5.2
澳大利亚	Queensland	QCLNG T1/T2	2014	2	8.5
		APLNG	2016	2	9
		Gladstone LNG（GLNG）	2016	2	7.8
	Ashburton, WA	Wheatstone	2016	2	8.9
美国	Louisiana	Sabine Pass T1	2016	1	4.5
		Sabine Pass T2	2017	1	4.5
		Sabine Pass T3	2017	1	4.5
		Sabine Pass T4	2018	1	4.5
		合计		13	57.4

康菲优化级联流程的单线产能为范围为 1.5～5.2Mt/年，主要应用范围为 3～3.7Mt/年，该范围内的 LNG 产能为 23.5Mt/年，占康菲优化级联流程总产能的 77.8%。在单线产能不超过 5.2Mt/年的流程装置中，康菲优化级联流程的应用仅次于 C3MR 流程。

最近，康菲优化级联流程在 LNG 装置中的应用前景良好，目前在澳大利亚、美国和安哥拉在建的共计产能为 57.4Mt/年的 LNG 液化装置中得到应用。其中美国萨宾帕斯液化终端是美国 48 个州中第一个获得美国能源部（DOE）和美国联邦能源监管委员会（FERC）所有出口许可液化天然气（LNG）终端。计划共建设 6 条生产线，第 1～4 条生产线均采用康菲优化级联流程，单线产能为 4.5Mt/年，共计产能 18Mt/年。第 1、2 条生产线于 2012 年

8月开始，第3、4条生产于2013年6月开始建设。至2016年第1条LNG液化装置建成之时，该终端将成为世界上第一个兼具进口LNG和出口LNG功能的终端。

3.2.8　流程比较

1. 流程设备配置比较

流程中设备的数量将直接影响流程的初投资，表3-7列出了几类流程的设备配置[24]。

表3-7　流程中主要设备配置[24]

流程 \ 设备	压缩机	膨胀机	中间/后冷却器	冷却器①	主换热器	分离器	J-T阀	合计
C3MR	2	—	2	1	1	1	2或3	9~10
DMR	3或4	—	3或4	—	2	2或3	2~4	12~17
AP-X™	3	1	3	2	2	2	2	14
MFC	3	1	3~5	1	3	3	3	17~19
级联	3	—	—	3	3	2或3	—	11~12
优化级联	3	3	—	3	3	2	—	14

① 小的冷却器用于预冷循环或冷却制冷流。

对于各流程的占地面积，C3MR和DMR流程占地面积中等，AP-X™、MFC和级联流程占地面积大。流程的设备配置和占地面积是与流程能实现的单线产能成比例的。设备配置和占地面积不是流程选择的最主要的决定因素，主要需考虑所选流程能否实现所需的单线产能、比能耗是否适宜、工程实例是否较多等。

2. 流程比较

表3-8列出了已建和在建的大中型LNG装置中几类流程的应用情况、适用的生产规模和复杂程度。表3-9为各流程历年在大中型LNG装置中的应用。图3-25为各流程在实际LNG装置中应用的生产线数量百分比。图3-26为各流程在实际LNG装置中应用的产能百分比。

表3-8　用于大型LNG装置（含已建和在建）的常用几类流程情况和比较表

比较项目 \ 类型		C3MR	CPOCP	AP-X™	DMR	MFC	PMR
已建	生产线数量	68	9	6	5	1	1
	产能量/(Mt/年)	179	30.9	46.8	12.6	4.3	4.3
在建	生产线数量	11	13	—	—	—	—
	产能量/(Mt/年)	44.9	57.4	—	—	—	—
合计	生产线	69.30%	19.30%	5.26%	4.39%	0.88%	0.88%
	产能量	58.89%	23.22%	12.31%	3.31%	1.13%	1.13%
单线产能范围/(Mt/年)		1.3~5.0	1.5~5.2	7.8	4.8	4.3	4.3
第1个装置起动年		1972	1969	2009	1972 (2009)	2007	2012
适用的生产规模		1.3~5.0	1.5~5.2	5~8	1.5~5.0	4~8	4~8.5
复杂程度		中等	复杂		中等	复杂	

注：本表不包括用于浮式液化装置FLNG的流程。

表 3-9　各流程历年在大中型 LNG 装置中的应用

年　　份	C3MR	CPOCP	AP-X™	DMR	MFC	PMR
1969	—	1.5		—		
1972				3		
1973—1997		—				
1998						
1999		3				
2000						
2001					—	
2002			—			
2003		6.6		—		
2004		—				
2005		12.4				
2006		3.7				
2007	223.9	3.7			4.3	
2008						
2009				9.6		
2010		—	46.8			
2011						
2012						4.3
2013		5.2		—		
2014		8.5				
2015		—	—			
2016		30.2				—
2017		9				
2018	—	4.5				

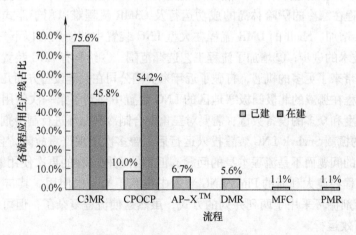

图 3-25　各流程在实际 LNG 装置中应用的生产线数量百分比

从表 3-8、图 3-25 和图 3-26 可知:

1) C3MR 是目前 LNG 装置中使用得最多的流程。在已建的装置中, C3MR 流程的生产线为 68 条, 产能达 179Mt/年, 分别占总量的 75.6% 和 64.4%。2007 年以前, 这一流程在混合制冷剂流程中占有垄断的地位。以后随着 DMR、MFC、PMR 和超大型流程 AP-X 的应用, 垄断地位被打破。但在近年在建的流程中, 混合制冷剂流程仍多采用 C3MR 流程, 显示出其强劲的竞争力和生命

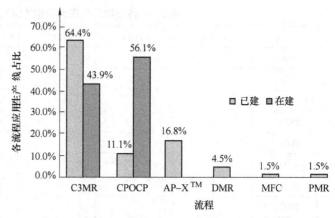

图 3-26 各流程在实际 LNG 装置中应用的产能百分比

力。该类流程的生产线和产能占总的在建装置的 45.8% 和 43.9%, 但其在在建的装置中的优势地位已受到了康菲优化级联流程 CPOCP 的强劲挑战, 即在生产线和产能总量方面也均被 CNOCP 超越。值得注意的是: C3MR 流程不适合用于极端气候条件, 尤其是极寒地区。

2) 康菲优化级联流程, 在已投入运行的 LNG 装置中, CPOCP 在 LNG 装置中的应用仅次于 C3MR 和 AP-X™ 流程。自 1999 年以来, 在单线产能低于 5.2Mt/年的装置中, 其应用量仅次于 C3MR。在已建的 LNG 装置中, 生产线为 9 条, 产能达 30.9Mt/年, 分别占总量的 10.0% 和 11.1%。在在建的 LNG 装置中, CPCOP 的应用超越了 C3MR, 生产线和产能占在建总量的 54.2% 和 56.1%, 已成为在建装置中使用最多的流程。

3) AP-X™ 流程一般应用于超大型的 LNG 装置中。在超大规模的装置中, 该流程是目前唯一被应用于实际 LNG 装置的流程, 且已成功投入运行生产线有 6 条, 这为其以后在类似超大型 LNG 装置中的应用打下了良好的基础。

4) DMR 应用得较少, 且运行经验少。因存在两个混合制冷剂合理配比的问题, 操作难度大于 C3MR 流程装置, 因此在很长的一段时间内未被采用。但它能适应各类气候条件, 且能在极端气候条件下保持流程的高效运行。DMR 流程比 C3MR 流程具有更好的气候条件适应能力、更广的适用区域, 以及相应的单线产能和流程复杂度, 因此是比 C3MR 更优越的流程。随着 Shell 的 DMR 流程在寒冷的萨哈林岛的成功运行及 C3MR 流程难以用于浮式液化装置, 预计 DMR 的应用将会增加。Shell 的 DMR 流程在大型 LNG 装置中的使用有以下三个方面的好处: ①促进了 LNG 技术的进步; ②增加了流程工艺选择范围; ③给具有 LNG 装置中关键设备供货能力的欧洲公司带来了更多的机遇, 打破了近年来美国公司在关键设备方面几乎垄断的地位。

5) MFC 流程在挪威的北极圈极寒地区的 LNG 装置中得到了第一次使用, 它具有所有三循环流程的复杂度和众多的设备数量、需要对三重混合制冷剂循环进行制冷剂的合理配比。使用该 MFC 流程的挪威 Snøhvit LNG 装置投入运行后, 曾多次出现严重故障, 且需要停机检修。尽管有些是设备的问题而不是流程本身的问题, 但都给这种流程的再次使用蒙上了阴影。

6) PMR 流程在澳大利亚的 Pluto LNG 装置中得到了第一次使用。其与 C3MR 流程的区别在于混合制冷剂循环采用了两列并列的方式, 虽然这使流程复杂了, 但可使流程在更宽广的流量范围内高效运行。

总之, 现在已有的和在建的流程中, 相对集中在 C3MR 和优化级联流程, 但其他流程如

DMR、PMR 和 MFC 流程的应用，为流程的选择提供了多种可能，垄断也慢慢地被打破。

3.2.9 中、大型 LNG 装置

1. 已建的中、大型 LNG 装置

表3-10 列出了世界现有的 LNG 装置所用的液化工艺和规模。目前，已具有用于出口 LNG 装置的国家分布在三个区域共 17 个国家，即：

1）中东：卡塔尔、阿曼、阿联酋和也门。

2）太平洋盆地：马来西亚、澳大利亚、印度尼西亚、俄罗斯、文莱、秘鲁和美国。

3）大西洋盆地：尼日利亚、特立尼达和多巴哥、阿尔及利亚、埃及、赤道几内亚和挪威。

2012 年全球 LNG 出口量为 $236.31 \times 10^6 t$。中东地区出口了 LNG $95.09 \times 10^6 t$，占全球总 LNG 出口量的40.2%；太平洋盆地出口了 $85.28 \times 10^6 t$，占全球总 LNG 出口量的 36.1%；大西洋盆地出口了 $55.94 \times 10^6 t$，占全球总 LNG 出口量的 23.7%。

图 3-27 为各国 2012 年出口的 LNG 量占全球总出口量的百分比。由图 3-27 可知，卡塔尔呈现出一枝独秀的现象，该国的出口量占全球近 1/3，为 32%；其次为马来西亚、澳大利亚、尼日利亚、印度尼亚等。图 3-28 为 LNG 生产国实际 LNG 出口量与名义产能的比值。

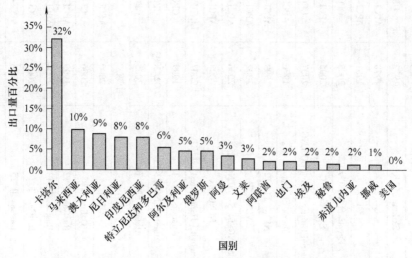

图 3-27 各国 2012 年出口的 LNG 量占全球总出口量的百分比

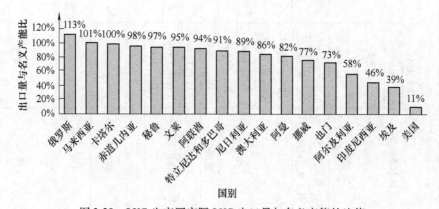

图 3-28 LNG 生产国实际 LNG 出口量与名义产能的比值

表 3-10 世界现有 LNG 装置所用的液化工艺和规模①

国家	地址	项目	起动年	工艺	生产链	名义总产能/(Mt/年)		2012年出口/(Mt/年)	
							合计	各国合计	各地区合计
大西洋盆地									
阿尔及利亚	Skida	Skida GL1K	1972	DMR	3	3		11.21	
	Arzew	GL1Z	1978	APCI-C3MR	6	7.8	19.2		55.94
	Arzew	GL2Z	1981	APCI-C3MR	6	8.4			
埃及	Idku	EgyptianLNG T1/T2	2005	CPOCP	2	7.2	12.2	4.74	
	Damietta	SEGAS LNG	2005	APCI-C3MR	1	5			
赤道几内亚	Bioko island	Equatorial Guinea LNG (EG LNG)	2007	CPOCP	1	3.7	3.7	3.62	
利比亚（已停产）	Brega	Marsa El Brega	1970	APCI-SMR	4	3.2	3.2	0	
尼日利亚	Bonny Island	NLNG T1&T2	1999	APCI-C3MR	2	6.4			
	Bonny Island	NLNG T3	2002	APCI-C3MR	1	3.2	21.9	19.58	
	Bonny Island	NLNG T4/5: NLNGPlus	2006	APCI-C3MR	2	8.2			
	Bonny Island	NLNG Six	2008	APCI-C3MR	1	4.1			
挪威	Hammerfest	Snohvit [Hammerfest] LNG	2007	LINDE/Statoil	1	4.3	4.3	3.31	
特立尼达和多巴哥	Point Fortin	Atlantic LNG T1	1999	CPOCP	1	3.0			
	Point Fortin	Atlantic LNG T2-T3	2002/2003	CPOCP	2	6.6	14.8	13.48	
	Point Fortin	Atlantic LNG T4	2005	CPOCP	1	5.2			
中东									
阿曼	Qalhat	OLNG	2000	APCI-C3MR	2	6.6			
	Qalhat	Qalhat LNG	2006	APCI-C3MR	1	3.3	9.9	8.15	95.09
卡塔尔	Ras Laffan	RasGas T1-T2	1999	APCI-C3MR	2	6.6			
		RasGas II T3	2004	APCI-C3MR	1	4.7			
		RasGas II T4	2005	APCI-C3MR	1	4.7			
		RasGas II T5	2006	APCI-C3MR	1	4.7	76.5	76.39	
		RasGas 3 T6	2009	APCI-AP-X	1	7.8			
		RasGas 3 T7	2010	APCI-AP-X	1	7.8			
		Qatargas T1-3	1996-2005	APCI-C3MR	3	9.6			
		Qatargas 2 T4-T5	2009-2010	APCI-AP-X	2	15.6			

（续）

国家	地址	项目	起动年	工艺	生产链	名义总产能/(Mt/年)	2012 年出口/(Mt/年) 各国合计	各地区合计
中东								95.09
卡塔尔	Ras Laffan	Qatargas 3 T6	2010	APCI-AP-X	1	7.8（76.5）	76.39	
	Ras Laffan	Qatargas 4 T7	2011	APCI-AP-X	1	7.8		
阿联酋	Abu Dhabi	ADGAS（DasIsland Ⅰ）	1977	APCI-C3MR	2	3.4（6）	5.66	
	Abu Dhabi	ADGAS（DasIsland Ⅱ）	1994	APCI-C3MR	1	2.6		
也门	Balhaf	Yemen LNG	2009/2010	APCI-C3MR	2	6.7（6.7）	4.89	
太平洋盆地								85.28
澳大利亚	Karratha, WA	NWS Australia LNG	1989—1994	APCI-C3MR	3	7.5	20.88	
	Karratha, WA	NWS Australia LNG 4	2004	LINDE	1	4.4		
	Karratha, WA	NWS 5	2008	LINDE	1	4.4（24.3）		
	Dawin, NT	Darwin LNG	2006	CPOCP	1	3.7		
	Carnavon area, WA	Pluto LNG	2012	Shell PMR	1	4.3		
文莱	Lumut	Brunei LNG	1972	APCI-C3MR	5	7.2（7.2）	6.82	
印度尼西亚	Bontang, East Kalimantan	Badak LNG A-G	1977—1997	APCI-C3MR	7	18.2	18.97	
	Bontang, East Kalimantan	Badak LNG H	1999	APCI-C3MR	1	3（40.8）		
	Aceh	Arun（PhaseⅠ-Ⅵ）	1977—1986	APCI-C3MR	6	12		
	Papua	Tangguh	2009	APCI-C3MR	2	7.6		
马来西亚	Bintulu Sarawak	MLNG Ⅰ（SATU）	1982	APCI-C3MR	3	7.5	23.72	
	Bintulu Sarawak	MLNG Ⅱ（DUA）	1995—1996	APCI-C3MR	3	8.4（23.5）		
	Bintulu Sarawak	MLNG Ⅲ（TIGA）	2003	APCI-C3MR	2	7.6		
秘鲁	Pampa Melchorita	Peru LNG	2010	APCI-C3MR	1	4（4）	3.86	
俄罗斯	Sakhalin Island	Sakhalin Ⅱ	2009	Shell DMR	2	9.6（9.6）	10.86	
美国	Cook Inlet	Kenai	1969	CPOCP	1	1.5（1.5）	0.17	

① 摘自 The LNG Industry, 2012: 8。

埃及由于国内用气量增加，使其出口量下降。位于 Damietta 的 SEGAS LNG 工厂的 LNG产量急剧下降，2012 年 6 月底至 11 月初，该工厂无一船 LNG 外运。平均而言，表 3-10 中所列埃及两个 LNG 工厂的开工率为额定值的 40%，埃及有可能成为 LNG 进口国。在印度尼西亚，表 3-10 中所列的 Arun 工厂 6 条生产线只有 1 条生产线在运行，正将出口终端更改为进口终端，至 2014 年运行之日，则将是全球第一个由出口终端更改为进口终端的装置。阿尔及利亚由于气源短缺而使 LNG 产量下降。也门的 Yeman LNG 装置的原料气输气管道受到攻击使其产量受到影响。利比亚 Marsa El Brega LNG 装置因故而停产。

2. 在建的中大型 LNG 装置

表 3-11 列出了世界在建的 LNG 装置所用的液化工艺和规模。由表 3-11 可知，今后几年新增的产能集中在太平洋和大西洋盆地，分别为 69.9Mt/年和 32.4Mt/年。中东地区没有新增产能。有在建 LNG 装置的太平洋盆地国家有澳大利亚、巴布亚新几内亚、马来西亚和印度尼西亚。有在建 LNG 装置的大西洋盆地国家有美国、阿尔及利亚和安哥拉，其中巴布亚新几内亚和安哥拉将成为 LNG 出口国中的新成员。

图 3-29 为自 2013 年投产的在建 LNG 装置的产能。图 3-30 为各国在建的 LNG 装置产能。澳大利亚最多，为 57.6Mt/年，占全部在建 LNG 装置产能的 56.3%。当该国的 LNG 装置全部建成之时，澳大利亚的合计 LNG 产能将达到 81.9Mt/年；若能全负荷运行，其产能将超过现在的 LNG 第一生产大国卡塔尔。

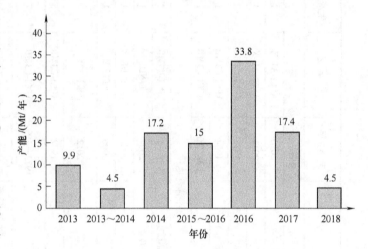

图 3-29　自 2013 年投产的在建 LNG 装置的产能

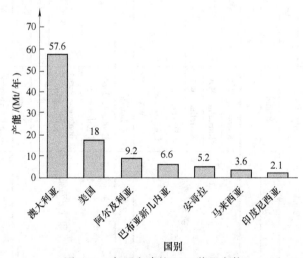

图 3-30　各国在建的 LNG 装置产能

表 3-11　世界在建的 LNG 装置所用的液化工艺和规模

地区	国家	地址	项目	启动时间	液化工艺	生产线	名义年总产能/(Mt/年)	合计名义产能/(Mt/年)	合计产能/(Mt/年)
大西洋盆地	阿尔及利亚	Arzew	GNl3Z	2013	APCI-C3MR	1	4.7		32.4
		Skida	Skida re-build	2013—2014	APCI-C3MR	1	4.5	9.2	
	安哥拉	Soyo	Angola LNG	2013	CPOCP	1	5.2	5.2	
	美国	Louisiana	Sabine Pass T1	2016	CPOCP	1	4.5		
		Louisiana	Sabine Pass T2	2017	CPOCP	1	4.5	18	
		Louisiana	Sabine Pass T3	2017	CPOCP	1	4.5		
		Louisiana	Sabine Pass T4	2018	CPOCP	1	4.5		
太平洋盆地	澳大利亚	Queensland	QCLNG T1/T2	2014	CPOCP	2	8.5		
		Queensland	APLNG	2016	CPOCP	2	9		
		Queensland	Gladstone LNG（GLNG）	2016	CPOCP	2	7.8		
		Dawin, NT	ichthys	2017	APCI-C3MR	2	8.4	57.6	69.9
		WA	Gorgon LNG	2015—2016	APCI-C3MR	3	15		
		Ashburton, WA	Wheatstone	2016	CPOCP	2	8.9		
	印度尼西亚	Sulawesi	Donggi-Senoro	2014	APCI-C3MR	1	2.1	2.1	
	马来西亚	Bintulu Sarawak	Petronas9	2016	APCI-C3MR	1	3.6	3.6	
	巴布亚新几内亚	Port Moresby	PNG LNG	2014	APCI-C3MR	2	6.6	6.6	

3.3　小型 LNG 流程

小型 LNG 流程常用于：①调峰；②边际气田天然气的回收；③生产 LNG 用于车用 LNG 等。

适用于小型 LNG 装置的流程有以下两大类：①单混合制冷剂流程 SMR；②各类膨胀流程，如单级氮气膨胀流程、双级氮气膨胀流程、氮气-甲烷膨胀流程和带预冷的双级氮膨胀流程。

以上各类流程都有各种变形，在本章将介绍一些典型的流程。

3.3.1　SMR 单混合制冷剂流程

在 SMR 流程中，制冷剂被压缩，并在随后的后冷却器中冷却。制冷剂在主换热器中不断冷却、冷凝。冷凝的制冷剂通过焦耳-汤普森阀节流膨胀降温。膨胀降温后的制冷剂进入主换热器，并吸收天然气和高压制冷剂的热量，直到它以气态形式离开主换热器，并在此过程中天然气被冷凝成 LNG。这个流程因所需设备数量少而在小型液化装置中备受青睐。SMR 流程适用于单线产能低于 1.5Mt/年的 LNG 装置[24]。与经典级联流程相比，SMR 流程简单且设备数量少。通过调整混合制冷剂的组分可有效降低换热器内冷热流体之间的温差，提高流程效率[6]。

SMR 单混合制冷剂流程有各种具体形式，下面介绍 BV 的 Prico 流程和 APCI 的 SMR 流程。需要指出的是：在实际应用中，根据各原料气状态和 LNG 装置所在地的条件等不同，SMR 流程在实际应用中有各种变形，且国内外 LNG 装置中设备的生产能力不同，不可生搬硬套。应根据具体的情况作具体的设计，方可达到最佳的 LNG 装置工作状态。

1. BV Prico® 流程

BV 公司的 PRICO® 流程是单混合制冷剂流程，该流程仅有一个压缩机系统用于压缩混合制冷剂，主换热器是板翅式换热器，故液化流程简单且易于操作。该系统在停车中制冷剂依然存储在系统中，无须排放或泄压。

Prico 流程早期用于阿尔及利亚的液化装置 Skikda 的三条生产线，1981 年投入运行，每条生产线的产能为 1.2Mt/年，使用蒸汽轮机驱动压缩机[9]。目前，Prico 流程已应用于全世界 20 多个液化天然气装置中[4,19,28]。

图 3-31 为 Prico 流程简图[28]，其混合制冷剂由氮、甲烷、乙烷、丙烷和异戊烷组成，冷却和液化在冷箱中的板翅式换热器（PFHE）中进行。流程中制冷剂经一级压缩后，由冷却器冷却后进入中间级缓冲分离器，产生的气相进入二级压缩机压缩，产生的液相由泵压缩，这样可以节省压缩功，并有效避免二级压缩机产生液击现象。泵和二级压缩机的排出流体经冷却器冷却后进入排气缓冲分离器中，产生的气相和液相分别进入板翅式换热器。在换热器中被返回的低压制冷剂冷却后混合离开换热器，流经节流阀膨胀降压降温后，流入换热器为高压制冷剂和天然气提供冷量，实现天然气的冷却和冷凝。对于天然气回路，流入板翅式换热器冷却到一定温度后，离开换热器进入重烃回收器回收重烃 NGL 后，气相部分流回板翅式换热器继续冷却直至冷凝成 LNG。铝制板翅式换热器做成冷箱的形式，所有的连接均位于冷箱外，以消除箱内潜在泄漏的可能性。

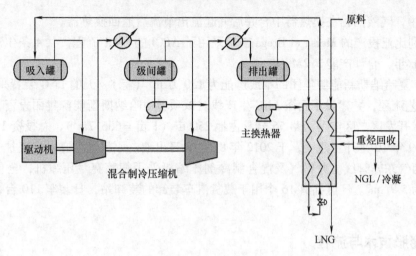

图 3-31　BV PRICO® 流程[28]

表 3-12 为已投产的部分在我国 LNG 装置中应用 PRICO 流程的情况。

2. APCI 的 SMR 流程

20 世纪 60 年代，使用 APCI 的 SMR 流程的首条 LNG 生产线建于利比亚 Marsa el Brega，液化规模为 0.8Mt/年，采用蒸汽轮机驱动[19]。图 3-32 是 APCI 的 SMR 流程简图[10]。流程中混合制冷剂的压缩过程与 Prico 流程相同，均为两级压缩，且在第二级压缩机进口进行气液分离，液态制冷剂由泵压缩，气相由压缩机压缩。压缩后的混合制冷剂进入气液分离器，分离得到的液态制冷剂和气态制冷剂分别进入绕管式换热器（SWHE），液态制冷剂被冷却后在一定的高度引出绕管式换热器，经节流降温后返回换热器，为下部换热器中的气相和液相的高压制冷剂及天然气提供冷量。气相部分的高压制冷剂从底部进入换热器后一直冷却直至顶部引出换热器，经节流降温后为整个换热器中高压制冷剂和天然气提供冷量，使得天然气最终得以液化为 LNG[19]。

APCI 的 SMR 流程和 Prico 的 SMR 流程的主要区别有两点：①使用的换热器类型不同，APCI 使用绕管式换热器，由APCI 制造；而 Prico 使用板翅式换热器。②在换热器中，APCI 的气液两相分别节流为换热器不同部位提供冷量，而在

表 3-12　已投产的部分在我国 LNG 装置中应用 Prico 流程的情况

地　　点	投产年	投资方	产能/ （万 m³（标）/天）
内蒙古乌审旗	2008	星星能源	100
甘肃兰州	2010	中集安瑞科	30
甘肃兰州	2011	昆仑燃气	30
陕西靖边	2011	西蓝天然气	50
四川达州	2009	汇鑫能源	100
四川广安	2012	华油天然气	100
珠海气电广东	2008	中海油	60

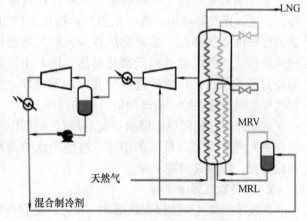

图 3-32　APCI SMR 流程简图[10]

Prico 流程中，气液两相在换热器中合并后一起流出节流后返回换热器。

1970 利比亚投产的 Marsa el Brega 工厂采用了 APCI 的 SMR 流程，共 4 条生产线，单线产能 0.8Mt/年，合计产能 3.2Mt/年。

我国宁夏哈纳斯新能源集团的单线产能为 150 万 m^3（标）/天的 LNG 装置采用了 APCI 的 SMR 工艺流程，共建设了两条 LNG 生产线。该项目由哈纳斯新能源集团投资，位于银川市经济技术开发区二区宝湖西路 56 号，占地 250 亩（1 亩 = 666.7m^2），总投资 19.5 亿人民币，于 2009 年 10 月开工建设，于 2012 年 8 月 19 日出液。原料气主要来自陕甘宁气田、涩北气田和西气东输管线。原料气及混合制冷剂压缩机采用德莱赛兰压缩机，全包容式 LNG 储罐容积为 5 万 m^3。厂区拥有 16 个用于载货汽车装卸的装卸站，日装车 110 台，平均运距约 1300km[15]。

3.3.2　膨胀技术与流程

带膨胀机液化流程，是指利用高压制冷剂通过透平膨胀机绝热膨胀的制冷循环实现天然气液化的流程。气体在膨胀机中膨胀降温的同时，输出功，可用于驱动流程中的压缩机以节省耗功。

膨胀流程中的制冷剂绝大部分是处于气相的，气相密度低，使其换热系数比沸腾液体约低 5~30 倍、显热比沸腾流体的潜热低 4~6 倍[2]，这使得制冷剂在换热器中能提供的冷量低，单线 LNG 产能低，因此膨胀流程常用于调峰型、小型及海上平台的 LNG 装置。在大中型 LNG 装置不采用。膨胀流程有多种类型，这里列出比较典型的四种：①单级氮气膨胀流程；②双级氮气膨胀流程；③氮气-甲烷膨胀流程；④带预冷的双级氮膨胀流程。

1. 单级氮气膨胀流程

单级氮气膨胀流程是膨胀流程中最简单的一种，图 3-33 为挪威 Snurrevarden 的单级氮气膨胀流程图，此流程的生产能力为 0.02Mt/年，此装置的设计和建造者 Hamworthy 称此装置的能量需求为 780kW/t LNG[29]。

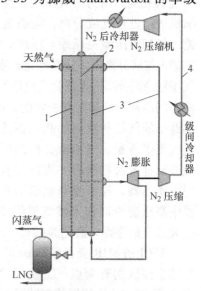

在此流程中，天然气在换热器放热降温后液化，离开换热器后节流降压后在常压下存储。

制冷剂氮气在氮气压缩机中压缩后，在后冷却器中冷却，进入换热器降温，在一定位置从换热器中引出后，进入膨胀机降压降温，返回换热器为天然气和高压氮气提供冷量。此低压氮气离开换热器后，进入由氮膨胀机驱动的压缩机压缩，然后进入中间冷却器冷却，再进入氮气压缩机压缩并冷却后开始新一轮的循环。

这一流程比较简单，但缺点是只经过一次膨胀降温，所有的氮气都膨胀到最低的温度，这使得换热器换热温差比较大，压缩机功耗较高。

2. 双级氮气膨胀流程

克服单级氮气膨胀流程缺陷的一种方法是在单级氮气膨胀流程中增加一级膨胀机。增加的一级膨胀，由于制冷

图 3-33　挪威 Snurrevarden 的单级
氮气膨胀流程图[29]
1—天然气/LNG　2—高压 N₂
3—低压 N₂　4—中压 N₂

剂进入膨胀机时温度较高，因此膨胀后温度也高，为换热器中温度较高的部分提供部分冷量，余下的制冷剂膨胀到最低温度。

图 3-34 为双级氮气膨胀流程图。Hamworthy 在挪威的 Kollsnes Ⅱ就采用了双级氮气膨胀流程，此装置所需的能量是 510kW/t LNG，相比 Snurrevarden 装置能耗大大减少[29]。在图 3-34 中，氮气经两级压缩机压缩并冷却后，分别进入由两个膨胀机驱动的压缩机中进一步提高氮气压力，然后流入后冷却器冷却，进入换热器进一步冷却，高压氮气在换热器中两个位置处离开换热器，并分别在各自的膨胀机中膨胀后返回换热器为换热器提供冷量。两股流体在换热器中吸热汇合后离开换热器，再进压缩机开始新一轮的循环。

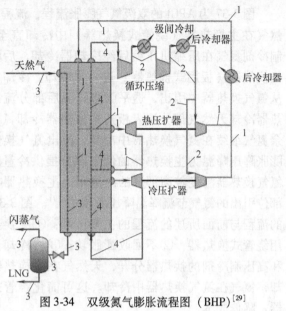

图 3-34　双级氮气膨胀流程图（BHP）[29]
1—高压 N_2　2—中压 N_2　3—天然气/LNG　4—低压 N_2

图 3-35 为 BV 公司的双级氮气膨胀流程[28]。图 3-35 和图 3-34 的唯一区别是在天然气冷却回路中增加了重烃分离单元并将分离得到的重烃进行了冷量回收。图 3-34 中，从换热器中引出的两股氮气，其在各自膨胀机中膨胀后的压力是相同的。其两股流膨胀后的压力也可以不相同，第一股引出的流体可膨胀至第二级主压缩机的进口压力，此流程如图 3-36 所示。此流程由 Neeraas 和 Sandvik（Statoil）提出，因此将此流程称为 Statoil 双级氮气膨胀流程。由于低压下的吸气量减少，压缩功也减少。但由于第一级膨胀机膨胀后的压力较高，则膨胀后的温度也较高，能为换热器提供的冷量也相应减少。当液化相同数量的天然气时，需由第二级膨胀后的制冷剂提供更多的冷量，这可通过增加氮气的流量或膨胀至更低的温度来实现，而这就会增加压缩机的耗功。因此这两类双级氮气膨胀循环的孰优孰劣要通过计算分析得到[29]。

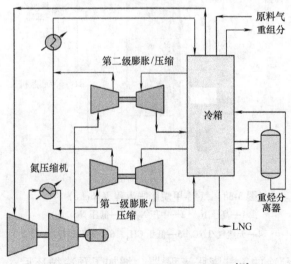

图 3-35　BV 公司的双级氮气膨胀流程[28]

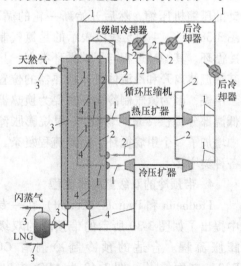

图 3-36　Statoil 双级氮气膨胀流程[29]
1—高压 N_2　2—中压 N_2　3—天然气/LNG　4—低压 N_2

图 3-37 为 APCI 的双级氮气膨胀流程，流程中，天
然气在主换热器（绕管式换热器）中冷却直至液化。
制冷剂氮气在压缩机压缩后经冷却器冷却，后流经氮
气换热器（板翅式换热器）进一步冷却，冷却一段后
从氮气换热器中引出，透平膨胀降温后部分流入主换
热器冷却天然气部分流入板翅式换热器冷却氮气，其
余氮气继续在氮气换热器中冷却，流出氮气换热器后
膨胀降压降温为主换热器的低温部分提供冷量。至于
氮气换热器温度较高部分的冷量则由主换热器在一定
部位引出的氮气节流降温降压后提供[10]。图 3-37 所示
的流程与前面所述的流程的主要区别：①主换热器采
用绕管式换热器；②不回收膨胀功；③将冷却天然气
和高压制冷剂的换热器分开，天然气在主换热器中冷
却，氮气在氮气换热器中冷却。这可简化绕管式换热
器，降低成本。

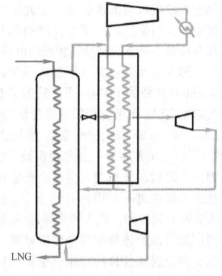

图 3-37　APCI 的双级氮气膨胀流程[10]

3. 氮气-甲烷膨胀流程

由于甲烷比氮气有更高的潜热，因此可考虑在天然气温度处于较高部分的换热器由甲烷
来提供冷量。

图 3-38 为由 Foglietta（CB&I Lummus）提出的氮气-甲烷膨胀流程。在此流程中，有两
个制冷循环，即甲烷制冷循环和氮气制冷循环。在图 3-38 中 1 和 2 线段表示的是甲烷制冷

循环，在此循环中，甲烷经压缩机压缩后在
冷却器中冷却，并进入主换热器进一步冷却
后被引出换热器膨胀降压降温，降温后的甲
烷流回换热器为换热器中的热流体提供冷
量，甲烷在换热器中吸热后由透平膨胀机驱
动的压缩机压缩，然后开始新一轮的循环。
图 3-38 中 3、4 和 5 线段表示的是氮气制制
冷循环，其循环过程与甲烷循环类似，只是
其热流体离开和冷流体进入换热器的位置低
于甲烷，因为氮气制冷循环主要为换热器的
低温部分提供冷量[29]。氮气-甲烷膨胀流程
中增加了一个甲烷循环，因此流程复杂，设
备种类增多。

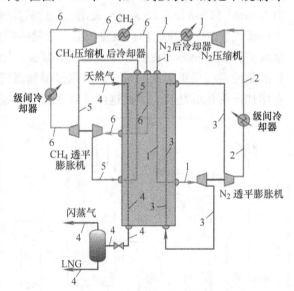

图 3-38　氮气-甲烷膨胀流程（Niche）[29]

1—高压 N_2　2—中压 N_2　3—低压 N_2
4—天然气/LNG　5—低压 CH_4　6—高压 CH_4

4. 带预冷的双级氮膨胀流程

Fredheim 和 Paurola（Statoil）在一专利
中提出了如图 3-39 所示的带预冷的双级氮
膨胀流程。合适的预冷制冷剂有 CO_2、
R134a 或丙烷[29]。图 3-40 为 APCI 提出的带预冷的氮气膨胀流程[10]。增加了预冷循环后
使得流程生产能力增加及效率提高，但是流程变得复杂了。

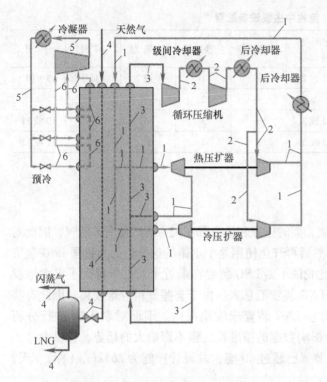

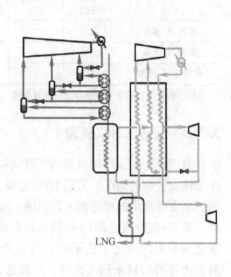

图 3-39　带预冷的双级氮膨胀流程[29]

1—高压 N_2　2—中压 N_2　3—低压 N_2

4—天然气　5—高压预冷　6—低压预冷

图 3-40　APCI 提出的带预冷的氮气
膨胀流程[10]

5. 膨胀流程比较

挪威 Statoil 公司对一些膨胀流程进行了比较[29]。参与比较的流程有：图 3-33 的单级氮气膨胀流程（Single N_2 expander）、图 3-34 的双级氮气膨胀流程［Dual N_2 expander（BHP）］、图 3-38 的氮气-甲烷膨胀流程［N_2 + CH_4 expander（Niche）］、图 3-36 的 Statoil 双级氮气膨胀流程［Dual N_2 expander（Statoil）］、图 3-39 的带预冷的双级氮膨胀流程（Dual N_2 expander + CO_2 precooling）和 PRICO 的单混合制冷剂流程［Single MR（PRICO）］。

分析比较知，天然气压力为 6.6MPa，甲烷含水量为 92.4%，温度为 15℃；换热器的最小温差为 3℃；制冷剂压力不超过 9MPa。这些流程中均不考虑提取 NGL。

图 3-41 为各流程采用相同驱动机时单线产能，此产能是据流程中均采用一台通用公司的 LM6000 燃气涡轮机，并使其在流程中能实现最大功率时的 LNG 产量。表 3-13 为流程中主要设备配置。

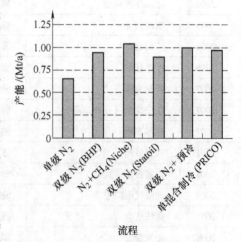

图 3-41　采用相同驱动机时单线产能[29]

表 3-13　流程中主要设备配置[24]

设备\流程	压缩机	膨胀机	中间/后冷却器	冷却器①	主换热器	分离器	J-T 阀	合　计
SMR	1 或 2	—	1 或 2	—	1	1 或 2	1 或 3	5 ~ 10
单级 N_2 膨胀	2	1	2	—	2	—	—	7
双级 N_2 膨胀	3	2	2 或 3	—	3	—	—	10 或 11
带预冷 N_2 膨胀	3	1	2 或 3	1	3	1	—	11 或 12

① 小的冷却器用于预冷循环或冷却制冷流。

3.3.3　我国 LNG 装置

我国由于国土辽阔且天然气管网密集，同时国家和地方都在大力推广使用天然气，因此对于未铺设管网的地区，采用 LNG 运输，然后再气化使用是个不错的选择。这为我国 LNG 装置的迅猛发展提供的难得的大好机遇，因此我国小型 LNG 装置在最近十二三年得到了极大地发展。表 3-14 为截至 2012 年投入运行的 LNG 装置汇总表。由于有些资料较难收集，因此有些装置所采用的液化工艺不详，且难免有些 LNG 装置未收集在内。下面对表 3-14 进行分析时，不详的项目未列入比较，虽然这会影响数据的精准性，但不影响大的趋势，仅供参考。

截至 2012 年底，我国投产的 LNG 装置已超过 60 座，总设计产能为 2632 m^3（标）/天，即 706 万 t/年。

表 3-14　我国已投产 LNG 工厂所用的液化工艺和规模

投产年	项目/地点	液化工艺	产能 万 m^3（标）/天	产能 万 t/年
2000	上海（已停）	CII	10	2.7
2001	河南濮阳	级联式（$C_3H_8 + C_2H_4$）	30	8.1
2005	新疆鄯善	SMR	150	40.3
2005	中油深南福山	膨胀（N_2）	25	6.7
2005	四川犍为	膨胀（天然气自膨胀）	4	1.1
2006	广西北海	膨胀（N_2）	15	4.0
2006	江苏江阴	膨胀（天然气自膨胀）	5	1.3
2007	吉林前郭	SMR	7	1.9
2007	辽宁沈阳（迁往阜新）	膨胀（$N_2 + CH_4$）	2	0.5
2007	江苏苏州	膨胀（天然气自膨胀）	7	1.9
2007	四川泸州	膨胀（天然气自膨胀）	5	1.3
2008	内蒙古乌审旗	SMR（PRICO）	100	26.8
2008	珠海气电广东	SMR（PRICO）	60	16.1
2008	重庆永生	高压射流	5	1.3
2008	山东泰安	膨胀（N_2）	15	4.0
2008	青海西宁	膨胀（N_2）	15	4.0
2008	四川成都（已停）	膨胀（N_2）	10	2.7

（续）

投产年	项目/地点	液 化 工 艺	产 能	
			万 m³（标）/天	万 t/年
2009	山西沁水	SMR	25	6.7
2009	四川达州	SMR（PRICO）	100	26.8
2009	甘肃兰州	不详	8	2.1
2009	山西沁水	膨胀（N_2）	15	4.0
2009	青海西宁	膨胀（N_2）	20	5.4
2009	河南濮阳	膨胀（N_2）	15	4.0
2009	内蒙古鄂托克前旗	膨胀（N_2+CH_4）	15	4.0
2009	山西沁水	膨胀（N_2+CH_4）	50	13.4
2009	安徽合肥	膨胀（N_2+CH_4）	8	2.1
2009	贵州息烽	膨胀（带排气膨胀的液化精馏）	5	1.3
2009	宁夏银川	膨胀（带预冷的氮+甲烷膨胀）	30	8.1
2009	河南安阳	膨胀（天然气自膨胀）	10	2.7
2010	甘肃兰州	SMR（PRICO）	30	8.1
2010	绿能镶黄旗	不详	16	4.3
2010	重庆璧山	高压射流	5	1.3
2010	天津	膨胀（N_2）	10	2.7
2010	宁夏银川	膨胀（带预冷的氮+甲烷膨胀）	30	8.1
2011	山西沁水	SMR	65	17.4
2011	内蒙古磴口	SMR	30	8.1
2011	内蒙古磴口	SMR	30	8.1
2011	内蒙古包头	SMR	10	2.7
2011	新疆轮南	SMR	30	8.1
2011	青海格尔木	SMR	35	9.4
2011	陕西定边	SMR	100	26.8
2011	甘肃兰州	SMR（PRICO）	30	8.1
2011	陕西靖边	SMR（PRICO）	50	13.4
2011	吉林公主岭	不详	20	5.4
2011	吉林前郭	不详	5	1.3
2011	内蒙古鄂尔多斯	不详	30	8.1
2011	内蒙古呼和浩特	不详	10	2.7
2011	甘肃兰州	不详	30	8.1
2012	陕西安塞	DMRC	200	53.7
2012	河北任丘	SMR	30	8.1
2012	陕西延安	SMR	150	40.3
2012	宁夏银川	SMR	2×150	80.5
2012	新疆吉木乃	SMR	150	40.3
2012	四川苍溪	SMR	30	8.1

（续）

投产年	项目/地点	液化工艺	产　能	
			万 m³（标）/天	万 t/年
2012	四川广安	SMR（PRICO）	100	26.8
2012	吉林长春	不详	20	5.4
2012	内蒙古鄂尔多斯	不详	30	8.1
2012	甘肃永靖	不详	20	5.4
2012	新疆哈密	不详	150	40.3
2012	河南平顶山	不详	60	16.1

1. 我国 LNG 装置分布

我国大的天然气气源地为鄂尔多斯盆地、塔里木盆地、四川盆地和柴达木盆地。图 3-42 为我国各地区投产的 LNG 装置数量，从图中可以看出，LNG 装置主要集中在大的气源盆地及周边。华北地区的 LNG 装置数量最多，有 22 座，占装置总数的 35%；西北地区 LNG 装置 19 座，占装置总数的 31%；西南地区的 LNG 装置数量为 9 座，占装置总数的 15%；这三个版块的总和占全部总 LNG 装置的 81%。

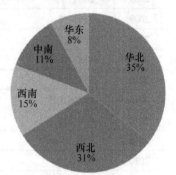

图 3-42　各地区投产的
LNG 装置数量

2. 我国每年 LNG 装置的投产数量和产能

图 3-43 为我国各年度 LNG 装置的投产数量。2011 年，我国投产的 LNG 数量最多，达到了 14 座；其次是 2009 年和 2012 年，分别为 12 座。而 2008 年和 2010 年也分别达到了 6 座和 5 座，总体呈增加的趋势。图 3-44 为我国每年投产的 LNG 规模。2005 年，投产规模从 2001 年的 30 万 m³（标）/天突增到 150 万 m³（标）/天；2012 年，投产规模从 2011 年的 100 万 m³（标）/天突增到 200 万 m³（标）/天；可以看出，投产规模总体趋势是上升的。图 3-45 为各年度投产的 LNG 装置总产能。由于单线产能增加，总产能的变化趋势明显与图 3-43 所示的投产数量的变化不同，尤其是 2012 年，尽管投产的 LNG 装置数量为 12 座，低于 2011 年 11 座，但其产能是 2011 年的 2.6 倍。

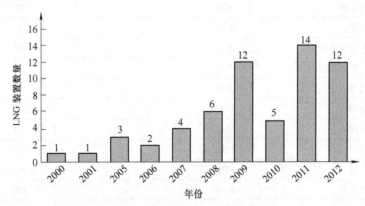

图 3-43　各年度投产的 LNG 装置数量

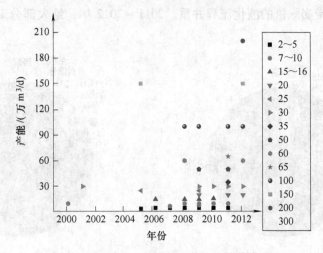

图 3-44　各年度投产的 LNG 规模

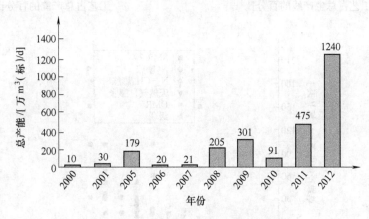

图 3-45　各年度投产的 LNG 总产能

3. 我国 LNG 装置所采用的工艺流程

图 3-46 为我国 LNG 装置所使用的液化工艺占总生产线的百分比。在比较中表 3-14 中列出的极不常用的流程，如高压射流流程未参与比较。使用得最多的单混合制冷剂流程 SMR，为 51%。其余依次为氮气膨胀流程、氮气和甲烷膨胀流程、天然气自膨胀流程、DMR 流程和级联流程。由于中国的液化装置规模比较小，因此单循环流程使用得最多。图 3-47 为我国 LNG 装置所使用的液化工艺占总产能的百分比。至 2012 年投产的总产能中，75% 是使用 SMR 流程的 LNG 装置生产出来的。表 3-15 是常用流程的总生产线数量和总产能。图 3-48 为历年采用的各流程液化规模。从图中可以看出，2008 年以前，我国投产的 LNG 工厂较多采用的是带膨胀机的液化流程。2008 ~ 2010 年，混合制冷剂液化流程

表 3-15　常用流程的总生产线数量和总产能

工 艺 流 程	生产线数量	总产能/ （万 m³（标）/天）
SMR	23	1612
N₂ 膨胀	9	140
N₂ + CH₄ 膨胀	6	135
天然气自膨胀	5	31
DMRC	1	200
级联	1	30

所占比重上升，与带膨胀机的液化流程并重。2011～2012 年，绝大部分 LNG 工厂采用了混合制冷剂液化流程。

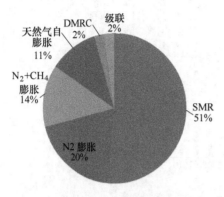

图 3-46　我国 LNG 装置所使用的液化
工艺占总生产线的百分比

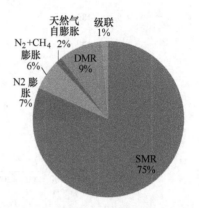

图 3-47　我国 LNG 装置所使用的液化
工艺占总产能的百分比

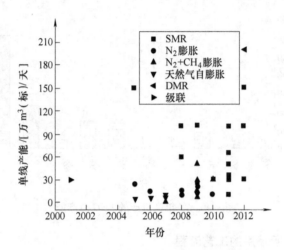

图 3-48　历年采用的各流程液化规模

在我国已投产的液化装置中，所使用的膨胀工艺流程液化规模较小。其中氮气膨胀流程的液化规模范围为 10 万～25 万 m³（标）/天、氮气-甲烷膨胀流程的液化规模范围为 2 万～50 万 m³（标）/天；天然气自膨胀流程的液化规模范围为 4 万～10 万 m³（标）/天。而混合制冷剂可在较宽的流程液化范围内使用，所采用的 SMR 流程的液化规模范围为 7 万～150 万 m³（标）/天，DMR 流程的液化规模范围为 200 万 m³（标）/天。而级联流程曾被一液化规模为 30 万 m³（标）/天的装置使用过一次，这是在 2001 年，当时由于技术和设备的原因，在如此小的液化装置上使用了级联流程。目前在湖北一 500 万 m³（标）/天的装置上采用了此流程，此装置正在建设中。需要指出的是：以上所列的范围并不指各工艺所能使用的范围，同样的工艺随着设备的进步，可以使用于更大规模的液化装置。

在我国，因为所建设的均为小型装置，SMR 流程由于其单位能耗低、流程设备少而得到最广泛的应用。今年一段时间内也将得到很多的应用。由于大型压缩机、燃气轮机和绕管式换热器等设备设计、建造能力弱，限制了大型流程中的设备国产化。目前，产能不高于

30 万 t/年（110 万 m^3（标）/天）的 LNG 装置，其设备已全部国产化。而产能高于 30 万 t/年（110 万 m^3（标）/天）的 LNG 装置，设备的国产化率只达到 60%，需要进口的设备有冷箱、离心压缩机、大型膨胀机、大型低温泵。

需要指出的是：流程工艺不是一成不变的，流程工艺的选择取决于设备的能力。国外的工艺不能直接照搬来用于国内的 LNG 装置，尤其当采用国内的设备时。

3.4　浮式液化装置

近年来，一大批深海气田、边际小气田、伴生气田被发现，其数量较多，储量可观；但若采用传统的开发模式，建设周期长、生产设施投资大、现金回收慢，许多资源将因为没有经济效益而无法投入开采。为此，全球许多大型石油公司正加紧研发 LNG 浮式生产储卸装置，即 LNG FPSO（通常称为 Floating LNG，简写为 FLNG）。FLNG 具有开采、处理、液化、存储和装卸天然气的功能，并通过与 LNG 船搭配使用，实现海上天然气田的开采和天然气运输。利用 FLNG 进行海上气田开发结束了海上气田只能采用管道运输上岸再液化的模式。FLNG 可采用驳船或 LNG 货轮改装，直接停泊在气田上方进行作业，能够避免陆上液化工厂建设可能对环境造成的污染问题，此外，该装置便于迁移，可重复使用[30]。

FLNG 工艺的选择主要从液化装置的规模和安全性两方面进行分析和决策。对于大型液化工艺，常采用双混合制冷剂流程 DMR。对于小型液化工艺，常采用单混合制冷剂流程 SMR 和膨胀流程。

混合制冷剂液化流程一般选择绕管式换热器，其受两相流动的影响较小，船身晃动对换热效果的影响也较小。对于膨胀流程可采用板翅式换热器[30]。表 3-16 为不同公司提出的浮式天然气液化装置概念设计[30]。目前正在建造的 FLNG 项目见表 3-17。

表 3-16　不同公司提出的浮式天然气液化装置概念设计[30]

公 司	项 目	船身类型	LNG 产能/（万 t/年）	储舱容积/（万 m^3）			液化工艺
				LNG	凝析油	LPG	
BHP Billiton	LNG FPSO	混凝土	150	17	—	—	SMR
Mobil	Floating LNG	混凝土	600	25	10.3	—	SMR
Bouygues Offshore	Azure R&D	混凝土	100	11	—	—	氮气膨胀循环
SBM 和 Linde	LNG FPSO	钢制双壳船	250	18	2.5	2.5	多级混合制冷剂循环
Shell，Sunrise 和 Prelude	FLNG	钢制双壳船	360	31	12.7		DMR
ABB	Lummus Niche LNG	钢制双壳船	150	17		3.5	N_2-CH_4 双级膨胀循环
Flex LNG	M-FLEX LNG/P	钢制双壳船	170	3.5	—		双级氮气膨胀循环

表 3-17 目前正在建造的 FLNG 项目

国 家	地 址	项 目	启动时间	液 化 工 艺	产能/（Mt/年）
澳大利亚	Browse Basin	Prelude	2017	Shell-DMR	3.60
马来西亚	Offshore Sarawak	PFLNG1	2015	AP-N	1.2
哥伦比亚	Colombia Caribbean coast	Exmar/Pacific Rubiales FLRSU	2014	BV-SMR	0.5

壳牌 Shell 公司用于 Prelude 项目的 FLNG 建造项目于 2011 年 5 月获得批准，将用于开发距离澳大利亚西海岸 200km 的 Prelude 油气田，将工作 25 年，主要产品为每年生产 LNG360 万 t，液化石油气 40 万 t 和凝析油 130 万 t。这艘长 488m，宽 74m，总重量超过 60 万 t 的浮式 LNG 船将是人类有史以来建造过的最大的海上工程设施。该项目采用薄膜型 LNG 液舱，这能抵御晃荡的冲击力。为了便于卸载，安装了 3 台推进器，能够精确地改变与 LNG 运输船之间的相对位置。在设备布置方面，有潜在危险的设施都尽可能地被设置在船艏，更安全的设施和发电设备被安装在船的后部。该项目的前端工程（Feed）设计和建造由法国 Technip 与三星重工组成的合资企业 TSC 公司负责。目前该 FLNG 设施正在三星重工的巨济岛船厂建造。该设施可以浮动在 250m 深的水面上，依靠 4 组系泊链进行固定（系泊链连接到海床上的吸力桩上），能够抵御 5 级飓风，可在环境恶劣的海域作业。

2012 年 6 月，马来西亚国家石油公司（Petronas）与法国 Technip 和大宇造船海洋签署了年产 120 万 t LNG 的 FLNG 建造合同，该 FLNG 将用于开发马来西亚沙捞越海域的 Kaowit 气田天然气，计划于 2015 年年底投产[31]。

哥伦比亚 FLNG 项目的设计由位于上海的 Wison Offshore & Marine 公司负责，之后在南通船厂制造。预计 2014 年第 4 季度投产，液化量为每年 50 万 t，FLNG 上 LNG 存储空间为 1.4 万 m³。

参 考 文 献

［1］ Barclay Michael, Shukri Tariq. Enhanced Single Mixed Refrigerant Process for Stranded Gas Liquefaction［J］. PO-24, LNG15, 2007.

［2］ Schmidt William P, Ott Christopher M, Liu Yu Nan, et al. How the Right Technical Choices Lead to Commercial Success［J］. PS3-1, LNG16, 2010.

［3］ Roberts M J, Petrowski J M, Liu YN, et al. Large Capacity Single Train AP-X™ Hybrid LNG Process［J］. Gastech Conference Proceedings, 2002：7.

［4］ Shukri Tariq, Kingdom United. LNG technology selection［J］. Hydrocarbon Engineering, 2004（9）：71-76.

［5］ Pillarella Mark, Liu Yunan, Joseph Petrowski, et al. The C3MR Liquefaction Cycle：Versatility for a Fast Growing［J］. Ever Changing LNG Industry. PS2-5, LNG15, 2007.

［6］ Verburg Rene, Kaart Sander, Benckhuijsen Bert. Sakhalin Energy's Initial Operating Experience from Simulation to Reality：Making the DMR Process Work［J］. PS4-5, LNG16, 2010.

［7］ Dam W, Ho S M. Engineering design challenges for the Sakhalin LNG project［J］. GPA Annual Convention Proceedings, 2001：11.

［8］ Martin Pierre Yves, Pigourier Jérôme, Fischer Béatrice. Natural Gas Liquefaction Processes Comparison［J］. 14th International Conference and Exhibition on Liquefied Natural Gas, 2004：1111-1120.

［9］ Bouzid Kamel, Roche Pamela, Coyle David. The Skikda New LNG Train Project—A New Train with New Innovations [J]. PS5-Spare, LNG16, 2010.

[10] Roberts Mark J, Bronfenbrenner James C, Graham David R, William A. Kennington. Process Design Solutions for Offshore Liquefaction [J]. Gastech, 2009: 12.

[11] Stone John B, Rymer Dawn L, Nelson Eric D, et al. LNG Process Selection Considerations for Future Developments [J]. PO1-13, LNG16, 2010.

[12] Chavez Victor. Technical Challenges During the Engineering Phases of the QatarGas Ⅱ Large LNG Trains [J]. PS2-1, LNG15, 2007.

[13] Lang Thomas, Ploix Brigitte. Dual Enhanced Tubes for the Hydrocarbon Processing Industry—From Debottlenecking to Grassroots [J]. PO1-12, LNG16, 2010.

[14] Judd Steven, Salisbury Roy, Rasmussen Peter, et al. Successful Start-Up and Operation of GE Frame 9E Gas Turbine Refrigerant Strings [J]. PS4-1, LNG16, 2010.

[15] Voigt Carolin. Optimal operation of a Statoil LNG Plant [D]. Sweden: Norwegian University, 2008.

[16] Vist Sivert, Svenning Morten, Valle Hilde Furuholt. Start-Up Experiences from Hammerfest LNG [J]. a Frontier Project in the North of Europe. PS4-4, LNG16, 2010.

[17] Buller Antony T, Owren Geir A, Pettersen Jostein, et al. Liquefied Natural Gas: Snøhvit Process and Plant [M]. Sweden: Statoil ASA, 2004.

[18] Bauer Heinz C, Buttinger Barbara, Kerber Christiane, et al. Pre-cooling Concepts for Large Base Load LNG Plants [J]. AIChE Spring Meeting, 2006: 8.

[19] Belloni Aldo. Linde Technology [M]. Germany: Linde AG, 2003.

[20] Kaart Sander, Pek Wiveka Elion Barend, Nagelvoort Rob Klein. A Novel Design for 10-12 MTPA LNG Trains [J]. PS2-3, LNG15, 2007.

[21] Buijs C, Pek J J B. The PMR Process, A Bobust Technology for Large LNG Trains [J]. Fundamentals of the World Gas Industry, 2006: 11.

[22] Pelagotti Antonio, Toci Emiliano, Nibbelke Rob, et al. Pluto LNG—LNG Optimisation using Existing Plant Experience [J]. PS4-6, LNG16, 2010.

[23] Graaf Van De, Pek J M. The Shell PMR Process for Large Capacity LNG Trains [J]. 2005 AIChE Spring National Meeting, Conference Proceedings, 2005: 1873-1883.

[24] Osch Marlies van, Belfroid S P C, Oldenburg Monique. Marine Impact On Liquefaction Processes [J]. PO4-4, LNG16, 2010.

[25] Diocee T S a, Hunter P, Eaton A, et al. Atlantic LNG train 4 "The world's largest LNG train" [J]. 14th International Conference and Exhibition on Liquefied Natural Gas, 2004: 75-87.

[26] Andress D L, Watkins R J. Beauty of Simplicity: Phillips Optimized Cascade LNG liquefaction Process [J]. Advances in Cryogenic Engineering: Transactions of the Cryogenic Engineering Conference, 2004 (49): 91-98.

[27] Cyrus B, Doug Yates, Weyermann Hans P. Aeroderivative Gas Turbine Drivers for the ConocoPhillips Cascades MLNG—World's First Application and Future Potential [J]. PS2-6, LNG15, 2007.

[28] Price Brian C, Hoffart Shawn D. LNG Supply Developments Using Distributed LNG Concepts [J]. PO5-8, LNG16, 2010.

[29] Marak Knut Arild, Neeraas Bengt Olau. Comparison of Expander Processes for Natural Gas Liquefaction [J]. PO1-5, LNG16, 2010.

[30] 马华伟, 刘春杨, 徐志诚. 液化天然气浮式生产储卸装置研究进展 [J]. 油气储运, 2012, 31 (10): 721-724, 732.

[31] 刘碧涛. 一触即发, FLNG 市场即将迎来"井喷" [J]. 海洋工程, 2012: 38-41.

第4章 液化天然气接收终端

接收海运液化天然气（简称 LNG）的终端设施称为 LNG 接收终端。它接收用船从大型天然气液化工厂运来的 LNG，将其存储和再气化后分配给用户。接收终端的再气化能力很大，储槽容量也很大。它主要由专用码头、卸货装置（LNG 卸料臂）、LNG 输送管道、LNG 储槽、再气化装置及送气设备、气体计量和压力控制站、蒸发气体回收装置、控制及安全保护系统、维修保养系统等组成。

4.1 LNG 接收终端工艺流程

图 4-1 为 LNG 接收终端工艺流程图。LNG 接收终端工艺流程有两种：一种是直接输出式，另一种是再冷凝式。对于直接输出式流程，蒸发气用压缩机增压后送至稳定的低压用户，并在卸船的工况下，低压用户应能接收大量蒸发气。对于再冷凝式流程，蒸发气经过压缩后，进入再冷凝器与储槽中的由泵输出的 LNG 进行换热，蒸发气被冷却液化，经外输泵增压后，进气化器输送给用户。图 4-1 所示的工艺流程为再冷凝式流程。

下面以我国在建的第一座 LNG 接收终端为例，分别介绍图中 LNG 卸船系统、LNG 存储系统、LNG 再气化/外输系统、蒸发器处理系统、储槽防真空补气系统、火炬/放空系统[1]。

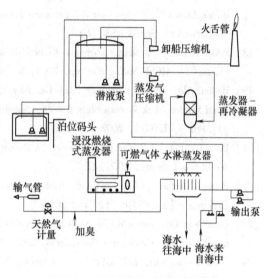

图 4-1 LNG 接收终端工艺流程图

4.1.1 LNG 卸船系统

卸船系统由卸料臂、卸船管线、蒸发气回流臂、LNG 取样器、蒸发气回流管线及 LNG 循环保冷管线组成。

LNG 运输船靠泊码头后，经码头上卸料臂将船上 LNG 输出管线与岸上卸船管线连接起来，由船上储罐内的输送泵（潜液泵）将 LNG 输送到终端的储槽内。随着 LNG 不断输出，船上储罐内气相压力逐渐下降，为维持其气相压力值一定，将岸上储槽内一部分蒸发气加压后，经回流管线及回流臂送至船上储罐内。

LNG 卸船管线一般采用双母管式设计。卸船时两根母管同时工作，各承担 50% 的输送量。当一根母管出现故障时，另一根母管仍可工作，不致使卸船中断。在非卸船期间，双母管可使卸船管线构成一个循环，便于对母管进行循环保冷，使其保持低温，减少因管线漏热使 LNG 蒸发量增加。通常，由岸上储槽输送泵出口分出一部分 LNG 来冷却需保冷的管线，再经循环保冷管线返回罐内。每次卸船前还需用船上 LNG 对卸料臂等预冷，预冷完毕后再将卸船量逐步增加至正常输量。卸船管线上配有取样器，在每次卸船前取样并分析 LNG 的组成、密度及热值。

4.1.2 LNG 存储系统

LNG 存储系统由低温储槽、附属管线及控制仪表组成。低温容器内液体在存储过程中，尽管容器有良好的绝热，但是还是会有一些热量通过各种方式传入容器中。由于热量的漏入，将会使一部分低温液体气化，则容器中的压力会随之上升。卸船时，由于船上储罐内输送泵运行时散热、船上储罐与终端储槽的压差、卸料臂漏热及 LNG 液体与蒸发气的置换等，蒸发气量可数倍增加。为了最大程度减少卸船时的蒸发气量，应尽量提高此时储槽内的压力。

一般说来，接收终端至少应有 2 个等容积的储槽。LNG 储罐的主要低温材料为 9Ni 钢[2]。由于全容型储罐具有更高的安全性，在 LNG 存储越来越大型化并且对存储安全性要求越来越高的今天，全容罐得到了更多地采用。全容罐是由 9% 镍钢内罐、9% 镍钢或混凝土外罐和顶盖、底板构成。

4.1.3 LNG 再气化

LNG 再气化/外输系统包括 LNG 储槽内输送泵（潜液泵）、储槽外低/高压外输泵、开架式水淋蒸发器、浸没燃烧式蒸发器及计量设施等。

储槽内 LNG 经罐内输送泵加压后进入再冷凝器，使来自储槽顶部的蒸发气液化。从再冷凝器中流出的 LNG 可根据不同用户要求，分别加压至不同压力。

目前，世界上 LNG 接收站常用的气化器有三种：开架式气化器（ORV）、浸没燃烧式气化器（SCV）和中间介质管壳式气化器（IFV）。

（1）开架式气化器　ORV 气化器的基本单元是传热管，由若干传热管组成板状排列，两端与集气管或集液管焊接形成一个板形管束单元，再由若干个这样的单元组成气化器。气化器的支撑结构和集水池由混凝土制成，所有与天然气接触的组件都用铝合金制造，可耐低温，而换热管板束表面直接与海水接触，板面需要喷涂铝-锌合金的防腐材料。由于海水中悬浮固体颗粒对板面的冲刷磨损，ORV 板面的防腐涂层 7~8 年需重新喷涂一次，停车时间较长，维修成本较高[3]。

图 4-2 为开架式气化器，LNG 刚进入管内的下部时温度很低，易使集液管外表面结冰，这会导致气化器的传热性能下降。为了克服结冰问题，日本提出了 SuperORV 传热管结构，如图 4-3 所示。它采用双层结构的传热管，LNG 进入各传热管时，先进入内管，然后再进入内外管之间的环形空间，管外的海水气化内外管之间的 LNG，内管的 LNG 吸收内外管之间 LNG 的热量，实现升温，这样可以降低传热温差，能抑制传热管外表面的结冰。

日本的神户钢铁和住友精密机械两家公司能够制造 SuperORV。广东大鹏 LNG 接收站和福建莆田 LNG 接收站均采用这类气化器[3]。

开架式 LNG 气化器常作为 LNG 接收终端的基本负荷型气化器。

（2）中间介质真管壳式气化器　图 4-4 为中间介质真管壳式气化器，也是利用海水作热源，先加热一种中间流体，蒸发产生的气体再加热 LNG。LNG 受热蒸发，中间流体的蒸汽被 LNG 冷凝，重新变成液态。LNG 气化后再进入另一热交换器与海水直接进行热交换。这种气化器结构紧凑，可避免海水结冰问题，可作为 LNG 接收站的基本负荷型气化器。丙烷常被用做中间介质。IFV 气化器的制造商仅有日本神户钢铁一家[3]。

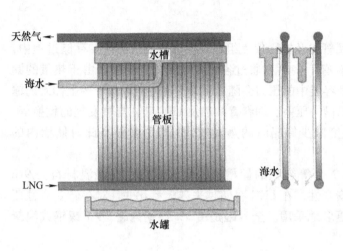

图 4-2　开架式 LNG 气化器

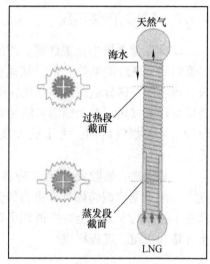

图 4-3　SuperORV 传热管结构

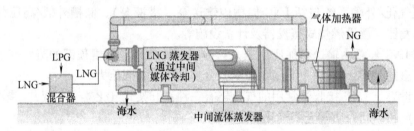

图 4-4　中间介质真管壳式气化器

（3）浸没燃烧式气化器　图 4-5 为浸没燃烧式气化器 SCV，它是一种水浴式气化器，燃烧室和需加热的盘管均放置在混凝土水罐中，燃料气和空气进入燃烧室，燃烧后产生的高温烟气在鼓风机的作用下直接进入水浴，加热水的同时搅动水浴，使水浴流动，更能充分地加热盘管中的 LNG 使之气化。运行时，水浴的温度控制在 30℃ 左右。这种形式的气化器具有热量输送量大、占地面积适中等特点，气化器容量通常在 100GJ/h 以上，当使用大容量燃烧器时，气化量可高达 120t/h。此气化器需要消耗燃烧气，因此一般与 ORV 气化器或 IFV 气化器配套使用，只有当作为基本负荷用的 ORV 气化器或 IFV 气化器的气化量不能提供足够的天然气时，才开启 SCV 气化器，此气化器适应于调峰型装置和紧急使用的情况。注：目

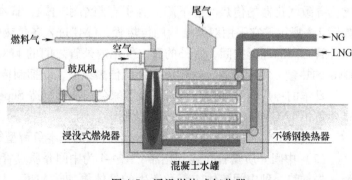

图 4-5　浸没燃烧式气化器

前，德国林德公司和日本住友精密机械两家公司能够制造 SCV 气化器[3]。

再气化后的高、低压天然气（外输气）经计量设施分别计量后输往用户。为保证罐内输送泵、罐外低压和高压外输泵正常运行，泵出口均设有回流管线。当 LNG 输送量变化时，可利用回流管线调节流量。在停止输出时，可利用回流管线打循环，以保证泵处于低温状态。

目前，我国的天然气有不同的来源，以上海为例，有来自西气东输一线新疆塔里木的天然气、西气东输二线土库曼斯坦的天然气、东海平湖油田的天然气、川气东送普光气田的天然气、上海 LNG 接收终端接收的来自全球不同国家的 LNG 等，每个气源天然气的组分均有所不同，因而其热值也不同，为了实现不同气源间的互换性问题，需要调整天然气的热值，从而满足各用户生产工艺对天然气供气稳定性、安全性、气体热值及成分等的特殊要求[4]。

表 4-1 列出了不同国家的 LNG 的高热值[5]。下面介绍调整 LNG 气化后的天然气热值的方法。LNG 气化后的天然气热值调整的主要方法：注入空气法、注入氮气法和重烃脱离法。

1）注入空气法。在 LNG 气化后的天然气中补充空气，以此改变天然气的组成而降低热值。具体方式有两种：一是在 LNG 气化时，在接收站利用压缩机补充空气，将天然气热值降至符合要求后通过管道外输；二是 LNG 气化后的天然气在管道分输站利用压缩机补充空气，将天然气热值降至符合要求后再进行计量交接输往门站。

注入空气法的优点：①运行费用低；②占地面积较小，工艺装置紧凑；③注入系统简单，便于实施；④设备简单，维修方便；⑤注入技术成熟。

注入空气法的缺点：①投资较高；②一旦操作失灵，危险性极大；③将来不实施注入法时设备无法再利用。

注入空气法的适用场合为外输气体压力相对较低的情况。

2）注入氮气法。注入氮气法是将氮气作为一种惰性组分注入 LNG 气化后的天然气中，以降低天然气的热值，可以避免过高的氧含量可能导致燃气有燃烧或爆炸的危险。这需要在接收站内自建空分装置，制得氮气，加入 LNG 气化后的天然气中进行热值调整。

表 4-1　不同国家 LNG 的高热值
（15℃，101.325kPa）[5]

国　　家	高热值/(MJ/m³)
阿尔及利亚 Arzew	41.68
阿尔及利亚 Bethioua 1	41.01
阿尔及利亚 Bethioua 2	39.78
阿尔及利亚 Skikda	39.87
埃及 Dameietta	38.39
埃及 Ldku	38.61
利比亚	44.02
尼日利亚	41.76
阿布扎比	42.45
阿曼	42.73
卡塔尔	41.58
得林尼达	38.82
美国阿拉斯加	37.75
澳大利亚 NWS	42.72
文莱	42.09
印尼 Arun	41.32
印尼 Badak	42.61
马来西亚	41.52

当采用氮气作为注入介质时，可以采用下列方案：一是将氮气压缩后，与从蒸发气压缩机输出的蒸发气相混合，将混合后的气体送至再冷凝器，在再冷凝器中混合气体被冷凝，然后经由高压泵和气化器送往燃气输送管道；二是将氮气压缩到燃气输送管道中的压力，按所要求的比例，与从气化器输出的再气化天然气相混合，然后送往外输管道。

当采用液氮作为注入介质时，可以采用下面的方案：注入液氮通常是用泵使液氮达到气化器的入口压力来完成的。在进入气化器之前，高压的液态氮与高压 LNG 混合。

注入氮气法的优点：①注入技术成熟；②将来不实施注入法时设备仍然可以生产副产品，能够带来经济效益；③可以利用冷量来降低制取氮气的能耗。

注入氮气法的缺点：①投资高；②运行费用高；③占地面积较大；④注入系统复杂，维修量大。

注入氮气法的适用场合为氮气含量较低的 LNG 的情况。

3）重烃脱离法。将 LNG 气化后的天然气中较重的、高热值的组分（C_2、C_3等）除去，以降低天然气中重组分的含量及热值。脱除的重组分可以作为 LPG（液化石油气）的商品气进行销售。

为了降低 LNG 热值而脱除较重的天然气液相组分，可以采用多种不同的工艺来实现。但每一种方案，都涉及增加少量的、通常在接收站中没有的附加设施，这些设施构成一个分离系统，其主要由一个或两个分馏塔单元组成，其原理也是利用 LNG 冷量再液化来达到分离的目的，并且都必须考虑增加投资及分离出的乙烷和 LPG 的用途。

重烃脱离法流程主要设备是 C_2H_6 分馏塔和 LPG 分馏塔。采用 LNG 部分气化，利用未气化的 LNG 与气化后气体直接接触换热的方式进行 CH_4 与 C_2 及以上组分分离。然后从凝析液中分离出 LPG，实现 C_2H_6 与 LPG 的分离。流程充分利用了 LNG 自身的冷量，采用低温 LNG 泵加压与输送，省去了气体压缩机。

重烃脱离法需要增加的主要设备有提取加料泵、回热器、分馏塔、换热器、LPG 产品泵、缓冲罐、LPG 储罐和 C_2H_6 储罐等。重烃脱离法进行热值调整的效果主要取决于原料 LNG 中重烃组分的含量。重烃的含量越高、所含组分越"重"，采取这一方法所得效果越好。

重烃脱离法的优点：①重烃脱除后可得到的乙烷气体和 LPG 产品；②可使 LNG 接收站能够更宽范围地接收不同组成的 LNG，同时满足严格的燃气热值规格要求。

重烃脱离法的缺点：①投资非常高；②占地面积大；③运行费用高；④脱除的重组分产品（乙烷、LPG）有待寻求销售市场。

重烃脱离法的使用场合中为氮气含量、C_2 及以上组分较多的 LNG。

4.1.4　蒸发气处理系统

蒸发气处理系统包括蒸发气冷却器、分液罐、压缩机及再冷凝器等。此系统应保证 LNG 储槽在一定压力范围内正常工作。储槽的压力取决于罐内气相（蒸发气）的压力。当储槽处于不同工作状态，例如储槽有 LNG 外输、正在接受 LNG 或既不外输也不接受 LNG 时，其蒸发气量均有较大差别，如不适当处理，就无法控制气相压力。因此，储槽中应设置压力开关，并分别设定几个等级的超压值及欠压值，当压力超过或低于各级设定值时，蒸发气处理系统按照压力开关进行相应动作，以控制储槽气相压力。

4.1.5　储槽防真空补气系统

为防止 LNG 储槽在运行中产生真空，在流程中配有防真空补气系统。补气的气源通常为蒸发器出口管引出的天然气。有些储槽也采取安全阀直接连通大气，当储槽产生真空时，大气可直接由阀进入罐内补气。

4.1.6 火炬/放空系统

当 LNG 储槽内气相空间超压，蒸发气压缩机不能控制且压力超过泄放阀设定值时，罐内多余蒸发气将通过泄放阀进入火炬中烧掉。当发生诸如涡旋现象等事故时，大量气体不能及时烧掉，则必须采取放空措施，及时把蒸发气排放掉。

4.2 全球 LNG 接收终端

4.2.1 概述

2012 年，全球管道天然气和 LNG 的总贸易量为 10334 亿 m^3，LNG 的贸易量为 3279 亿 m^3，占总贸易量的 31.7% [⊖]。

2012 年 LNG 的进口主要是如下国家：

1）亚太地区：日本、韩国、印度、中国、泰国。
2）欧洲及欧亚大陆：西班牙、英国、法国、土耳其、意大利、比利时。
3）中南美洲：阿根廷、智利、巴西。
4）北美：美国、墨西哥、加拿大。

表 4-2 为 2012 年全球各国 LNG 进口量及所占比例表。表 4-3 为世界 LNG 接收终端的情况。目前，世界 25 个国家和地区已有 LNG 接收终端，储罐总容量 4567.72 万 m^3，见表 4-4。在建 LNG 接收终端的国家和地区有 10 个，储罐容量 330 万 m^3。16 个国家和地区计划并提出建造 LNG 接收终端，计划储罐容量 173 万 m^3。13 个国家和地区正在考虑建造 LNG 接收终端，预计储罐容量 236 万 m^3。

表 4-2 2012 年全球各国 LNG 进口量及所占比例[①]

序号	进口国	进口量/亿 m^3	所占比例	序号	进口国	进口量/亿 m^3	所占比例
1	日本	1187.9	36.23%	7	法国	103.0	3.14%
2	韩国	497.1	15.16%	8	土耳其	77.4	2.36%
3	西班牙	213.7	6.52%	9	意大利	71.2	2.17%
4	印度	204.6	6.24%				
5	中国	369.0	11.26%		其他	418.4	12.76%
6	英国	136.7	4.17%		合计	3279.0	100%

① 摘自 BP Statistical Review of World Energy, 2013 (6)。

表 4-3 世界 LNG 接收终端[①]

状态	国家/地区	储罐容量/万 m^3	状态	国家/地区	储罐容量/万 m^3	状态	国家/地区	储罐容量/万 m^3
已有	25	4567.72	计划并提出	16	173	合计	42	5306.72
在建	10	330	考虑	13	236			

① 摘自 Petroleum Economist: World LNG Factbook——Petroleum Economist, 2013; LNG Journal, 2013 (3): 57-58; The LNG Industry, 2012: 8。

⊖ 摘自 BP Statistical Review of World Energy, 2013 (6)。

表4-4 世界现有LNG接收终端①

国家/地区	项目/地址	运营商	启动时间	储罐数量	储罐容量/万m³	总储量/万m³	2012年进口量/亿m³
亚太							
日本	Negishi	Tokyo gas, Tokyo Electric Power co.	1969	14	118	1522.32	1187.9
	Senboku I	Osaka Gas	1972	4	18		
	Sodegaura	Tokyo gas, Tokyo Electric Power co.	1973	35	266		
	Senboku II	Osaka Gas	1977	18	158.5		
	Tobata	Kita kyushu LNG	1977	8	48		
	Chita (Kyodo)	Toho Gas	1978	4	30		
	Himeji II	Kansai Electric Power	1979	7	52		
	Chita	Chita LNG	1983	7	64		
	Higashi-Ohgishima	Tokyo Electric Power co.	1984	9	54		
	Himeji	Osaka Gas	1984	8	74		
	Niigata	Nihonkai LNG	1984	8	72		
	Futtsu	Tokyo Electric Power co.	1985	10	111		
	Yokkaichi LNG Centre	Chubu Electric	1988	4	32		
	Oita	Oita LNG	1990	5	46		
	Yanai	Chugoko Electric Power	1990	6	48		
	Yokkaichi Works	Toho Gas	1991	2	16		
	Fukuoka	Saibu Gas	1993	2	7		
	Hatsukaichi	Hiroshima Gas	1996	2	17		
	Kagoshima	Nippon Gas	1996	1	3.6		
	Sodeshi	Shimizu LNG	1996	3	33.72		
	Kawagoe	Chubu Electric Power	1997	4	48		
	Shin-Minato	Sendai City Gas Bureau	1997	1	8		
	Ohgishima	Tokyo Gas	1998	3	60		
	Chita-Midorihama	Toho Gas	2001	2	40		
	Nagasaki (Works)	Saibu Gas	2003	1	3.5		

（续）

国家/地区	项目/地址	运 营 商	启 动 时 间	储罐数量	储罐容量/万 m³	总储量/万 m³	2012 年进口量/亿 m³
亚太							
日本	Mizushima	Chugoko Electric Power	2006	1	16	1522.32	1187.9
	Sakai	Kansai Electric	2006	3	42		
	Sakaide	Sakaide LNG	2011	1	18		
	Ishikari LNG	Hokkaido Gas	2012	1	18		
韩国	Pyeong Taek	KOGAS	1986	21	296	848.5	497.1
	Incheon	KOGAS	1996	20	268		
	TongYeong	KOGAS	2002	16	248		
	Gwangyang	POSCO	2005	3	36.5		
中国	广东大鹏	广东大鹏 LNG	2006	3	48	305.5	199.9
	福建	中海油	2008	4	64		
	上海洋山深水港区	上海 LNG	2009	3	49.5		
	江苏如东	中石油	2011	3	48		
	辽宁大连	中石油	2011	3	48		
	浙江宁波	中海油	2012	3	48		
	其他	—	1990	6	69	117	169.1
			2009	3	48		
印度	Dahej (Gujarat)	Petronet LNG	2004/2009	4	59.2	91.2	204.6
	Hazira (Gujarat)	Shell India	2005	2	32		
泰国	Map Ta Phut	PTT LNG Company Ltd	2011	2	32	32	13.9
亚洲合计						2916.52	2272.4
欧洲							
西班牙	Barcelona	Enagas	1969	8	84	323.7	213.7
	Huelva	Enagas	1988	5	61		
	Cartagena	Enagas	1989	5	58.7		
	Bilbao	Bahia de Bizkaia Gas	2003	2	30		
	Sagunto	Saggas-Planta de Regasificacion de Sagunto	2006	4	60		
	Mugardos	Reganosa	2007	2	30		

（续）

国家/地区	项目/地址	运 营 商	启 动 时 间	储 罐 数 量	储罐容量 /万 m³	总储量 /万 m³	2012 年进口量/亿 m³
欧洲							
英国	Isle of Grain	Grain LNG	2005	8	100	223.3	136.7
	Teesside（Offshore）	Excelerate Energy	2007	1	13.8		
	Dragon LNG（Milford Haven）	Dragon LNG	2009	2	32		
	South Hook	South Hook LNG	2009	5	77.5		
法国	Fos-Tonkin	Elengy	1972	3	15	84	103.0
	Montoir-de-Bretagne	Elengy	1980	3	36		
	Fos-Cavaou	Elengy，Total	2010	3	33		
土耳其	MarmaraEreglisi	Botas	1994	3	25.5	53.5	77.4
	Izmir（Aliaga）	Egegaz	2006	2	28		
比利时	Zeebrugge	Fluxys LNG	1987	4	38	38	45.4
意大利	Panigaglia	GNL Italia	1971	2	10	35	71.2
	PortoLevante（Offshore）	Adriatic LNG	2009	2	25		
荷兰	Gate LNG	Gate LNG	2011	3	54	54	7.2
葡萄牙	Sines	Transgas Atlantico	2003	2	24	24	19.3
希腊	Revithoussa	DEPA	2000	2	13	13	9.7
欧洲合计						848.5	683.7
北美洲							
美国	Everett（Massachusetts）	Suez LNG North America（GDF Suez）	1971	2	15.5	495	49.5
	Elba Island（Georgia）	Southern LNG	1978，2001/2006/2010	5	53.5		
	Cove Point（Maryland）	Dominion Cove Point LNG	1978/2003	5	38		
	Lake Charles（Louisiana）	Trunkline LNG	1982	4	42.5		
	Cove Point（Maryland）Expansion	Dominion Cove Point LNG	2008	2	32		
	Freeport LNG（Texas）	Freeport LNG	2008	2	32		
	Northeast Gateway Deepwater Port（Offshore）	Excelerate Energy	2008	1	15		

（续）

国家/地区	项目/地址	运营商	启动时间	储罐数量	储罐容量/万m³	总储量/万m³	2012年进口量/亿m³
北美洲							
美国	Sabine Pass LNG（Texas）	Cheniere Energy	2008	5	80		
	Neptune LNG（Offshore）	Suez LNG North America（GDF Suez）	2009	2	29		
	Cameron LNG, Hackberry（Louisiana）	Sempra	2009	3	48	495	49.5
	Golden Pass LNG（Texas）	Golden Pass LNG	2010	5	77.5		
	Gulf LNG Clean Energy Project（Mississippi）	Gulf LNG Energy	2011	2	32		
墨西哥	Altamira	Vopak, Enagas	2006	2	30		
	Energia Costa Azul	Energia Costa Azul	2008	2	32	92	48.4
	Manzanillo	Terminal KMS de GNL	2012	2	30		
加拿大	Canaport LNG	Repsol Canada Ltd	2009	3	48	48	17.8
波多黎各	Penuelas	Eco Electrica	2000	1	16	16	13
北美合计						651	128.7
中南美洲							
阿根廷	Bahia Blanca（Offshore）	Bahia Blanca GasPort（BBGP）	2008	1	15.1	30.2	51.7
	Escobar（Offshore）	GNL Escobar GasPort	2011	1	15.1		
智利	Quintero LNG	GNL Quintero SA	2009	2	32	48	41.2
	Mejillones LNG [FSRU]	GNL Mejillones SA	2010	1	16		
巴西	Guanabara Bay（Offshore）	Transpetro	2009	1	15.1	28	31.6
	Pecem Port（Offshore）	Transpetro	2009	1	12.9		
多米尼加共和国	Punta Caucedo	AES	2003	1	16	16	12.2
中南美洲合计						122.2	136.7
中东							
科威特	Mina alAhmadi（Offshore）	Excelerate Energy	2009	1	15	15	40.6
阿联酋（迪拜）	Jebel Ali Port	Golar	2010	1	12.5	12.5	13.3
中东合计						27.5	53.9

① 摘自 Petroleum Economist: World LNG Factbook-Petroleum Economist, 2013; LNG Journal, 2013 (3): 57, 58; The LNG Industry, 2012: 8。

　　图 4-6 为全球各地区总储罐容积和 2012 年进口 LNG 量的百分比,由此图可知,亚太地区是具有最多的 LNG 终端储罐容量和进口量,分别为 63.9% 和 69.4%。其次为欧洲。中南美洲和中东在全球的 LNG 终端,占比均很小。因此 LNG 的进口主要集中在太平洋板块和大西洋板块。

图 4-6　全球各地区总储罐容积和 2012 年进口 LNG 量的百分比

　　亚太地区拥有 LNG 接收终端的国家和地区储罐容量 2916.52 万 m³,占总接收站储罐容量的 63.9%。欧洲地区拥有 LNG 接收终端的国家有 9 个,储罐容量 848.5 万 m³,占总接收站储罐容量的 18.6%。北美洲拥有 LNG 接收终端的国家有 4 个,储罐容量 651 万 m³,占总接收站储罐容量的 14.3%。中南美洲拥有 LNG 接收终端的国家有 4 个,储罐容量为 122.2 万 m³,占总接收站储罐容量的 2.7%。中东拥有 LNG 接收终端的国家有 2 个,储罐容量为 27.5 万 m³,占总接收站储罐容量的 0.6%。

　　图 4-7 为 LNG 接收站储罐总储量和 2012 年 LNG 进口量的分布。从图中可知,美国的 LNG 终端的利用率很低。表 4-5 为各国拥有的 LNG 接收终端储罐总量和 2012 年 LNG 进口量。

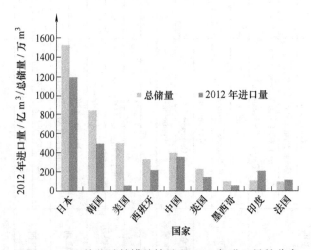

图 4-7　LNG 接收站储罐总储量和 2012 年进口量的分布

表 4-5　各国拥有的 LNG 接收终端储罐总量和 2012 年 LNG 进口量[1]

序　号	国家	总 储 量		2012 年进口量	
		万 m³	百分比	亿 m³	百分比
1	日本	1522.32	33.3%	1187.9	36.3%
2	韩国	848.5	18.6%	497.1	15.2%
3	美国	495	10.8%	49.5	1.5%
4	西班牙	323.7	7.1%	213.7	6.5%
5	中国	422.5	9.3%	369.0	11.3%
6	英国	223.3	4.9%	136.7	4.2%
7	墨西哥	92	2.0%	48.4	1.5%
8	印度	91.2	2.0%	204.6	6.2%
9	法国	84	1.8%	103.0	3.1%
10	荷兰	54	1.2%	7.2	0.2%
11	土耳其	53.5	1.2%	77.4	2.4%
12	加拿大	48	1.1%	17.8	0.5%
13	智利	48	1.1%	41.2	1.3%
14	比利时	38	0.8%	45.4	1.4%
15	意大利	35	0.8%	71.2	2.2%
16	泰国	32	0.7%	13.9	0.4%
17	阿根廷	30.2	0.7%	51.7	1.6%
18	巴西	28	0.6%	31.6	1.0%
19	葡萄牙	24	0.5%	19.3	0.6%
20	波多黎各	16	0.4%	13.0	0.4%
21	多米尼加共和国	16	0.4%	12.2	0.4%
22	科威特	15	0.3%	40.6	1.2%
23	希腊	13	0.3%	9.7	0.3%
24	阿联酋（迪拜）	12.5	0.3%	13.3	0.4%
	合计	4565.7	100%	3275.3	100%

[1] 摘自 BP Statistical Review of World Energy, 2013 (6)：Peroleum Economist；World LNG Factbook-Peroleum Economist, 2013；LNG Journal, 2013 (3)：57, 58；The LNG Industry, 2012：8。

4.2.2　日本 LNG 接收终端

日本是世界上最大的 LNG 进口国。由表 4-4 可知，日本共有 29 个 LNG 接收终端，LNG 储罐总容量为 1522.32 万 m³，占全球总量的 33.3%。图 4-8 为各 LNG 终端起动年所在终端的 LNG 储罐总容量。日本最大的终端为东京燃气公司和东京电力运行的位于 Sodegaura 的 LNG 接收终端，该终端的 LNG 储罐总容量为 266 万 m³。2012 年，日本 LNG 进口量为 1187.9 亿 m³，占世界 LNG 进口总量的 36.3%。表 4-6 为日本进口 LNG 的国家和进口量。日本东京燃气公司、大阪燃气公司和东邦燃气公司是日本主要 LNG 进口商。

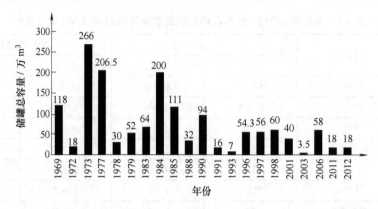

图4-8　日本各LNG终端起动年所在终端的LNG储罐总容量[1]

[1] 摘自 World LNG Factbook. Petroleum Economist, 2013；LNG Journal, 2013(3)：P57-58；The LNG Industry, 2012：8。

表4-6　日本进口LNG的国家和进口量[1]

序　号	气　源　国	日本进口量		序　号	气　源　国	日本进口量	
		亿 m^3	百分比			亿 m^3	百分比
1	澳大利亚	216.4	18.2%	11	埃及	14.1	1.2%
2	卡塔尔	213.0	17.9%	12	秘鲁	11.1	0.9%
3	马来西亚	198.7	16.7%	13	挪威	5.5	0.5%
4	俄罗斯	113.0	9.5%	14	其他欧洲国家	4.7	0.4%
5	印度尼西亚	83.8	7.1%	15	美国	4.1	0.3%
6	文莱	80.3	6.8%	16	也门	4.0	0.3%
7	阿联酋	75.3	6.3%	17	特立尼达和多巴哥	3.7	0.3%
8	尼日利亚	65.0	5.5%	18	阿尔及利亚	2.2	0.2%
9	阿曼	54.1	4.6%	19	巴西	0.7	0.1%
10	赤道几内亚	38.0	3.2%		合计	1,187.9	100%

[1] 摘自 BP Statistical Review of World Energy, 2013 (6)。

4.2.3　韩国LNG接收终端

韩国自1986年开始从印度尼西亚进口液体天然气。由表4-4可知，韩国共有4个LNG接收终端，Pyeongtake（平泽）、Inchon（仁川）、Tongyoung（统营）和Gwangyang（光阳）。前三个接收终端均由韩国气体公司（Korea Gas Corporation）运作。4个LNG接收终端的LNG储罐总容量为848.5万 m^3，占全球总量的18.6%。

平泽接收终端首期于1986年12月投入运行。目前共有21个储罐，LNG储罐总容量为296万 m^3，为全球LNG储罐容量最大的LNG接收终端。

仁川接收终端于1992年开始建设，1996年首期建成投产。目前共有20个储罐，LNG储罐总容量为268万 m^3，为全球LNG储罐容量第2大的LNG接收终端。

统营接收终端位于韩国的南部海岸，从1998年9月开始建设，于2002年启动，该终端主要为韩国中南部的天然气用户供气。该终端一期建有3个储罐，每个储罐的容量为14万 m^3，总容量为 42 万 m³。首期建设的储罐内径为 84m、外径为 86m、高度为 34.4m。储罐为地上式，内罐材料为 9%镍钢，外罐材料为预应力钢筋混凝土，设计蒸发率小于 0.075%/d。目前共建成 16 个储罐，LNG 储罐总容量为 248 万 m³，为全球 LNG 储罐容量最大的 LNG 接收终端。

光阳接收终端由浦项制铁公司（POSCO）运营，于 2005 年启动。目前共有 3 个储罐，总 LNG 储罐容量为 36.5 万 m³。

2012 年，韩国 LNG 进口量为 497.1 亿 m³，占世界 LNG 进口总量的 15.2%。表 4-7 为韩国进口 LNG 的国家和进口量。

表 4-7　韩国进口 LNG 的国家和进口量[①]

序　号	气 源 国	韩国进口量		序　号	气 源 国	韩国进口量	
		亿 m³	百分比			亿 m³	百分比
1	卡塔尔	141.6	28.5%	8	特立尼达和多巴哥	11.5	2.3%
2	印度尼西亚	102.6	20.6%	9	澳大利亚	11.5	2.3%
3	阿曼	56.9	11.4%	10	文莱	10.6	2.1%
4	马来西亚	56.3	11.3%	11	埃及	8.3	1.7%
5	也门	35.7	7.2%	12	赤道几内亚	5.0	1.0%
6	俄罗斯	29.8	6.0%	13	其他欧洲国家	1.5	0.3%
7	尼日利亚	25.0	5.0%	14	挪威	0.8	0.2%
					合计	497.1	100%

① 摘自 BP Statistical Review of World Energy, 2013(6)。

4.2.4　美国 LNG 接收终端

由表 4-4 可知，美国共有 12 个接收终端，LNG 接收终端中 LNG 储罐的总容量达到 495 万 m³，全球排名第 3。但由于其页岩气产量增加迅速，美国的天然气的产量已为全球第 1，因此其 LNG 的进口量较低，为 49.5 亿 m³，远不能与其拥有的接收站的数量和规模相匹配，如图 4-7 所示。

美国页岩气革命的成功极大地改变了美国 LNG 市场的走向，美国低廉的天然气价格和丰富的产量为其天然气的出口提供了极佳的机会，美国正由 LNG 进口国转变为出口国。美国强大的技术力量、设备制造能力及国际市场上对 LNG 的强劲需求，使得努力争取出口 LNG 的美国 LNG 进口终端积极争取取得美国联邦能源监管委员会和美国能源部的许可证。

Sabine Pass（萨宾帕斯）LNG 终端是美国 48 个州中第一个获得美国能源部和美国联邦能源监管委员会所有的出口许可以及建造和运营授权的美国 LNG 出口终端。

萨宾帕斯的 LNG 进口终端于 2008 年 4 月投入运行，该终端占地超过 4km²，位于路易斯安那州卡梅伦区，与德克萨斯州相邻。它位于萨宾帕斯河航海运河的最宽处，运河深 12.2m，不受潮汐影响。接收终端有 2 个接卸码头并可同时工作。终端有 5 个 16 万 m³ 的 LNG 储罐，总储量为 80 万 m³。

目前正在萨宾帕斯建设的第 1~4 条 LNG 生产线，每条生产线的规模均为年生产液化天然气 450 万 t，共计 1800 万 t。采用康菲优化级联液化工艺。第 1~4 条生产线将分别于 2016

年、2017 年、2017 年和 2018 年投产。

萨宾帕斯 LNG 生产线由钱尼尔能源合伙公司（Cheniere Energy Partners）旗下的控股子公司萨宾帕斯液化公司承建。萨宾帕斯液化项目的实施使得该终端将成为世界上第一个兼具出口和进口 LNG 功能的终端。

4.2.5　我国 LNG 接收终端

随着对能源需求的增加，我国进口的天然气量在过去的几年里增长迅速，图 4-9 为我国近年来天然气净进口量。2008 年的天然气进口量只占天然气总消费量的 5.3%，2012 年，天然气的净进口量已占到总消费的 25.5%，达到 366.2 亿 m³。

2012 年，我国是全球第 5 大 LNG 买家。表 4-8 为 2012 年我国进口 LNG 的气源国和进口量。从卡塔尔进口的 LNG 最多，占 33.96%，卡塔尔已取代澳大利亚成为我国最大的 LNG 来源国。

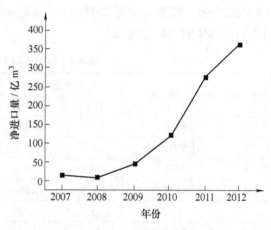

图 4-9　我国近年来天然气净进口量[①]

① 摘自 BP Statistical Review of World Energy, 2013(6)。

表 4-8　2012 年我国进口 LNG 的国家和进口量[①]

排　名	气　源　国	进口量/亿 m³	百分比/%
1	卡塔尔	67.9	33.96%
2	澳大利亚	48.4	24.23%
3	印尼	33.0	16.50%
4	马来西亚	25.2	12.60%
5	也门	8.1	4.06%
6	俄罗斯	5.2	2.59%
7	尼日利亚	4.2	2.09%
8	埃及	4.0	1.99%
9	特立尼达多巴哥	2.3	1.13%
10	阿曼	0.9	0.43%
11	阿尔及利亚	0.8	0.42%
合计		199.9	100%

① 摘自 BP Statistical Review of World Energy, 2013(6)。

目前，我国投入运行的 LNG 接收终端有 6 个，其中我国海洋石油总公司有 4 个，分别为广东大鹏 LNG 终端、福建 LNG 终端、上海 LNG 终端和浙江宁波 LNG 终端。中国石油天然气集团公司有 2 个，为江苏如东 LNG 终端和辽宁大连 LNG 终端。表 4-9 为我国 LNG 接收终端情况。

表 4-9　我国 LNG 接收终端情况

序号	终端	地点	企业股份	启动年	接收能力/(Mt/年)
1	深圳大鹏	深圳大鹏湾秤头角	中海油、BP 等	2006	(370) 570
2	福建莆田	福建湄州湾北岸莆田秀屿港区	中海油、福建电信联合会与投资公司	2008	260
3	上海洋山	上海洋山深水港北港区东端中、西门堂岛	中海油、上海申能集团	2009	300
4	江苏如东	江苏如东黄海海滨辐射沙洲的西太阳沙人工岛	中石油昆仑、香港太平洋油气有限公司、江苏省国信资产管理集团	2011	350
5	辽宁大连	大连大孤山半岛鲇鱼湾	中石油昆仑、大连港股份有限公司、大连市建设投资有限公司	2011	300
6	浙江宁波	宁波市北仑区穿山半岛东北部的白峰镇中宅村	中海油、浙江能源、宁波电力	2012	300
7	广东珠海	广东省珠海市高栏岛平排山	中海油、广东省粤电集团、广发展等	2013	350
8	天津浮式	天津港南疆港区东南部区域	中海油气电集团、天津港（集团）有限公司、天津市燃气集团有限公司、天津恒融达投资有限公司	2013	220
9	河北唐山	河北唐山曹妃甸工业区	中石油、北京控股集团有限公司、河北省天然气有限责任公司	2013	350
10	海南	海南洋浦经济开发区神尖角海岸段	中海石油天然气及发电有限责任公司、海南省发展控股有限公司	2014	300
11	山东青岛	胶南市西南的董家口经济区内	中国石化等	2014	300
合　计					3600

参 考 文 献

[1] 张立希，陈慧芳. LNG 接收终端的工艺系统及设备 [J]. 石油与天然气化工，1999，28（3）：163-166，173.

[2] 李道刚. 液化天然气低温储罐用 9Ni 钢焊接工艺研究 [D]. 合肥：合肥工业大学，2009.

[3] 裘栋. LNG 项目气化器的选型 [J]. 化工设计，2011，21（4）：19-22，6.

[4] 朱英如，顾利民，孙骥姝等. LNG 热值调整技术 [J]. 石油规划设计，2011，22（4）：27-29.

[5] 李猷嘉. 燃气质量变化对终端用户的影响——当今液化天然气质量与互换性研究进展论述之一 [J]. 城市燃气，2011，437：4-15.

第5章　液化天然气装置的相关设备

5.1　压缩机

　　压缩机在天然气液化装置中，主要用于增压和气体输送。对于逐级式液化装置，还有不同温区的制冷压缩机，是天然气液化流程中的关键设备之一。

　　在天然气液化流程中采用压缩机形式，主要有往复压缩机，离心压缩机和轴流压缩机。往复压缩机通常用于天然气处理量比较小（100m³/min 以下）的液化装置。轴流压缩机组从 20 世纪 80 年代开始用于天然气液化装置，主要用于混合制冷剂冷循环装置。离心压缩机早已在液化装置中广为采用，主要用于大型液化装置。大型离心压缩机的功率可高达 41000kW。大型离心压缩机的驱动方式除了电力驱动以外，还有汽轮机和燃气轮机两种驱动方式，各有优缺点。

　　目前正在发展中的橇装式小型天然气液化装置，则采用小体积的螺杆压缩机，并可用燃气发动机驱动。

　　用于天然气液化装置的压缩机，应充分考虑到所压缩的气体是易燃、易爆的危险介质，要求压缩机的轴封具有良好的气密性，电气设施和驱动电动机具有防爆装置。对于深低温的制冷压缩机，还应充分考虑低温对压缩机构件材料的影响，因为很多材料在低温下会失去韧性，发生冷脆损坏。另外，如果压缩机进气温度很低，润滑油也会冻结而无法正常工作，此时应选择无油润滑的压缩机。

5.1.1　往复压缩机

　　往复压缩机运转速度比较慢，一般在中、低速情况下运转。新型的往复压缩机可改变活塞行程。通过改变活塞行程，使压缩机既可适应满负荷状态运行，也可适应部分负荷状态下运行，减少运行费用和减少动力消耗，提高液化系统的经济性，使运转平稳、磨损减少，不仅提高设备的可靠性，也相应延长了压缩机的使用寿命，这种往复压缩机的使用寿命可达 20 年以上。

　　新型的往复压缩机以效率、可靠性和可维性作为设计重点。效率超过 95%；具有非常高的可靠性；容易维护，两次大修之间的不间断运行的时间至少在 3 年以上。

　　往复压缩机的适用范围很大，既可用在海洋也可用于内陆。在全负荷和部分负荷情况下，运行费用和功率消耗都很低。

　　往复压缩机的结构型式分为有立式和卧式两种。一般卧式压缩机的排量相对比立式大，大排量的往复压缩机设计成卧式结构，使运转平稳，安装和维护方便。一般无油润滑的往复压缩机为立式结构，可减少活塞环的单边磨损。

　　新型的往复压缩机具有排量控制功能和一定的超负荷能力，当处理气体数量超出设计范围时，在比较大的范围内都能保证压缩机运行的经济性和可靠性。表 5-1 列出新型往复压缩机的技术参数。图 5-1 示出卧式安装的往复压缩机结构。

表 5-1 一种新型往复压缩机的技术参数

结 构 型 式	M	A	B	D	E	F
曲柄数量	1 ~ 4	1 ~ 6	1 ~ 6	2 ~ 6	2 ~ 6	2 ~ 6
最大轴功率/kW	1800	3500	6500	11500	20000	34000
最小行程/mm	130	180	240	300	360	420
最大行程/mm	170	220	280	340	400	460
有润滑最大转速/(r/min)	1000	750	560	450	375	327
无润滑最大转速/(r/min)	800	600	450	360	300	260
最大连杆载荷/kN	100	180	290	420	570	700
最大气体载荷/kN	110	200	320	470	630	770

注：M、A、B、D、E、F 为压缩机的型号，制造商为 Peter Brotherhood Ltd.。

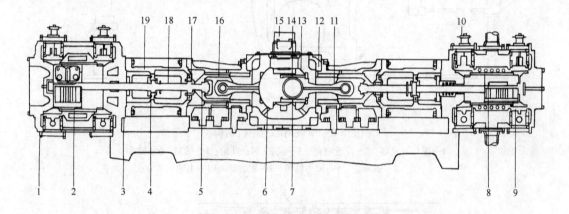

图 5-1 往复压缩机结构

1—气缸 2—活塞环 3—填料函 4—延伸段的中间填料 5—螺母 6—平衡块 7—曲轴 8—活塞 9—气阀
10—吸入阀卸载器 11—连杆 12—曲轴箱 13—轴承 14—连杆螺栓 15—防爆安全阀 16—十字头
17—活塞杆刮油填料 18—活塞杆 19—延伸段（用于无油润滑和危险气体）

5.1.2 离心压缩机

离心压缩机转速高、排量大、体积小，是大型天然气液化装置中的气体增压设备。流线型设计的叶轮（亦称转子）具有很高的精度，能确保气体流道的平滑，使设备运转平稳，提高了设备的可靠性。空气动力特性的弹性设计，使动力学特性可以调节，使之适合用户的工作要求。效率达到 80% ~ 90% 。

离心压缩机的壳体有整体型和中开型。整体型离心压缩机的壳体实际上是圆柱形的壳体，转子安装时是竖起来安装的。分开型的壳体是水平剖分，上下两半组合起来的，转子安装时可水平安装，转子安装好后，将上半部分壳体再连接上。

离心压缩机有单级和多级之分。图 5-2 示出单级离心压缩机结构。图 5-3 为多级离心压缩机结构。单级压缩机用于压比较小的场合，如 LNG 蒸发气体的处理系统。也就是蒸发气体（Boil-off Gas）压缩机，LNG 接收终端用于给 BOG 增压，这种特殊场合使用的压缩机进气温度可以低至 −150℃。

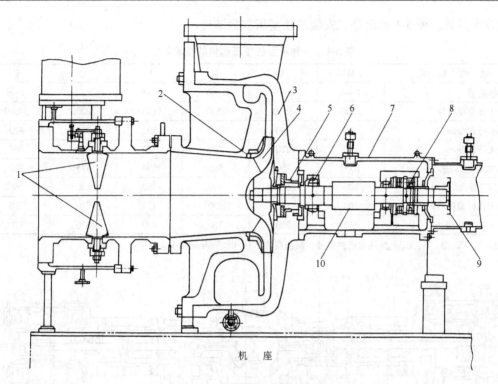

机　座

图 5-2　单级离心压缩机结构
1—进口导流器　2—叶轮密封　3—机壳　4—叶轮　5—轴封　6—轴承
7—轴承盒　8—推力轴承　9—联轴器　10—主轴

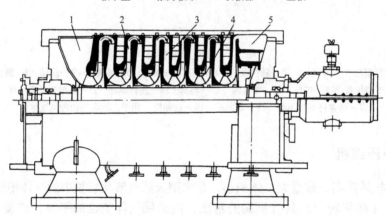

图 5-3　多级离心压缩机
1—进气口　2—扩压器　3—气体流道　4—叶轮　5—排气口

　　离心压缩机主轴的密封装置是非常重要的部件，能防止被压缩的气体向外漏泄，或使漏泄的量控制在允许的范围内。轴封主要有三种形式：机械接触密封、气体密封和浮动碳环密封。机械接触密封经过不断的改进，能确保在运转和停机期间绝对不漏，当压缩机在空转或油泵不工作时，密封结构在停机状态也应不漏泄。对于用惰性气体来做密封材料时，惰性气体向内漏泄的可能性也应尽可能消除。密封的结构型式是可以变化的，取决于处理过程的要求。

气体密封结构采用干燥气体作为密封材料，密封结构能控制密封气体只允许漏泄到环境中，而不能向机内漏泄。密封用的气体通常是一前一后地布置。气体供给系统应具有性能良好过滤器，防止外来的物体进入密封装置。在轴承盒和密封盒之间，有一个附加的隔离密封，防止润滑油进入密封盒。

浮动碳环密封主要用于排出压力较低的压缩机，允许有少量气体漏泄。这种密封可以干式运转。

由于叶轮和扩压器的标准化设计，使离心压缩机可以在很宽的范围内工作。对不同的使用场合，需要对排量进行控制，压缩机的特性也会产生变化。排量控制主要有四种方法：吸入口节流、排出口节流、调整进口导叶及改变转速。选择何种控制方法，需要根据装置的运行要求和准备考虑的压缩机运行点及其他的运行点的效率仔细选择。

改变压缩机的排量可以通过调整进口导叶来实现，使压缩机的工作范围得到扩展，改进压缩机在部分负载下的特性，调节进口导叶也可以和速度控制结合起来。

控制方法需要根据装置的运行要求，压缩机在相关点及其他状态点的效率仔细地选择。调节进口导法扩展了压缩机的运行范围，对部分载荷时，能改善压缩机的效率。

正确选择符合使用要求的压缩机，需要考虑多方面的因素，包括要求的进口流量和排出压力，根据压力和流量的图线，确定压缩机的结构尺寸，然后根据纵坐标上的速度，求出名义工作速度。对于摩尔质量低的气体，使用立式安装型（筒式外壳）的压缩机是比较合适的，因为筒装式结构具有优异的密封性能，这种型式也可适用于工作压力比较高的场合。图 5-4 示出 EBARA 公司生产的 M 型离心压缩机流量与转速的关系。

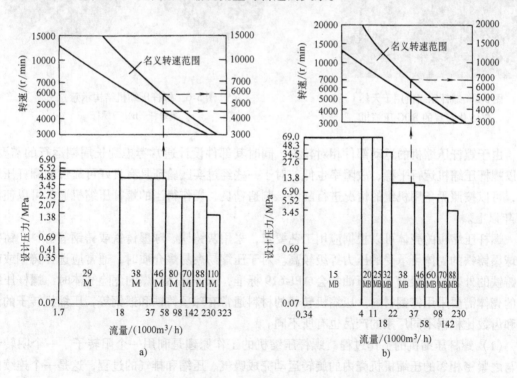

图 5-4　M 型离心压缩机流量与转速的关系
a) 卧式　b) 立式

5.1.3　螺杆压缩机

螺杆压缩机具有体积小、效率高的特点，且流量范围宽，可以连续运行。螺杆压缩机的容量范围特别适合于小型的天然气液化装置和天然气液化装置中的 BOG 压缩机，如图 5-5 所示。特别是对于 $5 \times 10^4 m^3$（标）/天以下的撬装型天然气液化装置，由于空间小，采用螺杆压缩机尤为合适。

螺杆压缩机也属于容积式压缩机，有单螺杆和双螺杆之分，如图 5-6 所示。由于单螺杆压缩机的装配精度要求比较高，而双螺杆则装配方便，因此得到更广泛的应用。单螺杆压缩机由一个圆柱螺杆和两个对称布置的平面星轮组成啮合副，其运动部件是一个螺杆转子和两个星轮。双螺杆压缩机的主要运动部件为两个相互啮合在一起螺杆转子，称为阳转子和阴转子，以及调节气体流量的能量调节装置。阳转子和阴转子以一定的齿数比相互啮合，并在啮合的过程中形成封闭的腔体，在压缩的过程中不断减小腔体的内容积，从而完成工质增压的过程。双螺杆压缩机通常是由阳转子驱动，但也有采用阴转子进行驱动的。根据有无润滑，螺杆压缩机也分喷油和无油螺杆，分别应用于不同的场合。由于润滑油不仅起润滑的作用，而且还在啮合面起密封的作用，因此，喷油螺杆应用更为广泛。

图 5-5　螺杆压缩机用于天然
气液化装置的 BOG 压缩机

a)　　　　　　　　　　　　b)

图 5-6　螺杆压缩机结构示意
a）单螺杆　b）双螺杆

由于螺杆压缩机的运动部件相对较少，同时其部件设计通常考虑到长周期运行的需要，所以螺杆压缩机运行平稳、故障率也低，对于一些经过实践验证具有良好可靠性的螺杆压缩机，可以按照无备用机组的情况进行配置。制造精良、操作得当的螺杆压缩机通常可以使用 20 年以上。

螺杆压缩机的壳体可以根据应用工艺要求，采用灰铸铁、球墨铸铁或铸钢等材料。铸钢和球墨铸铁的壳体可承受的压力等级较高。对于压缩易燃易爆介质时，通常应选择铸钢或球墨铸铁的外壳。如根据美国石油学会 API-619 标准，压缩易燃易爆的危险气体时，螺杆压缩机的壳体需要采用铸钢材料。压缩机转子的材料通常有球墨铸铁和锻钢等，压缩机转子的齿形和齿数比根据不同厂家的产品也有所不同。

（1）螺杆压缩机的工作过程　螺杆压缩机的工作原理是利用一个阳转子、一个阴转子在与之紧密相邻的压缩机机壳内的旋转运动完成吸气、压缩和排气的过程，这是一个连续的挤压和排出的过程，没有余隙容积的影响。

1）压缩机吸入过程：当压缩机转子转动时，相邻的阳转子和阴转子两齿之间的齿槽容积随着旋转而逐渐扩大并在此过程中保持和压缩机吸入口的连通，这样压缩机上游的低压气体通过压缩机进气通道进入齿槽容积并进行气体的吸入过程。当转子继续旋转到一定角度之后，齿间容积沿轴向越过吸入孔口位置与吸入孔口断开，此时这一对齿槽间的气体吸入过程结束，如图 5-7 所示。

　　2）压缩机增压过程：在转子继续转动的过程中，被压缩机转子、机壳、吸、排气端座所封闭的齿槽间的气体，由于压缩机阳、阴转子的相互啮合而被压向排气口，同时气体压力也逐步升高，进行气体的压缩过程，如图 5-8 所示。

　　3）压缩机排气过程：当压缩机转子转到使齿槽间与压缩机排气口相连通时，被压缩后的气体就通过压缩机排气口排出，实现排气过程，如图 5-9 所示。

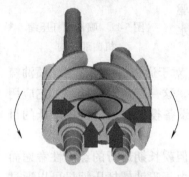 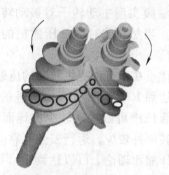 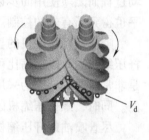

图 5-7　螺杆压缩机　　　　图 5-8　螺杆压缩机　　　　图 5-9　螺杆压缩机
气体吸入过程　　　　　　气体增压过程　　　　　　气体排出过程

　　在上述压缩机的吸气、压缩、排气过程中，每一对相互啮合的阳、阴转子之间，不断地进行同样的过程，从而形成被压缩气体的连续增压和输送。

　　（2）螺杆压缩机的分类　螺杆压缩机最早出现于 20 世纪 30 年代，经过约 80 年的不断应用和发展，目前已经比较完善。螺杆压缩机有许多的分类方法，如按照双螺杆和单螺杆进行压缩机的分类，而单螺杆压缩机是只有一个转子，依靠转子在转动时带动在转子轴相垂直布置的两个行星齿轮从而实现对气体的压缩过程。

　　在气体压缩行业内螺杆压缩机的应用而言，最为常见的分类方法是按照压缩机转子腔内是否喷入润滑油将螺杆压缩机分为无油螺杆压缩机和喷油螺杆压缩机。

　　无油螺杆压缩机的阳、阴转子之间保持一个非常小的间隙并依靠同步齿轮进行驱动，而同步齿轮本身和轴承是处于润滑油的环境当中，在转子腔和润滑油环境之间，安装有密封装置进行隔离，如图 5-10 所示。由于阳、阴转子和被压缩气体在压缩过程中和润滑油没有接触，因而可以实现工艺气体的无油压缩过程，在一些特定的应用中，无油压缩机可以应用于含有粉尘和聚合物气体的压缩。

　　由于气体在压缩过程中压缩热的产生，无油螺杆压缩机的排气温度较高，为了避免过度的热变形，在一些应用中，直接把与压缩介质相溶的液体（如润滑油）注入转子腔，以对被压缩气体进行冷却。

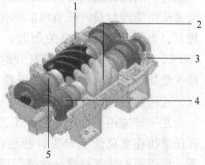

图 5-10　无油螺杆压缩机内部结构
1—压缩机机壳　2—转子　3—同步齿轮
4—轴承　5—密封

由于润滑油密封区域的存在、阴阳转子间隙的始终存在、压缩机转子跨度较大及压缩机排气温度的限制，因此无油螺杆压缩机的压缩比通常都被限制在 7∶1 以内。

对于喷油螺杆压缩机而言，润滑油在压缩机转子腔体内存在的作用在于润滑、密封和冷却，如图 5-11 所示。润滑油的作用之一在于向压缩机的转子轴承提供可靠的润滑，同时润滑油具有有效降低被压缩气体温度的冷却作用，从而降低压缩机的排气温度，而这一部分的热量被润滑油从压缩机壳体内带出到油冷却器中向外部排出，更为重要的是润滑油向压缩机的阳、阴转子之间的间隙提供了一层油膜，既大大减少了被压缩气体的回流和泄漏，同时也通过油膜实现主动转子对被动转子的驱动过程而无须使用同步齿轮，当然，此时螺杆压缩机的噪声水平也得到了有效的控制。

图 5-11　喷油螺杆压缩机内部结构

喷油螺杆压缩机的显著优点在于可以提供较高的压缩比，对于通常的应用而言，喷油螺杆压缩机的单级压缩比可以达到 10～20 并实现经济性的运行，这一特点对于某些工艺应用是非常重要的，因为采用单级压缩可以实现较少占地面积及设备投资和运行费用降低的目的。同时，螺杆压缩机因运转部件较少，运行安全可靠。

尽管喷油螺杆压缩机的压缩比理论上可以达到 20 以上，但就长期运行的经济性考虑而言，同样可以采用双级压缩的形式以实现高于 20 的压缩比。由于喷油螺杆压缩机可以通过调节喷油量实现对于被压缩气体排出温度的控制，因此在双级喷油螺杆的低压级排气和高压级吸气之间，可以不采用通常会使用的级间气体冷却器。

（3）螺杆压缩机的容量调节方式　螺杆压缩机的容量调节方式通常有速度调节方式和滑阀控制方式，对于无油螺杆压缩机，由于压缩机转子腔体内不存在润滑油，所以通过转动速度调节方式比较合理。而对于喷油螺杆压缩机，也可以采用速度调节方式，但更为普遍的是采用由润滑油系统控制的滑阀控制方式实现对于容量的控制，滑阀的位置可以通过电动或液压控制，一般根据压力或温度信号的变化由压缩机的控制中心实现压缩机容量的自动调节，如图 5-12 所示。

螺杆压缩机容量的滑阀调节方式的实质是通过控制滑阀的移动打开或关闭被压缩气体在压缩过程中通过中间回流通道的回流到压缩机吸入口的气体流量从而实现对最终压缩机实际排出气体的流量的控制，当回流通道完全关闭时，压缩机的容量为100%，而当回流通道逐步打开时，压缩机的实际排气量则不断减小，通常对于喷油螺杆压缩机而言，这一容量的调节范围为 15%～100% 无级调节。

图 5-12　喷油螺杆压缩机的容量控制
（箭头所指为压缩过程中间气体回流通道）

在一些应用场合中，出于工艺的需要，要求螺杆压缩机在负荷低于15%，甚至接近于0%的情况下，压缩机保持运转状态，在这种情况下，可以采取排气口部分热气旁通至压缩机吸入口的配管方式，保持压缩机有一个"虚拟"的负荷，以维持压缩机的运转状态。

一些设计更为先进的喷油螺杆压缩机，采用滑阀和滑块组合的方式，可以实现对于压缩机容积比（压缩比的另一种表述方式）的控制，从而避免了螺杆压缩机的欠压缩和过压缩，实现节能运行，这一调节方式通常是自动的。图 5-13 所示为调节压缩机容量的滑阀、调节压缩机容积比的滑块均为液压控制方式。某系列螺杆压缩机（TDSH 系列）主要技术参数见表 5-2。

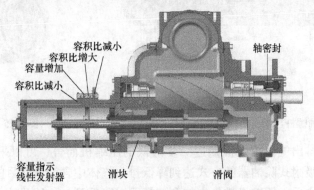

图 5-13　压缩机的容量控制和容积比控制示意图

表 5-2　某系列螺杆压缩机（TDSH 系列）主要技术参数

压缩机型号	163S	193S	193L	233S	233XL	283S	283SX	355S	355L	355XL	355U	408L	408XL
转子直径/mm	163	193		233		283		355				408	
最大转速/(r/min)	4500					3600							
最大输入轴功率/kW	186	336		559		1044		2609				4474	
2950r/min 下理论排气量/(m³/h)	505	835	1113	1468	2284	2631	3987	4122	5621	7155	9037	9798	11594
排气量调节范围	10%			23%	15%	26%	15%		21%	25%	12%	15%	
容积比调节范围	2.5 ~ 5.0												
最高进口压力/0.1MPa	10.3												
最高出口压力/0.1MPa	41.4												
最低进口温度/℃	−60												
最高进口温度/℃	93.3												
最高出口温度/℃	121.1												
压缩机转子材料	锻钢												
压缩机壳体材料	灰铸铁、球墨铸铁或铸钢												

（4）喷油螺杆压缩机床除油技术　对于无油螺杆压缩机而言，由于在其压缩过程中被压缩气体和润滑油不接触，因此不存在除油的问题。

而对于喷油螺杆压缩机而言，通常会在压缩机的排气口安装一个油分离器以达到去除压缩机排气中的大部分润滑油滴和润滑油雾的作用（图 5-14），通常喷油螺杆压缩机的油分离器在采用了高效的积聚式滤芯（图 5-15）之后的油分离效果可以达到 10×10^{-6} 左右。油分离器可以为卧式或立式，其工作原理相同，即通常采用离心分离、重力分离和积聚分离相组合的方式实现油分离目的。

对于喷油螺杆压缩机而言，通常还需要配置油冷却器和油温恒定调节装置，以确保润滑油系统工作的稳定和可靠。

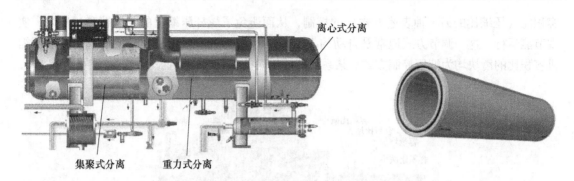

集聚式分离　　　重力式分离

图 5-14　喷油螺杆压缩机的油分离器典型结构示意　　　　　图 5-15　积聚油分离器滤芯

对于一些要求排出气体中含油量进一步降低的压缩机而言，可以采用外置的积聚式滤芯，或组合活性炭吸附式除油器的方式达到降低排出气体中含油量的目的，通常在采用了这样的组合除油方式之后，压缩机排气中的含油量可以降低到 < ×10^{-6} 的程度。

综上所述，无油螺杆压缩机的优点是使被压缩的介质中不会有油，但由于没有油膜的密封作用，可获得的压缩比较喷油润滑的要低。喷油螺杆压缩机具有可靠性高、单级压缩比高、高效节能、容量自动调节、无须备机、投资节省、维护费用低、变工况适应性强等很多优点。用户可以根据工艺流程需要和压缩机特点进行选择和应用。

5.2　换热器

在天然气液化装置中，无论是液化工艺过程或是液-气转换过程，都要使用各种不同的换热器。在工艺流程中，主要有绕管式和板翅式换热器两种形式。大多数基本负荷型的液化装置都采用绕管式换热器。板翅式换热器则主要应用于调峰型的 LNG 装置，但基本负荷型的 LNG 装置中也有使用这种换热器的情况。LNG 装置换热器有关特性的比较见表 5-3。

表 5-3　不同型式 LNG 换热器的比较

型　式	等　级				
	投资	维护	阻塞	承压	紧凑性
壳管式	4	1	1	3	5
板翅式	3	4	4	2	1
套管式	5	5	5	1	3
绕管式	3	3	3	1	2

注：最好的等级为1，最差的等级为5。

这两种换热器在低温液化和空气分离装置中，早已得到成功的应用。绕管式换热器的特点是效率较高、维修方便；如果有个别管道发生泄漏，可将其堵住，设备仍然可以使用，而且很适合于工作压力很高的工作条件。板翅式换热器的成本比较低，结构紧凑，应用也非常普遍。

在 LNG 系统中，还有一类专门用于液态天然气转变为气态的换热器，称为气化器应用尤为广泛。根据使用的性质、加热方式和气化量规模等因素的不同，气化器也有各种不同的形式。按加热方式分，主要可以分为空气加热、海水加热、燃烧加热等型式。

5.2.1　绕管式换热器

绕管式或螺旋管式换热器在空分设备中应用广泛，并在 LNG 工业发展的初期就已经广泛使用了这种换热器。这是因为大多数的 LNG 液化装置是在空气产品公司的混合制冷剂循环的基础上发展起来的，而且混合制冷剂循环液化流程就是采用绕管式换热器。

在绕管式换热器中，铝管被绕成螺旋形，从一根芯轴或内管开始绕，一层接一层，且每一层的卷绕方向与前面一层相反。管路在壳体的顶部或底部连接到管板。高压气体在管内流动，制冷剂在壳体内流动。传统的绕管式换热器的换热面积达 $9000 \sim 28000 \mathrm{m}^2$。绕管式换热器的制造方式各有不同，缠绕时要拉紧，并保证均匀。管的端部插入管板的孔中，然后进行涨管。管板起到固定管子的作用，涨管起到密封的作用。在壳体内部，还需要设置一些挡板，减小一些流通面积，以增加流体的流速和扰动，提高传热效率。然后管束置于壳体内，壳体与管板焊接成一个封闭的容器。此后要进行压力试验，如果其中的任何一根管道有漏泄，可在管路的两端堵死管口，防止高压侧流体串通到低压侧。堵管的方法在现场也可以应用。美国在建立某 LNG 装置时，总共 4 个换热器。共有 77540 根管路，有 2 根管路因漏泄采用堵的方法，使换热器仍然正常运行。

由于在天然气液化流程中，换热器中通常存在多股流体，每股流体可能还是气液两相混合的状态，使换热器的结构更为复杂。换热器的设计计算通常要采用计算机程序来进行。确定了换热器的大小（表面积、管数与管长、总长、螺旋角及管间间距）就可以计算压降。如果压降满足要求，可将管内侧和管外侧的边界条件作为独立变量，通过反复计算来进行优化。作为制造商的惯例，在 LNG 装置调试或运行时，要对产品进行综合测试，以证实设计的正确性。确保液化处理过程能实现全负荷的运行要求。

换热器的效率和压缩机的效率关系如下：

$$\eta = \frac{W_{\mathrm{LNG}}}{W_{\mathrm{C}}} = \frac{W_{\mathrm{LNG}}}{W_{\mathrm{R}}} \frac{W_{\mathrm{R}}}{W_{\mathrm{C}}} = \eta_{\mathrm{L}} \eta_{\mathrm{C}} \qquad (5\text{-}1)$$

式中，W_{LNG} 为液化所消耗的功；W_{R} 为制冷剂消耗的功；W_{C} 为压缩机的压缩功。

W_{R} 是 W_{LNG} 和所有换热器系统中不可逆损失之和，如温差、压降、控制阀和混合制冷剂的相互影响。

换热系统最大的不可逆损失是因温差引起，尤其是在低温部分。应尽量对换热器进行优化设计，以提高换热效率。对一些大型的压缩机：离心压缩机效率约为 78%；轴流压缩机效率约为 85%。

压缩机和冷却系统合在一起的效率 η_{C} 为

$$\eta_{\mathrm{C}} = \frac{W_{\mathrm{C}}}{W_{\mathrm{R}}} = (60 \sim 70)\%$$

换热系统的效率 η_{L} 为

$$\eta_{\mathrm{L}} = \frac{W_{\mathrm{R}}}{W_{\mathrm{LNG}}} = (50 \sim 79)\%$$

总的液化效率为 $\eta = (30 \sim 45)\%$。

5.2.2　板翅式换热器

大多数板翅式换热器都是铜铝结构，初始的应用也是在空气分离装置中。由于它结构紧凑、质量轻，所以在低温流程中应用很广。在 20 世纪 70 年代末期，由于真空钎焊技术的发展，真空钎焊工艺代替了最初的盐浴式铜焊工艺。使换热器核心部分的尺寸更加紧凑，工作压力达到8MPa以上。

铜铝型的板翅式换热器广泛用于LNG工业，尤其是调峰型的LNG装置。当然，有些基本负荷型的LNG装置也有应用。板翅式换热器可以制成多通道的形式，并且成为各自独立的单元，也可以并联增大流量范围。翅片的厚度一般为0.15~0.41mm，焊接在板上，板的厚度为：1.0~2.0mm。翅片的高度和密度取决于传热和工作压力的要求。普通的翅片高度为6.3~19mm，翅片的间距约为1.6mm，一个大型的板翅式换热器的传热面积率达1300m²/m³。

板翅式换热器按流动形式，分为图5-16所示的交叉流、相间流及多股流。翅片有很多种形式，如平板型、打孔型、间断型及鱼叉型等。打孔的翅片是为了使通道内的流量均匀，尤其是在两相流情况下是很重要的。在空气分离和LNG装置中是常见的。

波纹状的翅片和板焊接在一起，制造成矩形的板翅换热器的核心部件，在流体的进出口处采用流量分配器，分配器内的翅片确保流量分配均匀。

应该注意的是：很多实验结果是以曲线的形式给出的，与雷诺数对应的 **Colburn J** 因子代替了努塞尔数和普朗特数的功率关系，它有明显的优点，J 因子能够覆盖所有的应用范围，而努塞尔数作为功率的函数，只能在 J 曲线的直段部分应用。**Colburn J** 因子定义如下：

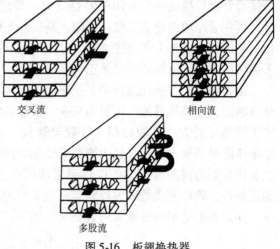

交叉流　　　　　　相向流

多股流

图5-16　板翅换热器

$$J = StPr^{2/3} \tag{5-2}$$

$$St = \frac{Nu}{Re}Pr = \frac{h}{CW} \tag{5-3}$$

文献中的数据作为雷诺数的函数曲线给出：

$$J = f(Re)$$

相互间的关系为

$$Nu = CRe^n Pr^m$$

在双对数坐标中，当努塞尔数为直线时，在有限的雷诺数范围内是有效的。

$$StPr^{2/3} = f(Re) \tag{5-4}$$

这些计算公式是基于空气对流换热的情况，因此有一定的局限性，对于LNG的应用需要作适当的修正。

5.2.3　LNG气化器

在实际应用中，不管是民用燃气还是工业应用，液化天然气总是要气化并恢复到常温以后才使用。LNG气化器是一种专门用于液化天然气气化的换热器，但由于液化天然气的使用特殊性，使LNG气化器也颇具特色。低温的液态天然气要转变成常温的气体，必须要提供相应的热量使其气化。热量的来源可以从环境空气和水中获得，也可以通过燃料燃烧或蒸气来加热LNG。

对于基本负荷型系统使用的气化器，使用率高（通常在 80% 以上），气化量大。首先考虑的应该是设备的运行成本，最好是利用廉价的低品位热源，如从环境空气或水中获取热量，以降低运行费用。以空气或水作热源的气化器，结构最简单，几乎没有运转部件，运行和维护的费用很低，比较适合于基本负荷型的系统。

对于调峰型系统使用的气化器，是为了补充用气高峰时供气量不足的装置，其工作特点是使用率低，工作时间是随机性的。应用于调峰系统的气化器，要求启动速度快，气化速率高，维护简单，可靠性高，具有紧急启动的功能。由于使用率相对较低，因此要求设备初投资尽可能低，而对运行费用则不大苛求。

1. 空气加热型气化器

空气加热型气化器也称为"空温式"或"空浴式"气化器，对于气化容量相对较小的 LNG 气化装置，大多数都采用空气加热型气化器。利用环境温度的空气加热低温的 LNG，使之气化并复温。空气加热不需要消耗燃料和动力，结构简单，维护简便，运行成本低。

空气加热型气化器的缺点是受环境因素的影响较大，如气温、风速和湿度等。占地面积大也是其另外一个缺点，因此，单台气化器容量上限约为 $2500\mathrm{m}^3/\mathrm{h}$，导致单位气化量的设备成本较高。

这种气化器通常采用有翅片的铝合金管制造，高压型的气化器则采用不锈钢和铝合金的复合管。不锈钢管在内测承受高压，铝合金容易加工翅片，在外侧与空气接触换热。这种气化器因为占地面积大，通常采用立式结构。

空气加热型和高压空气加热型气化器技术参数，见表 5-4。

表 5-4　空气加热型气化器技术参数

型　号	流量/(m³/h)	表面积/m²	外形尺寸/mm	重量/kg
CV100	100	33.3	781×524×4044	150
CV150	150	47.6	1064×524×4044	180
CV200	200	71.4	1064×806×4044	295
CV300	300	85.7	1089×1064×4044	386
CV400	400	104.8	1346×1064×4044	585
CV500	500	133.4	1629×1064×4044	675
CV600	600	172.5	1140×1140×7045	710
CV700	700	191.5	1140×1140×7045	710
CV800	800	239.5	1422×1140×7045	990
CV1000	1000	268	1705×1140×7045	1160
CV1250	1250	382	1705×1422×7045	1474
CV1500	1500	421	1629×1629×7045	1769
CV2000	2000	650	2270×1705×7045	2431
CV2500	2500	827	2270×2270×7045	3130
CV3000	3000	950	2270×2553×7045	3515

2. 水加热型气化器

用水作热源的 LNG 气化器应用很广,特别是用海水作为热源。因为很多 LNG 生产装置和接受装置都是靠海建设,海水温度比较稳定,热容量大,是取之不尽的热源。一种名为开架式气化器(OPEN RACK VAPORIZER 简称 ORV),就是以海水作热源的气化器。用于基本负荷型的大型气化装置,最大天然气流量可达 180t/h。气化器可以在 0% ~ 100% 的负荷范围内运行。可以根据需求的变化遥控调整气化量。

整个气化器用铝合金支架固定安装。气化器的基本单元是传热管,由若干传热管组成板状排列,两端与集气管或集液管焊接形成一个管板,再由若干个管板组成气化器。气化器顶部有海水的喷淋装置,海水喷淋在管板外表面上,依靠重力的作用自上而下流动。液化天然气在管内向上流动,在海水沿管板向下流动的过程中,LNG 被加热气化。气化器外形如图 5-17 所示,其工作原理如图 5-18 所示。这种气化器也称为液膜下落式气化器(falling film)。虽然水的流动是不停止的,但这种类型的气化器工作时,有些部位可能结冰。使传热系数有所降低。

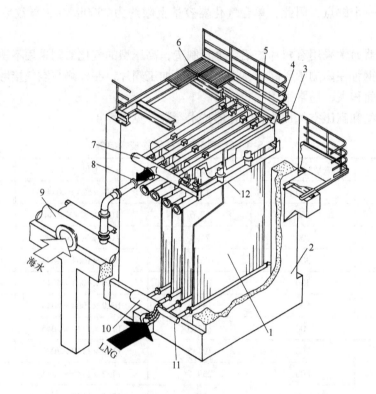

图 5-17 气化器外形

1—平板形换热管 2—水泥基础 3—挡风屏 4—单侧流水槽 5—双侧流水槽
6—平板换热器悬挂结构 7—多通道出口 8—海水分配器 9—海水进口管
10—隔热材料 11—多通道进口 12—海水分配器

水加热型气化器的投资较大,但运行费用较低,操作和维护容易,比较适用于基本负荷型的 LNG 接收站的供气系统。但这种气化器的气化能力,受气候等因素的影响比较大,随着水温的降低，气化能力下降。通常气化器的进口水温的下限大约为 5℃，设计时需要详细了解当地的水文资料。表 5-5 列出一些开放式海水加热型 LNG 气化器的技术参数。

大型的气化器装置可由数个管板组组成，使气化能力达到预期的设计值，而且可以通过管板组对气化能力进行调整。

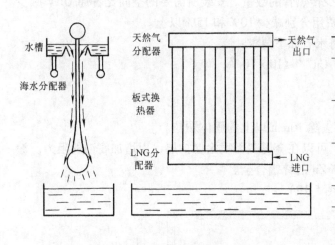

图 5-18   ORV 气化器工作原理

表 5-5   一些正在运行的海水加热型 LNG 气化器技术参数

气化量/（t/h）		100		180
压力/MPa	设计	10.0	设计	2.50
	运行	4.5	运行	0.85
温度/℃	液体	-162	液体	-162
	气体	>0	气体	>0
海水流量/（m³/h）		2500		7200
海水温度/℃		8		8
管板数量		18（6m 高加热板）		30（6m 高加热板）
尺寸，长/m × 宽/m		14×7		23×7

为了避免水在管外结冰和提高气化器的传热性能，使气化器的结构更加紧凑，有关生产厂商进行了不断的改进。通过改进传热管的结构，加强单位管长的换热能力和避免外表结冰。

水膜在沿管板下落的过程中具有很高的传热系数，可达到 5800W/（m²·K）。在传热管内侧，LNG 蒸发时的传热系数相对较低，新型的气化器对传热管进行了强化设计。传热管分成气化区和加热区，采用管内肋片来增加换热面积和改变流道的形状，增加流体在流动过程的扰动，达到增强换热的目的。

管外如果产生结冰，也会影响传热性能。为了改善管外结冰的问题，采用具有双层结构的传热管，LNG 从底部的分配器先进入内管，然后进入内外管之间的夹套。夹套内的 LNG 直接被海水加热并立即气化，然而在内管内流动的 LNG 是通过夹套中已经气化的 LNG 蒸气来加热，气化是逐渐进行。夹套虽然厚度较薄，但能提高传热管外表面的温度，所以能抑制传热管外表结冰，保持所有的传热面积都是有效的，因此提高了海水与 LNG 之间的传热效率。

新型的 LNG 气化器具有以下一些特点：

1）紧凑型设计，节省空间。

2）提高换热效率，需要的海水量大大减少，可节约能源。

3）可靠性增强，所有与天然气接触的组件都用铝合金制造，可承受很低的温度，所有与海水接触的平板表面镀以铝锌合金，防止锈蚀。

4）LNG 管道连接处安装了过渡接头，减少了泄漏，加强了运行的安全性。

5）能够快速起动，并可以根据需求的变化遥控调整天然气的流量，改善了运行操作性能。

6）开放式管道输送水，易于维护和清洁。

大阪煤气公司于1998年开始使用新型ORV技术，目前已有气化能力为150t/h的商用LNG气化器，每根传热管的气化能力得到了大幅度的提高，达到了300kg/h。在海水温度为283K的设计条件下，可以大幅度地减少传热管的数量。安装所需要的空间比普通ORV减少了40%。此外，整个建造成本和运行费用分别减少10%和15%以上。

采用海水作热源的气化器时，对海水有如下要求：

1）重金属离子：Hg^{++}检测不出；$Cu^{++} \leqslant 10 \times 10^{-9}$。

2）固体悬浮物：$\leqslant 80 \times 10^{-6}$。

3）pH值为7.5~8.5。

4）要求过滤器在海水取水处能够去除10mm以上的固体颗粒。

为了防止海水对基体金属的腐蚀，可以在金属表面喷涂保护层，以增加腐蚀的阻力。涂层材料可采用质量分数为85%Al+15%Zn的锌铝合金。

3. 具有中间传热流体的气化器（图5-19）

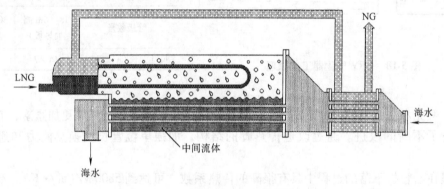

图5-19　具有中间传热流体的气化器

采用中间传热流体的方法可以改善结冰带来的影响，通常采用丙烷、丁烷或氟利昂等介质作中间传热流体。实际使用的气化器的传热过程是由两级换热组成：第一级是由LNG和丙烷进行换热；第二级是丙烷和海水进行换热。这样加热介质不存在结冰的问题。由于水在管内流动，因此可以利用废热产生的热水。换热管采用钛合金管，不会产生腐蚀，对海水的质量要求也没有过多的限制，这种气化器已经广泛应用在基本负荷型的LNG气化系统，最大天然气流量达150t/h。

4. 燃烧加热型气化器

在燃烧加热型气化器中，浸没式燃烧加热型气化器是使用最多的一种。结构紧凑，节省空间，装置的初始成本低。它使用了一个直接向水中排出燃气的燃烧器，由于燃气与水直接接触，燃气激烈地搅动水，使传热效率非常高。水沿着气化器的管路向上流动，LNG在管路中气化，气化装置的热效率在98%左右。每个燃烧器每小时105GJ的加热能力，适合于负荷突然增加的要求，可快速启动，并且能对负荷的突然变化做出反应。可以在10%~100%的负荷范围内运行，适合于紧急情况或调峰时使用。运用气体提升的原理，可以在传热管外部获得激烈的循环水流，管外的传热系数可以达到5800~8000W/(m²·K)。

浸没式燃烧加热型气化器的工作原理如图 5-20 所示，表 5-6 列出其技术参数。

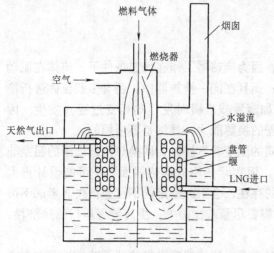

图 5-20　浸没式燃烧加热型气化器的工作原理

表 5-6　一些正在运行的浸没式燃烧加热型 LNG 气化器技术参数

气化量/（t/h）		100		180
压力/MPa	设计	10.0	设计	2.50
	运行	4.5	运行	0.85
温度/℃	液体	-162	液体	-162
	气体	>0	气体	>0
燃烧器供热能力/kW		2.3×10^3		$2.1 \times 10^3 \times 2$ 台
槽内温度/℃		25		25
空气量/（m³/h）①		26 000		47 000
尺寸，长/m×宽/m		8×7		11×10

① 是指标准状态下的空气体积流量。

5. 蒸气加热型 LNG 气化器

蒸气加热型 LNG 气化器主要是在 LNG 船上应用，而且具有多用途的特点。主要应用包括以下方面：

1）惰性气体的清除与纯化。在 LNG 储罐完成惰化后，用于置换 LNG 储罐中的惰性气体，是气化器的基本的工作模式。

2）急状态天然气供应。在天然气卸货时，为了增加液舱内的背压，通常需要从岸站上向 LNG 液舱内输送天然气，以防止 LNG 液面下降时液舱内产生负压。如果由于某些异常情况下，岸站上不能供气时，则可起动蒸气加热型 LNG 气化器，将适量的 LNG 旁通到气化器中，气化后再送回液舱，以维持液舱内的压力。

3）液舱惰化。在某些情况下，需要向 LNG 舱充注惰性气体，以保持安全。也可以用气化器来气化液氮，产生氮气，对液舱进行惰化处理。

4）紧急卸货。正常情况下，LNG 的卸货时通过安装在液舱内的潜液泵来输送液货。如果潜液泵也出现了故障，不能卸货时，需要将该液舱的 LNG 转移到潜液泵正常的液舱，由运转正常的潜液泵来卸货。用气化器给泵有故障的液舱供气增压，将 LNG 压送到潜液泵正常的液舱。

蒸气加热型 LNG 气化器是直接用蒸气加热，LNG 在管内流动，蒸气在管外流动，LNG 被蒸气加热气化。这类气化器的特点是效率高、结构紧凑、可靠性好、运行范围宽、温度控制容易及维护方便。

需要注意的是：蒸气加热型 LNG 气化器在大温差条件下的可靠性。

LNG 和 LN_2 在常压下的温度分别是 -162℃ 和 -196℃，与加热蒸气的温差达到 300 ~ 400℃，因而机械强度设计方面，要充分考虑这些因素的影响。减少管道对管板连接处的热应力，防止过度的热应力产生。

另一点需要注意的是：由于传热温差很大，LNG 的蒸发是强迫对流换热条件下膜态沸腾。膜态沸腾时，传热系数变得很低，流型属于不平衡的两相流动。在这种两相流中，低温液体与过热气体共存，LNG 是多组分流体，它的组分和沸点随着沸腾的发展而变化，这些因素也使性能计算变得复杂。

5.2.4 换热器的换热能力

准确评估换热器的换热能力是非常复杂的，因为换热器工作在低温条件下，流体在流动过程中温度变化大，流体的性能变化也比较大；而且在同一换热器中，还有多股流体进行换热的情况，换热过程中有显热和潜热的交换（如蒸发或冷凝时发生的相变过程）发生。因而，用经典的对数平均温差的方法来确定换热器的换热能力，显然是不适用的。

换热器中另一个重要问题是要求各回路之间的温度非常接近，即换热流体之间的温差非常小。对于理想的换热器，换热温差应接近零。但实际使用的换热器面积不可能设计得太大，需要有一定的温差来传递热量。由于温差的存在，会引起一定的不可逆损失。考虑不可逆损失和 LNG 装置换热器的换热能力的要求，需要尽量减少损失，提高装置运行的经济性，因此使用高效率的换热器是基本原则。

对于最简单的套管式换热器，两股流体相对流动，流体温度沿换热器管路的长度方向变化，其换热效率可按单股流体的温差与换热器最大温差之比来确定：

$$\varepsilon = \frac{T_{1i} - T_{1o}}{T_{1i} - T_{2i}} \tag{5-5}$$

式中，T_{1i} 为热流体进口温度；T_{1o} 为热流体出口温度；T_{2i} 为冷流体进口温度。

各股流体的温度变化如图 5-21 所示。

另一个概念是传热单元数 N，定义为

$$N = \frac{KA}{c_p q_m} = \frac{KA}{Q_1} \quad 或 \quad N = \frac{\varepsilon}{1 - \varepsilon} \tag{5-6}$$

式中，K 为总的传热系数 $[W/(m^2 \cdot K)]$；A 为有效换热面积（m^2）；Q_1 为流体温升 1℃ 的热量（W/K）；c_p 为流体的比定压热容 $[J/(kg \cdot K)]$；q_m 为流体的质量流量（kg/s）；ε 为效率。则效率的表达式可改写为

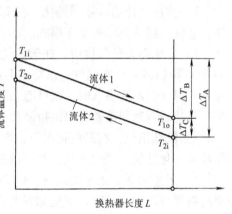

$$\varepsilon = \frac{N}{1 - N}$$

图 5-21　套管式换热器温度变化

确定换热器的面积的方法如下：

1）根据所希望的进、出口温度来计算所要求的效率。

2）根据方程计算所要求的 N 值。

3）先估计管径 D，根据管内努塞尔数 Nu 值计算表面传热系数 h_1。

4）计算传热系数 K，对于上述的简单例子，总的传热系数为

$$K = \frac{1}{1/h_1 + 1/h_2} \tag{5-7}$$

5）根据式（5-2）用已经计算出的 N 和 K，以及给定的质量流量 q_m 和流体温度升高 1℃ 所需的热量 Q_1，计算所需的管路换热面积为

$$A = \frac{NQ_1}{\lambda} \tag{5-8}$$

式中，λ 为热导率。

6）根据换热面积计算管路的长度，如果管路太长或太短，改变直径重新从步骤 3）开始计算。

7）计算内外管的压降，如果压降太大，增大管路直径，重新从步骤 3）开始计算。

换热器中传递的热量为

$$Q = Q_1(T_{1i} - T_{1o}) \tag{5-9}$$

式中，Q 为传递的热量（J）；T_{1i}、T_{1o} 为内、外管温度（K）。

可以看出，这样简单的换热器至少也要重复计算 2 次以上，才能得出换热器的面积。考虑到计算速度、精度和效率等因素，即使是这样简单的情况也需要应用计算程序。

因为相变和物性的变化，温度-焓方法常用于确定 LNG 换热器。传热量可以表达为

$$Q = q_{m,1}(h_{1,i} - h_{1,o}) = q_{m,2}(h_{2,o} - h_{2,i}) \tag{5-10}$$

式中，h 为比焓（J/kg）；下标 1 代表热流体；下标 2 代表冷流体；下标 i 代表进口；下标 o 代表出口。

式（5-9）和式（5-10）都可以写成微分方程的形式，然后沿换热器的长度或流体热焓的坐标积分。

5.2.5　传热过程中存在的问题

LNG 装置的换热器需要很高的热效率，也会带来一些问题。

1. 流动不均匀性

由于局部的阻力（如入口通道的堵塞），使换热器中某个部分的流量减少，或者多个换热器并联产生的流量不均匀，总的影响是使热效率下降。

2. 流道受阻

大多数的 LNG 液化流程都比较清洁，因为对气体进行了预处理，水、二氧化碳和其他杂质在液化前已经清除。可是由于碳氢化合物中高碳组分被冻结出来或产生氢气，可能产生偶尔的阻塞或故障，其后果都是引起流体流动不均匀和换热效率下降。对于这种情况，清洗过程比较简单，只要将换热器复温，用清洁和干燥的气体吹除即可，也就是所谓的"解冻"。某些情况下则采用化学溶剂的方法，如向系统内的流体充注入甲醇，以抑制氢气的产生，而且不需要停机。

3. 纵向导热

对于双层套管式换热器，纵向导热是指沿着换热器长度方向的传热，对于板翅式换热器，则是板与翅片交界处的传热。纵向导热对传热效率是非常不利的。评价纵向导热的影响是比较复杂的，尤其是对多股流的换热器和其中有相变产生的情况。以双层套管逆流式换热器为例。图 5-22 描述了相对于传热单元数 N 和纵向传导参数 S 作为变量时，换热器的效率 ε。这个关系是在平衡

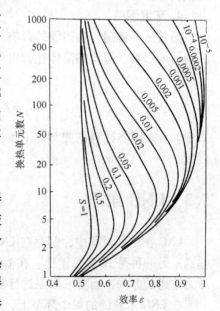

图 5-22　纵向导热的影响

状态下得到的。乘积 NS 是传热量与纵向传热量之比，即

$$NS = \frac{\lambda a}{c_p q_m L} \tag{5-11}$$

$$S = \frac{\lambda a}{KAL}$$

式中，N 为传热单元数；S 为纵向传导参数；λ 为材料的纵向热导率；a 为材料的横截面积；L 为换热器的长度；A 为传热面积；K 为传热系数。

图 5-22 表明：在 N 为一定值时，传热效率达到最大值，然后下降，对应的 N 值可根据 S 计算：

$$N_{\varepsilon = \max} = \frac{1}{S^{1/2}} \tag{5-12}$$

对于简单情况：选择 $N = 100$。在没有纵向热传导情况下，其效率 $\varepsilon_0 = 99\%$；有纵向热传导时，$S = 0.002$，查图得到其效率 $\varepsilon = 84\%$。两者相比效率有较大的下降，纵向热传导与总的传热量之比占了很大的比例。纵向热传导部分为

$$NS = 100 \times 0.002 = 0.2 = 20\%$$

为了增加效率，需要减少传热单元数，最佳的 N 值按式（5-12）计算，即

$$N_{\varepsilon = \max} = \frac{1}{S^{1/2}} = \frac{1}{0.002^{1/2}} = 22.36$$

相应达到的效率为 $\varepsilon_{\max} = 92\%$。

纵向热传导占的比例为

$$NS = 22.36 \times 0.002 = 0.0447 = 4.47\%$$

通过采用间断型翅片的方法，可以减少纵向热传导的影响。对于板翅式换热器的板与翅片的交界处，翅片的厚度应尽量薄一些。对于绕管式的换热器，长而细的管路有利于减少纵向热传导。

4. 环境漏热

热量从环境漏入换热器的影响，与纵向热传导是类似的。环境漏热对于双层套管式逆流换热器的影响，假设热流体在管内流动，两股流体的热量平衡可用长度单元 dx 来表示，则

$$q_1 = KA(T_1 - T_2) \tag{5-13}$$

$$q_2 = KA(T_1 - T_2) + \frac{\lambda}{\delta} A_0 (T_0 - T_2) \tag{5-14}$$

式中，λ 为隔热材料的热导率；δ 为隔热材料的厚度；A_0 为管道的外表面积；T_0 为环境温度。

5.3 LNG 泵

LNG 在转移过程中，都存在 LNG 的输送问题。输送方法通常有两种类型：一种是压力输送；另一种是 LNG 泵输送。在输送量比较大和管路流动阻力比较大的情况下，不适合用压力输送的办法，而要采用泵进行输送。

在 LNG 工业链的每个环节上，几乎都有 LNG 的输送问题，如从 LNG 液化装置的储罐向 LNG 船液舱内装货、LNG 船到达接收站时的卸货、接收站对外进行 LNG 的输送或转运、固

定储罐对运输罐车的装货或向气化器供液等，都需要 LNG 泵。LNG 船在卸好货以后，开始下一次航行前往 LNG 的出口地时，液舱中留有一定的 LNG，称为"残液"航行时，是为了维持液舱内处于低温状态，也需要用泵循环舱内余留的 LNG，喷淋 LNG 来冷却仓壁。在 LNG 作为汽车燃料时，加注站向汽车加注 LNG 时，也需要 LNG 泵来输送。

　　输送 LNG 这类低温的易燃介质，输送泵不仅要具有一般低温液体输送泵能承受低温的性能，而且对泵的气密性能和电气方面安全性能要求更高。常规的泵很难克服轴封处的漏泄问题。对于普通的没有危险性的介质，微量的漏泄不影响使用。而易燃、易爆介质则不同，即使是微量的漏泄，随着在空气中的不断积累，与空气可能形成可燃爆的混合物。因此，LNG 泵的密封要求显得尤其重要。除了密封问题以外，还有电动机的防爆问题，电动机的轴承系统、联轴器的对中问题，长轴驱动时轴的支撑以及温差的负面影响等一系列问题。

　　为了解决可燃的低温介质输送泵的这些问题，在泵的结构、材料等方面有很大的进展。一种安装在密封容器的潜液式电动泵在 LNG 系统得到了广泛的应用。另外，在一些传统的离心泵的基础上，通过改进密封结构和材料等措施，也可应用于 LNG 的输送。柱塞泵在某些场合也有应用，如在 LNG 汽车技术中，需要将液化天然气转变为压缩天然气，称为 LCNG 装置，采用的就是柱塞泵。

5.3.1　潜液式电动泵

　　潜液式电动泵如图 5-23 所示。它是专门用于输送 LNG 和 LPG 等易燃、易爆的低温介质。其特点是将泵与电动机整体安装在一个密封的金属容器内，因此不需要轴封，也不存在轴封的漏泄问题。泵的进、出口用法兰结构与输送管路相连。

　　潜液式电动泵的设计，与传统的笼型电动机驱动的泵有较大的差别。动力电缆系统需要特殊设计和可靠的材料，电缆可以浸在低温的液化气体中，在 -200℃ 条件下仍保持有弹性。电缆需要经过严格的（保险公司认可的实验室）测试和验收，并标明是液化气体输送泵专用电缆，工作温度为 ±200℃。LNG 泵的电缆如图 5-24 所示。电缆用聚氯乙烯材料（TFE）绝缘，并用不锈钢丝编成的铠甲加以保护。电动机的冷却是由所输送的低温流体直接进行冷却，冷却效果好，电动机效率高。因为电动机浸在所要输送的流体中，所以电动机也没有潮湿和腐蚀的影响，电动机的绝缘也不会因为温度升高引起恶化。

　　对于潜液式电动泵，电气连接的密封装置是影响安全性的关键因素之一。电气接线端设计成可经受高压和电压的冲击。使用陶

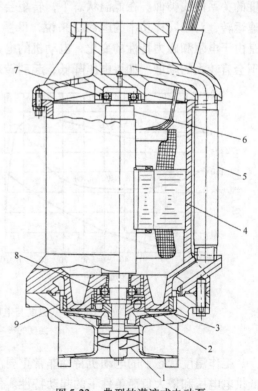

图 5-23　典型的潜液式电动泵

1—螺旋导流器　2—推力平衡机构　3—叶轮　4—电动机
5—排出管　6—主轴　7、8—轴承　9—扩压器

瓷气体密封端子和双头密封结构，可确保其可靠性。对于安装在容器内的电动泵，所有的引线密封装置不是焊接就是特殊的焊接技术进行连接。

陶瓷气体密封原是为原子能装置的密封结构所研制的。气体密封采用两段接线柱串联的方式。串联部分安装在一个充有氮气的封闭空间内。两边的密封都不允许气体通过接线柱。密封空间内氮气的压力低于泵内的压力，但高于环境大气压力。任何一边的漏泄都能轻易地进行探测。

所有的电缆连接密封组件都要经过压力测试和氦质谱检漏。美国生产的潜液式电动泵，应符合美国国家电气标准

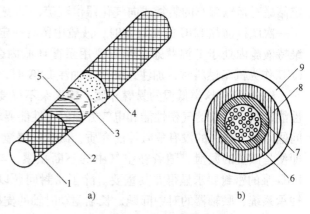

图 5-24　LNG 泵的电缆
a）电缆绝缘结构　b）电缆断面
1、6—标准铜芯线　2—特氟龙绝缘层　3—特氟龙带
4—不锈钢铠甲　5—特氟龙涂层及玻璃纤维鞘　7—聚酯带
8—聚乙烯复合纸　9—特氟龙和不锈钢网鞘

（U. S. National Electric Code）和美国国家消防协会标准（NFPA 59A）中，关于电力引入液化气体容器的相关要求。

低温泵的电动机转矩与普通空气冷却的电动机不同，转矩与速度的对应关系和电流与速度的关系曲线类似。在低温状态下，转矩会有较大的降低。因而，一个泵从起动到加速至全速运转，对于同样功率的电动机来说，低温条件下的起动转矩会大大减少（图 5-25a）。这是由于电阻和磁力特性的变化，电动机的电力特性在低温下会发生改变，使起动转矩在低温下会有较大的降低。如果电压降低，起动转矩也会大幅度地降低（图 5-25b）。

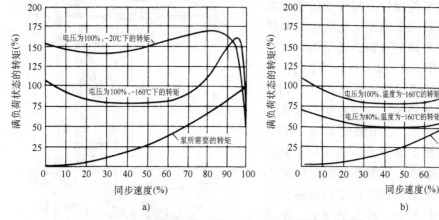

图 5-25　温度与电压对电动机转矩的影响
a）温度的影响　b）电压的影响

工作温度状态下的电动机特性非常重要。需要了解和掌握电动机在工作温度状态下、最低供电电压和最大负荷条件下的起动特性。低温潜液式电动泵起动电流很大，大约是满负载工作电流的 7 倍。通过一些措施可以减少起动电流。主要有如下方法：

1）双速电动机。可以降低起动电流，净吸入压头特性更好、抽吸性能好，减少液锤现

象。但需要双倍的电缆，成本增加。

2）软起动系统。通过控制电流或电压，限制加速时的转矩，减少起动电流和液击。但需要增加起动装置，因此成本也有所增加。

3）调节频率。可实现无级调速，抽吸特性好，减少液击。但调频系统复杂，使成本增加。

4）中压起动（3300V）。可减少全负荷运转和起动时的电流。但电动机的成本较高。

5.3.2　潜液式电动泵的应用

在 LNG 泵的应用中，潜液式电动泵是应用特别广泛的一种，尤其是在 LNG 船和大型的 LNG 储罐，都使用潜液式电动泵。将整个泵安装在液舱或储罐的底部，完全浸在 LNG 液体中。

1. 船用泵

船用潜液式电动泵的基本形式有两种：固定安装型和可伸缩型。可伸缩型的泵与吸入阀（底部阀）分别安装在不同的通道内，即使在储罐充满液体的情况下，也可以安全地将发生故障的泵取出进行修理或更换。尤其是在紧急状态下，需要从储罐中取出液体，除了泵又没有其他的方法时，可以更换备用泵。

船用 LNG 泵安装在液舱的底部，直接与液货管路系统连接和支承。通过特殊结构的动力供电电缆和特殊的气密方式，将电力从甲板送到电动机。现代典型的潜液式电动泵具有下列特点：

1）潜液电动机、泵的元件及转动部件，都固定在同一根轴上，省去了联轴器和密封等部件。

2）单级或多级叶轮都具有推力平衡机构（TEM）。

3）用所输送的介质润滑轴承。

4）采用螺旋形导流器。

安装泵的容器和泵的元件是用铝合金材料制造，使泵的质量轻，而且经久耐用。推力平衡机构可以确保作用在轴承的推力载荷小到可以忽略不计，延长轴承的使用寿命，使泵在额定的工作范围内有非常高的可靠性。润滑轴承和冷却电动机的流体是各自独立的系统，由叶轮旋转产生的静压，推动流体经过润滑回路和冷却回路，最后返回到需要输送的流体（一般是安装泵的容器内）。泵的叶轮安装在电动机主轴上。制造主轴用的材料，一般采用在低温下性能稳定的不锈钢。主轴由抗摩擦的轴承支撑。轴承的润滑介质就是被输送的 LNG 流体。尽管 LNG 是非常干净的流体，但为了防止一些大的颗粒进入轴承，引起轴承过早的失效，因此对进入轴承的流体需要经过过滤。进入底部轴承的流体，需要经过一个旋转式的过滤器，而经过上部轴承的流体，则用简单的自清洁型网丝过滤器。LNG 泵的电动机定子由硅钢片与线圈绕组构成，绕组分别用真空和压力的方法注入环氧树脂。

2. 汽车燃料加注泵

当 LNG 作为汽车燃料时，LNG 的转运和加注都需要用泵输送。汽车燃料加注泵的结构如图 5-26 所示。它也是一种潜液泵。结构紧凑，立式安装，特别适用于汽车燃料加注和低温罐车转运 LNG。由于采用了安全的潜液电动机，电动机和泵都浸没在流体中，因此不需要普通泵必须具有的轴封。此外，在吸入口还增加了导流器，减少流体在吸入口的阻力，防止在泵的吸入口产生气蚀。整个泵安装在一个不锈钢容器内，不锈钢容器具有气、液分离作用，按照压力容器标准制造。泵的吸入口位于较低的位置，保证吸入口处于液体中。导流器和不锈钢容器的应用，是使 LNG 泵能够达到应有的净吸入扬程（NPSHR）。LNG 燃料加注泵的流量范围如图 5-27 所示。

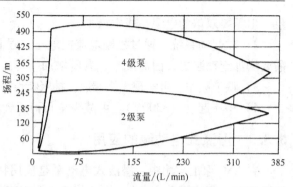

图 5-27　LNG 燃料加注泵流量范围
（转速范围 1500～6000r/min）

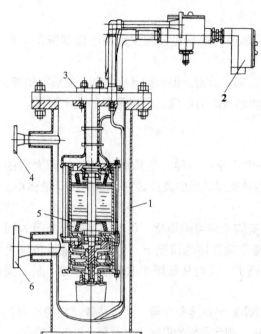

图 5-26　LNG 燃料加注泵的典型结构
1—压力容器壳　2—接线盒　3—排出管法兰
4—回气管法兰　5—电动机　6—进液管法兰

LNG 燃料加注泵的电源也有三相和单相之分，具有变频调速功能，能适应不同的流量范围。根据有关规定，LNG 泵的电气元件必须安装在具有防爆功能的接线盒及其罩壳内。

3. LNG 高压泵

LNG 高压泵的结构如图 5-28 所示。高压泵的作用就是将 LNG 增压至所需要的高压，例如：LNG 接收站将液化天然气增压到所需要的高压，高压的 LNG 在汽化器中气化，形成高压的天然气气体。在高压的作用下，天然气便可输送到距离较远的用户。高压泵实际上起到了压缩机的作用。然而，如果压缩气体的话，所需功耗要高得多。

高压泵可以是离心泵或往复泵，离心高压泵有多级叶轮，叶轮数量多达十几个，每一个叶轮相当于 1 级增压。若干个叶轮串联起来，压力可超过一百个

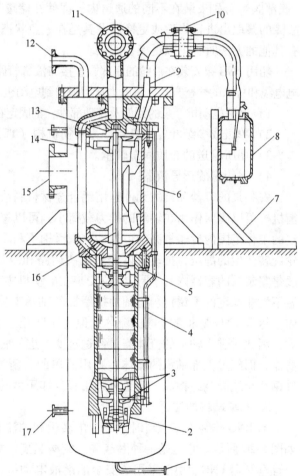

图 5-28　LNG 高压泵结构
1—排放口　2—螺旋导流器　3—叶轮　4—冷却回气管
5—推力平衡装置　6—电动机定子　7—支撑　8—接线盒
9—电缆　10—电源连接装置　11—排液口　12—放气口
13—轴承　14—排出管　15—吸入口
16—主轴　17—纯化气体口

大气压。往复高压泵相当于压缩机，活塞直接压缩 LNG，使其达到高压。例如：把 LNG 转变为 CNG 时，大多数采用往复高压泵。

离心高压泵主要用于大型 LNG 供气系统，为输气系统提供足够的压力来克服输气管线的阻力。由于大型集中供气系统的特殊性，高压泵的可靠性极为重要。因为输气管线供气面积大，涉及用户多，还可能有像电厂一类的等重要用气单位，供气不能中断。因此，要有足够的备机。

离心高压泵的电动机功率比较大，最大功率近 2MW。供电电压通常在 4160 ~ 6600V，既可以用 50Hz 电源也可以用 60Hz 电源。离心高压泵的主要技术参数见表 5-7。

安装潜液式泵的容器也称"泵池"，按照压力容器规范制造，泵与电动机整体装在容器内。容器相当于是泵的外壳，通过进出口法兰与输配管道相连。安装简单，工作安全。整个泵由吸入器、电缆引入管、电动机、叶轮、推力平衡机构、螺旋式导流器和排气器组成。这种泵安装和维护简单、噪声低。推力平衡机构系统是低温泵独有的特征，以平衡轴承的轴向力，允许轴承在零负荷和满负荷条件下工作。大型的高压泵流量可达 $5000 m^3/h$，扬程达 $2000 m$。

表 5-7 潜液式高压泵的主要技术参数
(8ECC-1510)

参 数 名 称	数 据
工作流体	LNG
工作温度/℃	-165 ~ -152
温度范围(泵未运转)/℃	-165 ~65
液体密度/(kg/L)	0.4259 ~ 0.4665
设计压力(泵/入口室)/MPa(G)	10.3/1.89
额定流量/(m³/h)	455.6
额定扬程/m	1796
泵速/(r/min)	2976
电动机额定功率/kW	1641
供电电压/V	6000
电源频率/Hz	50
满负载电流/A	188.2
起动电流/A	1107

4. LNG 储罐的罐内泵

由于 LNG 的危险性，LNG 储罐所有的连接管路都是储罐顶部连接（即接口都高于 LNG 的最高液面，即使接口出现破损，LNG 也不会溢出）。另外，由于 LNG 的密度较小，LNG 泵的吸入口必须要有一定的液柱高度，泵才能正常起动。因此，LNG 泵只有安装在储罐底部，才能保证 LNG 泵在储罐控制液位的下限也具有正的吸入扬程。

对于大型 LNG 储罐的泵，需要考虑维修的问题。大型 LNG 储罐的潜液泵与电动机组件的安装有特殊的结构要求。常见的方法是为每一个泵设置一竖管，称之为"泵井"。LNG 泵安装在泵井的底部，储罐与泵井通过底部一个阀门隔开。泵的底座位于阀的上面，当泵安装到底座上以后，依靠泵的重力作用将阀门打开。泵井与 LNG 储罐连通，LNG 泵井内充满LNG。如果将泵取出维修，阀门就失去了泵的重力作用，在弹簧的作用力和储罐内静压的共同作用下，使阀门关闭，起到了将储罐空间与泵井空间隔离的作用。

泵井不仅在安装时可以起导向的作用，在泵需要检修时，可以通过储罐顶部的超重设备将泵从泵井里取出。当然，在取出泵之前，应排空"泵井"内的 LNG。另外，泵井也是泵的排出管，与储罐顶部的排液管连接。

如图 5-29 所示，泵的提升系统可以将 LNG 泵安全地取出。在将 LNG 泵取出时，泵井底部的密封阀能自动关闭，使泵井内与储罐内的 LNG 液体隔离。然后排除泵井内的可燃气体，惰性气体置换后，整个泵和电缆就能用不锈钢丝绳一起取出管外，便于维护和修理。

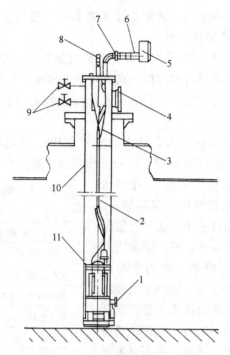

图5-29　在泵井安装的 LNG 泵

1—进液阀　2—提升钢缆　3—挠性电缆　4—排出口　5—接线盒　6—防爆密封接头
7—电源引入密封　8—提升吊钩　9—纯化气体进出口　10—泵井　11—潜液泵

5.3.3　LNG 泵的平衡要求

LNG 泵的转子平衡非常重要，直接影响轴承的使用寿命和泵的大修周期。影响泵的平衡主要有径向载荷和轴向载荷，这些载荷是由机械构件不平衡或流体流动不均匀或流体产生的压差所引起。

1. 径向力平衡

LNG 泵在设计时，就要考虑到流体和机械方面由于力不平衡所产生的负面影响。在设计和制造时，应尽可能地消除非平衡力。从叶轮中出来的低温流体进入轴向导流器。轴向导流器应有良好的水力对称性。对于传统的具有蜗壳的泵，达到设计流量时，作用在叶轮上的径向力理论上为零。流量高于或低于设计流量时，非平衡状态影响蜗壳内部的压力分布，容易产生径向作用力。因此，设计需要考虑泵的机械平衡和水力学方面的平衡。

2. 轴向推力的平衡

为了使轴向力达到平衡，减少轴向推力载荷，有的 LNG 泵设计了一种自动平衡机构，通过一个可变的轴向节流装置来完成，使轴向推力为零。

3. LNG 泵的效率

影响 LNG 泵效率的关键因素主要有两个方面：一是流体在叶轮流道中加速时的水力学性能；二是流体在扩压器中能量转换时的水力性能。每个叶轮的水力特性应该是对称的，流体在流道中的流动必须是平滑。扩压器主要用于将流体的动能转变为压力能。扩压器的设计应确保在能量转换过程中，使流体流动的不连续性和涡流现象减少到最低的程度。有些低温泵采用风向标式的扩压器，使能量转换更加对称和平滑。水力对称性越好，就越有利于消除径向不平衡引起的载荷。

研究证明，由于水力性能方面的故障，可以引起泵的性能恶化。如：轴向扩压器内被阻塞，在径向叶轮和轴向扩压器入口之间的几何形状不理想等，会导致泵的流量性能曲线发生变化，甚至使效率降到最低的情况。测试结果表明：当故障产生在扩压器内，叶轮周围存在不对称的压力分布。在圆周方向产生径向力，扩压器周围可能有液体下落，使轴的载荷增加，不仅降低泵的效率，还会降低其使用寿命。

在轴向扩压器中，控制流体流出叶轮时出口角度和流入扩压器时的进口角度，可以消除水力特性方面的问题和产生的低频振荡力。关键是径向扩压器的间隙处于最佳状态时，能改善泵的水力性能和机械强度。

5.3.4　LNG 泵的试验

LNG 泵输送的是温度很低的流体，制造好以后应该经过在设计工作温度条件下的运转试验，考核其在低温条件下工作的可靠性。LNG 泵的试验装置如图 5-30 所示。LNG 泵必须通过严格的试验与测试，尽早地发现和解决泵在低温条件下存在的问题。试验和测试的主要内容如下：

1）低温下电阻和磁力变化对电动机特性的影响。

2）低温下绝热系统的可靠性。

3）内部接头在低温下的可靠性。

4）低温状态下，内部间隙发生变化将对力学性能产生影响。特别是在多级泵中，铝合金和不锈钢的收缩率明显不同，产生的影响需要密切注意。

5）低温状态下，电子传感器及监视系统在低温下的工作可靠性。

6）电气性能方面的测试及电缆接线处密封结构的氦质谱检漏测试。

7）流体力学性能测试，包括压力、扬程和功率等；如果是安装在储罐内部的泵，还需要进行吸入阀性能的测试。

8）为了测试 LNG 泵的平均性能，需要选择合适的流体作为试验流体，并保证足够的试验流体流量。

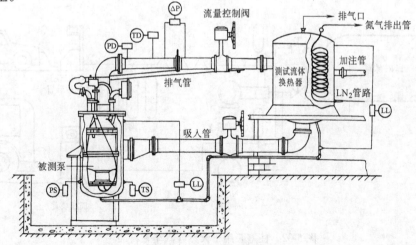

图 5-30　LNG 泵试验装置

LL—液位　PS—吸入压力　PD—挤出压力　ΔP—压差　TS—吸入口温度　TD—挤出口温度

需要强调的是，在试验和测试时，要仔细确定试验系统预冷的方法。预防热应力过大和不正确的预冷方法，否则有可能损坏设备。

5.3.5　非潜液式低温泵在 LNG 系统中的应用

图 5-31 所示为一种专门用于输送低温液体的立式无轴封电动泵（Vertical Sealless Motor Pump），既有单级泵，也有多级泵。由于电动机的机壳和泵的壳体是通过密封结构连接在一起的，因此没有轴封的漏泄问题。电动机的壳体与泵体是连通的。两者之间只需要静密封，而不需要动密封，使泵对工作环境的适应性大为增加，因此很适用于输送 LNG 类的可燃低温流体。

叶轮直接安装在电动机的主轴上。在排出口处引一小股低温流体，对电动机进行冷却。泵与电动机之间设计有大的翅片，避免电动机温度过低。为了建立气相与液相之间的平衡，设计有迷宫结构，使下轴承处于适当的温度。由于有先进的设计理念和新的工艺技术，这种泵即使在无液体的干式状态运行，也不会损坏。

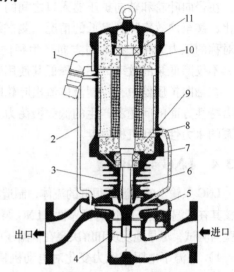

图 5-31　立式无轴封电动泵

1—气密型电源连接装置　2—电动机冷却管　3—翅片
4—导流器　5—叶轮　6—气/液迷宫环　7—底部轴承
8—回气管　9—下气室　10—上气室　11—顶部轴承

图 5-32 所示为柱塞泵用于天然气汽车燃料加注。天然气作为汽车燃料，有压缩天然气（CNG）和液化天然气（LNG）两种。为了在液化天然气加注站也能给 CNG 汽车加注压缩天然气，有的 LNG 加注系统采用了 L-CNG 转换系统。利用柱塞式高压泵将液态天然气增压，然后气化升温，转变为压力很高的气态天然气而不需要压缩机，最高压力可达 35MPa。配上高压储气瓶和加气机，使燃料加注站不仅能为 LNG 汽车加气，同时也能为 CNG 汽车加气。

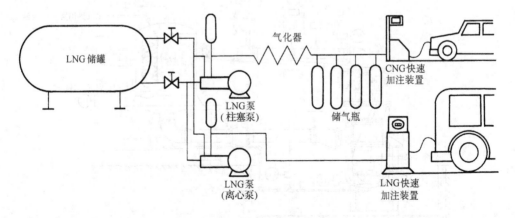

图 5-32　柱塞泵用于天然气汽车燃料加注

5.3.6　LNG 泵的运行

1. LNG 泵的冷却

对于安装在储管外面的 LNG 泵，在正式输送液体之前，对整个泵及管路系统先要进行充分的冷却，即预冷过程。这个过程非常重要，否则由于系统温度过高，引起 LNG 气化，产生气液两相流，使泵无法正常运行。一般安装在储罐外面的 LNG 泵，在管路系统上都应考虑有预冷所需要的管路。

预冷是利用 LNG 在储罐内压力和液柱重力的作用下，流经 LNG 泵，流动过程中 LNG 吸热气化，泵与管路系统被冷却。气化的蒸气通过回气管路返回储罐内，当 LNG 泵和管路完全被冷却下来，可转换到液体输送管路，起动 LNG 泵。铝合金制造的泵热容量小，冷却和复温所需要的时间短，因而可以减少预冷所损失的 LNG。

2. 状态监控

对一些比较大型的 LNG 泵，在运行时振动监视系统可检测泵的振动情况。系统由传感器、电缆和电缆引入装置、振动监视器组成，用低温加速度计对泵的运行情况进行状态监视。

泵的振动情况是监视泵运行状态的好方法。安装在泵内的压电传感器，体积非常小，直接固定在轴承座上。能直接测量振动加速度，通过信号转换，提供速度和移位等数据。内部零件的状态和耗损程度，也可根据状态监控和频率分析来确定。用涡流位移表可以测量主轴的轴向窜动。在起动和停机时，仪表可监视轴承的磨损情况和轴的移动。对一些重要参数进行监控，有利于改进操作和延长泵的使用寿命。试验结果证明：对一个 LNG 泵，运行状态监控和趋势分析，利用这些信息，在 LNG 泵发生故障时，具有帮助诊断分析的潜在作用。这对改善保养方法及维护周期的确定、对增加泵的可靠性和降低运行成本都有利。状态监控使得维护更有计划，泵的寿命更长，效率更高。

5.4　LNG 输送管路

无论是天然气液化装置，还是 LNG 接收终端或是 LNG 气化供气装置，都需要有各种各样的管路系统。长的管路可能是上百米甚至几公里，如用于连接天然气液化装置和 LNG 装卸码头的连接管路，LNG 装卸码头到接收终端的 LNG 储罐的连接管路，以及从 LNG 储罐到气化器的输送管路。管路系统中有液体输送管路和 LNG 蒸气循环管路。大型 LNG 系统的液体管路，管径大的达 800mm。

在进行 LNG 管路设计时，不仅要考虑低温液体的隔热要求，还应特别注意因低温引起的热应力问题，防止水蒸气渗透的防护措施问题，避免出现冷凝和结冰的现象，管道漏泄的探测方法，以及防火问题等。

LNG 管路通常采用奥氏体不锈钢管。奥氏体不锈钢具有优异的低温性能，但线膨胀系数较大。当在 LNG 设备上使用时，不锈钢管需要采取一定的措施，来补偿由于温度变化引起的热膨胀或冷收缩。常用的办法是采用弯管或膨胀节。过多的弯管会使管路布置增加困难，管路的成本也随着上升。

LNG 气体管路在液化天然系统中的作用是非常重要的，因为 LNG 的输送是处于封闭状态下进行。如 LNG 储罐在液体的装卸过程中，需要有气体的排出或补充。储罐在接受 LNG

时，少量的 LNG 会闪发成气体，若不引出储罐的话，将影响 LNG 的输送。储罐在输出 LNG 时，随着液体的抽出，如果没有气体的补充，储罐内可能出现真空，这对储罐的安全是不利的。因此，LNG 系统必须考虑必要的气体管路。

在 20 世纪 60 年代中期，LNG 工业得到强劲的发展，对 LNG 长距离输送也进行了试验研究。研究表明：用 LNG 泵输送液体所需要的功率，要远远小于输送气体所需要的功率。例如，对于一直径为 762mm 管道，每天输送 2.83 万 m^3（标）的 LNG，大约每 40km 需要耗功 895kW，而输送气体则需要耗功 9694kW。

5.4.1　冷收缩问题

对于 LNG 管路，需要慎重考虑由于低温引起的收缩问题，必要条件下，应进行适当的热力和结构方面的试验。通过试验，了解所使用的材料和结构型式在设计工况条件下的收缩情况。在 LNG 温度条件下，不锈钢的收缩率约为千分之三，对于 304L 材质的管路，在工作温度为 −162℃ 时，100m 长的管路大约收缩 300mm。

LNG 管路和其他低温液体输送管路一样，管路的收缩及补偿是一个需要细心考虑的重要问题。两个固定点之间，由于冷收缩产生的应力，可能远远超过材料的屈服点。因此，在管路系统设计时，必须考虑采用有效的措施来补偿。通常可采用金属波纹管、管环式补偿，以及采用膨胀率小的管道材料等方法解决。

1. 金属波纹管补偿

采用金属波纹管（亦称膨胀节）是补偿低温液体输送冷收缩的常用方法。常规的设计是在 35m 左右的间隔距离，安装一个膨胀节，以补偿不锈钢管路的收缩。需要注意的是：所采用的波纹管的内径应当与管道相同，并有相同的承压能力。此外，波纹管的形状和变形，还会引发一些隔热结构方面的问题，需要和隔热结构一起考虑。

2. 管环式补偿

管式补偿与弯管补偿的原理是一样的，广泛地应用于低温工业，可靠性很高。可是它的结构、隔热和支撑结构比较复杂，投资也很高。

3. 采用膨胀率小的管材

殷钢是一种线膨胀系数非常低的材料，在低温下的收缩率也非常小。在一般的低温条件下，所产生的热应力对管道没有什么危害。随着合金纯度的提高和焊接技术的发展，殷钢受到大家的关注。但现场焊接技术、质量的控制的有关规范需要进一步的完善，材料的成本过高仍然限制了工程的实际应用。对于直线的管段，可不采取任何补偿措施，在某种意义上也可减少管路的成本。殷钢和奥氏体不锈钢的有关特性比较见表 5-8。

表 5-8　殷钢和奥氏体不锈钢的材料特性

性　能	殷　钢	奥氏体不锈钢
线膨胀系数/K^{-1}	1.7×10^{-6}	15.0×10^{-6}
LNG 温区内的冷收缩/（mm/m）	0.30	2.80
极限应力/MPa	≥240	≥205
拉伸强度/MPa	≥440	≥520

5.4.2　LNG 管路的隔热

对于 LNG 管路，隔热无疑是一个非常重要的内容。隔热性能不仅影响到 LNG 的输送效率，对整个系统的正常运行也可能产生重要的影响。LNG 输送管道的隔热材料一般采用硬质聚氨酯发泡塑料。

　　LNG 管道的隔热结构，主要有常规的保温材料包覆型结构和真空夹套型结构。保温材料包覆型结构如图 5-33 所示。一般的方法是根据管道外径和隔热层厚度，将聚氨酯发泡塑料制成型材，在现场安装。隔热材料的外表还需要有防潮措施和防护外套。

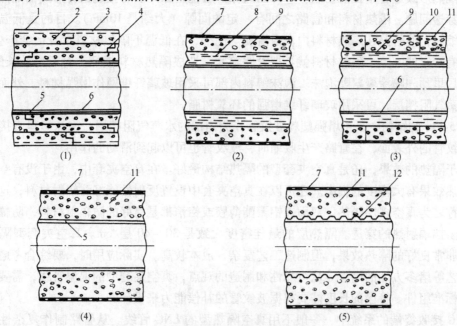

图 5-33　隔热材料包覆型结构

1—保护层　2—聚氨酯发泡塑料　3—水分阻挡层　4—企口　5—间隙　6—管道
7—喷涂加强塑料　8—PUF　9—玻璃纤维　10—胶合铺料　11—发泡塑料　12—波纹状塑料

　　以管道隔热材料的外表面作为参考面积，一般要求隔热层的热流密度小于 $25W/m^2$，图 5-33a 的保温结构已被广泛采用。保温层分成 3 层，安装时每层的连接处错开布置。每层聚氨酯发泡塑料的厚度为 $50\sim60mm$，接头处采用搭接的方法。最里面的一层内径比管道外径稍大，允许管道收缩或膨胀时不受隔热材料的牵制。聚氨酯发泡塑料的收缩系数与成型工艺和密度有关，比常用的 304L 不锈钢大 $4\sim8$ 倍。不同方向的收缩率是不同的。每一层隔热层在管路上应有一定的自由度，允许移动，包括最外面的防护层。在交错连接的接缝处，采用有弹力的玻璃纤维或矿物棉，具有很好的补偿作用。这种设计已经得到了成功的应用，并有良好的使用记录。尤其是交错搭接的接头，有利于防止表面凝露或结冰。采用增强型胶合涂料是优良的水蒸气阻挡层，得到广泛的应用。外表采用 $0.25\sim0.50mm$ 厚的铝材或不锈钢做成保护层，对隔热材料可以起到保护的作用。保护套最好使用不锈钢材料。如果是在海边，最好选用含有钼的不锈钢（316 不锈钢较好），能经受海洋性环境的盐雾侵袭而不会产生斑点。另外不锈钢的熔点高，提高了管道系统的阻火性能。

　　图 5-33b 的结构应用相对较少些。这种型式的结构使用玻璃纤维可能会存在一些缺点。尽管对水蒸气有很好的阻挡作用，但水蒸气还是可以进入隔热系统。特别是在建造期间，空气中的水分就可能进入到系统中。另一个可能存在的问题，是在玻璃纤维中的自由对流换热，将引起较大的温差。

图 5-33c 的结构也已经得到比较成功的应用，用泡沫玻璃作外面的隔离层，因为泡沫玻璃能改善阻火性能。但泡沫玻璃的脆性在搭接处容易产生碎裂。

图 5-33d 的结构在 LNG 的装货管线中已经使用。采用聚氨酯泡沫塑料喷涂的施工工艺，使这种隔热形式适合于在现场制作。外面的保护层也是如此。有报道这种形式的隔热存在水蒸气的穿透问题。隔热材料和管路之间有一定的间隙（大约是 10mm）。目的是低温下管路产生收缩时，使管路在隔热材料内自由滑动。此外，在低温下隔热材料本身也会产生收缩，如果没有一定的间隙，隔热材料就会把管路箍紧，造成隔热材料损坏。对于比较长的管道，可在工厂里预先喷涂聚氨酯泡沫。泡沫塑料内部可采用玻璃纤维网作增强材料。外面的保护层和水蒸气阻挡层，可采用玻璃纤维增强的环氧树脂。

图 5-33e 的结构，采用增强塑料波纹管作为内部的水蒸气阻挡层。泡沫塑料直接喷涂到塑料波纹管的外表面，在管路产生收缩时，波纹管也可以起到滑动的作用。

对于隔热的效果，还是真空夹套型的隔热结构最好。在真空夹套中，由于没有空气的对流，隔热效果有大幅度的提高。还可以在真空夹套中设置反射性能好防辐射材料，这种隔热方式又称之为真空多层隔热。双面镀铝聚酯薄膜或铝箔都是良好的防辐射材料，防辐射层能有效地阻挡辐射热的穿透。隔热层的最佳密度大致是 30 ~ 40 层/cm。真空夹套型隔热结构虽然有非常良好的隔热效果，但制造工艺复杂，成本较高。实际应用时，要综合考虑成本和施工工艺等诸多方面的因素。从可靠性和制造的观点，真空夹套型的保温管线，需要制成模块化的标准组件。管段的长度需要根据波纹管的补偿能力来设计。

LNG 接收终端的系统中，一般不用真空隔热型的 LNG 管线。从管路制作复杂性和管路投资成本来考虑，3km 以上的管道，通常采用普通的发泡型塑料包覆的隔热方式，而不采用真空夹套的隔热方式。

真空夹套型隔热管道的真空是一个关键问题。真空夹套间的压力需要达到或低于 1×10^{-2}Pa，真空多层隔热才会体现优良的隔热性能。要达到 1×10^{-2}Pa 的压力，在技术上是没有问题的。但在密封状态下，长时间地维持较低的压力却存在一定的困难，因为影响真空夹套中压力的因素很多，如焊缝的气密性、多层材料的清洁程度、放气性能和低温下的受力情况等。

5.4.3 管道的预冷和保冷

1. 预冷

在预冷时，为了防止因温度变化过快、热应力过大而使材料或连接部位产生损坏，应控制预冷时温度下降的速率。温度下降的速率与低温介质输入的状态、流量有关，同时与被冷却的管道的质量有关。根据有关操作的经验，冷却速率在 50℃/min 左右是比较安全的。预冷所需要的低温介质的数量与材料的质量、比热容及冷却速度有关。对于一特定的管道，则主要取决于冷却速度。

预冷所需要的时间，可以通过热力分析进行大致的估计。如果把管道作为一个热力系统来考虑，可对系统进行热动力学分析。系统在预冷期间，如果忽略内外温差引起的传热，LNG 由液体转变为气体并排出管路的过程中，所吸收的热量是来自于固体材料。按照热力学系统能量平衡原理，总的热量传递可按式 (5-15) 计算：

$$Q = (m_s u_s - m_i u_i) + \int_0^t q_{m,g2} h_{g2} \mathrm{d}t - \int_0^t q_{m,L1} h_{L1} \mathrm{d}t \tag{5-15}$$

式中，Q 为热量传递的总量；m_i、m_s 为起始状态和终了状态时系统中所具有的质量；u_i、u_s 为起始状态和终了状态时系统中比热力学能；t 为冷却所需时间；$q_{m,g2}$ 为流体流出系统的质量流量；h_{g2} 为流体流出系统时（气态）的比焓；$q_{m,L1}$ 为液体进入系统的质量流量；h_{L1} 为液体进入系统时（液态）的比焓；下标 s 为终了状态；下标 i 为起始状态；下标 g2 为出口气体状态；下标 L1 为进口液体状态。

传递给系统的总热量可以表达为各种热量之和，即

$$Q = \int_0^t Q_s \mathrm{d}t + \sum m_w \bar{c}_w (T_i - T_s) \tag{5-16}$$

式中，Q_s 为从环境传入的热量；m_w 为需要冷却的系统质量；$\bar{c}_w$ 为需要冷却的物体的平均比热容。

假设在冷却时的传热速率是稳态时的一半，式（5-16）可以写成：

$$Q = \frac{1}{2} Q_s t + \sum m_w \bar{c}_w (T_i - T_s) \tag{5-17}$$

式中，Q_s 为传热温差不变的情况下的传热量。

根据系统质量平衡，冷却期间冷却介质的质量变化，等于进入管线的质量减去 t 时间内流出管线的气体的平均质量，即

$$m_s - m_i = (q_{m,L1} - q_{m,g2}) t$$

气体出口时流速为

$$\bar{v}_2 = C_d (\gamma g_c R \bar{T}_{g2})^{1/2}$$

式中，C_d 为传输管线一端相连特定连接物的排出系数；γ 为比热［容］比；R 为气体常数。

流出气体的平均比焓 h_{g2} 可以定义为

$$\int_0^t q_{m,g2} h_{g2} \mathrm{d}t = q_{m,g2} h_{g2} t$$

也可由气体出口状态的 $T\text{-}S$ 图和管道平均温度 $(T_s + T_i) / 2$ 确定。

初始质量 m_i 可以写成气体体积 V 和初始密度的乘积，即

$$m_i = V\rho_{gi}$$

最终的质量为 $m_s = V\rho_s$，由此得出：

$$\frac{1}{\rho_s} = v_L + \bar{x} (v_g - v_L) = (1 - \bar{x}) v_L + \bar{x} v_g$$

式中，v_L 为饱和液体比体积；v_g 为饱和蒸汽比体积。

冷却时间为

$$t = \frac{\sum m_w \bar{c}_w (T_i - T_s) - V[\rho_s (u_s - h_{L1}) - \rho_{gi} (u_i - h_{L1})]}{q_{m,g2} (h_{g2} - h_{L1}) - 0.5 \dot{Q}_s} \tag{5-18}$$

管线冷却所需的低温流体需求量的下限可按式（5-19）估算；

$$q_{m,g2} > (\dot{Q}_s / 2) (h_{g2} - h_{L1}) \tag{5-19}$$

2. 保冷

有些输送 LNG 的管道并不是连续工作的，而是间歇性地工作，例如 LNG 汽车加气站的 LNG 加注管路，有汽车来加 LNG 时才工作。还有 LNG 接收站的卸液管路，只有在 LNG 卸

船时才工作。为了做到能随时加液或随时卸货，需要对管道进行保冷（维持低温状态）。通常需要维持少量的 LNG 在管内循环，使管道一直处于低温状态。当然，也不是所有管道都需要进行这种操作的，主要取决于管道不工作的周期与管道预冷所需的周期。

5.4.4　LNG 管路的试验

LNG 系统的管路，通常在绝热施工之前，先要进行低温状态的考验（也称为"冷试"或"裸冷"），检查所有的焊缝、接口和连接处是否有泄漏及管路在低温状态下收缩情况等。"冷试"合格后才能进行绝热材料的安装施工。

绝热材料及其外保护层施工完成后，可以对管路的保温性进行试验，考核单位管长或管路总的漏热是否符合要求。

试验一般采用 LNG 蒸气或是 LN_2 蒸气作为传热流体，虽然 LN_2 的温度比 LNG 低，但测试结果可以换算。实际上，材料在 $-162℃$ 和 $-196℃$ 区间内的特性变化不大，因而测试结果不修正也可以使用。常用方法是用气化器产生 LN_2 蒸气或 LNG 蒸气，冷蒸气被输送到测试段，使管路冷却。首先设定好流量，用适当的仪表测量蒸气的流量和温升，温升的范围是 3～6℃。蒸气所吸收的热量，相当于从隔热材料传入的热量。包括支撑装置和膨胀节的漏热，根据热平衡的热流计算。参考面是外表的平均面积。

图 5-34 显示了试验的传热状态，温度曲线被认为与冷凝相同，如果简化一下，稳态的热平衡能随着热流体吸收的热量建立起来，即

$$q = c_p q_m \left(T_o - T_i \right) \tag{5-20}$$

式中，c_p 为流体比定压热容 [J/（kg·K）]；q_m 为流体的质量流量（kg/s）；T_i 为蒸气进口温度（K）；T_o 为蒸气出口温度（K）。

在平衡条件下，根据热流量相等，则

$$Q = KD\pi L\Delta T_m \tag{5-21}$$

式中，K 为传热系数 [W/（m²·K）]；D 为测试段的外径（m）；L 为测试段的长度（m）；ΔT_m 为对数平均温差（K）。

$$\Delta T_m = \frac{\Delta T_1 - \Delta T_2}{\ln \dfrac{\Delta T_1}{\Delta T_2}} \tag{5-22}$$

其中，

$$\Delta T_1 = T_a - T_i \quad \Delta T_2 = T_a - T_o$$

式中，T_a 为环境温度（K）；T_i 为流体进入管段的温度（K）；T_o 为流体流出管段的温度（K）。

如果忽略隔热材料和不锈钢管壁的温降，总的传热系数可按式（5-23）计算：

$$\frac{1}{K} = \left(\frac{D}{2\lambda} \right)\ln\left(\frac{D}{d} \right) + \frac{D/d}{h_i} + \frac{1}{h_a} \tag{5-23}$$

式中，λ 为隔热材料的平均热导率 [W/（m·K）]；d 为管路内径（m）；h_i 为管内的表面传热系数 [W/（m·K）]；h_a 为隔热材料外表与空气的表面传热系数 [W/（m·K）]。

用氮气进行试验测得的典型结果为：$T_a = 25℃$，$T_i = -196℃$；$T_o = -190℃$，则 $\Delta T_m = 213.88℃$。流体的温升可选择 6℃ 左右，流量用孔板测试。

隔热材料的有效平均热导率 λ（包括支撑和膨胀节的漏热）可以按式（5-16）和式（5-18）计算，以外表面积为基准的单位面积的平均热流量为

$$q = \frac{Q}{\pi DL} \qquad (5\text{-}24)$$

测试数据应在稳定后读取，也就是在管道和隔热材料横截面都已经充分冷却的条件下读取数据，达到稳定可能要花好几天的时间。

达到稳态以后，管道中的流量保持不变，有时难度比较大。尤其是使用环境空气或水加热的气化器，流量的变化可能引起很大的误差。气化器如果结冰，气化量减少，流量降低，图 5-34 中的曲线就往上翘，结果是蒸气温度升高超过管道温度。这是因为管道的质量和热容量大的缘故，有大量的热流从蒸气流向管道。蒸气温度曲线开始重新往回移动。直到达到新的平衡。由此引起的结果使测得的热量和有效热导率比实际的要小得多。因此，在测试期间，蒸气流量要保持始终稳定。

与 LNG 管路有关的另一个重要事项是冷却过程。LNG 管道要进入运行，必须要先做好冷却过程，也就是常说的预冷过程。为了避免管路结构损坏，预冷过程非常重要。如果 LNG 突然流入常温的管道，管道会迅速地收缩。管路的底部与沸腾的 LNG 直接接触，而顶部相对较热，因顶部温度相对较高，这种结果便是所谓的香蕉效应。由于收缩不一致，可能引起管路、支撑和膨胀节的损坏。因此冷却必须慢慢地进行，首先用冷的蒸气在管路中循环，有时还需用干燥氮气吹除管路，去除管路中残留的水蒸气，使管路达到一定温度。一般是在 −95 ~ −118℃ 范围内方可输送 LNG。

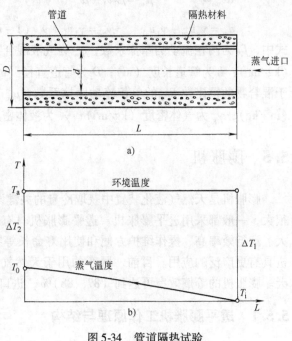

图 5-34　管道隔热试验
a) 隔热管道　b) 管内蒸气温度变化

在冷却计算过程中，需要考虑与材料的温度相关特性，如对于不锈钢管路的质量热容和热导率等。

比热容为

$$c = -0.00534 + (6.25 \times 10^{-5})\,T - (3.157 \times 10^{-8})\,T^2 \qquad (5\text{-}25)$$

热导率为

$$\lambda = -1.06 + 0.0218T - (0.422 \times 10^{-4})\,T^2 + (0.418 \times 10^{-7})\,T^3 + (0.154 \times 10^{-10})\,T^4 \qquad (5\text{-}26)$$

在冷却期间，需要确定冷收缩引起的热应力时，不锈钢的热收缩率和屈服强度按下式计算：

$$\alpha = -0.003095 + (1.019 \times 10^{-7})\,T + (0.362 \times 10^{-8})\,T^2$$
$$+ (0.190 \times 10^{-11})\,T^3 - (0.232 \times 10^{-14})\,T^4 \qquad (5\text{-}27)$$

$$\sigma_u = 10,305 - 5.38T \qquad (5\text{-}28)$$

5.4.5　管内流阻

LNG 在管内流动时，除非能够保证液体有足够的过冷度，否则气液两相流是难以避免。气液两相流动的摩擦损失 Δp_f 为

$$\left(\frac{\Delta p_f}{L}\right)_{\mathrm{TP}}=\frac{2f_{\mathrm{TP}}q_m^2}{Dgr_m} \tag{5-29}$$

其中　　　$f_{\mathrm{PT}}=\alpha\beta f_1$　　　$f_1=0.0014+0.125Re_{\mathrm{m}}^{-0.32}$

$$Re_{\mathrm{m}}=\frac{Dq_m}{\mu_{\mathrm{mg}}}　　\mu_{\mathrm{m}}=\mu_1 v_1+\mu_{\mathrm{g}}(1-v_1)$$

$$q_m=\gamma_{\mathrm{g}}u_{\mathrm{sg}}+\gamma_1 u_{\mathrm{s}1}　　\gamma_{\mathrm{m}}=\gamma_1 v_1+\gamma_{\mathrm{g}}(1-v_1)$$

式中，f_{PT} 为两相流动的摩擦系数；q_m 为气液混合物质量流量（kg/s）；r_m 为气液混合物密度（kg/m³）；L 为管道长度（m）；D 为管道直径（m）；g 为重力加速度；$g=9.8\mathrm{m/s}^2$；f_1 为基于混合物的雷诺数 Re_{m} 的单相流动摩擦系数；μ_{m} 为混合物的黏度；v_1 为进口处液体比体积（m³/kg）；γ_{g} 为气体密度（kg/m³）；γ_1 为液体密度（kg/m³）；α、β 为 Dukler 修正系数。

5.5　膨胀机

膨胀机是天然气液化装置中获取冷量的关键设备。大型的天然气液化装置的气体处理量很大，一般都采用透平膨胀机。透平膨胀机具有体积小、质量轻、结构简单、气体处理量大、运行效率高、操作维护方便和使用寿命长等特点。比容积型（活塞式或螺杆式）膨胀机具有更广泛的应用。目前，国产的用于天然气的透平膨胀机，日处理量已达 200 万 m³/天。膨胀机的等熵效率可达到 (87~88)%，进口压力可达 10MPa。

5.5.1　透平膨胀机工作原理与结构

透平膨胀机是一种高速旋转的热力机械。根据能量转换和守恒定律，气体在透平膨胀机中进行绝热膨胀时，对外做功，能量降低，产生一定的焓降，使气体本身的温度下降。为气体的液化创造条件。透平膨胀机的结构如图 5-35 所示。

透平膨胀机实际上是离心压缩机的反向作用，离心压缩机是由电动机驱动，使气体的压力上升，需要消耗动力。透平膨胀机是利用高压气体膨胀时产生的高速气流，冲击透平膨胀机的工作叶轮，叶轮产生高速旋转。高速旋转的叶轮可产生一定的动力，能对外做功。与此同时，膨胀后的气体温度和压

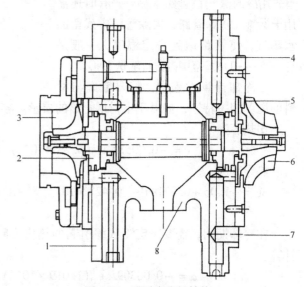

图 5-35　透平膨胀机结构

1—隔热材料　2—轴封　3—膨胀轮　4—转速探头　5—迷宫密封
6—压缩机叶轮　7—密封气体和推力平衡　8—排油口

力下降。这是膨胀机工作时产生的两个重要现象。换言之,透平膨胀机就是利用介质流动时速度的变化来进行能量的转换。透平膨胀机不仅可以为液化装置提供冷量,膨胀产生的功可以用于驱动压缩机或发电机等设备,降低液化天然气单位体积需要的能耗。

5.5.2　透平膨胀机在天然气工业中的应用

在天然气工业中,透平膨胀机有着广泛的应用,不仅用于天然气液化装置中的制冷,也广泛用于石油伴生气轻烃回收。另外,在液化天然气冷量利用方面也是大有可为的,液化天然气气化后可直接膨胀做功,可以利用透平膨胀机回收功率进行发电。在天然气管网中,一些局部压降较大的地方（如城市门站）,气体在输送管路中的压力较高,通常为 4 ~ 8MPa,但气体在进入城市管网分配之前,其压力必须降低到 0.7MPa 以下。城市门站是应用透平膨胀机进行天然气液化的理想地点。其优点是利用压降进行制冷是非常有效的。制冷产生的冷量可用于高压气体的液化,膨胀以后成为低温的气体,经过冷量回收后被恢复到常温,然后送到输配管网。

某些具有高压气源的天然气液化装置采用天然气透平膨胀机,利用天然气自身压力进行膨胀制冷,将部分天然气液化,不消耗电能就能液化一定量的天然气,适合于高压管网调峰的节能。

在液化天然气工业中,采用轴流透平膨胀机比较多。膨胀功常用于直接压缩工艺流程中的气体,以减少气体压缩时的能量消耗。

5.5.3　透平膨胀机的工作特点与类型

压缩气体通过喷嘴和工作叶轮进行等熵膨胀,产生制冷效应。低温透平膨胀机通常采用向心式,即从喷嘴射出的高速气体是向着叶轮中心方向流动的。从压缩机或输气管线来的高压气体,经蜗壳均匀地进入喷嘴,在叶轮流道中进行膨胀,形成具有一定方向的高速气流,然后把能量传给工作叶轮,并继续膨胀（反动式）。通过叶轮轴将膨胀功输出。由于能量的转变,工质温度降低。并维持透平膨胀机的稳定运转。透平膨胀机运转时,工质温度降低并获得冷量的同时,对外做功是通过克服阻力来实现的。产生阻力的构件称为制动器。制动的方式有两种类型:功率回收型制动器和功率消耗型制动器。功率回收型制动器主要用于大功率的膨胀机;功率消耗型制动器则用于小功率的透平膨胀机。

气体流通部分没有机械摩擦部件,因此无须润滑,有利于装置的可靠运转。气体可以充分膨胀到给定的背压,因此,理论上全部理想焓降都可用来产生机械功,致使气体强烈地冷却,因此透平膨胀机的效率高达80%以上。

因为流通部分没有机械摩擦部件,透平膨胀机在运转时,气体泄漏的间隙实际上是不变的。故它的效率与机器的工作年限几乎无关。而活塞式膨胀机则相反,由于密封磨损,它的效率随机器的工作年限而降低。另外,透平膨胀机可直接安装在冷箱内,它可以缩短连接的低温管道,减少冷损,也无须建造设备的安装基础。

透平膨胀机主要由工作轮蜗壳、喷嘴、工作轮、主轴、制动轮、制动轮蜗壳等组成。工质膨胀过程是在喷嘴中全部完成的,称为冲动式透平膨胀机;工质在工作轮中继续膨胀的,称为反动式透平膨胀机。工质在工作轮中继续膨胀的程度,则称为反动度。

根据工质在工作轮中的流动方式,分为径流、径轴流和轴流。根据工作压力范围不同,透平膨胀机可以有单级和多级之分。另外，按照工质在膨胀过程中的状态，膨胀过程有气相膨胀和气液两相膨胀的区别。按工作压力，透平膨胀机可分为低压、中压和高压。其工作压力范围分别为：

低压　0.5 ~ 0.6MPa 膨胀到 0.13 ~ 0.14MPa

中压　1.5 ~ 1.6MPa 膨胀到 0.1MPa 或 0.5 ~ 0.6MPa

高压　≥1.6MPa

有些高压透平膨胀机工作压力高达 9.85MPa，等熵效率达到 91.5%。适用于流量范围大，压比范围宽的液化系统。

按膨胀机处理气体的体积流量，可分为大、中、小及微型四种：

大型　≥10000m³/h

中型　400 ~ 10000m³/h

小型　≤1000m³/h

微型　≤250m³/h

按工作转速可分为高速、中速、低速：

高速　15000r/min

中速　7000 ~ 15000r/min

低速　1500 ~ 3000r/min

5.5.4　透平膨胀机的主要参数

透平膨胀机的主要参数见表 5-9 ~ 表 5-14。

表 5-9　国产气体透平膨胀机的主要参数

型　号	处理量 /(万 m³/天)[①]	进口压力 /MPa	出口压力 /MPa	制冷温度 /℃	效率	工作介质
MW301	10.0	0.8	0.2	< -60	0.80	油田气
MW302A	25.0	2.01	0.41	< -70	0.76	油田气
MW302B	7.5	0.98	0.2	-140	0.78	油田气
MW303	15.0	2.0	0.4	-80	0.72	油田气
MW309	5.0	2.0	0.44	-80	0.70	油田气
MW313	2.0	2.5	0.5	< -70	0.75	油田气

① 是指标准状态下的体积，下同。

表 5-10　部分国产的透平膨胀机参数

型　号	工作压力 /MPa	气体处理量 /(万 m³/天)	润滑油			尺寸（长/mm × 宽/mm × 高/mm）	质量 /kg
			牌号	流量/(L/min)	压力/MPa		
PZ07	≤2.5	10 ~ 50	N32 汽轮机油	≤100	≤1.6	4 × 2 × 2.3	4000
PZ07A	≤3.0	5 ~ 50		≤60	≤1.6	4 × 2 × 2.3	3500
PZ08	≤3.5	5 ~ 10		≤40	≤2.5	4 × 1.5 × 2.3	3000
PZ09	≤2.5	3 ~ 10		≤40	≤1.6	3 × 2 × 2	3000

注：航华航空技术应用有限公司产品。

表 5-11　用于天然气和油田气的国产透平膨胀机主要参数[7]

参　数	907	907A	904	909A	912
气体处理量/(万 m³/天)	3.5~7.5	3.5~7.5	5~7	20	50
进口压力/MPa	2.1	2.1	0.385	2.0	2.034
出口压力/MPa	0.4	0.4	0.15	0.5	0.47
进口温度/K	237	237	253	214	262
转速/(r/min)	70000	50000	36000	35000	28000
功率/kW					
膨胀轮直径/mm	70	97.5	140	160	240
等熵效率（%）	65	65	80	80	80
调节方法	节流				
制动方式	增压				
轴承形式	滚动轴承				

注：609 所产品。

表 5-12　用于天然气和油田气的国产透平膨胀机主要参数[7]

参　数	PLPT－31 /7.2－1.7	PLPT－63.5 /9－1.5	PLPT－85 /17.5－3.6	PLPT－175 /19.6－7	PLPT－300 /39－14
气体处理量/(万 m³(标)/天)	5	10	15	30	50
进口压力/MPa	0.82	1.0	1.82	3.06	4.0
出口压力/MPa	0.27	0.25	0.46	0.765	1.5
进口温度/K	218	213	241	218	225
转速/(r/min)	52000	55100	43200	37700	34000
功率/kW	-		90	167	220
膨胀轮直径/mm	100	105	135	150	140
等熵效率（%）	72	70	68	76	78
制动方式	增压				
轴承形式	圆柱轴承或油轴承				

注：四川空分设备集团公司产品。

表 5-13　国外部分用于天然气和油田气的透平膨胀机

参　数	50－12MC	40－10MₛC	239－8E－60	CC602	CC603
气体处理量/(万 m³(标)/h)	13.1	10.096	6.37	47774kg/h	38054kg/h
进口压力/MPa	4.2	5.6	4.43	1.24	2.84
出口压力/MPa	1.62	3.2	1.51	0.71	1.41
进口温度/K	221	208	208	162	183
转速/(r/min)	15700	13000	28600	-	-
功率/kW	1540	560	726	358	357
轮径比	0.492	0.327	0.525	0.68	0.61
等熵效率（%）	-	-	-	83	84
排气含液量（%）	9.3	11.5	9.8	12	-
调节方法	转动叶片				
制动方式	压缩机				

表 5-14　美国 ACD 公司生产的透平膨胀机参数

型　　号	T－2000	T－3000	T－4000	T－6000	T－12000
工作轮直径/mm	54～62	76～88	108～125	152～176	305～348
最大流量/(m³/min)	12.7	25.5	56.6	113.2	452.8
功率/kW	186.5	373	746	1492	4252
最大转速/(r/min)	100 000	73 000	55 000	39 000	22 000
出口速度/(m/s)	365	365	365	365	365
最大焓降/(kJ/kg)	162.6	162.6	162.6	162.6	162.6
比转速	45～150	45～150	45～150	45～150	45～150
进口温度/℃			－198～70		
压比	10:1	26:1	26:1	26:1	26:1
压力等级/MPa（表）	3.45	3.45&8.27	3.45&8.27	3.45&8.27	3.45&8.27
轴承直径/mm	15.88	25.40	31.75	44.45	76.20
密封形式			迷宫型		

图 5-36 示出了美国 ACD 公司生产的不同型号的高压透平膨胀机的能量和气体流量的范围。图中数字 2000、3000、4000、6000、9000、12000 分别为膨胀机的型号。

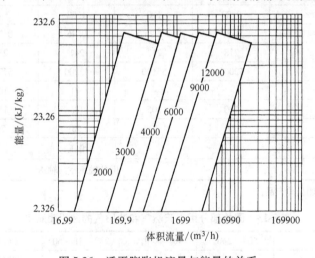

图 5-36　透平膨胀机流量与能量的关系

5.6　低温阀门

低温阀门是天然气液化装置和 LNG 储运设备中关键的附件，广泛应用于 LNG 接收站、天然气液化装置、LNG 加气站、LNG 气化供气站和所有的 LNG 储运设备。低温阀门对 LNG 装置安全运行具有非常重要的作用。低温阀门失效和故障有可能造成 LNG 泄漏，引发事故的风险很大。

很多金属材料在低温状态下会发生冷脆现象，非金属材料则发生玻璃化现象，即强度和硬度升高，而塑性和韧性大幅下降，严重影响阀门的正常安全使用。因而，正确选用低温阀门的材料、结构、工艺，合理采用操作和维护方法，是保证低温阀门可靠性的关键，也是保障液化天然气生产、储运、输送系统安全、经济、稳定地运行的关键。

5.6.1　低温阀门的类型

与普通的阀门类似，低温阀门主要分为低温球阀、低温闸阀、低温截止阀、低温蝶阀和低温止回阀（即单向阀）。

1. 低温球阀

低温球阀按密封结构可分为浮动球阀和固定球阀两大类，按外形结构分为侧装式结构和顶装式结构两种型式，典型结构如图 5-37 所示。浮动球阀的球体为浮动式，在介质压力作用下，球体产生一定位移并紧压在出口端的阀座密封面上，使出口端密封。浮动球阀的结构简单、密封性好，但球体承受工作介质的载荷全部传给了出口端密封圈，因此要考虑密封圈材料能否经受得住球体介质的工作负荷。

固定球阀的球体相对阀体是固定的，阀门关闭时，在介质压力作用下，阀座产生移动，使密封圈紧压在球体上，以保证密封。球阀是球体旋转 90°，使阀门启闭。

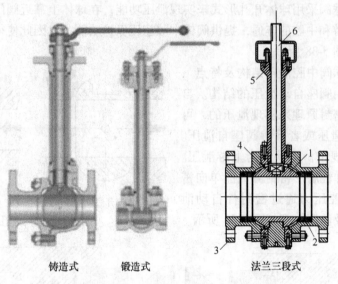

铸造式　　　锻造式　　　　　法兰三段式

图 5-37　低温球阀
1—球体　2—密封圈　3—法兰　4、5—密封填料　6—阀杆

（1）低温球阀主要结构特点

1）球阀由于具有流体阻力最小，具有快速启闭的特点，使用最为普遍。

2）为防止低温工况下阀杆填料密封的失效，加长颈部，使填料函密封部位远离低温源，其工作温度保持在 0℃以上，阀杆密封结构采用双重或多重密封方式，并采用碟形弹簧预紧，有效防止填料因工作温度交变或长期运行造成填料磨损使密封性能降低甚至密封失效。确保阀杆填料的可靠密封。

3）设置阀腔泄压结构，以防止异常升压。

4）对非金属（软密封）球阀，为防止产生静电火花，特别在阀门上设置防静电积聚装置，将所产生的静电导出。

5）浮动球阀阀座采用独特防火结构，当发生火灾，非金属密封面材料烧损时，球体在介质压力作用下，球体进一步产生位移并紧压在出口端的阀座密封面上，阻止火势蔓延和介质外流。

6）固定球阀防火结构是当发生火灾，非金属密封面材料烧损，阀座金属环利用弹簧的弹力推动阀座与球体吻合密封，阻止火势蔓延和介质外流。

7）阀门结构基本对称，低温下变形较均匀。采用弹性元件补偿低温变形，使其在温度交变条件下仍具有良好的密封性能和更长的使用寿命。

8）阀盖加长部位增加滴水板，可以减小冷损和防止雨水流入保温层。

9）浮动球阀结构紧凑，操作简便快捷，这种结构用于中低压、小口径工况。

10）固定球阀的优势是在大口径，高压力条件下操作转矩较小，中腔压力泄放方向可以任意指定。特别是规定连接方式为焊接端时，一般采用顶装式结构的固定球阀，方可实现在线维修。

11）全通径球阀可满足通球清管要求。

（2）低温球阀中腔泄压结构及特点

浮动式低温球阀采用球体开孔形式来实现泄压功能；在球体上靠近阀门上游的位置开设泄压孔，保持上游和中腔的连通，提供阀体中腔超压保护功能，也因此使得阀门只能实现单向密封功能，如图 5-38 所示。

固定式低温球阀中腔泄压结构及特点
固定球阀一般采用阀座自动泄压的结构。自泄压阀座是通过密封原理来实现泄压的，可实现上游阀座自泄压或者下游阀座自泄压。如泄压方向未作规定，则默认为上游泄压。自泄压阀座利用弹性唇形密封圈只能单向密封的特点，使中腔压力通过密封件自动泄放。其典型结构及泄压原理如图 5-39 所示。

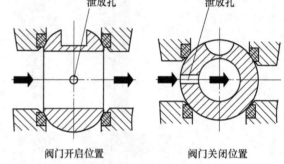

图 5-38　阀门开孔形式

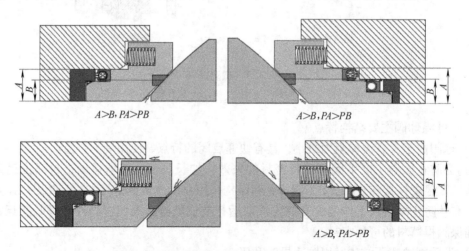

图 5-39　固定球阀中腔泄压典型结构及泄压原理

2. 低温闸阀

低温闸阀按闸板结构型式可分为楔式弹性闸板、刚性闸板和双闸板。在通径小于 50mm（DN < 50）时，通常采用刚性闸板，DN≥50 时，采用弹性闸板或双闸板。当介质温度和压力发生变化而使阀体变形时，弹性闸板和双闸板可以适应阀座密封面的角度变形，保证其密封性，结构如图 5-40 所示。

低温闸阀主要结构特点：

1）防异常升压结构，泄压孔开设位置也可视阀门结构而定，既可设在阀座上，也可设在闸板上，通常采用在闸板上开设泄压孔的结构。如图 5-40 所示，阀腔异常升压时，可通过泄放孔与上游管道达到压力平衡。在阀内部，上游介质压力将弹性闸板紧压在下游阀座密封圈上，实现下游密封。

2）具有阀杆上密封结构，保护阀杆填料不受压力和温度冲击，但阀盖上密封设置尽量靠近填料下方，以防止阀盖伸长段发生异常升压。

3）根据阀门的工作温度确定阀盖的顶部长度，使填料部位抬高，远离低温源。

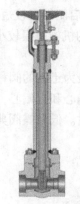
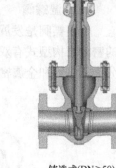

锻造式(DN<50)　　　铸造式(DN≥50)

图 5-40　低温闸阀

4）采用不同的闸板结构，保持可靠密封。较大规格阀门普遍采用弹性闸板和双闸板结构。以此补偿管道热胀冷缩所产生的阀体阀座变形，密封面堆焊钴铬钨硬质合金，增强耐磨性和防止密封面咬死。

5）软密封低温闸阀应设计防火结构。

6）阀座采用直接在阀体上堆焊 Co-Cr-W 硬质合金。使阀座与阀体为一整体，防止因阀座低温变形引起泄漏，保证阀座与阀体间密封的可靠性。

7）操作省力，但开关的行程比较长，不利于实现快速关闭。

8）结构长度比较短，制造工艺成熟。

9）流体阻力较小，但外形尺寸较大，阀座密封面磨损后，无法在线修复。

3. 低温截止阀

低温截止阀基本为直通式，其典型结构如图 5-41 所示。

低温截止阀的结构特点：

1）直接与低温介质接触的阀门组合件应具有防火结构。

2）因在低温下工作的阀门组合件无法润滑，采取防止摩擦件损伤的结构措施。

3）加长阀杆，使填料函远离低温介质，使阀门的填料密封部分无冻结。

4）具有阀杆上密封结构，保护阀杆填料不受压力和温度冲击，但阀盖上密封设置尽量靠近填料下方，以防止阀盖伸长段发生异常升压。

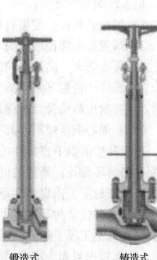

锻造式　　　铸造式
(DN<50)　　　(DN≥50)

图 5-41　低温截止阀

5）支架加长部位增加滴水板，防止雨水流入保温层。

6）密封副、运动副的结构能防止温度变化而产生的永久变形，一般采用锥面密封或球面密封。

7）由于阀门自身的密封常采用金属密封的形式，所以，一般自身就具有防火、防静电的功能，软密封低温截止阀需要注意阀门的防火设计。

8）阀座采用直接在阀体上堆焊 Co-Cr-W 硬质合金。

9）低温截止阀的启闭行程较短，有利于实现快速关闭，但操作力矩较大。

10）阀座与阀瓣的机械磨损较小、密封性好、使用寿命长，且容易修理。

4. 低温蝶阀

低温蝶阀是发展最为迅速的阀种，在管道上可以用于截断，也可以用于调节。低温蝶阀的密封结构型式有双偏心和三偏心，其外形结构可分为侧装式和顶装式，按密封面材质其可分为软密封和金属密封。低温蝶阀典型结构如图 5-42 所示。

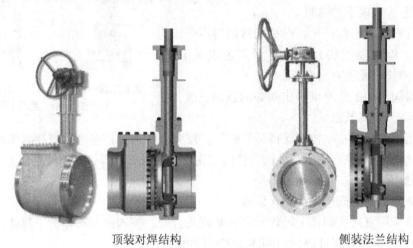

顶装对焊结构　　　　　　　　　　　侧装法兰结构

图 5-42　低温蝶阀

低温蝶阀结构特点：

1）加长式阀杆，使填料远离低温源，保证阀杆密封的可靠性。

2）阀盖加长部位增加滴水板，可以防止冷凝水流入保温层。

3）具备防火、防静电功能。

4）阀杆、密封环采用高强度耐低温材料，保证密封性能。

5）防吹出结构设计，保证使用安全性。

6）双偏心低温蝶阀，其主密封一般采用软密封结构（PTFE 或 PCTFE），其密封弹性结构，用于补偿低温下密封件的收缩。三偏心低温蝶阀，其密封环一般采用纯金属密封设计或多层次密封环设计；新型的低温三偏心金属密封蝶阀不同于常规蝶阀的密封，由于采用新型的阀座和密封圈，依靠弹性环结构产生变形而达到密封效果，因此当阀体或蝶板在低温下产生变形时，弹性密封环结构可进行补偿，防止产生泄漏和卡死现象。其独特的密封性能保证了阀门在低温工况下的零泄漏。

7）阀座密封面为堆焊钴基，具有抗咬伤、长寿命特点。

8）低温蝶阀阀杆与填料处采用多重密封结构，即合理利用材料膨胀系数的特点，使阀门在常温和低温状态均可以密封。

9）蝶阀阀体形状是对称的，因而热容量小；预冷消耗也小；形状规则，有利于对阀门的保冷施工。

10）因低温蝶阀在运行当中，阀门的转动部位易发生黏滞、咬合现象，阀杆上、下轴衬套选用具有摩擦系数小及自润滑性能的复合轴承，防黏滞和咬死。

11）蝶阀具有切断和调节双重功能，且流量系数大、流阻小、结构简单紧凑、体积小、质量轻、启闭迅速等一系列优点，是一种适用于 LNG 大口径管道选用的截断型阀门。但该类阀门的使用压力范围小，仅适用于中低压工况。

5. 低温止回阀

低温止回阀是指依靠介质动力而自动启闭阀瓣的阀门。止回阀属于一种自动型阀门，其作用是防止介质倒流。低温止回阀可分为旋启式止回阀、升降式止回阀、对夹式双瓣止回阀和轴流止回阀等。低温止回阀典型结构如图 5-43 ～ 图 5-46 所示。

1）低温旋启式止回阀　低温旋启式止回阀采用摇臂旋启式结构，销轴不穿透阀体，阀门的所有启闭件都从阀腔装于阀体内部，除了中法兰部位用垫片或密封环密封外，没有其他外漏点，且减少了阀门外泄的可能。旋启式止回阀摇臂和阀瓣连接处采用球面连接的结构，使得阀瓣在360°范围内有一定的自由度，还有适当的微量位置补偿，如图 5-43 所示。

低温旋启式止回阀的主要结构特点：①密封面堆焊钴基，保证耐磨和抗冲击；还可在阀座采用直接在阀体上堆焊 Co-Cr-W 硬质合金。使阀座与阀体为一整体，防止因阀座低温变形引起泄漏；②阀体壁厚设计均匀，保证低温下变形的均匀；③体积大、流阻大、水锤现象明显，适合中等口径；④可以水平和垂直安装；⑤结构简单、动作灵敏、密封性能较好，制造难度相对较小；⑥阀瓣关闭快速、阀瓣行程短。

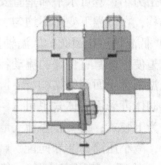

锻造结构（DN < 50）

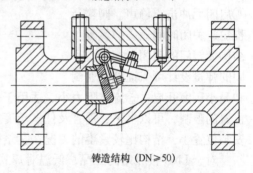

铸造结构（DN ≥ 50）

图 5-43　低温旋启式止回阀

2）低温升降式止回阀　低温升降式止回阀阀瓣是依靠介质推力开启阀门，也就是通过流体压力使阀瓣从阀座密封面上抬起，使阀门开启，介质回流导致阀瓣回落到阀座上，并切断流体如图 5-44 所示。根据使用条件，阀瓣可以是全金属结构，也可以是在阀瓣上镶嵌非金属材料结构。升降式适用于较小公称尺寸。

低温升降式止回阀的主要结构特点：①金属密封阀门的密封面堆焊钴基合金；②一般为小口径锻钢结构，结构比较紧凑且行程最短；但其流阻较大，且密封性能比较难达到；③具有阀瓣导向、弹簧预紧结构，且关闭不卡阻，但只能水平安装；④密封面形式有锥面密封或球面密封。

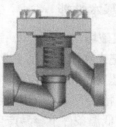

焊锻造结构

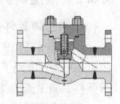

法兰锻焊结构

图 5-44　低温升降式止回阀

3）低温对夹式双瓣止回阀　在现代流体控制工业中，对夹式双瓣止回阀越来越受欢迎，因为其结构设计更简单、结构长度短，安装方便如图5-45所示。阀板为两个半圆，采用弹簧强制复位，密封面可为本体堆焊堆焊钴基合金，密封可靠。

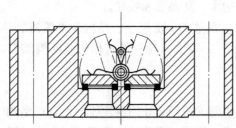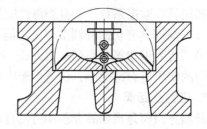

图5-45　低温对夹式双瓣止回阀

低温对夹式双瓣止回阀的结构特点：①结构长度短、体积小、重量轻、安装空间小；②采用无外置螺栓结构、阀体无外漏；③整体结构、简单紧凑；④流道通畅、流体阻力小；⑤关阀冲击力小；⑥可水平和垂直安装；⑦制造难度大，由于阀瓣和阀体阀座处结构为两个半圆形结构，在低温下变形不均匀，密封较难达到。

4）低温轴流止回阀　低温轴流止回阀是一种高性能止回阀，为直通轴流对称结构。流线型流道使流体具有良好的流动特性。采用弹簧辅助复位，启闭无冲击如图5-46所示。

低温轴流止回阀的结构特点：①阀体可采用一体式也可以设计为上装式；②文丘里流道设计，减小压降；③导向配合面硬化处理，使用寿命长；④启闭无冲击、静声。阀瓣行程短，关闭时间短，弹簧复位结构使阀门的启闭无撞击。不同的弹簧设计可保证低压密封

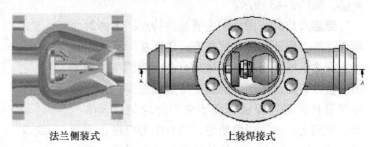

法兰侧装式　　　　　　上装焊接式

图5-46　低温轴流止回阀

和最小压力开启；⑤流体阻力小、适用于较大口径阀门，节省能源；⑥安装灵活，不受安装位置的限制，可以水平、垂直及任意角度安装。阀门结构长度短，重量轻，特别适合于各种安装位置小，结构比较紧凑的工况；⑦结构复杂，制造难度大。

对于LNG接收站的工况，低温对焊式顶装双瓣止回阀和低温轴流止回阀是较为理想的低温阀门。

5.6.2　低温阀门的基本性能

1. 防止零部件低温破坏

低温技术是19世纪末在液态空气工业上发展起来的，随着科学技术的进步，低温技术在近30年中得到了迅速发展和广泛应用。低温阀门是低温工程的关键设备，要满足低温使用条件，首先要从材料特性研究、应用入手。

碳钢和低合金钢在低温条件下容易产生低温脆性破坏。低温脆性断裂是在没有预兆的情况下突然发生的，危害性很大，为防止材料低温脆断事故发生，同时考虑经济性，在选材时必须根据不同介质温度选择相应的材料。

国内外通过长期对大量的材料进行低温特性研究和试验和应用实践，对适用于不同温度等级的材料制定了相关标准，规定了铸、锻件的化学成分、力学性能、热处理、物理性能、焊补、焊后热处理、无损检验、晶间腐蚀试验（奥氏体钢）、冲击韧性等技术要求。并明确了铸、锻件的尺寸和外观质量要求。

低温阀门的材料按工作温度及材料性能进行选择，还应符合下列要求：

1）在工作温度下，材料不应产生低温脆性破坏，同时还应考虑与介质的相容性等要求。

2）在工作温度下，材料的组织结构应稳定，以防止材料相变而引起体积变化。

3）采用焊接结构时，必须考虑到材料焊接性能及低温下焊缝的可靠性。

4）低温阀门内件材料的选择应能避免在频繁操作情况下引起的卡阻、咬合和擦伤等现象，并考虑材料的电化学腐蚀，其耐腐蚀性能不低于阀体。

阀门常用金属材料的温度范围如图 5-47 所示。阀门常用非金属材料的温度范围如图 5-48 所示。

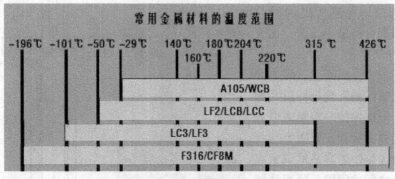

图 5-47　阀门常用金属材料的温度范围

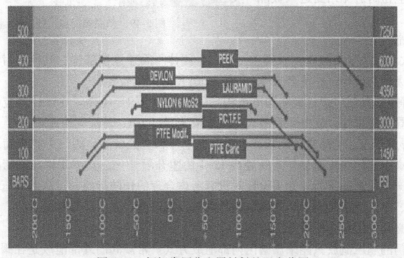

图 5-48　阀门常用非金属材料的温度范围

理想的低温阀座密封材料特性是低温延展性好并且硬度低、收缩率小。但从现有材料，也仅有 PCTFE（聚三氟乙烯）和超高分子 UPE（聚乙烯）能够在 –196℃下长期使用。PCT-FE 的收缩率在所有的高分子材料中是最小的。在密封件使用上注意：在满足结构空间的条件下尽量选用较大截面的密封圈，并还应注重不同温度工况中密封槽粗糙度的选择，超低温工况下，建议密封槽粗糙度选择粗糙度为0.2以上。

2. 防止低温外泄漏

阀门泄漏分为内泄漏和外泄漏，基于 LNG 的易燃易爆性特点，外泄漏更危险。防止 LNG 低温泄漏是设计之重点。为了减少外泄漏，阀体和阀盖应锻造（或铸造）整体成型。

阀体与阀盖连接部位和阀杆密封是可能外泄漏部位。为保证低温密封性能，法兰连接部位采用缠绕垫加唇形密封，阀杆密封通常采用双重密封或三重密封，使用带有中间隔离环的双重填料（耐低温和高温的混合材料）和附加弹性补偿装置。弹性补偿装置（如碟形弹簧垫片）可使填料在低温冷收缩工况条件下的预紧力能得到连续补偿，保证填料密封性能长期有效。

防低温外泄漏通常采用保护填料的长颈阀盖，可避开外部热源的作用使阀盖、阀杆部分保持在0℃以上，以防止阀杆密封部位结冰损坏。阀杆加长部分可按 SHELL SPE77/200《低温和超低温阀门的要求》，也可按 BS 6364《低温阀门》标准规定的阀门填料压套加长部分的最小长度，加长结构如图 5-49 所示。

当阀门要求带隔离滴盘。隔离滴盘需要焊接或紧固到阀盖延伸段并靠近阀盖法兰，但应保持一定距离以方便阀体阀盖螺栓的拆除。紧固类型在上部应有螺栓连接使能容易地调整阀盖和隔离滴盘之间的间隙，隔离滴盘与阀盖延伸应密封避免结露进入被隔离的区域。

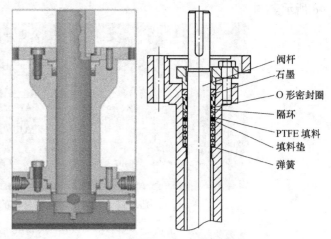

图 5-49　低温阀门加长杆结构

阀杆
石墨
O 形密封圈
隔环
PTFE 填料
填料垫
弹簧

3. 安全性

1）防火。对非金属阀座（软阀座）阀门、阀体与阀盖连接部位、阀杆密封等，应采用双重密封耐火结构设计，并符合 API607 或 API6FA 防火试验要求。

2）防静电。阀门应设计成防静电结构，以保证阀门的导电性。在设计时应该保证阀体和阀杆具有导电连贯性，放电路径最大电阻不应该超过 10Ω。

3）防异常升压。闸阀在关闭状态、球阀在全开和全关状态，阀门中腔充满 LNG，一旦环境温度升高引起的热传递会导致阀腔内 LNG 快速升温气化，其体积将急剧膨胀，因此可在阀门中腔产生很高的压力。如果设计时没有考虑合理的预防措施，过高的气压可能导致阀杆密封泄漏、中法兰密封泄漏、阀体紧固件失效，甚至会产生气体爆炸的危险。因此，低温闸阀和球阀必须采用预防异常升压结构。

低温阀门的超压泄放只能采用阀门内部泄放方式。常规阀门外部泄放是在阀体中腔外安装泄压阀，当中腔压力达到设定的泄放压力时，中腔介质通过泄压阀排出，但 LNG 低温阀门禁止把天然气排放到大气环境，一般不采用外部泄放。内部泄放要求应根据阀门种类和同类阀门不同结构而定，低温球阀在阀门全关或全开状态时，均为中腔保压状态。

4）阀杆防吹出结构。

5）防止管道应力损坏。在 LNG 的低温（-162℃）工况下，不锈钢材料的收缩率约为千分之三，管道在冷、热交变的情况下会产生很大的应力，严重时会造成管道和阀门破裂，所以阀体在受介质压力和温度交变产生的应力及管道安装引起的附加应力的总载荷下，应能保持足够的强度。

6）防爆性能。低温阀防爆要求包括阀门非金属密封件的防爆和爆炸性环境对电动执行机构及气动执行机构的电气元件防爆要求。

5.6.3　低温阀门的类型、标准规范、结构特点

对于不同的低温工况和工艺要求，需正确地选用阀门类型及其功能。对工程的安全运行，提高经济性起到非常重要的作用。LNG 装置或设备中的低温阀，包括有低温球阀、蝶阀、闸阀、截止阀、止回阀、安全阀、紧急切断阀、减压阀、节流阀、调节阀等不同类型。本书仅对主要的低温隔离阀进行简要介绍。

1. 低温阀门主要阀类基本技术参数

低温截止阀主要阀类型、公称尺寸、压力适用范围及连接形式见表 5-15。

表 5-15　低温阀分类

阀　类		公称尺寸范围 NPS/in	压力适用范围 Class/lb	连接形式
低温球阀	浮动式	1/2 ~ 6	150 ~ 600	法兰式、焊接式
	固定球式	1/2 ~ 42	150 ~ 1500	法兰式、焊接式
低温闸阀		1/2 ~ 12	150 ~ 1500	法兰式、焊接式
低温截止阀		1/2 ~ 12	150 ~ 1500	法兰式、焊接式
低温蝶阀		4 ~ 48	150 ~ 600	法兰式、焊接式、对夹式
低温止回阀	旋启式止回阀	1/2 ~ 24	150 ~ 1500	法兰式、焊接式
	升降式止回阀	1/2 ~ 2	150 ~ 1500	法兰式、焊接式、对夹式
	双瓣旋启式止回阀	2 ~ 48	150 ~ 1500	法兰式、焊接式、对夹式、
	轴流止回阀	1/2 ~ 36	150 ~ 1500	法兰式、焊接式

2. 低温阀门主要执行标准

由于低温工况的严酷性，低温阀门从结构设计、材料选用、加工制造、检验与试验与通用阀门存在很大差异，低温阀门在遵循各类阀门标准的基础上，还应严格执行低温阀的专用标准规范，见表 5-16。

表 5-16　低温阀的标准规范

阀门类型	设计、制造标准	低温阀标准、规范及检验标准	常温检验标准
闸阀	API600、API602	BS 6364 SHELL SPE 77/312 SHELL SPE 77/200 ISO 15848 GB/T 24925 ISO28921（草案）	API 598 ISO 5208
截止阀	BS1873、API602		
旋启止回阀	BS1868、API602		
升降式止回阀	API602/ISO15761		
轴流止回阀	API6D		
双瓣对夹式止回阀	API594		
浮动球阀	API607、ISO17292		
固定球阀	API6D		
蝶阀	API609		

随着低温阀门的需求量不断增长，国内外阀门行业对金属材料、非金属材料及阀门结构的设计、加工工艺、检测技术加大了研发力度。为了更好地验证低温阀的性能，确保 LNG 用低温阀门的安全可靠使用，我国已开始进行 LNG 低温阀门型式试验规范的起草工作。不少企业已在该领域取得了可喜的进步。这预示着中国的 LNG 低温阀门的设计与制造水平将迈上新的台阶。

5.6.4　低温阀门产品主要性能参数及国外生产厂家

1. 常用低温阀门材质

低温碳钢承压件：LCB/LCC/LC3（LF2/LF3）。

低温不锈钢承压件：CF3M/CF3/CF8M/CF8（F316L/F304L/F316/F304）。

1）阀体、阀盖材料：ASTM A351 CF3/CF8、ASTM A351 CF3M/CF8M、ASTM A182F304L/F304、ASTM A182F316L/F316。

2）密封面材料：①闸阀、截止阀、止回阀密封面：堆焊 Stellite；②球阀密封面：PCT-FE/Kel-F。

3）填料：上下编制夹金属丝石墨环 + 中间成型石墨环。

4）中腔法兰片：316 缠绕、柔性石墨垫、金属环形垫、PTFE 唇形密封。

常用密封件材料见表5-17。

表 5-17　低温阀门常用密封件材料

温　　度	≥ -46℃	≥ -101℃	< -101℃
密封面	F2201F（JBF22-45、SH、F221）		
	（SJ-Co42、Co42、F221）		
	F2202F（F22-42、Co-1）		
	F2203F（F222、SH）（F222、F22-47）		
	F2204F（StelliteNo6）		
	F2205F（StelliteNo12）		
填料	柔性石墨		柔性石墨
	聚四氟乙烯		
	聚三氟氯乙烯		
中法兰垫片	纯铜		
	纯铝		
	不锈钢缠绕柔性石墨		不锈钢缠绕柔性石墨
	不锈钢缠绕聚三氟氯乙烯		
	不锈钢缠绕聚四氟乙烯		

5）螺栓材料：ASTMA320 B8 Class2 或 ASTMA320 B8M Class2、L7M. B7M。螺栓螺母材料见表5-18。

表 5-18　螺栓螺母材料

材料类别		材料牌号	最低使用温度/℃	材料标准
螺栓或螺栓材料	铬钼钢	B7、B7M	-48	ASTM A193/193M
		L7、L7A、L7B、L7C	-101	ASTM A320/320M
	不锈钢	B8 C1.2、B8M C1.2、B8T C1.2、B8C C1.2	-196	ASTM A193/193M
		B8 C1.1、B8C C1.1	-254	
螺母材料	碳钢	2H、2HM	-48	ASTM A194/194M
	铬钼钢	7、7M	-101	
	不锈钢	8MA、8TA	-196	
		8、8CA	-254	

　　所有的低温阀门的中法兰连接螺栓/螺母应选用安全可靠的奥氏体不锈钢，同时还需考虑螺栓/螺母采用不同牌号的奥氏体不锈钢，保证两者间有适当的硬度差，以避免螺栓和螺母出现"咬死"现象。

2. 低温阀门的国外生产厂家

　　欧美等发达国家研究低温阀门历史较之国内企业早很多，技术水平较高，现将常用的国外制造商低温阀门实际应用规格、适用压力及介质温度范围等汇总，见表 5-19。因收集资料范围有限，此表仅供参考。

表 5-19　部分国外低温阀门技术参数一览表

阀门类型	NSP/in	Class/lb	温度范围/℃	生产厂家
球阀	3/8~20	150~600	-253	VELAN 威兰
	1/2~24	150~1500	-196	POYAM
	1/4~30	150~1500	-196	arflu
	1/4~2	150~1500	-196	OMB
	2~60	150~2500	-196	VIRGO
	1/2~8	150~300	-196	coyard
	1/2~24	150~1500	-196	reuflo rona
	1/4~6	300	-270	HABONIM 以色列瀚伯尼
闸阀	1/2~60	150~1500	-253	VELAN SAS 美国威兰
	1/2~24	150~1500	-196	NEWAY 美国纽约阀门
	1/2~12	150~2500	-196	coyard
	1/2~30	150~2500	-196	VALVITALIA
	1/4~20	150~2500	-196	OMB
	1/2~36	150~1500	-196~650	reuflo rona
	2~24	150~1500	-196~650	valco
	2~12	150~300	-196	GLOBAL
截止阀	1/2~18	150~1500	-253	VELAN 威兰
	1/2~24	150~1500	-196	POYAM
	1/2~12	150~2500	-196	VALVITALIA
	2~3	900~1500	-196	OMB
	1/2~18	150~1500	-196	reuflo rona
	2~24	150~2500	-196	valco

（续）

阀门类型	NSP/in	Class/lb	温度范围/℃	生产厂家
止回阀	3/8 ~ 30	150 ~ 2500	−253	VELAN　威兰
	1/2 ~ 12	150 ~ 2500	−196	coyard
	1/2 ~ 24	150 ~ 1500	−196	reuflo rona
	2 ~ 24	150 ~ 2500	−196	valco
蝶阀	4 ~ 100	150 ~ 2500	−253	MAPAG
	6 ~ 48	150 ~ 300	−196	VELAN　SAS 美国威兰
	3 ~ 48	150 ~ 600	−196	NEWAY 美国纽约阀门
		150 ~ 600	−196	westad
	3 ~ 80	150 ~ 900	−196 ~ 550	adams
	4 ~ 100	150 ~ 2500	−270	MAPAG
	6 ~ 48	150 ~ 300	−196	VELAN 威兰
	3 ~ 48	150 ~ 300	−196	KSB
		150 ~ 300	−196	westad
	3 ~ 80	150 ~ 300	−196	adams

5.6.5　低温阀门的试验

　　由于 LNG 这类低温系统储有大量的易燃易爆的低温介质，所使用的阀门必须适应低温介质的要求，在低温工况下保持稳定的密封性能和操作性。为了检验低温阀门在低温状态下的密封性能，除了常规的强度试验和密封试验外，还必须进行低温状态下的密封性能和操作性能等试验。常用的低温阀门试验装置见图 5-50。

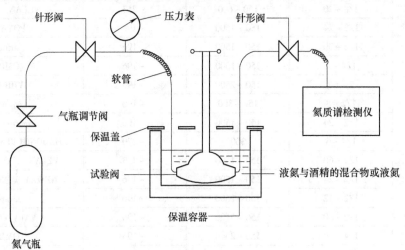

图 5-50　低温阀门试验装置

1. 低温阀门试验项目

1）常温壳体强度试验，试验介质：水。

2）常温高压密封试验，试验介质：水。

3）常温高压密封试验，试验介质：气体（空气或氮气）。

4）低温气体密封试验，试验介质：氦气。

5）低温泄漏试验，试验介质：氦气。

2. 低温阀门试验要求

1）低温阀门采用水作为试验介质进行常温试验时，应对试验介质的氯离子含量加以控制。对于不锈钢阀门，水压试验所用水的氯化物含量不应超过 30×10^{-6}。水压试验后，阀门的每个零部件应彻底清洗并清除油渍，阀门必须干燥处理，防止低温试验时未干燥的水凝结，影响密封。

2）进行低温试验前，阀门必须完成 1.5 倍液压壳体试验，试验介质的温度为 38℃（用户另有要求的除外）。

3）密封试验需采用干燥、无油空气或惰性气体为试验介质。

4）阀门放入冷却介质中后，应通以 0.2MPa 的氦气，使阀门里的水气排除，

5）阀门冷却过程应有合理的热电偶布置，对阀门的关键部位进行温度监控，确保阀门充分冷却、温度均匀后才能开始试验。

6）低温阀门试验一般采用液氮进行冷却，采用氦气进行阀门泄漏测试。

7）阀座密封试验时，需采用分段式增压，分段增压数值可按 GB/T24925《低温阀门技术条件》和 BS6364《低温阀门》的规定。

8）漏率检测，泄漏量检测应根据密封性能等级不同，采用不同量程的流量计或气泡检漏仪进行数据采集。低温阀门外泄漏可用氦质谱仪进行检漏。试验管道上安装有压力传感器，用于采集阀门进出口压力；也可用低温阀门试验专用设备进行测试。所有实验数据通过采集卡输入计算机进行计算，并由计算机对试验结果与相关标准或产品要求对比。确定阀门的低温性能。

9）应在焊接和铸造的同时制备检验试样或本体取样。

10）阀门进行深冷测试的抽样比例通常为 10%，至少不少于一个。阀门高压气密测试的抽样比例通常为 10%，至少不少于一个。

11）阀体壳体试验压力可按 API598《阀门的试验与检验》要求的：38℃（100F°）时最大许用压力的 1.1 倍。

3. 低温试验方法

低温密封试验装置如图 5-50 所示，阀门的低温试验在阀门常温试验合格后进行。试验前应清除阀门水分和油脂，拧紧螺栓至预定的转矩或压力，记录其数值。用符合试验要求的热电偶与阀门连接，试验过程中监测阀体、阀盖的温度。低温试验冷却介质为液氮与酒精的混合液或液氮，试验介质为氦气。

低温密封试验时，将阀门两端的盲板和蛇形引出管安装好并放在相应的低温试验槽里，并连接好所有接头，保证阀门填料处在容器上部，且温度保持在 0℃ 以上。在常温及 1.0MPa 压力下，使用氦气做初始检测试验，确保阀门在合适的条件下进行试验。

将阀门浸入液氮与酒精的混合液或液氮中冷却至阀门低温工况温度，其酒精的混合液或液氮的水平面盖住阀体与阀盖。在低温工况温度下，按下列步骤进行操作。

1）在酒精的混合液或液氮中浸泡的阀门降温至试验温度，直到各处的温度稳定为止，用热电偶测量保证阀门各处温度的均匀。

2）在试验温度下，进行阀门的密封测试试验。

3）在试验温度和阀门的试验压力下，开关阀门 5 次做低温操作性能试验，配有驱动装置的阀门按上述要求作动作试验。

4）按规定的最大试验压力，进行阀门的正常流向密封试验，用检漏仪测量泄漏量时，其泄漏率的允许值可按 BS 6364—1998、国标 GB/T 24925 的规定。

5）阀门处在关闭位置时，用盲板密封阀门出口端，并向阀体腔内加压至密封试验压力，保持 15min，检查阀门填料处、阀体和阀盖连接处的密封性。

6）低温性能的试验可按表 5-20 的规定。

表 5-20　阀门的低温性能试验

试验项目			闸阀、截止阀、球阀、蝶阀	止 回 阀
低温操作性能试验			手动操作力≤3600N，瞬时操作力≤1000N	
低温密封性能试验	填料密封	试验压力/MPa	额定试验压力	—
		试验持续时间/s	≥900	
		泄漏率	B 级	
	垫片密封	试验压力/MPa	额定试验压力	
		试验持续时间/s	≥900	
		泄漏率	B 级	
	阀座密封	试验压力/MPa	额定试验压力	
		试验持续时间/s	≥300	
		泄漏率/(mm³/s)	≤100×DN	≤200×DN
低温循环寿命	阀门密封	低温循环/次	210	

低温阀门试验现场如图 5-51 所示。

图 5-51　低温试验现场（上海纳福希阀门有限公司）

参 考 文 献

[1] Kneebbone a, Prew L R. Shipboard Jettison Test of LNG onto the Sea [J]. LNG, 1974.

[2] 徐烈，芳荣生，马庆芳，等. 低温容器——设计、制造与使用 [M]. 北京：机械工业出版社，1987.

[3] 化工部第四设计院. 深冷手册 [M]. 北京：化学工业出版社，1973.

[4] 计光华. 透平膨胀机 [M]. 北京：机械工业出版社，1989.

[5] 李化治. 制氧技术 [M]. 北京：冶金工业出版社，1997.

[6] 鲁雪生，顾安忠，汪荣顺. 液化气储槽的惰化工艺探讨 [J]. 低温工程，1995（3）.

[7] 鲁雪生，顾安忠，汪荣顺. 乙烯槽车绝热结构设计与试验 [J]. 真空与低温，1998（2）.

第 6 章　液化天然气的储运

6.1　引言

在液化天然气（简称 LNG）工业链中，LNG 的存储和运输是两个主要环节。无论基本负荷型 LNG 装置还是调峰型装置，液化后的天然气都要存储在液化站内储罐或储槽内。在卫星型液化站和 LNG 接收站，都有一定数量和不同规模的储罐或储槽。世界 LNG 贸易主要是通过海运，因此 LNG 槽船是主要的运输工具。从 LNG 接收站或卫星型装置，将 LNG 转运都需要 LNG 槽车。

天然气是易燃易爆的燃料，LNG 的存储温度很低，并对其存储设备和运输工具需要提出安全可靠、高效的严格要求。

6.2　LNG 储罐（槽）

6.2.1　型式分类

一般可按容量、隔热、形状及罐的材料进行分类。

1. 按容量分类

1）小型储罐容量 $5 \sim 50 m^3$，常用于民用燃气气化站，LNG 汽车加注站等场合。

2）中型储罐容量 $50 \sim 100 m^3$，常用于卫星式液化装置，工业燃气气化站等场合。

3）大型储罐容量 $100 \sim 1000 m^3$，常用于小型 LNG 生产装置。

4）大型储槽容量 $10000 \sim 40000 m^3$，常用于基本负荷型和调峰型液化装置。

5）特大型储槽容量 $40000 \sim 200000 m^3$，常用于 LNG 接收站。图 6-1 示出 LNG 储槽容量发展趋势。

6）2013 年 10 月日本建成投产了 $250000 m^3$ 的超大型储槽。目前，韩国也造成了 $270000 m^3$ 的超大型储槽。图 6-1 为 LNG 储槽容量发展趋势。

2. 按围护结构的隔热分类

1）真空粉末隔热，常见于小型 LNG 储罐。

2）正压堆积隔热，广泛应用于大中型 LNG 储罐和储槽。

3）高真空多层隔热，很少采用，限用于小型 LNG 储罐。

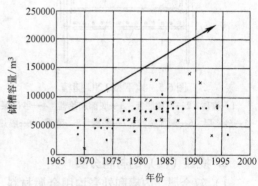

图 6-1　LNG 储槽容量发展趋势

3. 按储罐（槽）的形状分类

1）球形罐，一般用于中小容量的储罐，但有些工程的大型 LNG 储槽也有采用球形的，如图 6-2 所示。目前最大的有林德公司制造的 40000m³ 和日本 NKK 公司建造的 5000m³ 储罐。

2）圆柱形罐（槽），广泛用于各种容量的储罐和储槽。

4. 按罐（槽）的放置分类

1）地上型，如图 6-3 所示为地上型 LNG 储槽。

2）地下型，包括如下三种形式：①半地下型（图 6-4）；②地下型（图 6-5）；③地下坑型（图 6-6）。

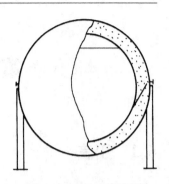

图 6-2　LNG 球形储槽

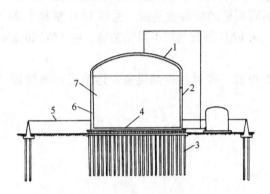

图 6-3　地上型 LNG 储槽

1—外壳顶　2—外壳　3—钢管桩　4—基础隔热

5—围堰　6—隔热层　7—内罐

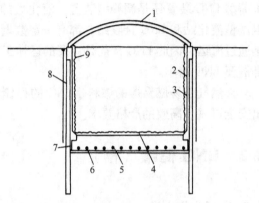

图 6-4　半地下型 LNG 储槽

1—槽顶　2—隔热层　3—侧壁　4—储槽底板　5—沙砾层

6—底部加热器　7—砂浆层　8—侧加热器　9—薄膜

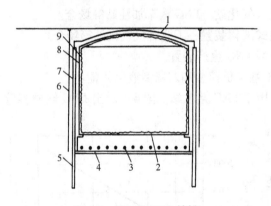

图 6-5　地下型 LNG 储槽

1—槽顶　2—储槽底板　3—底部加热器　4—沙砾层

5—砂浆层　6—侧加热器　7—侧壁　8—薄膜　9—隔热层

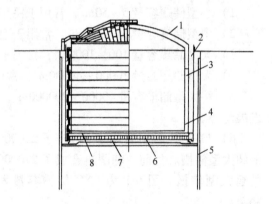

图 6-6　地下坑型 LNG 储槽

1—外壳　2—坑　3—隔热层　4—内罐　5—砂浆壁

6—圆柱　7—底板　8—底部隔热层

5. 按罐（槽）的材料分类

1）双金属，内罐和外壳均用金属材料。一般内罐采用耐低温的不锈钢或铝合金。表 6-1 列出常用的几种内罐材料。外壳采用黑色金属。目前采用较多的是压力容器用钢。图 6-7 示出双金属壁平底圆柱形 LNG 储槽。

表 6-1　常用的几种内罐材料

材　料	型　号	许用应力/MPa（应用于平底储槽）
不锈钢	A240	155.1
铝	AA5052	49.0
	AA5086	72.4
	AA5083	91.7
5% Ni 钢	A645	218.6
9% Ni 钢	A553	218.6

2）预应力混凝土型，指大型储槽采用预应力混凝土外壳，而内筒采用低温的金属材料，如图 6-8 所示。

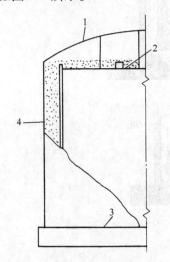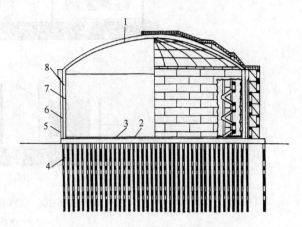

图 6-7　双金属壁平底圆柱形 LNG 储槽　　　　图 6-8　预应力混凝土 LNG 储槽

1—焊接钢顶的搭接部分　2—悬吊隔热层　　　　1—外槽顶　2—钢衬垫　3—底部隔热　4—钢管桩
3—钢质底部的焊接搭接部分　　　　　　　　　5—围堰　6—钢衬垫　7—内罐　8—隔热层
4—钢质外壳的焊接对接部分

3）薄膜型，指内筒采用厚度为 0.8~1.2mm 的 36Ni 钢（又称殷钢），如图 6-4 所示。

6. 按罐（槽）的围护结构分类

按围护结构系统可分为以下几种类型：

1）单围护系统如图 6-9 所示。单围护系统的特点是储槽只有一个流体力学承载层 A，所以必须在储槽周围预留出一块安全空间 B。

2）双围护系统如图 6-10 所示。

3）全封闭围护系统如图 6-11 所示。

4）薄膜型围护系统如图 6-12 所示。

双围护系统、全封闭围护系统及薄膜围护系统，都有可靠的流体力学承载层，所以就不必在储槽周围留出一块空间，土地利用效率就高。在薄膜型围护系统中，由于薄膜层不能承载，所以对外筒体要求就很高。

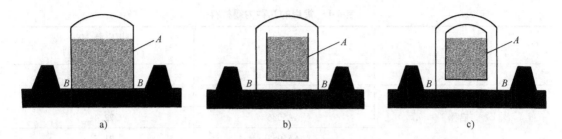

图 6-9　单围护系统

a) 低温储槽　b)、c) 内罐低温材料，外壳非低温材料

A—承载层　B—预留空间

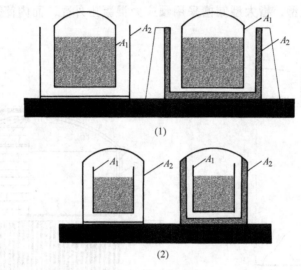

(1)

(2)

图 6-10　双围护系统

A_1、A_2—承载层

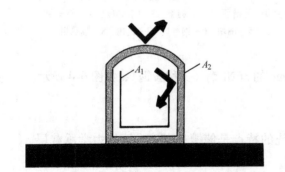

图 6-11　全封闭围护系统

A_1、A_2—承载层

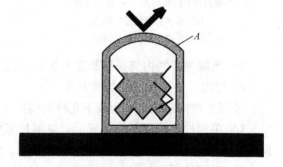

图 6-12　薄膜型围护系统

A—承载层

6.2.2　LNG 储罐（槽）结构

1. 立式 LNG 储罐

立式 LNG 储罐结构示意图如图 6-13 所示。其容量为 $100m^3$，技术特性见表 6-2。

表 6-2　100m³LNG 储槽技术特性

项　目	内　筒	外　筒
容器类别	三类	
储存介质	LNG，LN₂	
最高工作压力/MPa	0.5	−0.1①
设计压力/MPa	0.75	−0.1
强度试验压力（气）/MPa	0.93	
气密性试验压力/MPa	0.75	0.2②
管路气密性试验压力/MPa	0.75	
安全阀启跳压力/MPa	0.55	
最低工作温度/℃	−196	常温
设计温度/℃	−196	常温
几何容积/L	105230	42000③
有效容积/L	100000	
设计厚度/mm	8.94	11.2
封头/mm	8.93	10.2
腐蚀裕量/mm	0	1
主体材质	0Cr18Ni9	20R
主体焊材	H0Cr21Ni10	H08A
焊接接头系数	1	0.8
空重/kg	39390	
满重/kg	85000（LNG）	

①指外压；②内筒同时持压 0.1MPa；③指夹层容积。

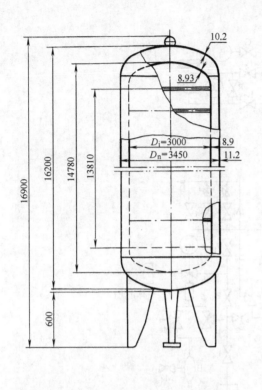

图 6-13　立式 LNG 储槽结构示意图

隔热形式采用真空粉末隔热技术。LNG 的理论计算日蒸发率为≤0.27%/d。

考虑到 LNG 的主要成分为液态甲烷，储槽内筒及管道材料选用 0Cr18Ni9 奥氏体不锈钢，外筒选用优质碳素钢 20R 压力容器用钢板。内、外筒间支撑选用玻璃钢与 0Cr18Ni9 钢板组合结构，以满足工作状态和运输状态强度及稳定性的要求。

内筒内直径 d_i =3000mm，外筒内直径 d_o =3450mm。内筒封头采用标准椭圆形封头，外封头选用标准碟形封头。支脚采用截面形状为"工"字形钢结构，并把支脚最大径向尺寸控制在外筒直径 d_o 在 3450mm 以内，以方便运输。操作阀门、仪表均安装在外下封头上；所有从内筒引出的管子均采用套管形式的保冷管段与外下封头焊接连接结构，以保证满足管道隔热及对阀门管道的支撑要求。

立式 LNG 储罐的工艺流程如图 6-14 所示。流程中包括进、排液系统，进、排气系统，自增压系统，吹扫置换系统，仪表控制系统，紧急截断阀与气控系统，安全系统，抽真空系统，测满分析取样系统等。还设有易熔塞、阻火器等安全设施。

2. 立式 LNG 子母型储罐[1]

子母罐是指拥有多个（三个以上）子罐并联组成的内罐，以满足低温液体存储站大容量储液量的要求。多只子罐并列组装在一个大型外罐（母罐）之中。子罐通常为立式圆筒形，外罐为立式平底拱盖圆筒形。由于外罐形状尺寸过大等原因，不耐外压而无法抽真空，而外罐为常压罐。隔热方式为粉末（珠光砂）堆积隔热。

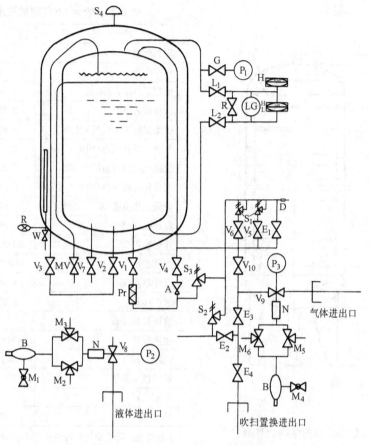

图 6-14　立式 LNG 储罐工艺流程图

A—单向阀　B—防爆膜　D—阻火器　E₁ ~ E₄—截止阀　G—压力表阀　H—液位计　L₁、L₂—液位计阀

M₁ ~ M₆—放气阀　MV—测满阀　N—紧急切断阀　Pr—增压器　P₁ ~ P₃—压力表　R—连通阀

S₁ ~ S₃—安全阀　S₄—外壳爆破膜　V₁ ~ V₁₀—截止阀　W—抽空阀

　　子罐通常为压力容器制造厂制造完工后运抵现场吊装就位；外罐则加工成零部件运抵现场后，在现场组装。

　　单只子罐的几何容积通常在 $100 \sim 150m^3$。单只子罐的容积不宜过大，过大会导致运输吊装困难。子罐的数量通常为 3 ~ 7 只，因此可以组建 $300 \sim 1250m^3$ 的大型储槽。

　　子罐可以设计成压力容器，最大工作压力可达 1.8MPa，通常为 0.2 ~ 1.0MPa，视用户使用压力要求而定。

　　子母罐的优势如下：

　　1) 依靠容器本身的压力，可采用压力挤压的办法对外排液，而不需要输液泵排液，因此操作简便和可靠性提高。

　　2) 容器具备承压条件后，可采用常压存储方式，减少存储期间的排放损失。

　　3) 子母罐的制造安装较球罐容易实现，制造安装成本较低。

　　子母罐的不足之处在于：

　　1) 由于外罐的结构尺寸原因，夹层无法抽真空。夹层厚度通常选择 800mm 以上，导致保温性能与真空粉末隔热球罐相比较差。

2）由于夹层厚度较厚，且子罐排列的原因，设备的外形尺寸庞大。

3）子母罐通常适用于容积 300~1000m³，工作压力为 0.2~1.0MPa 范围。

立式 LNG 子母型储罐的典型结构如图 6-15 所示。它的容量为 600m³，技术特性见表 6-3。隔热形式采用正压珠光砂，LNG 的理论计算日蒸发率为 0.25%。

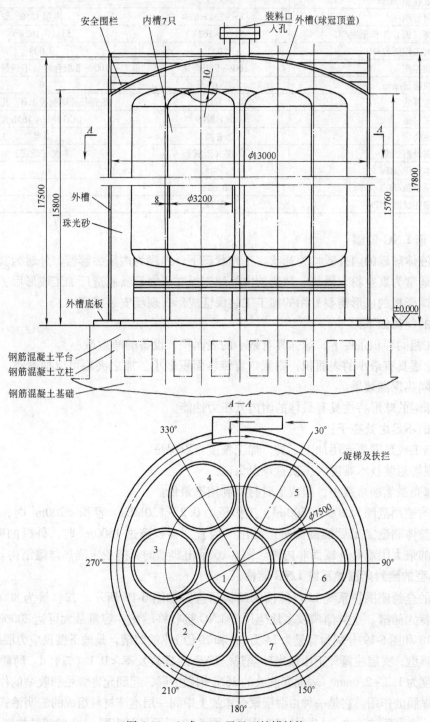

图 6-15　立式 LNG 子母型储罐结构

表 6-3　立式 LNG 子母型储罐的技术特性

项　目	内　罐	外　罐
压力容器类别	三类	
充装介质	液化天然气	氮气、珠光砂
有效容积/m³	7 × 88.5	
几何容积/m³	7 × 98.4 = 689	夹层 1550
最高（低）工作温度/℃	55 （-162K）	55 （-162K）
最大工作压力/MPa	0.2	0.003
射线控伤	100% Ⅱ级合格	100% Ⅱ级合格 （不锈钢部分）
腐蚀裕量/mm	0	0
焊缝系数	1.0	罐底及底圈壁板 1.0，其余 0.9
主体材质	0Cr18Ni9	0Cr19Ni9 + 16MnR
场地类别	Ⅱ类	Ⅱ类
抗震设防烈度	7 度（近震）	7 度（近震）
基本风压/MPa	4 × 10⁻⁴	
气压试验/MPa	0.621	
气密性试验/MPa	3.75	

3. 球形 LNG 储罐

低温液体球罐的内外罐均为球状。工作状态下，内罐为内压力容器，外罐为真空外压容器。夹层通常为真空粉末隔热。球罐的内外球壳板在压力容器制造厂加工成形后，在安装现场组装。球壳板的成形需要专用的加工工装保证成形，现场安装难度大。

球罐的优势如下：

1）在相同容积条件下，球体具有最小的表面积，设备的净重最小。

2）球罐具有最小的表面积，则意味着传热面积最小，加之夹层可以抽真空，有利于获得最佳的隔热保温效果。

3）球罐的球形特性具有最佳的耐内外压力性能。

球罐的不足之处在于：

1）加工成形需要专用加工工具，加工精度难以保证。

2）现场组装技术难度大，质量难以保证。

3）球壳虽然净重最小，但成形时材料利用率最低。

球罐的使用范围为 200 ~ 1500m³，工作压力 0.2 ~ 1.0MPa。容积 < 200m³ 时，应当选用在制造厂整体制造完工后的圆筒罐产品出厂为宜。容积超过 1500m³ 时，外罐的壁厚太厚，这时制造的最大困难是外罐而非内罐。图 6-16 示出典型的真空粉末隔热球罐结构。

4. 典型的全封闭围护系统 LNG 储槽

典型的全封闭围护系统 LNG 储槽的结构示意图如图 6-17 所示。其容量为 80000m³，属于地上型特大储槽。这类储槽较多地应用于 LNG 接收终端站，容量最大可达 200000m³。

图 6-18 和图 6-19 分别为容量为 14 万 m³ 和 20 万 m³ 的储槽，是地下型预应力混凝土结构。内筒是薄膜型，夹层注氮气正压珠光砂隔热。LNG 的日蒸发率 < 0.1（%）d。薄膜的特点是用一种厚度为 1.2 ~ 2.0mm，表面起波纹的 36Ni 钢做主屏，起到允许膨胀和收缩的作用。隔热板起着支撑膜的作用。它是一种由两层聚合木加上中间一层泡沫材料组成的三明治式的组合结构。在每一个薄膜波纹中心与隔热组合固定。图 6-20 所示是薄膜型 LNG 储槽结构剖面图。

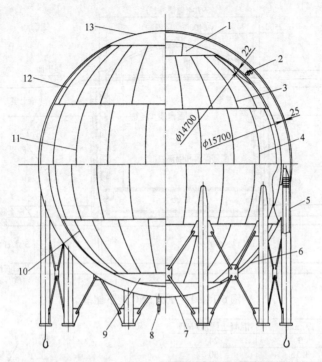

图 6-16　1500m³/0.65MPa 真空粉末隔热球罐结构

1—内上极带　2—绝热体　3—内上温带　4—内赤道带　5—支柱　6—外下温带　7—外下极带　8—管路系统
9—内下极带　10—内下温带　11—外赤道带　12—外上温带　13—外上极带

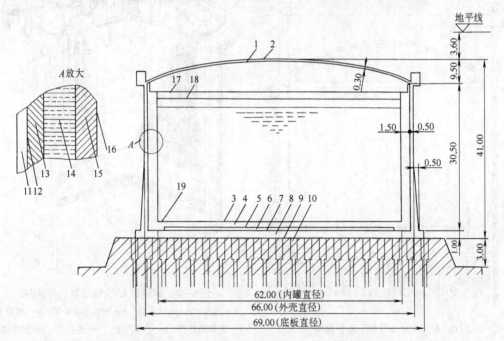

图 6-17　典型的全封闭围护系统 LNG 储槽示意图

1—水泥槽顶　2—金属层　3—内罐钢质底板　4—底部隔热层　5—钢筋混凝土板　6—隔热板　7—8Ni9 金属板
8—底部加热器　9—底部预应力混凝土　10—管桩基础　11—预应力混凝土外壳　12—TTSTE26 金属层　13—隔热层
14—珠光砂　15—弹性毡　16—8Ni9 钢内罐　17—悬吊顶　18—矿物棉　19—聚苯乙烯—水泥环

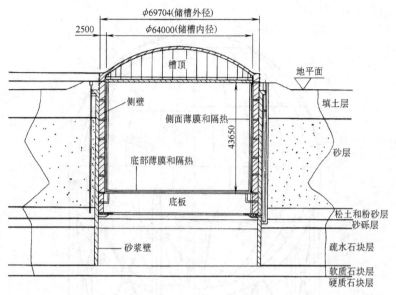

图 6-18　14 万 m³ LNG 地下储槽

物件	厚/mm	混凝土强度/MPa
底板	9	24
侧壁	3.15	30
水泥顶	0.6~1.4	30
砂浆壁	1.7	40

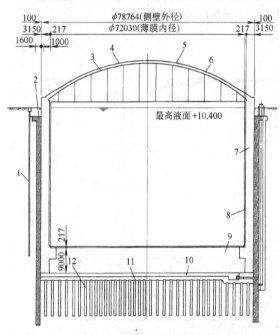

图 6-19　20 万 m³ LNG 地下储槽

1—侧加热器　2—支撑墙（为 PC 绳）　3—钢质顶板
4—顶板　5—水泥顶　6—防水层　7—侧板
8—薄膜（t=2）+隔热（t=215）　9—底板
10—底部加热器（双重系统）　11—沙砾层　12—管桩

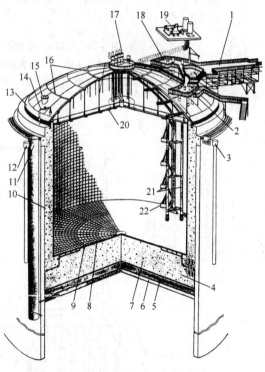

图 6-20　薄膜型 LNG 储槽结构剖面图

1—管架　2—测试平台　3—加热器防护罩　4—槽底板
5—底部加热器　6—水泥平板　7—碎石层　8—底部薄膜
9—隔热层　10—侧壁　11—管桩　12—加热器防护罩
13—压缩圈　14—燃气测漏管　15—顶部人孔
16—喷水设备　17—放气阀　18—泵平台
19—加热设备　20—预冷喷嘴　21—泵筒　22—扶梯

6.2.3　LNG 储槽内部观察装置

近年来，日本开发了一种能观察 LNG 储槽内部的装置，并已投入使用。图 6-21 为这种装置的工作示意图。探测器能浸没在低温的 LNG 中工作，将储槽内及周壁的图像清晰地显示在屏幕上，并能连续地摄录下来，以监视储槽的运行。

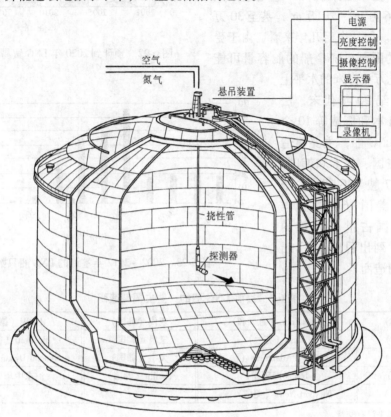

图 6-21　大型储槽内部探测装置

6.3　LNG 船

6.3.1　LNG 船运在 LNG 工业链中的作用

LNG 运输船是为载运在大气压下沸点为 -163℃的大宗 LNG 货物的专用船舶。这类船目前的标准载货量在 13 万 ~ 15 万 m³。一般它们的船龄在 25 ~ 30 年。

1954 年，美国开始研究 LNG 船。真正形成工业规模的天然气液化和海上运输，则始于 1964 年。到 20 世纪 70 年代，进入大规模发展阶段，各国建造的 LNG 船也越来越大。表 6-4 列出了

表 6-4　LNG 船大型化趋势

年　　份	舱容量/万 m³	年　　份	舱容量/万 m³
1964	约 2.7	1983	13.275
1970	4 ~ 5	1987	13.64
1972 ~ 1973	7.5 ~ 8.7	2007	21
1975 ~ 1976	12.5 ~ 13	2008	26.6
1978	13.1264		

LNG 船大型化的趋势。图 6-22 是预计到 2020 年 LNG 贸易增长情况。为适应 LNG 贸易的增长，2000~2012 年，签订的 LNG 船只，其数量如图 6-23 所示。

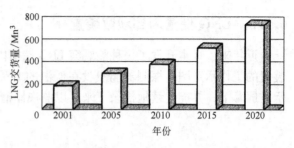

图 6-22　预计到 2020 年 LNG 贸易增长情况

目前，从技术上来说，一些先进国家已能设计出 16 万 m^3、20 万 m^3，甚至 30 万 m^3 的 LNG 船。但从今后几年来看，由于受到港口水深的限制，LNG 船的舱容量可能会稳定在十几万立方米的水平上。

在 20 世纪 90 年代末，法国、美国、日本和挪威等 10 个国家能建造 LNG 船，主要建造国是法国、美国、日本和韩国。在所建造的 87 艘 LNG 船中，法国占 31 艘，美国 16 艘，日本 14 艘，这三国占世界总数的 70%。表 6-5 列出目前 LNG 船的一些主要制造商。

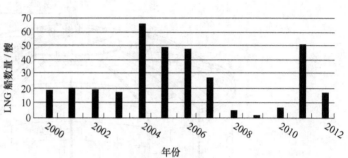

图 6-23　2002~2012 年签订的 LNG 船只数量

表 6-5　目前 LNG 船的一些主要制造商

MES（日本）	Fincatineri（意大利）	现代（韩国）	HDW（德国）＊
KHI（日本）	Masa（芬兰）	三星（韩国）	Beolwerf（德国）＊
MHI（日本）	Chantiers d'Atlantique（法国）	大宇（韩国）	General Dynamics（美国）
IHI（日本）	Izar（西班牙）	Hanjin（韩国）	沪东中华（中国）
NKK（日本）	Newport News（美国）＊		

注：＊为近年来没有交货。

1969~2010 年全球 LNG 新船的成交量如图 6-24 所示。2011 年 LNG 船订单比例分布如图 6-25 所示。

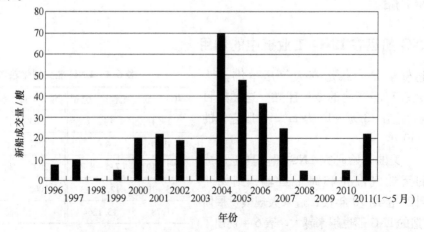

图 6-24　1996~2010 年全球 LNG 新船成交量

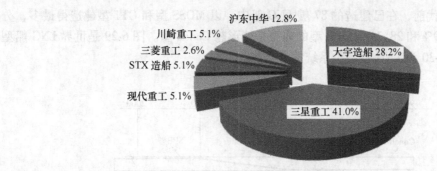

图 6-25　2011 年 LNG 船订单分布比例

6.3.2　LNG 货舱的围护系统

　　LNG 货舱的气化率的高低取决于货舱的漏热性能。不同的货物围护系统采用不同的隔热方式。目前有三种货物围护系统，即法国的 Gaz Transport、Technigaz（GTT 型）；挪威的 Moss Rosenberg（MOSS 型）及日本的 SPB 型。GTT 型是薄膜舱，MOSS 型是球形舱，SPB 型是棱形舱，其结构简图如图 6-26 ~ 图 6-28 所示。

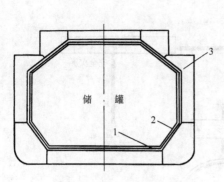

图 6-26　GTT 型薄膜舱
1—外薄膜　2—内薄膜　3—内舱壳

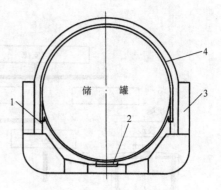

图 6-27　MOSS 型球形舱
1—舱裙　2—部分次屏　3—内舱壳　4—隔热层

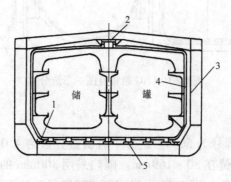

图 6-28　SPB 型棱形舱
1—部分次屏　2—楔子　3—内舱壳
4—隔热层　5—支撑

20 世纪 90 年代前，在已建造的 87 艘 LNG 船中，以 MOSS 型和 GTT 型建造得最多，分别是总艘数的 37.9% 和 28.7%。SPB 型的前身是棱形舱 Conch 型。图 6-29 是世界 LNG 船型发展的历史，图 6-30 为 LNG 船围护系统的分类法。

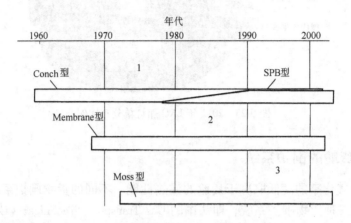

图 6-29　LNG 船型发展历史

1—具有完全次屏的厚壁舱　2—具有完全次屏的薄壁舱　3—具有部分次屏的厚壁舱

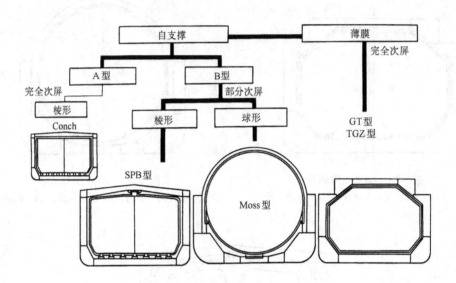

图 6-30　LNG 船货舱围护系统分类

1. MOSS 型 LNG 船

球罐采用铝板制成，牌号为 5038。组分中含质量分数为 4.0% ~ 4.9% 的镁和 0.4% ~ 1.0% 的锰。板厚按不同部位在 30 ~ 169mm。隔热采用 300mm 的多层聚苯乙烯板。图 6-31 示出 MOSS 型 LNG 船的结构，图 6-32 示出 MOSS 型液货舱的设计负荷。图 6-33 是 LNG 船大型球罐的制造工艺流程，它由备料、分段焊接、组件合成及液罐总成四大阶段组成。图 6-34示出液舱隔热螺旋法施工流程，图 6-35 示出球形液罐的围护系统及隔热镶板的组成。

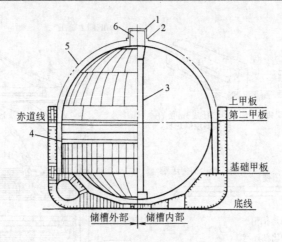

图 6-31 MOSS 型 LNG 船
1—顶罩 2—膨胀橡胶 3—管塔 4—舱裙 5—储槽包覆 6—槽顶

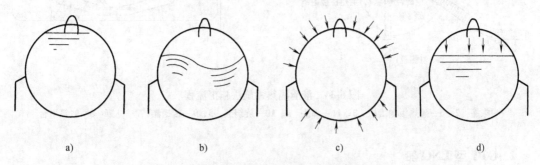

图 6-32 MOSS 型液货舱的设计负荷
a) 流体力学负载 b) 液货晃荡时造成的动力负载 c) 液舱受到的外压 d) 液舱的内压

注：1. LNG 的设计相对密度为 0.5。

2. 正常使用时内部压力为 0.025MPa，紧急排放时的内部压力为 0.09/0.18MPa。

3. 外部压力要考虑液货舱和船体之间的相互作用。

4. 除了紧急排放，还要考虑动力效应。

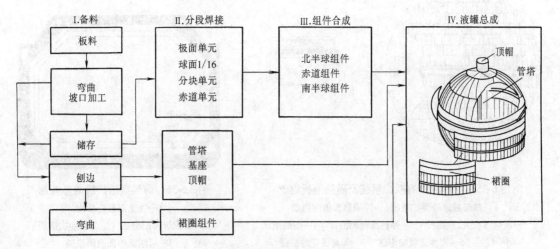

图 6-33 液货球罐总成流程

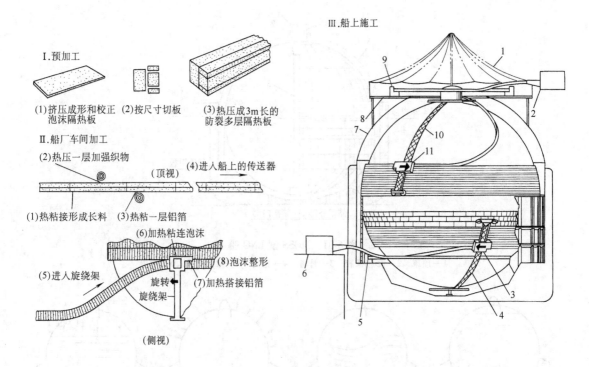

图 6-34　液舱隔热螺旋法施工流程

1—帐篷　2、6—隔热板加工机　3、11—焊头　4、10—旋绕架　5、9—传送器　7—外罩　8—帐篷平台

2. GTT 型 LNG 船

薄膜型 LNG 船的开发者 Gaz Transport 和 Technigaz 已合并为一家，故对该型船称为 GTT 型。图 6-36 示出薄膜围护系统的总概念。从图中可见，该围护系统是由双层船壳、主薄膜、次薄膜和低温隔热所组成。GTT 型的围护结构有 GTNO96 和 TGZ Mark Ⅲ 两种。

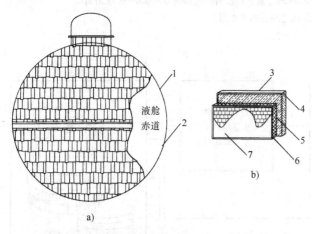

图 6-35　球形液罐的围护系统及隔热镶板组成

a）球形液罐的围护系统　b）隔热镶板的组成

1—隔热镶板　2—裙板　3—弹性聚氨酯泡沫　4—酚醛泡沫
5—线网　6—刚性聚氨酯泡沫　7—具有压花的铝板

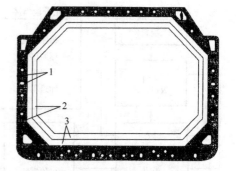

图 6-36　薄膜型液货舱的总概念

1—完全双船壳结构
2—低温屏障层组成（主薄膜和次薄膜）
3—可承载的低温隔热层

图 6-37 和图 6-38 分别表示这两种形式的围护结构的局部，图 6-39 示出 LNG 船薄膜型液货舱的设计负荷。薄膜内应力是由静应力、动应力和热应力三部分组成。

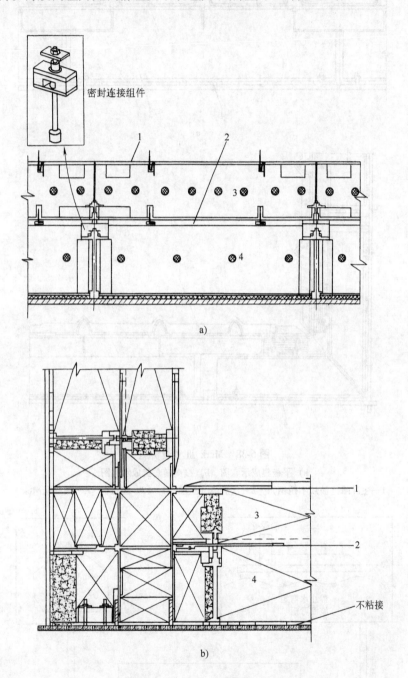

密封连接组件

a)

b)

图 6-37　No. 96 型液货舱

a）标准箱集成示意图　b）横向转角集成示意图

1—主屏障　2—次屏障　3—主珠光砂箱　4—次珠光砂箱

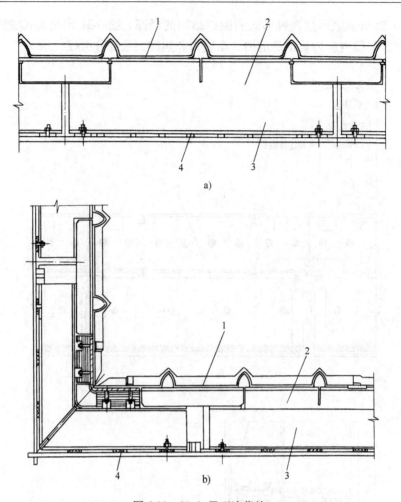

图 6-38　Mark Ⅲ型液货舱

a）平板集成示意图　b）横向转角集成示意图

1—主屏障（波纹不锈钢）　2—次屏障（三层的）　3—连接件　4—聚氨酯泡沫

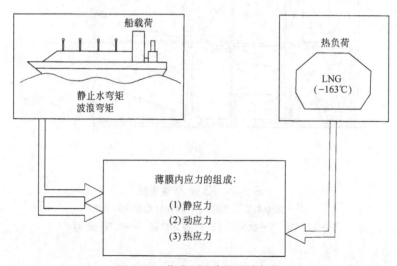

图 6-39　薄膜型液货舱设计负荷

3. SPB 型 LNG 船

SPB 型的前身是棱形舱 Conch 型，是由日本 IHI 公司开发的。该型大多应用在 LPG 船上，建造并已运行的 LNG 船仅两艘，图 6-40 示出 SPB 型液舱断面结构，图 6-41 示出 SPB 型液舱的隔热结构。

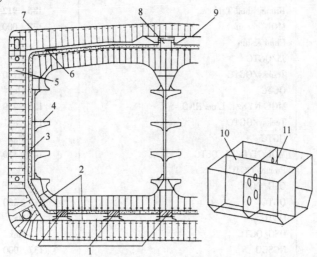

图 6-40　SPB 型液舱断面结构

1—支撑　2—连通空间　3—隔热层　4—水平梁　5—压载水舱　6—防浮楔
7—甲板　8—防滚楔　9—甲板横梁　10—中线隔舱　11—防晃隔板

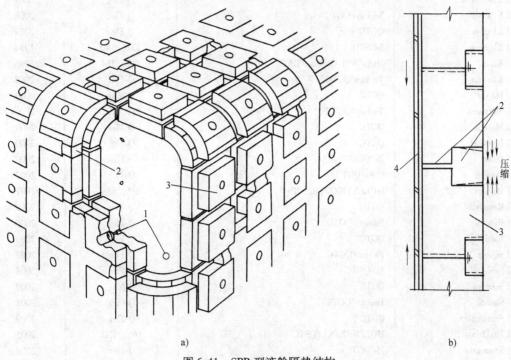

a)　　　　　　　　　　　　　　　　　　　b)

图 6-41　SPB 型液舱隔热结构

a) 典型结构　b) 断面图

1—螺栓　2—弹性连接　3—隔热板　4—液舱　——室温条件　– – –冷稳定条件

6.3.3　世界 LNG 船一览（1983—2013）

船 名 称	船 舶 公 司	容量/m³	年 份
Aamira	QGTC	Q-Max	2010
Abadi	Brunei Shell Tankers	136, 912	2002
Abdelkader	MOL/ltochu	177, 000	2010
Akebono Maru	Chuo Kaiun	3, 556	2011
Al Aamriya	J5/QGTC	Q-Flex	2008
Al Areesh	Teekay/QGTC	151, 700	2007
Al Bahiya	QGTC	Q-Flex	2010
Al Bidda	MOL/NYK/K Line/IINO	135, 279	1999
Al Daayen	Teekay/QGTC	151, 891	2007
Al Dafna	QGTC	Q-Max	2009
Al Deebel	MOL/NYK/KL/QSTC	145, 130	2005
Al Ghariya	Pronav/QGTC	Q-Flex	2008
Al Gharrafa	OSG/QGTC	Q-Flex	2007
Al Ghashamiya	QGTC	217, 330	2009
Al Ghuwairiya	QGTC	Q-Max	2008
Al Hamla	OSG/QGTC	Q-Flex	2008
Al Hamra	NGSCO	137, 000	1996
Al Huwaila	Teekay/QGTC	Q-Flex	2008
Al Jasra	MOL/NYK/K Line/IINO	135, 169	2000
Al Jassasiya	Maran Gas Maritime	145, 700	2007
Al Karaana	QGTC	Q-Flex	2009
Al Kharaitiyat	QGTC	Q-Flex	2009
Al Kharsaah	Teekay/QGTC	Q-Flex	2008
Al Khattiya	QGTC	Q-Flex	2009
Al Khaznah	NGSCO	137, 540	1994
Al Khor	MOL/NYK/K Line/IINO	137, 354	1996
Al Khuwair	Teekay/QGTC	Q-Flex	2008
Al Mafyar	QGTC	Q-Max	2009
Al Marrouna	Teekay/QGTC	151, 822	2006
Al Mayeda	QGTC	Q-Max	2009
Al Nuaman	QGTC	Q-Flex	2009
Al Oraiq	J5/QGTC	Q-Flex	2008
Al Qattara	OSG/QGTC	Q-Flex	2007
Al Rayyan	MOL/NYK/K Line/IINO	135, 358	1997
Al Rekayyat	QGTC	Q-Flex	2009
Al Ruwais	Pronav/QGTC	Q-Flex	2007
Al Sadd	QGTC	Q-Flex	2009
Al Safliya	Pronav/QGTC	Q-Flex	2007
Al Sahla	J5/QGTC	Q-Flex	2008
Al Samriya	QGTC	Q-Max	2009
Al Shamal	Teekay/QGTC	Q-Flex	2008
Al Sheehaniya	QGTC	Q-Flex	2009
Al Thakhina	MOL/NYK/KL/QSTC	145, 130	2005
Al Thumama	J5/QGTC	Q-Flex	2008
Al Utouriya	J5/QGTC	Q-Flex	2008
Al Wajbah	MOL/NYK/K Line/IINO	137, 308	1997
Al Wakrah	MOL/NYK/K Line/IINO	137, 568	1998

（续）

船　名　称	船　舶　公　司	容量/m³	年　份
Al Zubarah	MOL/NYK/K Line/IINO	137, 573	1996
Alto Acrux	Tokyo Electric/NYK/Mitsubishi	147, 798	2008
Amali	Brunei Shell Tankers	147, 000	2011
Aman Bintulu	Perbadanan/NYK	18, 927	1993
Aman Hakata	Perbadanan/NYK	18, 942	1998
Aman Sendai	Perbadanan/NYK	18, 928	1997
Arctic Aurora	Dynagas	154, 880	2013
Arctic Discoverer	K Line/Mitsui	142, 612	2006
Arctic Lady	Mitsui OSK/Hoegh LNG	147, 208	2006
Arctic Princess	Mitsui OSK/Hoegh LNG	147, 835	2005
Arctic Spirit	Teekay	89, 089	1993
Arctic Voyager	K Line/Mitsui	142, 759	2006
Arkat	Brunei Shell Tankers	147, 000	2011
Arwa Spirit	Teekay LNG Partners	165, 500	2008
Aseem	3J/QGTC/SCI	154, 800	2009
Bahrain Vision	Teekay	12, 000	2011
Barcelona Knutsen	Knutsen OAS	173, 400	2010
Ben Badis	MOL/Itochu	177, 300	2010
Berge Arzew	BW LPG	138, 089	2004
Bilbao Knutsen	Knutsen OAS	138, 000	2004
British Diamond	BP	151, 945	2008
British Emerald	BP	151, 945	2007
British Innovator	BP	136, 135	2003
British Merchant	BP	138, 000	2003
British Ruby	BP	151, 945	2008
British Sapphire	BP	151, 945	2008
British Trader	BP	138, 248	2002
Broog	MOL/NYK/K Line/IINO	137, 529	1998
Bu Samra	QGTC	Q-Max	2008
BW GDF Suez Boston	BW LPG	138, 059	2003
BW GDF Suez Brussels	BW LPG	162, 400	2009
BW GDF Suez Paris	BW LPG	162, 400	2009
BW Suez Everett	BW LPG	138, 028	2003
Cadiz Knutsen	Knutsen OAS	138, 826	2004
Castillo de Santisteban	Elcano	173, 600	2010
Castillo de Villalba	Elcano	138, 000	2003
Catalunya Spirit	Teekay LNG Partners	138, 000	2003
Celestine River	RBS	145, 394	2007
Cheikh El Bouamama	MOL/Itochu/Sonatrach/Hyproc	75, 558	2008
Cheikh El Mokrani	MOL/Itochu/Sonatrach/Hyproc	75, 759	2007
Clean Energy	Dynagas	149, 700	2007
Clean Force	Dynagas	149, 700	2007
Cool Voyager	Thenamaris	160, 000	2013
Coral Energy	Anthony Veder	15, 600	2013
Coral Methane	Anthony Veder	7, 551	2009
Cubal	NYK/MBK/Teekay	160, 276	2012
Cygnus Passage	Tokyo Electric/NYK/Mitsubishi	145, 000	2009
Dapeng Moon	China LNG Shipping	147, 210	2008

（续）

船 名 称	船 舶 公 司	容量/m³	年 份
Dapeng Star	China LNG Shipping	147, 210	2009
Dapeng Sun	China LNG Shipping	147, 210	2008
Disha	3J/Qship/SCI	136, 025	2004
Doha	MOL/NYK/K Line/IINO	137, 262	1999
Duhail	Pronav/QGTC	Q-Flex	2008
Golar Winter	Golar LNG	138, 250	2004
Grace Acacia	NYK/MBK	149, 700	2007
Grace Barleria	NYK	149, 700	2007
Grace Cosmos	NYK/MBK	141, 000	2008
Grace Dahlia	NYK	177, 427	2013
Grand Aniva	Sovcomflot/NYK	145, 000	2008
Grand Elena	Sovcomflot/NYK	145, 580	2007
Grand Mereya	MOL/Primorsk	145, 963	2008
Hanjin Muscat	Hanjin Shipping	138, 366	1999
Hanjin Pyeong Taek	Hanjin Shipping	138, 366	1995
Hanjin Ras Laffan	Hanjin Shipping	138, 214	2000
Hanjin Sur	Hanjin Shipping	138, 333	2000
Hispania Spirit	Teekay LNG Partners	138, 517	2002
Hyundai Aquapia	Hyundai Merchant Marine	137, 415	2000
Hyundai Cosmopia	Hyundai Merchant Marine	137, 415	2000
Hyundai Ecopia	Hyundai Merchant Marine	145, 000	2008
Hyundai Greenpia	Hyundai Merchant Marine	125, 000	1996
Hyundai Oceanpia	Hyundai Merchant Marine	137, 415	2000
Hyundai Technopia	Hyundai Merchant Marine	137, 415	1999
Hyundai Utopia	Hyundai Merchant Marine	125, 182	1994
Iberica Knutsen	Knutsen OAS	138, 000	2006
Ibra LNG	Oman Shipping	148, 176	2006
Ibri LNG	Oman Shipping	145, 173	2006
Ish	NGSCO	137, 512	1995
K Acacia	Korea Line	138, 017	2000
K Freesia	Korea Line	138, 015	2000
K Jasmine	Korea Line	151, 800	2008
K Mugungwha	Korea Line	151, 812	2008
Kakurei Maru	Hogaki Zosen	2, 536	2008
Kakuyu Maru	Tsurumi Sunmarine	3, 000	2013
Koto	BW LPG	125, 454	1984
Lalla Fatma N'soumer	MOL/Itochu/Sonatrach/Hyproc	145, 445	2004
Lena River	Dynagas	155, 000	2013
Lijmiliya	QGTC	Q-Max	2008
LNG Adamawa	Nigeria LNG	138, 437	2005
LNG Akwa Ibom	Nigeria LNG	141, 500	2004
LNG Barka	Osaka Gas/NYK	153, 643	2008
LNG Bayelsa	Nigeria LNG	137, 500	2003
LNG Benue	BW Gas/Marubeni	145, 952	2006
LNG Borno	NYK	149, 600	2007
LNG Cross River	Nigeria LNG	141, 000	2005
LNG Dream	Osaka Gas/NYK	145, 254	2006
LNG Ebisu	Kansai Electric/Mitsui OSK/Iino Kaiun	145, 000	2008

（续）

船　名　称	船　舶　公　司	容量/m³	年　份
LNG Enugu	BW Gas/Marubeni	145, 926	2005
LNG Finima	Nigeria LNG	132, 588	1984
LNG Flora	NYK/MOL/KL/OG/TG/THG	127, 705	1993
LNG Imo	BW Gas/Marubeni	148, 399	2008
LNG Jamal	Osaka Gas/NYK/MOL/K Line	133, 333	2000
LNG Jupiter	Osaka Gas/NYK	155, 999	2009
LNG Kano	BW Gas/Marubeni	148, 565	2007
Dukhan	NYK/MOL/KL/MBK/QSTC	137, 661	2004
Dwiputra	NYK/MOL	127, 386	1994
Echigo Maru	NYK/MOL/K Line	125, 568	1983
Ejnan	4J/QGTC	145, 130	2007
Ekaputra	Humpuss	136, 400	1989
Energy Advance	Tokyo Gas	147, 624	2005
Energy Confidence	NYK/Tokyo Gas	153, 000	2009
Energy Frontier	Tokyo LNG/Mitsui OSK	147, 599	2003
Energy Horizon	NYK/Tokyo Gas	177, 440	2011
Energy Navigator	Tokyo LNG/Mitsui OSK	147, 558	2008
Energy Progress	Mitsui OSK	147, 558	2006
Excalibur	Exmar/Teekay	138, 034	2002
Excel	Exmar/Mitsui OSK	138, 134	2003
Excelerate	Exmar/Excelerate	138, 074	2006
Excellence	Excelerate	138, 120	2005
Excelsior	Exmar/Teekay	138, 074	2005
Exemplar	Excelerate	150, 900	2010
Expedient	Excelerate	150, 900	2010
Explorer	Exmar/Excelerate	150, 981	2008
Express	Exmar/Excelerate	150, 900	2009
Exquisite	Excelerate	150, 900	2009
Fraiha	J5/QGTC	Q-Flex	2008
FSRU Toscana	OLT	138, 830	2004
Fuji LNG	Cardiff Marine	145, 000	2004
Fuwairit	MOL/NYK/KL/QSTC	138, 200	2004
Galea	Shell	135, 269	2002
Galicia Spirit	Teekay LNG Partners	140, 624	2004
Gallina	Shell	135, 269	2002
Gaselys	NYK/GDF Suez	154, 472	2007
GasLog Chelsea	GasLog	153, 000	2010
GasLog Santiago	GasLog	155, 000	2013
GasLog Savannah	GasLog	154, 984	2010
GasLog Seattle	GasLog	155, 000	2013
GasLog Shanghai	GasLog	155, 000	2013
GasLog Singapore	GasLog	155, 006	2010
GasLog Skagen	GasLog	154, 948	2013
GasLog Sydney	GasLog	155, 000	2013
GDF Suez Cape Ann	Mitsui OSK/Hoegh LNG	145, 130	2010
GDF Suez Global Energy	GDF Suez	74, 130	2004
GDF Suez Neptune	Mitsui OSK/Hoegh LNG	145, 130	2009
GDF Suez Point Fortin	MOL/Sumitomo/LNG Japan	154, 914	2010

（续）

船 名 称	船 舶 公 司	容量/m³	年 份
Gemmata	Shell	135, 269	2004
Ghasha	NGSCO	137, 514	1995
Golar Arctic	Golar LNG	138, 538	2003
Golar Celsius	Golar LNG	160, 000	2013
Golar Grand	Golar LNG Partners （GMLP）	145, 700	2006
Golar Maria	Golar LNG Partners （GMLP）	145, 700	2006
Golar Mazo	Golar LNG Partners （GMLP）	135, 225	1999
Golar Seal	Golar LNG	160, 000	2013
Golar Viking	Golar LNG	140, 207	2005
Norgas Invention	Norgas Carriers	10, 000	2011
Norgas Unikum	Teekay	12, 000	2011
North Pioneer	Iino Gas Transport	2, 513	2005
Northwest Sanderling	NWS LNG Shipping	127, 525	1989
Northwest Sandpiper	NWS LNG Shipping	125, 042	1993
Northwest SeaEagle	NWS LNG Shipping	125, 541	1992
Northwest Shearwater	NWS LNG Shipping	127, 500	1991
Northwest Snipe	NWS LNG Shipping	127, 747	1990
Northwest Stormpetrel	NWS LNG Shipping	125, 525	1994
Northwest Swallow	NYK/MOL/K Line	127, 544	1989
Northwest Swan	NWS/LNG/Shipping	140, 500	2004
Ob River	Dynagas	149, 700	2007
Onaiza	QGTC	Q-Flex	2009
Pacific Enlighten	KE/Tepco/NYK/MOL/MC	145, 000	2009
Pacific Eurus	Tokyo Electric/NYK/Mitsubishi	135, 000	2006
Pacific Notus	Tokyo Electric/NYK/Mitsubishi	137, 006	2003
Pioneer Knutsen	Knutsen OAS	1, 100	2004
Polar Spirit	Teekay	88, 996	1993
Provalys	GDF Suez	154, 472	2006
Puteri Delima	Petronas （MISC）	130, 405	1994
Puteri Delima Satu	Petronas （MISC）	137, 489	2003
Puteri Firus	Petronas （MISC）	130, 358	1997
Puteri Firus Satu	Petronas （MISC）	137, 489	2004
Puteri Intan	Petronas （MISC）	130, 405	1994
Puteri Intan Satu	Petronas （MISC）	137, 489	2002
Puteri Mutiara Satu	Petronas （MISC）	137, 595	2005
Puteri Nitam	Petronas （MISC）	130, 405	1995
Puteri Nitam Satu	Petronas （MISC）	137, 489	2003
Puteri Zamrud	Petronas （MISC）	130, 358	1996
Puteri Zamrud Satu	Petronas （MISC）	137, 100	2004
Raahi	3J/Qship/SCI	138, 076	2004
RasGas Asclepius	Maran Gas Maritime	145, 700	2005
Rasheeda	QGTC	Q-Max	2010
Ribera del Duero Knutsen	Knutsen OAS	173, 400	2010
Salalah LNG	Oman Shipping	145, 000	2005
Senshu Maru	NYK/MOL/K Line	127, 167	1984
Seri Alam	Petronas （MISC）	145, 572	2005
Seri Amanah	Petronas （MISC）	145, 709	2006
Seri Anggun	Petronas （MISC）	145, 731	2006

（续）

船　名　称	船　舶　公　司	容量/m³	年　份
Seri Angkasa	Petronas（MISC）	145,130	2006
Seri Ayu	Petronas（MISC）	145,894	2007
Seri Bakti	Petronas（MISC）	152,944	2007
Seri Balhaf	Petronas（MISC）	157,720	2009
Seri Balqis	Petronas（MISC）	157,610	2009
Seri Begawan	Petronas（MISC）	152,900	2008
Seri Bijaksana	Petronas（MISC）	152,888	2008
Sestao Knutsen	Knutsen OAS	138,000	2007
Sevilla Knutsen	Knutsen OAS	173,400	2010
Shagra	QGTC	Q-Max	2009
Shahamah	NGSCO	135,496	1994
LNG Lerici	Eni	63,957	1998
LNG Lokoja	BW Gas/Marubeni	148,471	2006
LNG Ogun	NYK	149,600	2007
LNG Ondo	BW Gas/Marubeni	148,478	2007
LNG Oyo	BW Gas/Marubeni	145,842	2005
LNG Pioneer	Mitsui OSK	138,121	2005
LNG Portovenere	Eni	63,993	1997
LNG River Niger	Nigeria LNG	141,000	2006
LNG River Orashi	BW Gas/Marubeni	145,914	2004
LNG Rivers	Nigeria LNG	137,500	2002
LNG Sokoto	Nigeria LNG	137,425	2002
LNG Swift	NYK/MOL/K Line	127,580	1989
LNG Vesta	NYK/MOL/KL/OG/TG/THG	127,547	1994
Lobito	NYK/MBK/Teekay	160,538	2011
Lusail	MOL/NYK/KL/QSTC	145,130	2005
Madrid Spirit	Teekay LNG Partners	138,000	2004
Magellan Spirit	Teekay LNG Partners	165,500	2009
Malanje	NYK/MBK/Teekay	160,518	2011
Maran Gas Coronis	Maran Gas Maritime	145,700	2007
Marib Spirit	Teekay LNG Partners	165,500	2008
Mekaines	QGTC	Q-Max	2009
Meridian Spirit	Teekay LNG Partners	165,500	2010
Mesaimeer	QGTC	Q-Flex	2009
Methane Alison Victoria	BG Group	145,578	2007
Methane Becki Anne	BG Group	170,678	2010
Methane Heather Sally	BG Group	145,611	2007
Methane Jane Elixabeth	BG Group	145,644	2006
Methane Julia Louise	BG Group	170,723	2010
Methane Kari Elin	BG Group	138,267	2004
Methane Lydon Volney	BG Group	145,644	2006
Methane Mickie Harper	BG Group	170,684	2010
Methane Nile Eagle	BG Group	145,598	2007
Methane Patricia Camila	BG Group	170,683	2010
Methane Princess	Golar LNG Partners（GMLP）	138,000	2003
Methane Rita Andrea	BG Group	145,644	2006
Methane Shirley Elisabeth	BG Group	145,488	2007
Methane Spirit	Teekay LNG Partners	165,500	2008

（续）

船 名 称	船 舶 公 司	容量/m³	年　份
Milaha Qatar	Teekay LNG Partners	145, 602	2006
Milaha Ras Laffan	Teekay LNG Partners	138, 273	2004
Min Lu	China LNG Shipping	147, 210	2009
Min Rong	China LNG Shipping	147, 210	2009
Mozah	QGTC	Q-Max	2008
Mraweh	NGSCO	135, 000	1996
Mubaraz	NGSCO	135, 000	1996
Murwab	J5/QGTC	Q-Flex	2008
Neo Energy	Tsakos	146, 735	2007
Nizwa LNG	Oman Shipping	145, 469	2005
Norgas Conception	Norgas Carriers	10, 000	2011
Norgas Creation	Norgas Carriers	10, 000	2010
Norgas Innovation	Norgas Carriers	10, 000	2010
Shen Hai	China LNG Shipping	147, 210	2012
Shinju Maru No. 1	NS United Kaiun Kaisha	2, 513	2003
Shinju Maru No. 2	Chuo Kaiun	2, 536	2008
Simaisma	Maran Gas Maritime	145, 700	2006
SK Splendor	SK Shipping	135, 603	2000
SK Stellar	SK Shipping	138, 540	2000
SK Summit	SK Shipping	135, 244	1999
SK Sunrise	IINO/Itochu	138, 270	2003
SK Supreme	SK Shipping	135, 490	2000
Sohar LNG	Oman Shipping	137, 248	2001
Sonangol Benguela	Sonangol	160, 500	2011
Sonangol Etosha	Sonangol	160, 896	2011
Sonangol Sambizanga	Sonangol	160, 786	2011
Soyo	NYK/MBK/Teekay	160, 518	2011
Stena Blue Sky	Stena	145, 700	2006
Stena Clear Sky	Stena	171, 800	2011
Stena Crystal Sky	Stena	171, 800	2011
STX Kolt	STX Pan Ocean	145, 700	2008
Sun Arrows	MOL/Hiroshima Gas	19, 176	2007
Surya Aki	Humpuss	19, 538	1996
Surya Satsuma	Mitsui OSK	23, 096	2000
Taitar No. 1	NYK/Mitsui/CPC	145, 000	2009
Taitar No. 2	NYK/Mitsui/CPC	147, 000	2009
Taitar No. 3	NYK/Mitsui/CPC	145, 000	2010
Taitar No. 4	NYK/Mitsui/CPC	145, 333	2010
Tangguh Batur	Sovcomflot/NYK	145, 700	2008
Tangguh Foja	K Line/Meratus	154, 810	2008
Tangguh Hiri	Teekay LNG Partners	155, 000	2008
Tangguh Jaya	K Line/Meratus	154, 967	2008
Tangguh Palung	K Line/Meratus	154, 810	2009
Tangguh Sago	Teekay LNG Partners	155, 000	2009
Tangguh Towuti	Sovcomflot/NYK	145, 700	2008
Tembek	OSG/QGTC	Q-Flex	2007
Trinity Arrow	Shoei	154, 982	2008
Trinity Glory	K Line/Mitsui/Shoei	154, 200	2009

（续）

船 名 称	船 舶 公 司	容量/m³	年 份
Umm Al Amad	J5/QGTC	Q-Flex	2008
Umm Al Ashtan	NGSCO	137,000	1997
Umm Bab	Maran Gas Maritime	145,700	2005
Umm Slal	QGTC	Q-Max	2008
Valencia Knutsen	Knutsen OAS	173,400	2010
Wakaba Maru	Mitsui OSK	127,209	1985
WilEnergy	Awilco LNG	125,542	1983
Wilforce	Awilco LNG	155,900	2013
WilGas	Awilco LNG	126,975	1984
WilPower	Awilco LNG	125,929	1983
Wilpride	Teekay LNG Partners	155,900	2013
Woodside Donaldson	Teekay LNG Partners	165,500	2009
Woodside Goode	Maran Gas Maritime	155,900	2013
Woodside Rogers	Maran Gas Maritime	155,900	2013
Y K Sovereign	SK Shipping	127,125	1994
Yenisei River	Dynagas	155,000	2013
Zarga	QGTC	Q-Max	2010
Zekreet	MOL/NYK/K Line/IINO	137,482	1998

6.3.4 现代 LNG 船的船型

6.3.5 典型 LNG 船的货舱分布

图 6-42 ~ 图 6-45 示出一些 LNG 船的货舱分布。

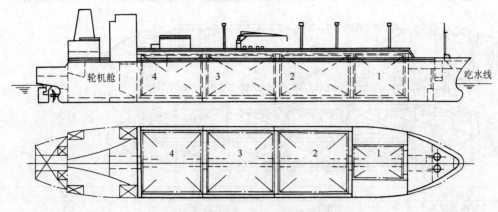

图 6-42 45000m³ LNG 船的液货舱分布
（Technigaz 薄膜围护系统，船货日气化率0.20%）
1~4—液货舱

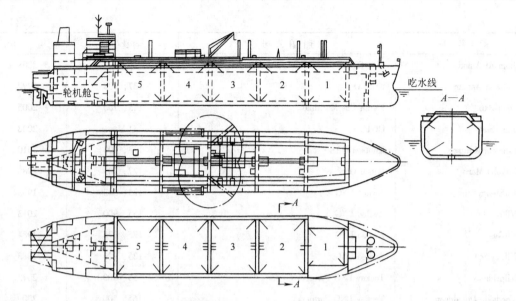

全长	约196	液舱容量/m³	约45000
垂直净长度/m	184.0	液舱围护	Technigaz 薄膜型
型宽/m	315	主机/台	1
型深/m	18.0	蒸汽轮机	NSO 13500 PS × 转速/（r/min）
设计吃水深度/m	8.0	发电机	2 台蒸汽轮机，1 台辅助柴油机
自重/t	约22000	液舱蒸发率（标称）/[（%）/d]	0.2
总载重/t	约33000	可选择项	柴油机驱动，提供再液化装置
航速/英节	约16.5		

注：1 英节 = 0.5147m/s。

图 6-43　125000m³ LNG 船的上甲板平面和液货舱分布
（Technigaz 薄膜围护系统，船货日气化率0.14%）
1~5—液货舱

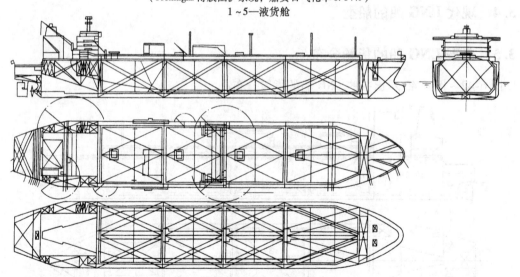

全长/m	284.0	设计吃水深度/m	11.45
垂直净长度/m	270.0	航速/英节	19.5
型宽/m	47.0	主机	一台蒸汽轮机，26730kW
型深/m	25.9	总载重/t	97300

图 6-44　由日本 IHI 公司建造的 145000m³ SPB 型 LNG 船货舱分布

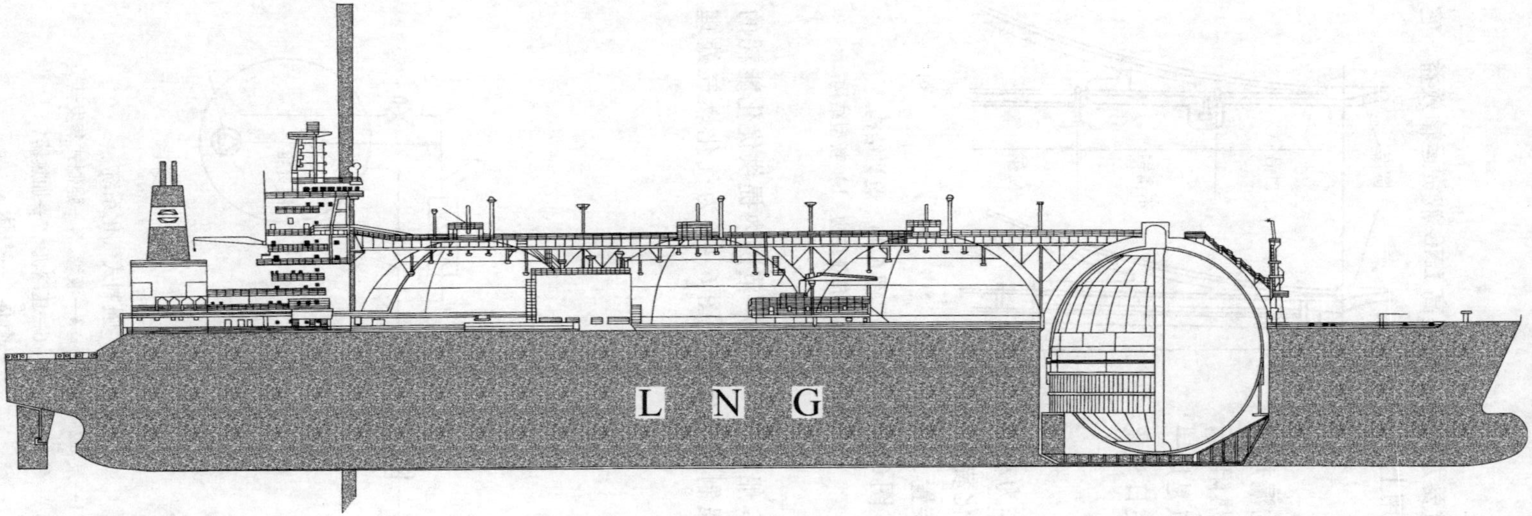

全长/m	289
垂直净长度/m	275
型宽/m	48.1
型深/m	27.0
设计吃水深度/m	11.3
自重/t	68500
总载重/t	117000
航速/英节	19.5
运行线路	阿布扎比-日本
分级	甲烷独立舱,LR+100A1;B型,最高压力0.025MPa;最低温度-163℃
液舱围护系统	4个球形铝罐,内径为40.44m,充液率为98.5%
日蒸发率[(%)/d]	0.15
液泵和喷射泵	喷射泵,55m³/h
主推进系统	蒸汽轮机,减速齿轮,安装功率29.6MW
蒸汽锅炉	燃料:重油,LNG两种燃料系统
发电	1台柴油机,2台蒸汽轮机,功率各为2700kW;应急发电机功率为700kV·A,440V,60Hz
生活舱	共有39个舱位;3个属业主用舱位;4个高级主管办公室;8个助理办公室;6个实习生室备用,巡视舱;16个海员室;2个技工舱,每舱各4人
交付运营时间	1996.1,1996.6,1997.1,1997.5

图6-45　135000m³ LNG船

6.3.6　LNG船的技术新构思

在LNG船的建造发展中，技术进步的一个重要方面是不断提高LNG液货运输效益，它主要反映在日气化率的降低及蒸发气的回收和利用上。

下面介绍几个技术新构思：

1. 具有热阻滞新型舱裙结构

在MOSS型船的球形储槽中，沿舱裙结构的漏热通常要占储槽总漏热量的30%，如果采用新型的热阻滞，可使漏热明显减少。其结构如图6-46所示，特点是用一块不锈钢板嵌插在铝和钢质裙之间。这样，可使日气化率从通常的0.2%降至0.1%。

2. 再液化系统的模拟研究

在目前运营的LNG船上，将蒸发蒸气直接作为动力燃料消耗掉而不再回收液化，基本上还没有再液化装置。为了船舶的经济运行，在LNG船上装备再液化装置，对此已开始了可行性研究，且已进入研究模拟阶段。图6-47是拟用在LNG船的再液化装置原理图。

3. 强制气化系统

图6-48所示气化系统，主要是为了给LNG船能在一个宽广范围内提供优化能耗的选择，它包括一台在液货舱内的水泵和一个强制式蒸发器。图6-49为气化燃气处理系统。

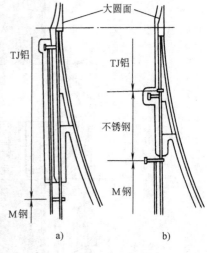

图6-46　舱裙结构

a) 传统结构　b) 新型结构

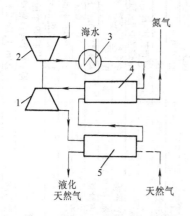

图6-47　LNG船再液化装置原理图

1—膨胀机　2—压缩机

3—冷凝器　4、5—换热器

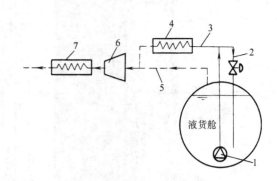

图6-48　强制式气化系统

1—泵　2—旁通管　3—液管　4—强制式蒸发器

5—蒸气管　6—压缩机　7—加热器

——气体　----气体

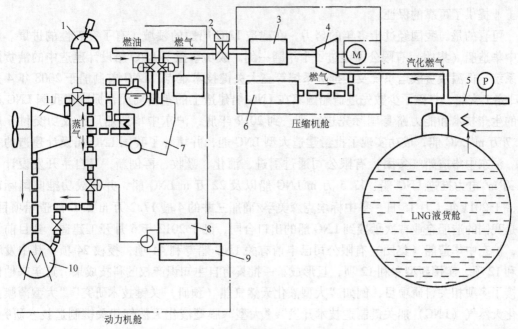

图 6-49　气化燃气处理系统

1—主蒸汽轮机操纵器　2—快速截止阀　3—燃气换热器　4—燃气压缩机　5—燃气集管
6—强制式气化器（可选用）　7—主锅炉　8—手动控制　9—自动控制　10—主冷凝器　11—主蒸汽轮机

6.3.7　我国 LNG 船制造业的发展

1. 建立我国 LNG 船制造业的重要性

世界上，日本、韩国是当前的 LNG 船制造大国。他们建造 LNG 船的发展过程，均由政府支持本国船主或财阀承担 LNG 的进口运输，运输船舶的选择采用了投资新建方法。新建船舶的合同又无一例外地与本国的造船企业签订，从而带动了本国 LNG 运输和 LNG 船舶制造的技术进步。同时由于 LNG 船舶是世界造船业最具难度的船舶之一，其投资大、建造周期长，而且技术含量高、附加值高。主要技术专利掌握在法国气体运输公司和挪威克瓦纳公司手里。

从国家安全角度考虑，我国 LNG 船制造业应该在学习国外同行经验的基础上，在技术上开拓创新，并申报我们自己的专利，以及掌握高技术船舶建造的核心技术，这对本国的能源战略有着重要意义。同时建造国产 LNG 船，可提高本国的船舶工业技术水平，促进产品结构调整，进一步提高船舶工业竞争力，既扩大了生存和发展空间，也为国民经济的发展做出贡献。

2. 我国建造 LNG 船舶的进展

我国目前是世界上第三大造船国，国内的大型船厂已经具备建造各类型船舶的经验和条件。如大连新船重工有限责任公司可以建造 30 万 t 原油轮，5618TEU 集装箱船，15 万 t 散装货轮等。还为挪威 OCEAN RIG 公司成功建造 BING09000 半潜式钻井平台。上海江南造船集团已经建造过 22000m³ 以下各种规格的液化气船，积累了丰富的经验。

在建造 LNG 船舶基础设施条件方面，大连新船重工有限责任公司和上海江南造船集团等都具备 15 万 t 级船台和 30 万 t 级船坞，以及 580t 和 900t 的超重龙门起重机，沪东造船厂已建成 360m×92m 的船坞。这些都是建造大型 LNG 船的必备设施，为发展我国的大型 LNG

船工业提供了可靠的保证。

可喜的是，我国经过十多年的努力，在建造 LNG 船舶的领域，有了突破性的进展。沪东中华造船（集团）有限公司经过了十年磨一剑，成功掌握了 LNG 船设计建造中的液货围护系统、低温液货驳运系统及主推进系统等三大关键技术难点。LNG 首制船于 2008 年 4 月 3 日完工交船，打破了少数先进造船国家在 LNG 船建造上的垄断局面，标志着我国 LNG 造船的生产技术和能力跻身国际先进行列。到 2012 年底，沪东中华造船厂已成功交付 6 艘 14.7 万 m^3 LNG 船，成功实现了批量建造大型 LNG 船，并填补了我国 LNG 船设计建造的空白。沪东中华造船（集团）有限公司通过引进、消化、吸收、再创新，又自主开发设计了 16 万 m^3 电力推进 LNG 船、17.5 万 m^3 LNG 船以及 22 万 m^3 LNG 船，并已成功推向国际市场，于 2011 年 1 月 15 日一举中标埃克森美孚/商船三井的 4 艘 17.2 万 m^3 LNG 船造船项目。这是我国的造船企业首次承接到 LNG 船的出口合同，已于 2012 年 6 月开工建造。到目前为止，沪东中华造船（集团）有限公司已申请有关 LNG 船专利 44 项，授权 24 项，其中发明专利 12 项，实用新型专利 12 项，且形成了一批具有自主知识产权的科技成果。近年来他们承接了多项相关科研项目，例如"大型液化天然气船（预研）关键技术研究""大型薄膜型液化天然气（LNG）船关键制造技术开发""大型薄膜型液化天然气船关键制造技术研究""大型薄膜型 LNG 船首制""大型薄膜型液化天然气（LNG）船绝热箱制造技术研究""大型液化天然气船工程开发""16 万 m^3 级薄膜型电力推进 LNG 船研制"等。这些科研项目的实施为本专项研究的开展奠定了坚实基础。

3. 实现我国 LNG 船国产化的所必须研究的内容

1）LNG 船型的论证及综合性能优化研究。

2）LNG 船舱的稳性研究。

3）LNG 储罐系统专利实施的研究。

4）LNG 装卸系统专利实施的研究。

5）船体结构设计研究。

6）动力装置设计研究。

7）LNG 船的特殊建造工艺技术研究。

6.4　LNG 槽车[2]

由 LNG 接收站或工业性液化装置存储的 LNG，一般是由 LNG 槽车载运到各地，供居民燃气或工业燃气用。

LNG 载运状态一般是常压，所以其温度为 112K 的低温。LNG 又是易燃、易爆的介质，载运中的安全可靠是至关重要的。

6.4.1　LNG 槽车的隔热方式

槽车采用合适的隔热方式，以确保高效、安全地运输。用于 LNG 槽车隔热主要有三种形式：①真空粉末隔热；②真空纤维隔热；③高真空多层隔热。

选择哪一种隔热形式的原则是经济高效、隔热可靠、施工简单。由于真空粉末隔热具有真空度要求不高、工艺简单、隔热效果较好的特点，往往被选用。其制造工艺上积累较丰富的经验。

高真空多层隔热近年来因其独特的优点，加上工艺逐渐成熟，为一些制造商所看好。在制造工艺成熟的前提下，高真空多层隔热与真空粉末隔热相比具有如下特点：

1) 高真空多层隔热的夹层厚度约为100mm，而真空粉末隔热的夹层厚度200mm以上。因此，对于相同容量级的外筒，高真空多层隔热槽车的内筒容积，比真空粉末隔热槽车的内筒容积大27%左右。这样，可以在不改变槽车外形尺寸的前提下，提供更大的装载容积。

2) 对于大型半挂槽车，由于夹层空间较大，粉末的重量也相应增大，从而增加了槽车的装备重量，降低载液重量。例如一台20m³的半挂槽车采用真空粉末隔热时，粉末的重量将近1.8t，而采用高真空多层隔热时，重量仅为200kg。因此，采用高真空多层隔热可以大大减少槽车的装备重量。

3) 采用高真空多层隔热，可以避免因槽车行驶所产生的振动，使隔热材料沉降。高真空多层隔热比真空粉末隔热的施工难度大，但在制造工艺逐渐成熟适合批量生产后，广泛应用的前景是好的。

6.4.2　LNG 槽车的安全设计

LNG 槽车的安全设计至关重要，不安全的设计将带来严重的后果。安全设计主要包含两个方面：防止超压和消除燃烧的可能性（禁火、禁油、消除静电）。

防止槽车超压的手段主要是设置安全阀、爆破片等超压泄放装置。根据低温领域的运行经验在储罐上必须有两套安全阀在线安装的双路系统，并设一个转换。当其中一路安全阀需要更换或检修时，转换、变换到另一路上，而不妨碍工作，并维持最少一套安全阀系统在线使用。在低温系统中，安全阀由于冻结而不能及时开启所造成的危险应引起重视。安全阀冻结大多是由于阀门内漏，低温介质不断通过阀体而造成的。一般通过目视检查安全阀是否结冰或结霜来判断。一旦发现这种情况，应及时拆下安全阀排除内漏故障。

为了运输安全，在有的槽车上，除了安全阀和爆破片外，还设有如图 6-50 所示的公路运输泄放阀。在槽车的气相管路上设置一个降压调节阀（ECONOMIZER）。作为第一道安全保护，该阀的泄放压力远小于罐体的最高工作压力和安全阀起跳压力。它仅在槽车运输时与气相空间相通；但罐车输液时，用截止阀隔离降压调节阀它就不起作用。

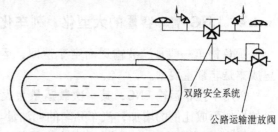

双路安全系统

公路运输泄放阀

图 6-50　公路运输泄放阀示意图

在低工作压力，泵送 LNG 槽车上，设置公路运输泄放阀有以下优点：

1) 公路运输时，罐内压力低，降低了由静压力引起的内筒压力，有利于罐体的安全保护。

2) 公路运输时，如果压力增高，降压调节先缓慢开启以降低压力，防止因安全阀起跳压力低而造成 LNG 的突然大流量卸放，既提高了安全性，又防止了 LNG 的外泄。

3) 在罐体的液相管、气相管出口处应设置紧急切断装置。该阀一般为气动的球阀或截止阀，通气开启，放气截止。阀上的气缸设置易熔塞，当外界起火燃烧温度达到 70℃时，易熔塞熔化，阀门放气，截止阀将 LNG 与外界隔离。液压控制的紧急切断阀，由于在低温下液压油凝固，一般不能采用。

6.4.3　LNG 槽车的输液方式

LNG 槽车有两种输液方式：压力输送（自增压输液）和泵送液体。

1. 压力输送

压力输送是利用在增压器中气化 LNG 返回储罐增压，借助压差挤压出 LNG。这种输液方式较简单，只需装上简单的管路和阀门。这种输液方式有以下缺点：

1）转注时间长。主要原因是接收 LNG 的固定储槽是带压操作，这样使用转注压差有限，导致转注流量降低。又由于槽车空间有限，增压器的换热面积有限，使转注压差下降过快。

2）罐体设计压力高，槽车空载重量大，使载液量与整车重量比例（重量利用系数）下降，导致运输效率的降低。例如国产 STYER1491 底盘改装的 11m³LNG 槽车，其空重约为 17000kg（1.6MPa 高压槽车），载液量为 4670kg，重量利用系数仅为 0.21。运输过程都是重车往返，运输效率较低。

2. 泵送液体

槽车采用泵送液体是较好的方法。它采用配置在车上的离心低温泵来泵送液体。这种输液方式的优点如下：

1）转注流量大，转注时间短。

2）泵后压力高，可以适应各种压力规格的储槽。

3）泵前压力要求低，无须消耗大量液体来增压。

4）泵前压力要求低，因此槽车罐体的最高工作压力和设计压力低，槽车的装备重量轻，重量利用系数和运输效率高。

由于槽车采用泵送液体具有以上的优点，即使存在整车造价高，结构较复杂，低温液体泵还需要合理预冷和防止气蚀等问题，但它还是代表了槽车输液方式的发展趋势。

6.4.4　LNG 槽车容量的大型化、列车化和轻量化

LNG 槽车一般是满液输送而空车返回，运输效率 ≤50%。为提高运输效率，降低吨公里成本是非常重要的。

采用半挂车运输 LNG，其一次载运量大大高于单车。由于汽车的耗油量并未随着载重量的增加而成比例的增加，汽车列车的耗油量与同功率的单车相比，其增加量不多，因此单挂 LNG 槽车的吨公里成本远小于单车。目前，进口 LNG 槽车和国产 LNG 槽车均以半挂槽车为主。国产的有 27m³ 和 40m³ 两种型号。欧美日发达国家的半挂列车占运输车辆的比例是相当高的，因此 LNG 槽车向大型化、列车化发展是必然趋势。

随着能源危机日益加剧与环保要求的提高，轻量化技术在汽车上得到了不断的发展和应用。轻量化可降低企业的资本投入和燃油消耗，还能提高运输效率及增加经济效益。轻量化的一个方法是：选用铝合金代替传统的不锈钢材料。由于铝的密度约为钢的 1/3，在罐体厚度相同的情况下，同体积的铝罐质量要比钢罐体轻 35%～45%。LNG 槽车质量的减轻，不仅可以节省运输过程中的燃油消耗，而且还能延长车辆的使用寿命。另一个方法就是：利用材料的应变强化效应。这种方法通过在金属材料外部施加应力达一定程度时，金属会产生不可恢复的塑性变形。由于组成金属材料晶体位错的产生与不断积累，使金属抵抗进一步变形

的能力提高。在应变强化后，低温储罐内筒的壁厚可显著减小，达到了轻量化的要求。

6.4.5　LNG 槽车运行高速化

LNG 槽车和其他低温液体槽车一样，在结构上有一定的特殊性。例如采用双层罐体和隔热支撑。罐体结构相对比较复杂，隔热支撑又要兼顾减少热传递和增大机械强度的双重性。加之载运介质的危险性，因此，对 LNG 槽车进行限速是必要的。按我国 JB/T 6898—1997《低温液体储运设备　使用安全规则》的规定，最高时速 ≤50km/h，转弯时速 ≤20km/h。现在该规定已不适应实际使用需要，应修改为：最高时速在一级公路上 ≤60km/h，二三级公路为 30~50km/h。在高速公路上，宜低速，应避免紧急制动，严防撞击。该规则对槽车在高速公路上的限速无明确规定，但由于高速公路上路况好，运输车辆的平均速度高，因此低温液体槽车在高速公路上的平均时速普遍较高，为 70~90km/h。

提高 LNG 槽车的运行速度，可以提高运输效率，加上高速公路和高等级公路的建设在我国发展很快，因此低温槽车有高速化发展的趋势。槽车的高速化对槽车质量要求更高了。具体表现为：底盘的可靠性、整车的动力性、横向稳定性、制动性能、隔热支撑的强度等。为了使 LNG 槽车适应高速行驶的需要，以下几点需考虑：

1）选择性能可靠的汽车底盘和牵引车，轴载和牵引车的负荷低于许用值。

2）宜使用适应高速行驶的子午线轮胎。

3）改装后保证整车的动力性能，半挂车的比功率宜在 5.88~6.22kW/t，并尽力提高牵引车驱动桥的附着质量，4×2 型牵引车的附着质量 ≥32% 的引车质量，6×4 型牵引车的附着质量 ≥40% 的列车总质量。

4）尽量降低整车的高度和质（重）心高度，提高槽车的横向稳定性。

5）保证槽车有良好的制动性能，半挂槽车应采用双管路制动系统。制动时，挂车应先于牵引车制动，以防止列车紧急制动时出现失去转向和折角。

6）双层罐体间的隔热支撑，应能承受高速行驶紧急制动时的冲击载荷。

总之，随着我国公路条件的不断改善，运输车辆的平均行驶速度还会有较大的提高，研究适合于高速公路行驶的 LNG 槽车具有较大的实际意义。

随着高科技的发展，目前在交通运输行业已研制出了相当可靠的远程监控系统。通过该系统，车辆运营主管部门和企业可随时通过网络监测车辆的运行情况。通过 3G 视频装置实现对车内远程实时图像监控；通过 GPS 定位装置，可随时掌握车辆的行驶位置；通过车辆行驶记录设备可随时掌握车辆的运行参数。该远程监控系统的启用，对于 LNG 槽车的运行安全性提供了极大的保证。它为 LNG 槽车的安全运行解决道路运输中的三大安全隐患（超速、超载及疲劳驾驶），提高企业运营管理效率。它还为管理部门提供随时随地监控 LNG 槽车的车辆位置、车辆行驶速度、时间及运行状态等实时情况。一旦 LNG 槽车发生故障，或有可能发生危险事故，驾驶员可通过系统远程报警。增强企业市场竞争能力及保障企业运营安全。当 LNG 用户信息发生改变，管理部门还可进行改变 LNG 槽车的调度。

6.4.6　LNG 槽车实例

现以国产 30m³/0.8MPa LNG 半挂运输车为例，加以说明。

1. 主要技术特性

（1）主要技术参数 见表6-6所列LNG半挂运输车技术特性。

表6-6 LNG半挂运输车技术特性

设 备	项目名称	内 筒	外 筒	备 注
储槽	容器类别	三类	—	
	充装介质	LNG	—	
	有效容积/m³	27*	—	*容积充装率90%
	几何容积/m³	30	18*	*夹层容积
	最高工作压力/MPa	0.8	-0.1*	"-"指"外压"
	设计压力/MPa	1		
	最低工作温度/℃	-196	常温	
	设计温度/℃	-196		
	主体材质	0Cr18Ni9*	16MnR**	*GB4327 **GB6654
	安全阀开启压力/MPa	0.88	—	
	隔热形式	真空纤维		简称：CB
	蒸发率（%/天）	≤0.3*	—	*LNG
	自然升压速度/（kPa/天）	≤17*	—	*LNG
	空质量/kg	约14300		
	满质量/kg	25800		LCH₄
牵引车	型号	ND1926S		北方—奔驰
	发动机功率/kW	188		
	最高车速/（km/h）	86.4		
	最低油耗/（g/kW·h）	216		
	制动距离/m	6.45		30km/h
	百公时油耗/L	22.8		
	轴距/mm	3250		
	允许列车总重/kg	38000		
	鞍座允许压重/kg	12500		
	自重/kg	6550		
半挂车	底架型号	THT9360型		
	自重/kg	4100		
	允载总质量/kg	36000		
	满载总质量/kg	30700		
列车	型号	KQF9340GDYBTH*		*不含牵引车
	充装质量/kg	12500		LN₂
	整车整备质量/kg	约25100		
	允载总质量/kg	38000		LNG
	满载总质量/kg	约37600		LN₂

（2）隔热方式及隔热性能指标 该槽车采用真空纤维隔热（简称CB）技术，取代真空粉末隔热（简称CF）技术。低温隔热的措施，主要是在保证不降低隔热性能，不大幅增加隔热成本的前提下，解决真空粉末隔热材料下沉的技术质量问题。真空纤维隔热技术、真空

粉末隔热技术及高真空多层隔热（简称 CD）技术的分析比较如下：

1）隔热性能指标。经实测证明，CB 材料保温性能介于 CF 及 CD 材料之间，即优于 CF 材料，略低于 CD 材料。产品的日蒸发率和自然升压速度指标理论计算值（LNG）见表 6-7。

2）隔热施工可靠性。CB 材料为超细玻璃棉毡制品，以包扎方式紧固于内外筒之间的夹层空间内。其包扎方法与高真空多层隔热相似，具有永不下沉的优点。

表 6-7　隔热方式的技术比较

隔热技术	蒸发率/[（%）/天]	自然升压速度/（kPa/天）
CF	≤0.35	≤20
CB	≤0.3	≤17
CD	≤0.28	≤14

注：1. 日蒸发率值为环境温度 20℃，压力为 0.1MPa 时的标准值。
2. 自然升压速度为环境温度 50℃ 时，初始充装率为 90%，初始压力为 0.2MPa（表压）升至终了压力为 0.8MPa（表压）条件下的平均值。
3. 介质为 LNG。

3）隔热技术成本分析。CB 材料价格介于 CF 材料及 CD 材料之间。但 CB 技术是以人工包扎方式进行的。因此人工费接近于 CD 技术，高于 CF 技术。

就低温隔热所需最佳真空度而言，CB 技术比较接近于 CF 技术，低于 CD 技术。即对真空度获得与维持所需的成本是 CB 技术接近于 CF 技术，低于 CD 技术。因此，总成本变化情况是 CB 技术介于 CF 及 CD 技术之间。CB 技术所增加的成本相对于低温液体储槽的总成本而言，上升一般不超过 5% 左右。这个比例相对于采用 CF 技术，因膨胀珍珠岩粉末下沉所引起的售后服务费相比微不足道。

（3）选材　考虑到 LNG 等介质的低温特性，储槽内筒及管道材料选用 0Cr18Ni9 奥氏体不锈钢，外筒选用 16MnR 低合金钢钢板。内外筒支承选用耐低温的且隔热性能较好的环氧玻璃钢。

（4）车型选择　该产品整车装备质量为 18500kg（不含牵引车），允载总质量为 34000kg，满载总质量为 30700kg。配用北方-奔驰 ND1926S 型牵引汽车较为合适，列车满载总质量 37600kg。

2. 结构简介

半挂 LNG 运输车结构如图 6-51 所示。

（1）牵引汽车及半挂车架　牵引汽车底盘采用定型的北方-奔驰 ND1926S 型带卧罐汽车底盘。该型车是目前国内质量最好的载重汽车之一。除了北方-奔驰 ND1926S 牵引车外，也可使用符合本产品牵引性能的其他牵引车。例如东风日产 CKA46BT 型牵引车。半挂车架选用分体式双轴半挂车车架，由挂车厂按整车设计要求定制。

（2）储槽　储槽型号为 TCB—27/8 型低温液体储槽。金属双圆筒真空纤维隔热结构；尾部设置操作箱，主要的操作阀门均安装在操作箱内集中控制。操作箱三面设置铝合金卷帘门，便于操作维护。前部设有车前压力表，便于操作人员在驾驶室内就近观察内筒压力。两侧设置平台，便于阻挡泥浆飞溅。平台上设置软管箱，箱内放置输液（气）金属软管。软管为不锈钢波纹管。

（3）整车　列车整车外形尺寸（长 × 宽 × 高）≈14500mm × 2500mm × 3800mm，符合 GB7258《机动车运行安全技术条件》标准规定。整车按 GB11567 标准规定，在两侧设置有安全防护栏杆，车后部设置有安全防护装置，并按 GB4785 标准规定设置有信号装置灯。

3. 流程简介

图 6-52 为槽车工艺流程。

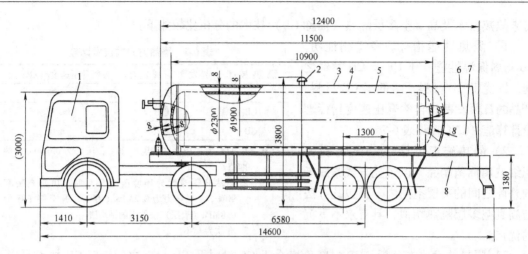

图 6-51　半挂 LNG 运输车

1—牵引车　2—外筒安全装置　3—外筒（16MnR）　4—绝热层真空纤维　5—内筒（0Cr18Ni9）
6—操作箱　7—仪表、阀门、管路系统　8—THT9360 型分体式半挂车底架

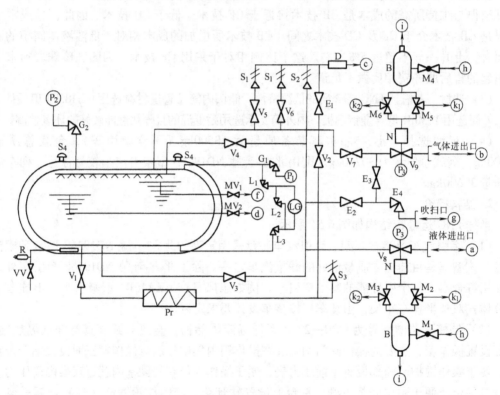

图 6-52　工艺流程

B—平衡罐　D—阻火器　E₁—放空阀　E₂—液相吹扫阀　E₃—气相吹扫阀　E₄—吹扫总阀　G₁—压力表阀
G₂—压力表阀　L₁—液位计上阀　L₂—平衡阀　L₃—液位计下阀　LG—液位计　M₁—气源总阀
M₂—后部进排气阀　M₃—前部进排气阀　M₄—气源总阀　M₅—后部进排气阀　M₆—前部进排气阀
MV₁—LNG 测满阀　MV₂—LN2 测满阀　N—易熔塞　P₁—压力表　P₂—压力表　P₃—压力表
Pr—增压器　R—真空规管　S₁—安全阀　S₂—安全阀　S₃—安全阀　S₄—外筒防爆装置　V₁—增压阀
V₂—增压回汽阀　V₃—液体进出阀　V₄—上部进液阀　V₅—气体通过阀＜1＞　V₆—气体通过阀＜2＞
V₇—气体进出阀　V₈—紧急截断阀　V₉—紧急截断阀　VV—真空阀

（1）进排液系统　此系统由 V_3、V_4 和 V_8 阀组成。V_3 为底部进排液阀，V_4 为顶部进液阀，V_8 为液相管路紧急截断阀。a 管口连接进排液软管。

（2）进排气系统　V_7、V_9 阀为进排气阀。V_9 阀为气相管路紧急截断阀。装车时，槽车的气体介质经此阀排出予以回收。卸车时则由此阀输入气体予以维持压力。也可不用此口，改用增压器增压维持压力。b 管口连接进排气软管。

（3）自增压系统　此系统由 V_1、V_2 阀及 Pr 增压器组成。V_1 阀排出液体去增压器加热气化成气体后经 V_2 阀返回内筒顶部增压。增压的目的是为了维持排液时内筒压力稳定。

（4）吹扫置换系统　此系统由 E_2、E_3 和 E_4 阀组成。吹扫气由 g 管口进入，a、b、c 管口排出，关闭 V_3、V_4、V_9 阀，可以单独吹扫管路；打开 V_3、V_4、V_9 和 E_1 阀，可以吹扫容器和管路系统。

（5）仪控系统　仪控系统由 P_1、P_2、LG 仪表和 I_1、L_2、L_3、G_1、G_2 阀门组成。P_1 压力表和 LG 液位计安装在操作箱内；P_2 安装在车前。$I_1 \sim L_3$ 及 G_1、G_2 阀为仪表控制阀门。

（6）紧急截断装置与气控系统　在液相和气相进出口管路上，分别设有下列紧急截断装置和气控系统：

1）液相紧急截断装置。V_8 为液相紧急截断阀，在紧急情况下由气控系统实行紧急开启或截断作用，它也是液相管路的第二道安全防护措施；V_8 阀为气开式（控制气源无气时自动处于关闭状态）低温截止阀，且具有手动、气动（两者只允许选择一种）两种操作方式；

2）气相紧急截断装置。VQ 阀为气相紧急截断阀。

3）气控系统。M_1 为气源总阀；M_2、M_3 为三通排气阀，一只安装在 V_8 阀上，另一只安装在汽车底盘空气罐旁的储气罐 B 上；N 为易熔塞；P_3、P_4 为控制气源压力表，气源由汽车底盘提供。V_8 阀在 0.1MPa 气源压力下可打开，低于此压力即可关闭。

（7）安全系统　此系统由 S_1、S_2、S_3 安全阀及 V_5、V_6 控制阀、阻火器 D 组成。S_1 为容器安全阀；S_2、S_3 为管路安全阀，此为第一道安全防护措施；S_4 为外筒安全装置；阻火器 D 用于阻止放空管口处着火时火焰回窜。

（8）抽空系统　VV 为真空阀，用于连接真空泵。R 为真空规管，与真空计配套可测定夹层真空度。

（9）测满分析取样系统　$MV_1 \sim MV_3$ 阀为测满分析取样阀。f 管口喷出液体时，则液体容量已达设计规定的最大充装量，该阀并可用于取样分析 LNG 纯度。

4. 安全性设计简介

针对 LNG 的易燃易爆特点，设计有以下安全措施：

（1）紧急截断控制措施　通过 M_2、M_3、M_5、M_6 阀可以在操作箱内或汽车底盘前部实施气动控制。

（2）易熔塞　易熔塞为伍德合金，其融熔温度为（70±5）℃。伍德合金浇注在螺塞的中心通孔内。螺塞便于更换。易熔塞直接装在紧急截断阀的气源控制气缸壁上，当易熔塞的温度达到（70±5）℃时，伍德合金熔化，并在内部气压（0.1MPa）的作用下，将熔化了的伍德合金吹出并泄压。泄压后的紧急截断阀在弹簧的作用下迅速自动关闭，达到截断装卸车作业的目的。此为第三道安全防护措施。

（3）阻火器　阻火器内装耐高温陶瓷环，阻火器安装在安全阀和放空阀的出口汇集总管路上。当放空口处出现着火时防止火焰回窜，起到阻隔火焰作用，保护设备安全。

（4）吹扫置换系统　吹扫置换系统由 E_2、E_3 和 E_4 阀组成。g 管口送入纯氮气，可对内筒和管路整个系统进行吹扫置换，直至含氧量小于 2.0% 为止。随即转入用产品气进行置换至纯度符合要求。管路包括输液或输气的吹除置换，同样应先用纯氮气吹扫管路至含氧量小于 2.0%，然后再用产品气置换至纯度符合要求。

（5）导静电接地及灭火装置　本产品配有导静电接地装置，以消除装置静电；此外，在车的前后左右两侧均配有 4 只灭火机，以备有火灾险情时应急使用。

6.5　LNG 存储中的分层和涡旋

6.5.1　涡旋现象

LNG 储运过程中，会发生一种被称为"涡旋"（rollover）的非稳性现象。涡旋是由于向已装有 LNG 的低温储槽中充注新的 LNG 液体，或由于 LNG 中的氮优先蒸发而使储槽内的液体发生分层（stratification）。分层后的各层液体在储槽周壁漏热的加热下，形成各自独立的自然对流循环。该循环使各层液体的密度不断发生变化，当相邻两层液体的密度近似相等时，两个液层就会发生强烈混合，从而引起储槽内过热的液化天然气大量蒸发引发事故。

涡旋是 LNG 存储过程中容易引发事故的一种现象。从 20 世纪 70 年代世界 LNG 工业兴起以来，已发生过多起由涡旋引发存储失稳的事故。其中影响最大的有两起：一起是 1971 年 8 月 21 日发生在意大利 La Spezia 的 SNAM LNG 储配站的事故，在储槽充注后 18h，罐内压力突然上升，安全阀打开，有 318m³ LNG 被气化放空；另一起有重要影响的是 1993 年 10 月发生在英国燃气公司（British Gas）一处 LNG 储配站的事故。在发生事故时，压力迅速上升，两个工艺阀门首先被开启，随后紧急放散阀也被开启，大约 150t 天然气被排空。此外，还有多起关于 LNG 涡旋事故的报道。

6.5.2　分层与涡旋现象的机理

1. 自然对流与分层

由于分层是导致涡旋的直接原因，首先应该了解分层形成的条件。研究表明：如果液体储罐内的瑞利数 Ra 大于 2000，则罐内液体的自然对流会使分层现象不可能发生。瑞利数的定义为

$$Ra = \frac{\rho c_p g\beta\Delta Th^3}{\nu\lambda} = \frac{g\beta\Delta Th^3}{\nu a} \tag{6-1}$$

式中，ρ 为密度；c_p 为比定压热容；β 为体积热膨胀系数；ν 为运动黏度；λ 为热导率；a 为热扩散率；g 为重力加速度；T 为温度；h 为液体深度。

通常，一个装满 LNG 的储槽内的 Ra 的数量级在 10^{15}，远远大于可能导致分层的 Ra 数。这样，LNG 中较强的自然循环很容易发生，这种循环使液体的温度保持均匀。

从侧壁进入储槽的热量，导致壁面附近的边界层被加热。边界层沿壁面上行时，其速度和厚度都增大。在接近壁面上端时，边界层厚度有几厘米，速度在 0.6~1.2m/s，正好处于紊流区域。

由于从壁面吸收了热量，运动边界层内的液体在达到顶部时，其温度略高于主流液体，

平均高出的温度约0.6K。流体在到达表面前没有出现蒸气，即使到达表面也没有明显的沸腾，因为温度驱动力太小，不足以形成气泡。一部分热流体到达表面时发生蒸发，罐内温度继续与设定的压力保持平衡。

自然对流循环相当强烈，导致储槽内液体置换一次只需 10～20h。这与液体的老化过程的时间相比是非常短暂的。一旦储槽内 LNG 混合均匀，它就不会自然发生分层。然而，如果由于充注而人为形成了分层的话，全面混合就被抑制了。

2. 老化

由于 LNG 是一种多组分混合物，在存储过程中，各组分的蒸发量比例会与初始时 LNG 中的组分比例不相同，导致 LNG 的组分和密度发生变化，这一过程称为老化（weathering）。老化过程导致 LNG 成分和密度改变的过程，受液体中初始氮含量的影响很大。由于氮是 LNG 中挥发性最强的组分，它将比甲烷和其他重碳氢化合物更先蒸发。如果初始氮含量较大，老化 LNG 的密度将随时间减小。在大多数情况下，氮含量较小，老化 LNG 的密度会因甲烷的蒸发而增大。因此，在储槽充注前，了解储槽内和将要充注的两种 LNG 的组成是非常重要的。

因为层间液体密度差是分层和后继涡旋现象的关键，所以应该清楚地了解液体成分和温度对 LNG 密度的影响。与大气压力平衡的 LNG 混合物的液体温度是组分的函数。如果 LNG 混合物包含重碳氢化合物（乙烷、丙烷等），随着重组分的增加，LNG 的高发热值、密度、饱和温度等都将增大。如果液体在高于大气压力下存储，则其温度随压力的变化，大约是压力每增加 6.895kPa，温度上升 1K。温度每升高 1K 对应液体体积膨胀 0.36%。

3. 涡旋

涡旋这一术语用于描述这样一种现象，即在出现液体温度或密度分层的低温容器中，底部液体由于漏热而形成过热，在一定条件下迅速到达表面并产生大量蒸气的过程。涡旋现象通常出现在多组分液化气体中，似乎没有迹象表明在近乎纯净的液体中会发生密度分层现象。

在半充满的 LNG 储槽内，充入密度不同的 LNG 时会形成分层。造成原有 LNG 与新充入 LNG 密度不同的原因有：LNG 产地不同使其组分不同；原有 LNG 与新充入 LNG 的温度不同；原有 LNG 由于老化使其组分发生变化。虽然老化过程本身导致分层的可能性不大（只有在氮的体积分数大于 1% 时才有必要考虑这种可能），但原有 LNG 发生的变化，使得储槽内液体在新充入 LNG 时形成了分层。

当不同密度的分层存在时，上部较轻的层可正常对流，并通过向气相空间的蒸发释放热量。但是，如果在下层由浮升力驱动的对流太弱，不能使较重的下层液体穿透分界面达到上层的话，下层就只能处于一种内部对流模式。上下两层对流独立进行，直到两层间密度足够接近时发生快速混合，下层被抑制的蒸发量释放出来。往往同时伴随有表面蒸发率的骤增，大约可达正常情况下蒸发率的 250 倍。蒸发率的突然上升，会引起储槽内压力超过其安全设计压力，给储槽的安全运行带来严重威胁，即使不引发严重事故，至少也会导致大量天然气排空，形成严重浪费。

分析表明：很小的密度差就可导致涡旋的发生。LNG 成分改变对其密度的影响比液体温度改变的影响大。一般来说，储槽底部较薄的一层重液体不会导致严重问题，即储槽压力不会因涡旋而有大的变化。反之，储槽上部较薄的一层轻液体会导致涡旋的后果非常严重。

影响两层液体密度达到相等的时间的因素有：上层液体因蒸发发生的成分变化；层间热质传递；底层的漏热。蒸发气体的组成与上层 LNG 不一样，除非液体是纯甲烷。如果 LNG 由饱和甲烷和某些重碳氢化合物组成，蒸发气体基本上是纯甲烷。这样，上层液体的密度会随时间增大，导致两层液体密度相等。如果 LNG 中有较多的氮，则这一过程会被延迟，因氮将先于甲烷蒸发，而氮的蒸发导致液体密度减小。在计算时如忽略氮的影响，会使计算出的涡旋发生时间提前。

下部更重的层比上层更热且富含重烃。从这层向上层的传热，加快上层的蒸发并使其密度增大。层间的质量传递较热量传递更为缓慢，但由于甲烷向上层及重烃向下层的扩散，这一过程也有助于两层的密度均等。

最后，从与下层液体接触的罐壁传入的热量在该层聚集。如果这一热量大于其向上层的传热量，则该层的温度会逐渐升高，密度也因热膨胀而减小；如果这一热量小于其向上层的传热量，则该层将趋于变冷，这将使分层更为稳定，并推迟涡旋的发生。

6.5.3　分层与涡旋的理论模型

LNG 的分层和涡旋现象引起了产业界和学术界的关注，从 20 世纪 70 年代起，就开展了相应的研究工作。下面介绍主要的理论研究成果。

1. 分层演化模型

分层演化模型中，J. Q. Shi 的工作是比较成功的。

考虑一矩形储槽内液化天然气的分层演化过程。系统为包含两种不可压缩液体的非均质流动，其控制方程包括 Navier-Stokes 方程、连续性方程、能量与组分传递方程。方程组的求解采用涡量-流函数法，相对于原始变量法，其优点体现在：通过消去 Navier-Stokes 方程中的压力项 p 并引入涡量 ω 和流函数 Ψ，独立变量的个数可以减少一个（从 p、u、v、T、φ 到 ω、Ψ、T、S，其中 u、v 为速度，S 为体积分数），可以避免在保留压力项时通常需要使用的交错网格。

定义以下量纲为 1 的量：

$$\bar{x} = x/L,\ \bar{y} = y/L,\ \bar{u} = u/(v/L),\ \bar{v} = v/(v/L),\ \bar{\omega} = \omega/(v/L^2),\ \bar{\Psi} = \Psi/\mu,$$

$$\bar{T} = \frac{T - T_{\text{ref}}}{qL/\lambda},\ \bar{S} = \frac{S - S_{\text{ref}}}{\Delta S_0},\ \bar{t} = t/(L^2/v)$$

式中，L 为特征长度；μ 为动力黏度；T_{ref} 为特征温度；q 为漏热率；t 为时间；ΔS_0 为初始体积分数差（作为参考值）；S_{ref} 为特征体积分数。用不带上画线的符号来简记这些纲量为 1 的量。

再定义修正格拉晓夫数 Gr^*、组分格拉晓夫数 Gr_s、普朗特数 Pr 和刘易斯数 Le：

$$Gr^* = \frac{g\beta_T q_{\text{ref}} L^4}{\lambda v^2},\ \ Gr_s = \frac{g\beta_s \Delta S_0 L^3}{v^2},\ \ Pr = \frac{v}{a},\ \ Le = \frac{a}{a_s} \tag{6-2}$$

式中，q_{ref} 为参考漏热率；温度膨胀系数 β_T 和组分膨胀系数 β_s 定义为

$$\beta_T = -\frac{1}{\rho}\frac{\partial \rho}{\partial T},\ \ \beta_s = \frac{1}{\rho}\frac{\partial \rho}{\partial S} \tag{6-3}$$

这样，在引用 Boussinesq 假设后，以量纲为 1 的形式表示的控制方程组为

$$\frac{\partial \omega}{\partial t} + \frac{\partial (u\omega)}{\partial x} + \frac{\partial (v\omega)}{\partial y} = \frac{\partial^2 \omega}{\partial x^2} + \frac{\partial^2 \omega}{\partial y^2} - Gr^* \frac{\partial T}{\partial x} + Gr_s \frac{\partial S}{\partial x} \tag{6-4}$$

式中，x、y 为坐标值。

$$\frac{\partial T}{\partial t} + \frac{\partial\ (uT)}{\partial x} + \frac{\partial\ (vT)}{\partial y} = \frac{1}{Pr}\left(\frac{\partial^2 T}{\partial x^2} + \frac{\partial^2 T}{\partial y^2}\right) \tag{6-5}$$

$$\frac{\partial S}{\partial t} + \frac{\partial\ (uS)}{\partial x} + \frac{\partial\ (vS)}{\partial y} = \frac{1}{PrLe}\left(\frac{\partial^2 S}{\partial x^2} + \frac{\partial^2 S}{\partial y^2}\right) \tag{6-6}$$

$$\frac{\partial^2 \Psi}{\partial x^2} + \frac{\partial^2 \Psi}{\partial y^2} = \omega \tag{6-7}$$

在求解区域上，热边界条件为 $x=0$，热流为一常数 q_s；$y=0$，绝热边界条件；$x=0.5$，绝热边界条件；$y=1$，等温边界条件。

图 6-53 给出的是在以上所列的边界条件下（即侧壁加热条件）得出的分层演化过程，包括温度、体积分数、密度（定义为与初始密度之比 ρ/ρ_0）和流函数的变化。

模拟结果显示，在演化过程中，上层流体的流动逐步增强，而下层流体的流动逐渐减弱。这是由分界面的存在造成的。由于上层和下层成为两个独立的自然对流循环，上层的热边界层流动可以通过自由表面蒸发充分冷却，然后顺着中心线下降，形成中心射流。下层的热边界层流动由于分界面的阻隔不能到达自由表面，只能在分界面处向上层进行热质交换，不能得到充分冷却。一部分流体不能顺着中心线正常下降，却滞留在分界面附近，形成了新的层。新的层又进一步阻碍了下层的流动，因此下层的流动越来越弱。但上层流动的增强还不仅是与下层通过分界面进行热质交换的结果。试验和数值模拟均显示，两层流体的分界面会下降，如图 6-54 所示（图中纵坐标 q 为液体表面散热量与外界传入热量之比）。单纯通过扩散而进行的热质交换不会对分界面两边液体的质量产生如此大的影响。事实上，如果分界面两边只是热质扩散的话，分界面几乎是不动的。而且，只要漏热量不是非常大，下层流体穿透分界面进入上层而引起边界面下降的可能性也不大。因此，促使分界面下降的机制应是上层对下层液体的卷携作用（entrainment），即上层的液体穿透分界面进入下层，卷带着一部分下层的液体再回到上层。卷携会使分界面下降，并使上层流体的流动因卷携了下层温度、密度较大的液体而得到加强。

J. Q. Shi 推测，底部与侧壁的漏热比是在给定了侧壁漏热率和初始层间密度差的条件下，决定涡旋形式和强烈程度的主要因素。覃朝晖对底部和侧壁不同漏热比的情况下的分层演化过程进行了研究[31]。研究表明：与侧壁单独漏热情况相比，侧壁与底部同时漏热的情况下，涡旋发生的时间要短得多，而分界面在大部分时间内保持不动，然后在比仅有侧壁漏热时短得多的时间内降低到 0。同时，涡旋前后的表面蒸发率都要比侧壁单独漏热时大得多。特别是涡旋发生后很短时间内，蒸发率比涡旋发生前的最大值增加数倍，而在侧壁单独漏热时，涡旋发生前后蒸发率增加很少。这是因为此时上下层的流动都很强烈，同时卷携另一层的液体，这对分界面破坏很大。进一步的分析还表明，随着底部与侧壁漏热比的增大，涡旋发生的时间提前，而保持分层的时间（指分界面基本未破坏的时间）也缩短。

2. 涡旋预测的 Bates-Morrison 模型[26]

在对 LNG 分层和涡旋理论研究时，许多专家和学者对涡旋现象提出了各自的理论模型，并进行了涡旋时间预测和模拟计算。这些模型大都属于两阶段模型，即将 LNG 演化过程分为固定分界面和涡旋两个阶段。这种假设是比较粗略的，特别是固定分界面假设只是部分正确。以往的涡旋实验大多是在比实际的 LNG 储槽小得多的容器中进行的，缺乏可信度，显然

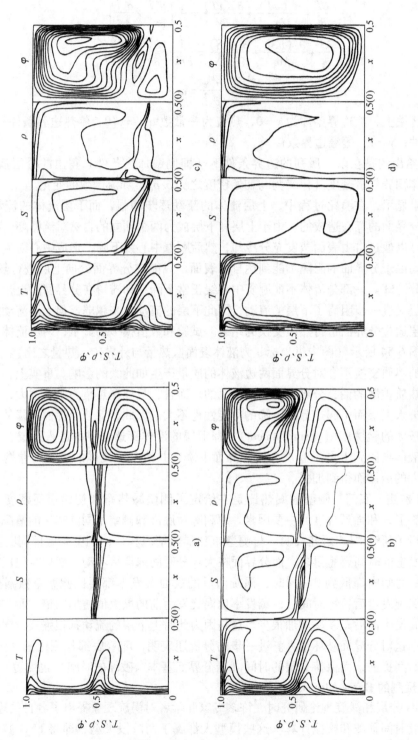

图 6-53　侧壁加热时分层演化过程

必须在更真实的实验基础上构造新的模型。Ka-
miya 等人第一次在一个全尺寸的 LNG 储槽上使
用挥发性混合物进行了实验,揭示出在涡旋发
生前的阶段里,分界面的移动占主导地位。Mor-
rison 使用 LPG、法国煤气公司等用 LNG 进行的
试验不仅复现了这个结果,并且显示了分界面
从固定到开始移动的过程。1997 年,英国燃气
公司(British Gas)的 Bates 和 Morrison 在这些
实验的基础上进行了分析,提出了三阶段的
Bates-Morrison 模型。

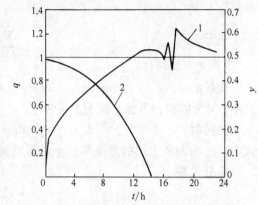

图 6-54　表面散热率与界面位置
1—表面散热率　2—界面位置

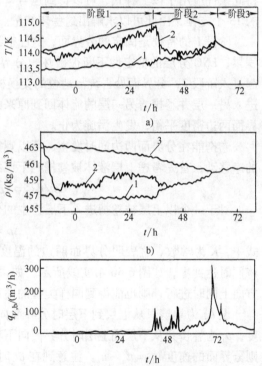

图 6-55　涡旋实验结果
1 ~ 3—阶段

　　图 6-55 所示为涡旋实验结果。它是一次典
型涡旋试验所记录的温度、密度、蒸发率随时
间变化的情况。Bates-Morrison 模型将整个过
程分为 3 个阶段:固定分界面、移动分界面和
涡旋阶段。阶段 1 和阶段 2 的转变点常被定义
为一个经验关系式,即

$$R = \beta_s \Delta S / \beta_T \Delta T = R_c$$

式中,变量 R 为稳定数;R_c 为临界稳定数,
一般取为 2。

　　阶段 2 以分界面两边的密度差降到零而结
束,同时阶段 3 开始。

　　Bates-Morrison 模型在阶段 1 基本上采用
HSM 模型,即认为两个 LNG 层内的温度、组
成都是时间的函数;源项来自于储槽壁面的漏
热、通过自由表面的蒸发及通过分界面的热质
交换;LNG 的组成由各组分的摩尔分数决定,
在这里考虑为甲烷、乙烷、丙烷、正丁烷和氮
的混合物;分界面的热质交换采用扩散表达
式。这样,HSM 模型可归纳如下。

　　1)对下层液体:

　　质扩散　$d(n_1 x_i)/dt = \lambda A(y_i - x_i)$　　(6-8)
式中,n 为物质的量;x 为气相摩尔分数;y
为液相摩尔分数;A 为面积;下标 1 代表下层
液体,下标 i 代表第 i 种组分。

　　热扩散　　　　　　$d(n_1 c_{pl} T_1)/dt = hA\Delta T + q_d + q_1$　　　　　　　　(6-9)

其中,　　　　　　　$q_d = \sum_{i=1}^{5} c_{pl} T d(n_1 x_i)/dt$　　　　　　　　(6-10)

　　当 $y_i - x_i$ 为正时,T 定义成 T_u,q_d 为从上层由质扩散带来的热流率;当 $y_i - x_i$ 为负时,
T 定义成 T_1,q_d 为从下层由质扩散带出的热流率。q_1 是漏入下层的热流率。h 为表面传热

系数。

组分关系 $$\sum_{i=1}^{5} x_i = 1 \qquad (6-11)$$

2) 对上层液体:

质扩散 $$\mathrm{d}(n_u y_i)/\mathrm{d}t = -\lambda A(y_i - x_i) + V_i \mathrm{d}(n_u)/\mathrm{d}t \qquad (6-12)$$

式中,V 为体积;下标 u 代表上层液体。

热扩散 $$\mathrm{d}(n_u c_{pu} T_u)/\mathrm{d}t = -hA\Delta T + q_u - q_d + q_b \qquad (6-13)$$

式中,q_u 为漏入上层的热流率;q_b 是蒸发所需的热流率。

组分关系

$$\sum_{i=1}^{5} y_i = 1 \qquad (6-14)$$

假设上层温度始终保持在它的沸点,那么上层的温度 T_u 在阶段 1 可以认为是一常数。将此条件应用于以上各式,可以得到包含 x_i、y_i ($i=1, \cdots, 5$)、T_1、n_1、n_u 等 13 个未知量的 13 个方程,由此可以求解出这些未知量。

阶段 1 的特征是固定的分界面,这已被许多实验证实。但由于下层热量和上层浓度不断积累,LNG 分层的稳定性不断被破坏,分界面两边的密度差会最终减小到某个点。从此时起进入阶段 2,分界面处占统治地位的交换机制式“穿透对流”,即一层的流体穿透分界面,进入另一层并卷携着另一层的流体回到原来的层。其结果是分界面向上或向下移动,直至分界面两边密度平衡,发生涡旋为止。

卷携能在分界面两边同时发生,所以观察到的分界面移动是两个相反方向混合过程引起的净移动,首先考虑上层液体被卷携到下层的情况,可以推得

$$\mathrm{d}\rho_1/\mathrm{d}T_1 = (\rho_1/\rho_u)(\Delta\rho/\Delta T) \qquad (6-15)$$

对于一个以上层被卷携进入下层为主的分界面,T_u、ρ_u 为定值,则由式 (6-15) 可得

$$\Delta\rho = K\rho_1\Delta T \qquad (6-16)$$

式中,K 为常数。这表明分界面两边的温度差与密度差将同时达到零,如图 6-56 中实线所示。如果卷携在两个方向上同时进行,则也能得到同样类型的关系曲线。

设 u_u 为卷携只从上层到下层时分界面向上移动的速度,u_1 为卷携只从下层到上层时分界面向下移动的速度,则分界面的速度 $u_{in} = u_u - u_l$。注意到在 δt 时间内,一部分液体从上层到下层,则

$$\delta T_1 = (\rho_u A u_u \delta t)\ \Delta T/m_1 \qquad (6-17)$$

式中,m_1 为下层的总质量。

将式 (6-17) 与式 (6-15) 联立,得

$$\partial\rho_1/\partial t = u_u\ (\Delta\rho/h_1) \qquad (6-18)$$

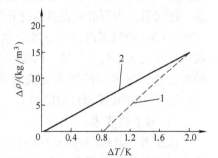

图 6-56　分界面两边的密度与温度差
1—B-M 预测模型　2—卷携引起的变化

式中,h_1 为下层深度。因为密度也会在 δt 时间内,由于避免漏热和分界面的热传递而改变,所以应加上一个修正项加以修正。其数值等于阶段 1 计算所得的 $\partial\rho_1/\partial t$,记为 $\partial\rho_{1c}/\partial t$,则式 (6-18) 为

$$\partial\rho_1/\partial t = u_u\ (\Delta\rho/h_1)\ + \partial\rho_{1c}/\partial t \qquad (6-19)$$

式 (6-19) 表明阶段 1 的扩散对流作用不可能在阶段 2 开始就突然结束。同样也可得出下层温度、上层密度、温度变化的关系式为

$$\partial T_1/\partial t = \Delta T \ (\rho_u/\rho_1)\ (u_u/h_1) + \partial T_{1c}/\partial t \tag{6-20}$$

$$\partial \rho_u/\partial t = -u_1\ (\Delta\rho/h_u) + \partial\rho_{uc}/\partial t \tag{6-21}$$

$$\partial T_u/\partial t = -\Delta T\ (\rho_1/\rho_u)\ C_0\ (u_1/h_u) + \partial T_{uc}/\partial t \tag{6-22}$$

式中，C_0 为下层进入上层的液体中未蒸发而留在上层中的比例。式 (6-19) ~ 式 (6-22) 可合并为

$$\frac{\partial(\rho_1 - \rho_u)}{\partial t} = \Delta\rho\left(\frac{u_u}{h_1} + \frac{u_1}{h_u}\right) + \frac{\partial\rho_c}{\partial t} \tag{6-23}$$

$$\frac{\partial(T_1 - T_u)}{\partial t} = \Delta T\left(\frac{u_u}{h_1} + C_0\frac{u_1}{h_u}\right) + \frac{\partial T_c}{\partial t} \tag{6-24}$$

这里假设 $\rho_u/\rho_1 \approx 1$（偏差通常在 2% 以内），对给定的参数，可得到类似图 6-56 中的虚线。

有理由认为阶段 2 中卷携只在一个方向上发生，此时有 $u_u = 0$ 和 $u_1 = -u_{in}$。这样，式 (6-23) 可写为

$$\frac{\partial(\rho_1 - \rho_u)}{\partial t} = \Delta\rho\frac{u_1}{h_u} + \frac{\partial\rho_c}{\partial t} \tag{6-25}$$

可直接从实验结果中获得 u_1 和 $\partial\rho_c/\partial t$（阶段 1 的分界面密度差变化率）。这样，式 (6-25) 的右边就完全确定了。

Bates-Morrison 模型比较简单，却准确合理。该模型考虑到了分界面的下降运动，运用并不太复杂的数学方法对涡旋进行了研究，获得了很好的结果。但它也有一些缺陷：密度差公式未考虑蒸发率的影响；没有考虑阶段 2 分界面加速下降这一事实；不能解释阶段 2 后其下层温度下降现象。针对这些问题，上海交通大学顾安忠课题组对 Bates-Morrison 模型作了改进，将其发展为一个四阶段模型。

3. 对 Bates-Morrison 模型的改进

在 Bates-Morrison 模型中，密度随时间变化的公式没有考虑蒸发率的影响，而事实上，卷携到上层的下层过热液体的蒸发不可忽略。这导致在图 6-56 中，密度差和温度差不能同时达到零，而这明显与图 6-55 所示不符。考虑蒸发率的影响，式 (6-21) 和式 (6-23) 为

$$\partial\rho_u/\partial t = -C_0 u_1\ (\Delta\rho/h_u) + \partial\rho_{uc}/\partial t \tag{6-26}$$

$$\frac{\partial(\rho_1 - \rho_u)}{\partial t} = \Delta\rho\left(\frac{u_u}{h_1} + C_0\frac{u_1}{h_u}\right) + \frac{\partial\rho_c}{\partial t} \tag{6-27}$$

在 Bates-Morrison 模型中，分界面下降是由单向卷携，即上层液体卷携下层液体进入上层引起的，同时又认为分界面的下降速度是常数。这是自相矛盾的，应予以修正。在图 6-55 中可以看到阶段 2 的前 12h 内，下层的温度、密度变化基本上保持了阶段 1 的趋势，而上层的温度、密度都增加，并且蒸发率显著增加，显然下层的液体进入了上层，即为单向卷携过程。卷携流量 q_m^* 实际上与上层、下层的运动情况无关，只与分界面处扰动的特征及分界面两边的密度差有关。设扰动的速度、半径尺度分别为 u_d、L，量纲为 1 的密度差 $\rho' = \Delta\rho/\rho_0$，则可定义弗劳德数 Fr 为

$$Fr = u_d/(g\rho'L)^{1/2} \tag{6-28}$$

Fr 越大，卷携作用越强烈，上层的扰动进入下层越深。实验结果表明，当 Fr 较小时，量纲

为1的卷携流量 q_m^*/UL^2 与 Fr 的三次方成正比，即

$$q_m^* \propto u_d^4 L^{1/2}/\rho'^{2/3} \tag{6-29}$$

而当 Fr 大于一定的临界值 Fr_c 后，这个关系式被破坏，这是由于上层的中心射流穿透分界面进入下层，与下层直接混合造成的。当 $Fr < Fr_c$ 时，分界面的移动速度应为 $u_1 = q_m^*/\rho_1 A$，即

$$u_1 \propto u_d^4 L^{1/2}/\rho_1 \rho'^{2/3} A \tag{6-30}$$

由于下层密度大、温度高的液体进入上层，上层的流动应该增强，即 u_d 增加；下层由于受漏热加热，密度 ρ_1 变小，同时卷携的作用使分界面两边的密度差变小，即 ρ' 减小。所以 u_1 应不断增加，即分界面应加速下降，而非如 Bates-Morrison 假设的匀速下降。设阶段2开始时分界面的速度为 u_{l0}，忽略 u_d、L 的变化，则据式（6-30）可得

$$u_1 = u_{l0}(\rho_{l0}/\rho_1)(\Delta\rho_0/\Delta\rho)^{3/2} \tag{6-31}$$

另外 Bates-Morrison 假设下层的质量在卷携过程中保持恒定，而事实上由于卷携质量的加入，下层的质量会逐渐增加，则下层的密度变化为

$$\partial\rho_1/\partial t = u_u \Delta\rho/(h_1 + d_1) \tag{6-32}$$

式中，d_1 为下层卷携时从阶段2开始到 t 时刻期间分界面移动的距离。

同理，可得只有上层卷携时的密度变化公式。不同的是在只有上层卷携时，上层厚度 h_u 的增加应为 $C_0 d_u$。

综上所述，密度差的修正公式为

$$\frac{\partial(\rho_1 - \rho_u)}{\partial t} = \Delta\rho \frac{C_0 u_{l0}\dfrac{\rho_{l0}}{\rho_1}\left(\dfrac{\Delta\rho_0}{\Delta\rho}\right)^{3/2}}{h_u + C_0 d_u} + \frac{\partial\rho_c}{\partial t} \tag{6-33}$$

温度差公式的修正与此类似。

当 Fr 随时间的推移逐渐变大，超过一个临界值时，上层液体对流流动的中心射流就会穿透分界面而进入下层，则下层温度下降，而这时蒸发率的最大值有所下降。这是由于在大 Fr 时，卷携流量不再与 Fr 的三次方成正比，而近似与 Fr 的平方成正比，则容易推得

$$u_1 = u_{l0}(\rho_{l0}/\rho_1)(\Delta\rho_0/\Delta\rho) \tag{6-34}$$

不过，这里的 u_{l0}、ρ_{l0}、$\Delta\rho_0$ 都必须用只有上层卷携阶段结束时的值替代，而且 C_0 也必须重新取值，则上下层密度差随时间的变化可用式（6-35）表示：

$$\frac{\partial(\rho_1 - \rho_u)}{\partial t} = \Delta\rho\left(\frac{C_0 u_{l0}\dfrac{\rho_{l0}\Delta\rho_0}{\rho_1 \Delta\rho}}{h_u + C_0 d_u} + \frac{u_u}{h_1 + d_1}\right) + \frac{\partial\rho_c}{\partial t} \tag{6-35}$$

实际的模拟计算表明，采用改进的模型取得了良好的效果，尤其是在初始密度差较小时与实验结果更加符合。分界面两边密度差的模拟与实验值如图6-57所示。图中三个算例的初始条件见表6-8。

表6-8　三个算例的初始参数

初始参数	算例1	算例2	算例3
初始密度差 $\Delta\rho_0$/(kg/m³)	21.4	15	5.6
下层深度 h_1/m	2.6	3.2	5.5
上层深度 h_u/m	0.65	1.7	1.6
分界面速度 u_{in}/(m/s)	0.2	0.125	0.06

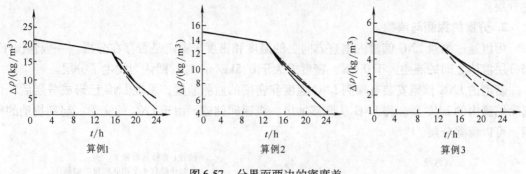

图 6-57　分界面两边的密度差

——B-S 模型　—·—新模型　---实验值

根据以上分析，LNG 分层演化应分为四个阶段：①固定分界面阶段；②上层卷携阶段；③上层中心射流穿透阶段；④涡旋阶段。与 Bates-Morrison 模型比较，本研究中将其阶段 2 划分为两个阶段，采用不同的关联式，更加符合实际情况。

在阶段 1 中，上、下层的自然对流被限制在各自的层内，占统治地位的热质交换机制是双扩散。由于下层通过分界面释放的热量很小，一方面导致过热，另一方面其对流液体流到分界面处，因不能充分冷却而无法正常下降，在分界面下方形成了新的层。这样，下层的对流也不能穿过这个新层，从而导致下层对上层的卷携被削弱，同时上层可以通过自由表面散热，对流要强得多，对下层的卷携作用也强得多，这也是为什么阶段 2 中分界面下降的原因。阶段 1 与阶段 2 的转变点是临界稳定数 R_c，当 $R > R_c$ 时，阶段 2 开始。

在阶段 2 中，上层卷携下层的液体进入上层，这使得上层的温度、密度明显增加，而且下层液体的过热量也因此而释放了一部分，使得蒸发率的最大值显著提高。在这一阶段，下层仍然保持阶段 1 的变化趋势。分界面是以加速方式下降的，而不是 Bates-Morrison 模型假设的匀速。阶段 2 与阶段 3 的转变点是 Fr_c，当 $Fr > Fr_c \approx 3.66 \sim 3.80$ 时，阶段 3 开始。

在阶段 3 中，上层液体对下层的卷携作用有所降低，中心射流穿透分界面进入下层，下层的温度因此下降，蒸发率的最大值也下降，分界面的稳定性进一步被破坏，下降的速度迅速增加。当上、下层的密度差、温度差同时达到零时，分界面被完全破坏，这时涡旋发生，进入阶段 4。此时的下层在非常短的时间内便和上层完全混合，并以蒸气形式释放出过热量，这就是造成涡旋发生时蒸发量峰值的原因。

6.5.4　涡旋预防的技术措施

从以上分析可知：LNG 涡旋是由分层引起的，因此防止分层即可预防涡旋。

1. 防止分层的方法

1）不同产地、不同气源的 LNG 分开存储，可避免因密度差而引起的 LNG 分层。

2）根据需存储的 LNG 与储槽内原有的 LNG 密度的差异，选择正确的充注方法，可有效地防止分层，充注方法的选择一般应遵循以下原则：①密度相近时一般底部充注；②将轻质 LNG 充注到重质 LNG 储槽中时，宜底部充注；③将重质 LNG 充注到轻质 LNG 储槽中时，宜顶部充注。

3）使用混合喷嘴和多孔管充注，可使充注的新 LNG 和原有的 LNG 充分混合，从而避免分层。

2. 分层的探测与消除

可以通过测量 LNG 储槽内垂直方向上的温度和密度来确定是否存在分层。一般情况下，当分层液体之间的温差大于 $0.2K$，密度差大于 $0.5kg/m^3$ 时，即认为发生了分层。

新型的 LNG 储罐安装有探测 LNG 温度和密度的监测装置，发现 LNG 已形成分层后，可起动储罐内的 LNG 泵，将 LNG 从底部抽出，再返回储罐，由于 LNG 的流动，起到扰动的作用，可以消除分层。

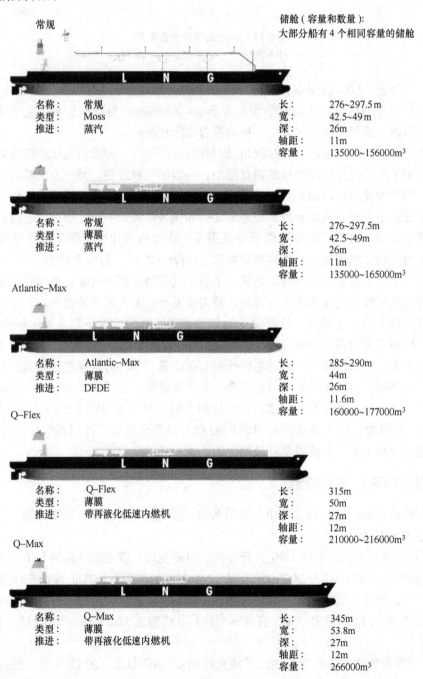

储舱（容量和数量）：
大部分船有 4 个相同容量的储舱

常规

名称：	常规		长：	276~297.5m
类型：	Moss		宽：	42.5~49m
推进：	蒸汽		深：	26m
			轴距：	11m
			容量：	135000~156000m³

名称：	常规		长：	276~297.5m
类型：	薄膜		宽：	42.5~49m
推进：	蒸汽		深：	26m
			轴距：	11m
			容量：	135000~165000m³

Atlantic-Max

名称：	Atlantic-Max		长：	285~290m
类型：	薄膜		宽：	44m
推进：	DFDE		深：	26m
			轴距：	11.6m
			容量：	160000~177000m³

Q-Flex

名称：	Q-Flex		长：	315m
类型：	薄膜		宽：	50m
推进：	带再液化低速内燃机		深：	27m
			轴距：	12m
			容量：	210000~216000m³

Q-Max

名称：	Q-Max		长：	345m
类型：	薄膜		宽：	53.8m
推进：	带再液化低速内燃机		深：	27m
			轴距：	12m
			容量：	266000m³

参 考 文 献

[1] 郭怀东，廖铜钟，陈来生. TZCF-100m³ 型 LNG 储槽的研制 [J]. 广东燃气，2000，8 (4).

[2] 郁峰，江镇海. 低温液体槽车发展的主要技术问题 [J]. 深冷技术，2000 (1).

[3] Richard A. Gilmore（Energy Transportation Group, Inc.）[J]. Building LNG Ships in China, 2001 (8).

[4] IHI Presentation Hand-out IHI-SPE LNG Carriers [R]. 2001 (8).

[5] Mitsui Engineering & Shipbuilding Co., Ltd. Presentation on LNG Carriers for Guangdong LNG Project [R]. 2001 (9).

[6] 大连新船重工有限责任公司. LNG 船的研究与开发 [R]. 2001 (9).

[7] Jiangnan Shipyard（Group）Co., Ltd., Shanghai Waigaoqiao Shipbuilding Co., Ltd., JN-SWS Ready to Build LNG Carrier [R]. 2001 (9)：4-25.

[8] Kvarner Masa-Yards. LNG Carriers.

[9] 沪东中华造船（集团）有限公司. 关于承接广东 LNG 运输船舶的总体规划和实施方案 [R]. 2001 (8).

[10] 中国船级社. LNG 船 CCS 的机遇与挑战 [M]. 北京，2001.

[11] Det Norske Veritas. DNV-The World´s Premier Classification Society for LNG [R]. Paper Series No. 2001-P003, 2001.

[12] 濮春干. 浅谈液化天然气系统 [J]. 深冷技术，2001 (6).

[13] 龙泽智. 我国天然气工业的现状及其发展方向 [J]. 天然气工业，1994，14 (3).

[14] 潘俊兴. 低温槽车排放自增压气化器的设计计算 [J]. 低温工程，1996 (1).

[15] 包张静. LNG 船：需求抬头，行情看涨 [J]. 中国船舶报，2011 (6)：10.

[16] 沪东中华造船（集团）有限公司. LNG 船介绍 [R].

[17] Sarsten J A. LNG Stratification and Rollover [J]. Pipeline Gas Journal, 1972, 199 (9)：37-39.

[18] Baker N, Creed M. Stratification and Rollover in Liquefied Natural Gas Storage Tanks [J]. Institution of Chemical Engineers Symposium Series, 1995 (139)：621-634.

[19] Baker N, Creed M. Stratification and Rollover in Liquefied Natural Gas Storage Tanks [J]. Process Safety and Environmental Protection, 1996, 74 (B1)：25-30.

[20] Chatterjee N, Geist J M. The Effect of Stratification on Boil-Off Rate in LNG Tanks [J]. Pipeline Gas Journal, 1972, 199 (11)：40-45.

[21] Germeles A E. A Model for LNG Tank Rollover [J]. Advances in Cryogenic Engineering, 1975 (21)：326-336.

[22] Heesatand J, Shipman C W, Meader J W. A Predictive Model for Rollover in Stratified LNG Tanks [J]. AIChE Journal, 1983, 29 (2)：199-207.

[23] Sugawara Y. Rollover Test in LNG Tank and Simulation Model [J]. Advances in Cryogenic Engineering, 1983, (29)：805-811.

[24] Munakata T, Tarasawa I. Numerical Study on Effect of Initial Concentration Difference on Onset of Rollover [J]. Transactions of the JSME (Part B), 1994, 60 (578)：3512-3518.

[25] Tanasawa I. Experimental Techniques in Natural Convection [J]. Experimental Thermal and Fluid Science, 1995, 10 (4)：403-518.

[26] Tamura M, Nakamura Y, Iwamoto H. Prevention of LNG Rollover in an LNG Tank [C].//Proceedings Of 12th LNG Conference, Perth, 1998：A-2.

［27］Shi J Q, Beduz C, Scurlock RG. Numerical Modelling and Flow Visualisation of Mixing of Stratified Layers and Rollover in LNG Cryogenics ［J］. 1993, 3（12）: 1116-1124.

［28］Bates S, Morrison D S. Modelling The Behaviour of Stratified Liquid Natural Gas in Storage Tanks: A Study of the Rollover Phenomenon ［J］. International Journal of Heat And Mass Transfer, 1997, 40（8）: 1875-1884.

［29］Kim H, Kim S Y. Prediction of Rollover Phenomena in Pyeong Taeg LNG Receiving Terminal ［C］.//Proceedings of 11th LNG Conference, Birmingham, 1995, Paper A-2.

［30］游立新. 液化天然气分层及涡旋的传热传质研究 ［D］. 上海: 上海交通大学, 1990.

［31］程栋. 液化天然气分层涡旋现象的数值和实验研究 ［D］. 上海: 上海交通大学, 1997.

［32］袁小宏. 紊流双扩散自然对流数值研究 ［D］. 上海: 上海交通大学, 1998.

［33］覃朝辉. 液化天然气涡旋的理论研究与数值模拟 ［D］. 上海: 上海交通大学, 1999.

［34］程栋, 顾安忠. 液化天然气的储存分层现象 ［J］. 深冷技术, 1997（1）: 13-15.

［35］覃朝辉, 顾安忠. 液化天然气涡旋的模型研究 ［J］. 上海交通大学学报, 1999, 33（8）: 954-958.

［36］李品友, 顾安忠. LNG 涡旋及其预防措施 ［J］. 低温与特气, 1998（2）: 54-57.

［37］李品友, 顾安忠. 液化天然气船液货翻滚及其预防 ［J］. 上海海运学院学报, 1999, 20（2）: 19-23.

［38］李品友, 顾安忠. 液化天然气储存非稳性的理论研究 ［J］. 中国学术期刊文摘（科学快报）, 1999, 5（2）: 170-172.

［39］林文胜, 顾安忠, 李品友. 液化天然气的分层与涡旋研究进展 ［J］. 真空与低温, 2000, 6（3）: 125-132.

［40］Lu X S, Lin W S, Gu A Z, et al. Numerical Modeling of Stratification and Rollover in LNG and the Improvements to Bates-Morrison Model ［C］.//Proceedings of the 6th ASME-JSME Thermal Engineering Joint Conference, Kohala Coast, Hawaii, 2003: TED-AJ03-606.

第 7 章 液化天然气的气化与利用

天然气作为液体状态存在时有利于其存储和运输，但天然气最终被利用时的状态必须是气态。因此，液化天然气在被利用之前必须先经过气化。

天然气是一种应用非常广泛的优质清洁的燃料和化工原料，在发电、汽车、化工、空调、工业与民用燃料等领域获得了有效的利用。广义地说，任何一种天然气的利用方式均可以作为 LNG 的一种利用方式。狭义地说，LNG 的利用专指在 LNG 利用系统中，天然气不仅仅作为系统的燃料或原料，而是直接与系统流程结合，并使系统运行得到优化。本章从狭义的角度出发，重点分析了 LNG 在发电中的利用。此外，鉴于以 LNG 为燃料的运输工具利用 LNG 的特殊性，即 LNG 存储系统必须与发动机系统紧密结合，并随运输工具一起移动。本章对以 LNG 为燃料的运输工具进行了较多介绍。

LNG 作为低温燃料，在气化时需要吸收大量的热量。LNG 的这部分冷量可以被其他工艺过程有效地利用。LNG 冷量的利用是气态天然气应用中没有的，因此本章在对 LNG 冷量进行热力学分析的基础上，介绍了空分、干冰制取、低温粉碎、冷库、蓄冷装置等各种工艺过程中 LNG 冷量的利用方式。

7.1 LNG 的气化

LNG 气化站是一个接收、存储和分配液化天然气的基地，是城镇或燃气企业把 LNG 从生产厂家转往用户的中间调节场所。由于 LNG 本身具有易燃、易爆的危险性，又具有低温存储的特点，因此，LNG 气化站在建设布局、设备安装、操作管理等方面都有一些特殊要求。

经过过去十余年的努力，我国 LNG 气化站建设已经初步具备了相应的标准规范。在大型接收站方面，可采用的国家标准主要有 GB/T 20368—2012《液化天然气（LNG）生产、存储和装运》[1] 和 GB/T 22724—2008《液化天然气设备与安装　陆上装置设计》[2]。前者是修改采用美国标准 NFPA 59A—2009 Standard for the Production, Storage, and Handling of Liquefied Natural Gas (LNG)，后者为修改采用欧盟标准 EN 1473-1997 Installation and equipment for liquefied natural gas-Design of onshore installations。目前，NFPA 59A 和 EN 1473 的最新版本分别为 2013 版[3] 和 2007 版[4]。为城镇供气的小型 LNG 储配站则执行国家标准 GB 50028—2006《城镇燃气设计规范》[5]。

7.1.1 LNG 气化站的总体考虑

1. 站址选择

工厂在进行区域规划时，应符合区域总体规划、环境保护和防火安全要求，并应根据天然气液化工厂、相邻企业和设施、相邻建筑物和场所的特点及火灾危险性，结合地形、风向、气源、交通条件等因素合理布置。

工厂的生产区、存储区和装卸区宜布置在城镇居民区、大型户外场所全年最小频率风向的上风侧。

建设在山区、丘陵地区的工厂，宜避开窝风地带。工厂的生产区、存储区沿江河岸布置时，宜位于邻近江河的城镇、重要码头港口、重要桥梁、船厂、仓储区等重要建（构）筑物的下游。

厂址选择应符合下列规定：①工厂生产区、存储区和装卸区必须避开区域性架空电力线路；②应避开与工厂无关的各种管道、涵洞（箱）；③应避开大型户外活动场所、城镇居民区、公共福利设施等人员密集场所；④应避开航空、通信、传媒、军事区等重要设施区域；⑤应避开风景区、自然保护区及历史文物古迹保护区；⑥应避开地震断裂带、地震基本烈度高于 9 度的地区及工程地质严重不良地段；⑦应避开易受大洪水危害的地区。

工厂与周围居住区、相邻厂矿企业、重要设施、交通干线等应有足够的防火间距。在防火间距（或安全距离）的规定上，NFPA 59A 和 EN 1473 规定了热辐射限值和空气中甲烷的浓度限值，采用 LNG 池火热辐射计算模型和 LNG 蒸气扩散计算模型进行计算，在经危险性评价后确定，但要求其计算模型是公认的或主管部门认可的或合适有效的。我国无公认的或经主管部门认可的计算模型，所以实践中及 2014 年处于征求意见阶段的国家标准《天然气液化工厂设计规范》仍使用我国现行防火规范的通常做法给出明确的规定。当天然气液化工厂与同类工厂或相邻厂矿企业的天然气站场毗邻建设，或者与石油、化工及煤化工企业相邻建设时，由于相互之间生产性质相同或类同，火灾危险性相似，执行的防火安全设计规范相近，为了节约土地，在满足安全的前提下 LNG 工厂与这些企业的防火间距可按规定减小。

2. 拦蓄区和排放系统设计

LNG 储罐周围必须设置拦蓄区，以保证储罐发生的事故对周围设施造成的危害降低到最低程度。同时，工艺区、气化区、LNG、可燃制冷剂、可燃液体的输运区，以及邻近可燃制冷剂或可燃液体储罐周围的区域，应该具有一定的坡度，或具有排泄设施，或设置拦蓄。可燃液体与可燃制冷剂的储罐不能位于 LNG 储罐的拦蓄区内。

LNG 储罐的拦蓄区应当有一个最小允许容积 V，它包括排泄区的任何有用容积和为置换积雪、其他储罐和设备留出的余量。计算如下。

1）单个储罐的拦蓄区最小允许容积：

V = 储罐中液体的总容积（假定储罐充满）

2）在多于 1 个储罐，并且有相应的措施来防止由于单个储罐泄漏造成的低温或火灾引发其他储罐的泄漏时，最小允许容积为

V = 被围储罐中最大储罐中的液体体积（假定储罐充满）

3）在多于 1 个储罐，并且没有相应的措施来防止由于单个储罐泄漏造成的低温或火灾引发其他储罐的泄漏时，最小允许容积为

V = 被围储罐中全部储罐中液体的总容积（假定储罐充满）

拦蓄区如果仅用于气化、工艺或 LNG 输运设施时，其最小允许容积为任何单一事故源在 10min 内漏入拦蓄区的液化天然气、可燃制冷剂或可燃液体的最大容积。除了用来引导 LNG 快速流出危险区的储罐的排泄管外，禁止采用密闭的液化天然气排泄管道（例外：用于将溢出 LNG 快速导流出临界区域的储罐池流管，若其尺寸按预期液体流量和气化速率选定，应允许封闭）。

当储罐的工作压力为 0.1MPa 或更小时，防护围栏或挡蓄墙的高度和距离由图 7-1 确定。

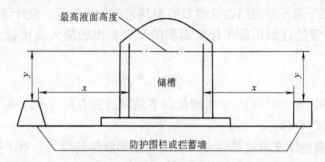

图 7-1　储槽防护围栏或拦蓄墙的模拟示意图

注：1. 尺寸 x 等于或大于尺寸 y 与液化石油气液相上部气相压头之和；当防护围栏或拦蓄墙的高度等于或大于最高液位时，x 可取任意值。

　　2. 尺寸 x 为储槽内壁到防护围栏或拦蓄墙内侧的距离。

　　3. 尺寸 y 为从储槽最高液位到防护围栏或拦蓄墙顶部的距离。

拦蓄区应当有排除雨水或其他水的措施，可以采用自动排水泵排水，但泵应配有自动切断装置以防在 LNG 温度下工作。如果利用重力来排水，应预防 LNG 通过排水系统溢流。

围堰表面的隔热系统应不易燃烧并可长久使用，且应能承受在事故状态下的热力与机械应力和载荷。

3. 拦蓄区的界定

为了使拦蓄区内在发生 LNG 溢流时引发火灾的可能性尽可能减小，对气化站其他设施的危害降到最低，应根据热辐射防护距离确定用地界线。确定规则如下：

（1）来自火焰的热辐射通量的规定　在风速为 0m/s，温度为 21℃和相对湿度为 50%的大气条件下，来自火焰的热辐射量不能超过以下规定中的限定值：

1）在工厂地界线上，由设计溢流量的 LNG 着火产生的热辐射量为 5kW/m²。

2）在工厂地界线外定厂址时确定的 50 人或 50 人以上户外集合点的最近点，当拦蓄区发生火灾时，由设计溢流量的 LNG 着火产生的热辐射量为 5kW/m²。

3）在工厂地界线外定厂址时工厂、学校、医院、拘留所和监狱或居民区建筑物或构筑物最近点，当拦蓄区发生火灾时，由设计溢流量的 LNG 着火产生的热辐射量为 9kW/m²。

4）当工厂地界线上的热辐射量达到 30kW/m² 时，会使拦蓄区发生火灾。

（2）热辐射防护距离计算　根据以下方法进行计算：

1）采用经权威机构认可的 LNG 火灾热辐射模型计算，例如美国燃气技术研究院（GTI）的 GRI 0716 报告描述的模型"LNGFIRE"：LNG 燃烧的热辐射模型。

2）若拦蓄区的长短轴之比不超过 2，则

$$d = F\sqrt{A} \tag{7-1}$$

式中，d 为从拦蓄内 LNG 边缘的热辐射距离（m）；A 为拦蓄内 LNG 的表面积（m²）；F 为校正通量因子，当热辐射量为 5kW/m² 时，$F=3.0$，当热辐射量为 9kW/m² 时，$F=2.0$；当热辐射量为 30kW/m² 时，$F=0.80$。

可燃的混合蒸气在到达用地界线后能够导致明显的危害，应使设计溢流量的 LNG 形成的可燃混合蒸气到达用地界线的可能性降到最低。

（3）LNG 设计溢流量的确定　应根据以下情况来确定：

1）对于液位以下有不带阀门接管的 LNG 储罐所在的拦蓄区，设计溢流量被定义为储罐充满时，通过在接管处且面积等于接管面积的开口流出的最大流出量，流量按式（7-2）确定：

$$q_V = 0.236d^2 \sqrt{h} \tag{7-2}$$

式中，q_V 为 LNG 的流量（m^3/s）；d 为液位以下储罐接管直径（m）；h 为当储罐充满时接管以上的液体的高度（m）。

持续时间应为在储罐充满时排空开口处以上全部液体的时间。对于有多个储罐的拦蓄区，设计溢流量根据能产生最大流出量的储罐计算。

2）对采用顶部充灌和排放，且液位以下没有接管的 LNG 储罐所在的拦蓄区，设计溢流量为当储罐中出液泵满负荷运转时，管路向拦蓄区排放的最大流量。溢流时间一般应为排空原先装满的储罐所需的时间。

3）对于液位以下有接管但装有内部切断泵的储罐所在的拦蓄区，设计溢流量定义为储罐充满时，通过在接管处且面积等于接管面积的开口流出的最大流出量，流量按式（7-2）确定。如果切断措施被权威部门认可，持续时间可取为 1h，否则应为在储罐充满时排空开口处以上全部液体的时间。

4）对于只用于气化、工艺或 LNG 输运区的拦蓄区，设计溢流量应为从任何单个事故泄漏源，在 10min 或更短时间内的流出量。

从拦蓄墙内液体的最近边缘到建筑红线，或到可航行水道的距离不得少于 15m。

4. 储罐的间距

LNG 的储罐或装可燃制冷剂储罐之间的最小间距应符合表 7-1 中的规定。

表 7-1　储罐间距

储罐的水容积/m³	从储罐到建筑红线的最短距离/m	储罐之间的最短距离/m
≤0.5	0	0
0.5 ~ 1.9	3	1
1.9 ~ 7.6	4.6	1.5
7.6 ~ 56.8	7.6	1.5
56.8 ~ 114	15	1.5
114 ~ 265	23	
>265	储罐直径的 0.7 倍，但不小于 30m	相邻储罐直径总和的 1/4（最小 1.5m）

5. 气化器的间距

除非导热流体介质是不可燃的，各气化器及其主要热源应当布置在离任何其他火源至少 15m 的地方。整体加热气化器应布置在距用地界线至少 30m，并距下述地点至少 15m。

1）任何围堰内的 LNG、可燃制冷剂或可燃液体或在任何其他泄漏的事故源和拦蓄区之间的这几种液体的输运管道。

2）LNG、可燃制冷剂或可燃气体的储罐，含有这几种液体的不用火的工艺设备，或用在输送这些液体的装卸接口。

3）控制大楼、办公室、车间和其他有人的或重要的建筑物。

远程加热气化器、环境气化器和工艺气化器应布置在距建筑红线至少30m以外。远程加热气化器和环境气化器应当允许布置在拦蓄区内。

在多个加热气化器的场合，各气化器之间的间距应当至少保持1.5m。

6. 工艺设备的间隔

含有LNG、制冷剂、可燃液体或可燃气体的工艺设备，应当布置在离火源、建筑红线、控制室、办公室、车间和其他类型的建筑物至少15m远处。燃烧设备和其他火源应当布置在离任何拦蓄区或储罐排泄系统至少15m外。

7.1.2　LNG气化工艺

1. 气化流程

LNG气化站工艺大致分为两种：一种是蒸发气体（BOG）再液化工艺；另一种是BOG直接压缩工艺。两种工艺并无本质上的区别，仅在蒸发气体的处理上有所不同。图7-2是采用BOG再液化工艺的LNG气化站工艺流程。

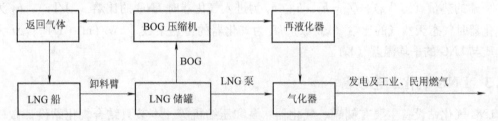

图7-2　LNG气化站工艺流程

在大型LNG接收站，LNG运输船抵达码头后，经卸料臂将LNG输送到储罐存储。来自储罐的LNG由泵升压后送入气化器，LNG受热气化后输送到下游用户管网。LNG在存储过程中，由于储罐不可避免地漏热，部分LNG会从液相蒸发出来，这部分蒸发气体即BOG。采用再液化工艺时，BOG先通过压缩机加压到1MPa左右，然后与LNG低压泵送来的压力为1MPa的LNG过冷液体换热并重新液化为LNG。若采用BOG直接压缩工艺，则由压缩机加压到用户所需压力后直接进入外输管网。BOG直接压缩工艺需要将气体直接升压至管网压力，需要消耗大量压缩功；而LNG再液化工艺是将液体用泵升压，由于液体体积要小得多，且液体的压缩性很小，因此液体升压过程的能耗比BOG直接升压过程可节约50%左右。另外，为了防止LNG在卸船过程中造成LNG船舱形成负压，一部分BOG需要返回LNG船以平衡压力。

小型LNG气化站一般采用LNG槽车输入LNG，卸车过程比大型接收气化站的卸船过程更简单一些，但气化工艺过程是类似的。

LNG接收气化站工艺流程选择中，还有一个很重要的部分是关于LNG存储设备和气化设备的选择。这需要在考虑各种设备优缺点的基础上，结合气化站规模和其他具体情况确定。

2. 气化站存储总容积的确定

为了保证不间断供气，特别是在用气高峰季节也能正常供应，气化站中应存储一定数量的 LNG。目前最广泛采用的存储方式是利用储罐存储。

气化站储罐设计总容积可按式 (7-3) 计算:

$$V = \frac{nKG_\mathrm{r}}{\rho_\mathrm{y}\varphi_\mathrm{b}} \qquad (7\text{-}3)$$

式中, V 为总存储容积 (m^3); n 为存储天数 (d); K 为月高峰系数, 推荐使用 $K = 1.2 \sim 1.4$; G_r 为年平均日用气量 (kg/d); ρ_y 为最高工作温度下的 LNG 密度 ($\mathrm{kg/m}^3$); φ_b 为最高工作温度下的储罐允许充装率。

存储天数主要取决于气源情况 (气源厂个数、检修周期和时间、气源厂的远近等) 和运输方式。

3. 气化器传热面积的确定

气化器的传热面积按式 (7-4) 计算:

$$A = \frac{wQ_\mathrm{m}}{K\Delta t} \qquad (7\text{-}4)$$

式中, A 为气化器的换热面积 (m^2); w 为气化器的气化能力 (kg/s); Q_m 为气化单位质量 LNG 所需的热量 (kJ/kg), $Q_\mathrm{m} = h_2 - h_1$, h_1 为进入气化器时 LNG 的比焓 (kJ/kg), h_2 为离开气化器时气态天然气的比焓 (kJ/kg); K 为气化器的传热系数 [$\mathrm{kW/(m^2 \cdot K)}$]; Δt 为加热介质与 LNG 的平均温差 (K)。

7.1.3　LNG 气化工艺设备

LNG 气化站设备主要有储罐、气化器、泵和压缩机等, 本节只结合气化站设计做一些基本说明。

1. 固定式 LNG 储罐

LNG 储罐主要有金属储罐和钢筋混凝土储罐两大类。

(1) 基本要求　储罐在设计建造时应考虑下列基本要求。

1) 低温性能。LNG 储罐表面的任何部分都存在由于从法兰、阀门、密封点或其他非焊接点处泄漏 LNG 或冷蒸气而暴露在低温下的可能性, 应采取预防保护措施来防止这种影响。当围栏中有两个或两个以上的储罐时, 储罐的地基应能经受与 LNG 直接接触, 或者采取措施防止与 LNG 的接触。

2) 隔热性能。作为蒸气保护层包覆或固定在容器上的外露的隔热材料, 应是防火的且在消防水的冲击下不会移动。可在外层设一个钢质或混凝土质的防护罩来保护松散的隔热材料。在储罐的内外层中的隔热层应为与 LNG 和天然气性能相适应的不可燃材料。当火焰蔓延到容器外壳时, 隔热层不应出现导致隔热效果迅速下降的熔化或沉降。承受负载的底部隔热层应保证发生破裂时产生的热应力和机械应力不对储罐的完好造成危害。

3) 地震载荷与风雪载荷。在储罐设计时应考虑到抗震性能, 必须确定地震潜在的可能性和产生的特性曲线谱, 并获得气化站和周围地区的地质资料, 据此进行地震载荷分析。此外, 还需考虑风雪载荷的影响。

4) 充装容积。LNG 充装时可能处于较低的温度和压力下。随着外界热量的传入, 储罐内 LNG 的温度和压力会相应升高。液体温度升高后体积会发生膨胀, 以纯甲烷为例, 它在 131K 时的比体积比其标准沸点 (111K) 时的比体积增大了 7.7%。在小型带压存储的 LNG

储罐中，20℃的温差在实际中是可能出现的，所以最大充装度设定在90%是较为适宜的。如果最大充装度设定在90%以上，则必须确保储罐运行温度和压力变化范围不能太大。当然，大型储罐均采用低压存储，LNG不可能有较大的温度和压力变化。

5）土壤防冻。储罐外壳的底部应在地下水层之上，或应永远防止其与地下水接触。与储罐外壳底部接触的材料，应能最大限度地减少腐蚀。当储罐外壳与土壤接触时，应使用一个加热系统，用来防止与外壳接触的土壤温度低于0℃。

6）分层与涡旋预防。所有LNG储罐应能在顶部和底部充灌调节，除非有其他手段能用来防止分层现象的出现，进而防止LNG涡旋事故的发生。

（2）金属储罐结构　运行压力小于0.1MPa的焊接结构的金属储罐按普通容器设计制造。运行压力大于0.1MPa的焊接结构的金属储罐按压力容器设计制造，说明如下。

1）储罐应制造成双层的，装有LNG的内胆与外壳之间应有隔热层。与LNG接触的内胆是Ni的质量分数为9%的低温钢，外层为碳钢，中间隔热层为膨胀珍珠岩，罐的隔热层为泡沫玻璃。

2）储罐内胆是焊接结构的，应根据储罐在使用一定时间后，储罐膨胀形成的内部压力、储罐内胆与外壳之间空间的清洗和运行时的压力以及地震负荷的综合作用下的临界负荷进行设计。在真空隔热的场合，设计压力应是工作压力、0.1MPa的真空余量和LNG静压头的总和。非真空隔热时，设计压力是工作压力与LNG静压头之和。储罐外壳也是焊接结构的，需装配一个减压设备或其他能降低其内部压力的设备。应设计一个保温装置，防止外壳温度低于其设计温度。储罐内胆必须用一个金属的或非金属的支撑系统将其与外壳同心地支撑在一起。

3）在储罐内胆和外壳之间及在隔热层间的内部管路，应能承受内胆的最大许用工作压力，且也能够承受热应力。波纹管不能放在隔热空间中。

4）大型的储罐往往有混凝土外壳、挡蓄或地中壁等结构。这些砌体结构一般都是预应力式的。建设这些预应力砌体结构的材料应能满足低温下使用的要求。处于工作低温下的混凝土要进行压缩应力及收缩系数的测试。混凝土材料应是密实的，且在物理及化学特性方面，聚合成的混凝土应是高强度、耐久性好的。

（3）储罐的类型　LNG储罐根据防漏设施不同可分为以下四种形式。

1）单容罐。此类储罐在金属罐外有一比罐高低得多的混凝土挡蓄，挡蓄内容积与储罐容积相等。该形式储罐造价最低，但安全性稍差，占地较大。

2）双容罐。此类储罐在金属罐外有一与储罐筒体等高的无顶混凝土外罐，即使金属罐内LNG泄漏也不至于扩大泄漏面积，只能少量向上空蒸发，安全性比前者好。

3）全容罐。此类储罐在金属罐外有一带顶的全封闭混凝土外罐，金属罐泄漏的LNG只能在混凝土外罐内而不至于外泄。在以上三种地上式储罐中安全性最高，造价也最高。

4）地下式储罐。与以上三种类型不同的是此类储罐完全建在地面以下，金属罐外是深达百米左右的混凝土连续地中壁。地下储罐主要集中在日本，抗地震性好，适宜建在海滩回填区上，占地少，多个储罐可紧密布置，对站周围环境要求较低，安全性最高。但这种储罐投资大（约比单容罐高出一倍），且建设周期长。

2. LNG气化器

（1）气化器分类　LNG气化器按其热源的不同，可分为以下三种类型。

1）加热气化器。气化装置的热量来源于燃料燃烧、电力、锅炉或内燃机废热。加热气化器有整体加热气化器和远程加热气化器两种类型。整体加热气化器采用热源整体加热法使低温液体气化，最典型的即是浸没式燃烧气化器。远程加热气化器中的主要热源与实际气化交换器分开，并采用某种流体（如水、水蒸气、异戊烷、甘油）作为中间传热介质，由中间介质与 LNG 换热，使 LNG 气化。

2）环境气化器。气化的热量来自自然环境的热源，如大气、海水、地热水。当然，自然环境的热量如果不是直接使 LNG 气化，而是通过加热一种中间介质，再由中间介质使 LNG 气化的话，则这就是一种远程加热气化器，而不是环境气化器。如果自然热源时与实际的气化器是分开的并使用了可控制的传热介质，则应认为这种气化器是远程加热气化器，应符合加热气化器的规定。

3）工艺气化器。气化的热量来源于另外的热动力过程或化学过程，或有效利用 LNG 的制冷过程。实际上，在各种 LNG 冷量利用的综合流程，如发电、化工、空分等流程中，将需要排出热量的过程与 LNG 的吸热气化过程结合起来，可以节约用于 LNG 气化的能量，同时使各工艺过程的能量利用效率得到提高。

(2) 气化器基本要求

1）气化器的换热器的设计工作压力，至少等于 LNG 泵或供给 LNG 的压力容器系统的最大出口压力中较大的压力值。

2）并联气化器的各个气化器均应设置进口和排放切断阀。

3）应提供恰当的自动化设备，以避免 LNG 或气化气体以高于或低于外送系统的温度进入输配系统。这类自动化设备应独立于所有其他流动控制系统，并应与仅用于紧急用途的管路阀门相配合。

4）用于防止 LNG 进入空置气化器（组）的隔断设施，应包括两个进口阀，并且提供排除两个阀门之间可能聚集的 LNG 或气体的安全措施。

5）每一加热气化器应提供一种在距气化器至少 15m 处切断热源的方式。此设备应在其安装位置可操作。

6）如果气化器与向其供液的储罐的距离不小于 15m，则在 LNG 管路距加热气化器至少 15m 处应设置切断阀。此切断阀应在其安装位置和以远程方式均可操作，且应防止因外部结冰使其不可操作。

7）安装在距 LNG 储罐 15m 之内的任何环境或加热气化器，均应在液体管路上设置自动切断阀。此阀应设在距气化器至少 3m 处，应在管路失压时（过流），或气化器紧邻区域温度异常时（火灾），或气化器出口管路出现低温时，能自动关闭。在有人值班的地方，应允许在距气化器至少 15m 处对此阀实现远程操作。

8）如果在远程加热气化器中采用了可燃中间流体，应在中间流体系统管路的热端和冷端均设置切断阀。这些阀门的控制设施应设在距气化器至少 15m 处。

9）每台气化器应当安装减压阀，减压阀的口径按下列要求选取：①加热或工艺气化器的减压阀的排出量，应为额定的气化器天然气流量的 110%，不允许压力上升到超过最大许用压力的 10% 以上；②环境气化器的减压阀的排出量，至少应为额定的气化器天然气流量的 150%，不允许压力上升到超过最大许用压力的 10% 以上。加热气化器的减压阀在运行时温度不能超过 60℃，除非设计的阀门能承受高温。

10）整体加热气化器或远程加热气化器用的一次热源在运行时燃烧所需要的空气，应从一个完全封闭的建筑外部获得。在安装整体加热气化器或远程加热气化器的一次热源的地点，应防止燃烧后生成的有害气体积聚。

3. 泵和压缩机

LNG 气化站中使用的泵和压缩机，应满足下列要求。

1）泵和压缩机应当使用在可能遇到的温度和压力条件下都能正常工作的材料来制造。

2）阀门的安装应使每一台泵或压缩机都能单独维修。在泵或离心压缩机因操作需要并列安装的场合，每一个出口管线上应配一个止回阀。

3）泵和压缩机应当在出口管线上装备一个减压装置来限制压力，使之低于机壳和下游管道、设备的设计最大安全工作压力。

4）每台泵应当装备有足够能力的释放阀，用以防止泵壳在冷却时产生最大流量期间超压。

5）低温泵的地基和油池的设计和施工中，应防止冷冻膨胀。

6）用于输送温度低于 −29℃ 的液体泵，应配备预冷装置，确保泵不被损坏或造成临时或永久失效。

7）处理可燃气体的压缩设备，应在各个气体可能泄漏的点设排气道，使气体能排出到建筑物外部可供安全排放的地方。

7.1.4 测量仪表

1. 液位测量

LNG 储罐应当设置两套独立的液位测量装置。在选择测量装置时应考虑密度的变化。这些液位计应在不影响储罐正常运行时可以更换。

储罐应当设置一个高液位报警器。报警器应使操作人员有充足的时间停止进料，使液位不致超过最大允许装料高度，并应安装在控制装料人员能够听到报警声的地方。即使使用高液位进料切断装置，也不能用它来代替报警器。

LNG 储罐应设置一个高液位进料切断装置，它应与所有的控制计量表分离。容量为 265m³ 及以下的储罐，如果在装料操作时有人员看管的话，允许设置一个液位测试阀门代替高液位报警器，并应当允许手动切断进料。

每一个制冷剂或可燃流体储罐，应当装备一个液位计。当制冷剂或介质流体是液化系统一部分的情况下，储罐有可能充装过量，应设置一个高液位警报器。

2. 压力表

每个 LNG 储罐都应当安装一个压力表。此压力表应连接到储罐的最高预期液位上方的位置。在压力表的刻度盘上应有永久性标记标明该储罐所容许的最大工作压力。

3. 真空表

真空夹套设备应当装备仪表或接头，用以检测夹层空间内的绝对压力。

4. 温度检测

当一个现场安装的 LNG 储罐投入使用时，应在储罐内配置温度检测装置，用来帮助控制温度，或作为检查和校正液位计的手段。

气化器应当安装温度指示器来检测 LNG、蒸发气体及加热介质流体的进口和出口温度，保证传热效率。

在低温设备和容器的支座基础等可能会受到冻结、大地冻胀等不利影响的场合，应当安装温度检测系统。

5. 检测仪表的紧急切断

在可能范围内，液化、存储和气化设备的仪表在出现电力或仪表气动故障时，应使系统处于失效保护状态，直到操作人员采取适当措施来重新启动或维护该系统。

7.1.5　气化站的消防与安全

鉴于 LNG 易燃、易爆的特性，所有的液化天然气设施中均应配置消防设备。

1. 着火源控制

消防区内禁止吸烟和非工艺性火源。如果必须进行焊接、切割及类似的操作，则只能在特别批准的时间和地点进行。

有潜在火源的车辆或其他运输工具，禁止进入拦蓄区或装有 LNG、可燃液体或可燃制冷剂的储罐或设备的 15m 范围内。如果确有必要，经特别批准，此类车辆才能进入站内有全程监视的区域，或用在特殊目的的装卸货物的区域。

2. 紧急关闭系统

每个 LNG 设备都应加上紧急关闭系统（ESD），该系统可隔离或切断 LNG、可燃液体、可燃制冷剂或可燃气体的来源，并关闭一些如继续运行可能加大或维持灾情的设备。

紧急关闭系统可控制可燃或易燃液体连续释放的危害。如果某些设备的关闭会引起另外的危险，或导致重要部分机械损坏，这些设备或辅助设备的关闭可不包括在紧急关闭系统中。

如果盛放液体的储罐未受保护，则它暴露在火灾中时，可能会受到金属过热的影响并造成灾难性的损坏，这时应通过紧急关闭系统来减压。

紧急关闭系统应有失效保护，或者采取保护措施，使其在紧急情况时失效的可能性降到最小。没有失效保护的紧急关闭系统的全部距设备 15m 以内的部件，应安装或设置在不可能暴露到火焰中的地点，或者应保证暴露在火灾中时，能安全运行至少 10min 以上。

紧急关闭系统的启动可以手动、自动或两者兼有。手动调节器（开关）应设在紧急情况发生时可接近的地点，距其保护的设备至少 15m 远，并且有显著的标志来显示它们的指定功能。

3. 火灾和泄漏监控

可能发生可燃气体聚集、LNG 或可燃制冷剂泄漏，以及发生火灾的地区，包括封闭的建筑物，均应进行火灾和泄漏监控。

连续监控低温传感器或可燃气体监测系统，应在现场或经常有人在的地点发出警报。当监控的气体或蒸气的浓度超过它们的燃烧下限的 25% 时，监测系统应启动一个可听或可视的警报。

火灾警报器应在现场或经常有人的地点发出警报。另外，应允许火灾警报器激活紧急关闭系统。

4. 消防水系统

在气化区应提供消防水源和消防水系统。消防水系统的作用是保护暴露在火灾中的设备，冷却容器、装备和管道，并控制尚未着火的泄漏和溢流。

消防用水的供应和分配系统的设计，应能满足系统中各固定消防系统同时使用的要求，使它们在可能发生的最大单个事故时，能在正常的设计压力和流量下供水，同时设计流量还应再加上 63L/s 的余量，以满足手持软管喷水。连续供水时间应不少于 2h。

5. 灭火设备

在 LNG 设施内和槽车上的关键位置，可设置便携式或轮式灭火器，这些灭火器应能扑灭气体造成的火灾。

进入场区的机动车辆，最低限度应配备一个便携式干式化学灭火器，其容量不低于 9kg。

6. 安全措施

设备操作人员应控制入口的安全系统，未经批准的人员不得进入安全防护区域。

在液化天然气气化站中，在一些重要部分周围应有外层防护栏、围墙或自然防护栏。这些重要部分包括：LNG 储罐、可燃制冷剂储罐、可燃液体储罐、其他危险物的存放区域、室外的工艺设备区域、有工艺设备或控制设备的建筑、装卸设施。防护栏可设置为单个连续的围栏，也可设置为几个独立的围栏。当包围的区域超过 116m² 时，至少应有 2 个门，以便在紧急情况时人员可以快速离开现场。

LNG 设施应有尽可能好的照明，以提高设施的安全性。

7.1.6　气化站建设实例

1. 工程概况

国内第一座 LNG 气化站建于山东省淄博市[6]。淄博市作为山东省中部的重工业城市、建材之乡，长期以来环境污染较为严重，加之境内建材、陶瓷企业较多（2000 年前后有上百家，1200 余条辊道窑生产线），对生产中使用优质燃气的需求量大，而目前人工煤气和液化石油气的供应又不能解决问题。经充分论证，决定引入中原油田生产的液化天然气为淄博供气。中原油田 LNG 工程一期产量 15 万 m³/天（标准状态，下同），其中 12 万 m³/天供应淄博。淄博气化站工程设计规模 30 万 m³/天，一期按 12 万 m³/天供应。站址选在淄博市淄川区杨寨镇，建成后先为该镇七家建陶工业用户 17 条生产线连续供气，以及 10000 余户居民生活供气。工程于 2000 年 8 月底动工，2001 年 8 月底竣工验收。

2. LNG 气化站的工艺设计

（1）工艺流程示意　本工程采用日本赛山公司提供的工艺流程，如图 7-3 所示。

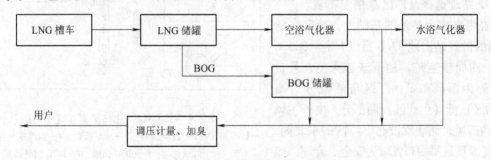

图 7-3　某 LNG 气化站工艺流程

LNG 卸车时，开启 LNG 槽车上的升压器升压，形成槽车与储罐之间的压差，将 LNG 输入 LNG 储罐。

LNG 储罐内 LNG 液相进入空浴气化器时，一般应开储罐区的升压器升压，将 LNG 液相倒入空浴气化器，LNG 在其内发生相变并升温。若空浴气化器出口 LNG（气相）温度低于 5℃，则应开启水浴气化器将其升温，直到符合要求。

LNG 储罐顶部的蒸发气体（BOG），倒入 BOG 储罐，稳压后输入供气主管网。

淄博 LNG 的存储条件：存储压力 0.3MPa，存储温度 −145℃。

（2）LNG 设备及材料的选择

1）LNG 储罐。立式，几何水容积 106m^3，12 台，内胆材料为 06Cr19Ni10，外层为 16Mn，夹层充填珠光砂抽真空绝热保冷。

2）空浴气化器。气化能力 1500kg/h，8 台。

3）水浴气化器。气化能力 4000kg/h，1 台。

4）工艺中所要求的低温管道均采用 06Cr19Ni10，与之相关的低温阀门均由日本赛山公司提供，相关管道进行保冷处理。

3. LNG 供气站的消防、安全设计

由于 LNG 供气技术的先进性、特殊性及风险性，在淄博 LNG 供气站的消防、安全设计中主要考虑了以下几方面。

1）设置了消防水罐：1500m^3 ×2。

2）厂区设置环状供水管网，安装地上消火栓 12 只；LNG 储罐周围设置挡液堤，安装 PS40 型消防水炮 4 台；LNG 储罐顶部水幕喷淋装置。

3）LNG 储罐区设置 FG10 型干粉灭火装置 2 套，干粉炮有效射程 ≥35m。

4）LNG 储罐区、卸车区、气化区设置排液沟，设置 200m^3 集液池，其上安装 PF4 型固定式高倍泡沫灭火装置 2 套；设移动式高倍泡沫灭火装置 2 套。

5）设置可燃气体（CH_4）报警装置 16 套，报警信号引至中心控制室；LNG 储罐进、出液管道、气化器进口管道、出站主管道上均安装紧急切断阀，异常情况自动关闭，也可在中心控制室手动开、关；相关管道、储罐均设安全阀，超压自动起跳，高点放空。

4. 站址选择及厂区总平面布置

在考察多个站址的基础上，确定在杨寨镇的供气站占地 37.6 亩（1 亩 =666.6 m^2），四周较空旷，地下未被采空，且自然地势为西高东低，厂区自然就分为高（生活区）低（生产区）两部分，由于主风向为西南风，储罐就设在下厂区的东北侧，故站址及厂区平面布置较为安全、合理，如图 7-4 所示。

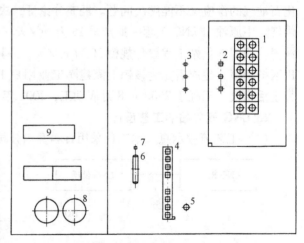

图 7-4　某 LNG 气化站平面布置示意图

1—LNG 储罐　2—自增压器　3—卸车接口　4—空温式气化器
5—水浴式气化器　6—BOG 储罐　7—BOG 加热器
8—消防水罐　9—控制室

7.1.7 气化站 BOG 回收案例

1. BOG 回收常用方案

目前，LNG 接收站 BOG 处理工艺主要有以下四种：①BOG 直接压缩工艺；②BOG 再冷凝液化工艺；③BOG 间接热交换再液化工艺；④蓄冷式再液化工艺[7]。前两种 BOG 处理工艺为目前主要采用方式，其流程分别如图7-5 和图7-6 所示，两种工艺的对比见表7-2。BOG 直接压缩工艺中，BOG 加压后直接进入外输管网；BOG 再冷凝液化工艺中，BOG 加压后进入再冷凝器，与进入再冷凝器的过冷 LNG 混合，形成液态，然后与剩余 LNG 一起通过高压泵加压，进入气化器气化，再外输。

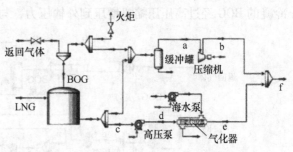

图 7-5 采用 BOG 直接压缩工艺的 LNG 接收站流程

注：图中 a、b、c、d、e、f 表示不同的装置部位。

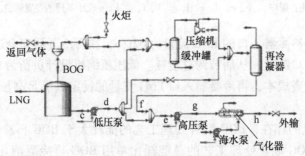

图 7-6 采用 BOG 再冷凝液化工艺的 LNG 接收站流程

注：图中 c、d、e、f、g、h 表示不同的装置部位。

表7-2 BOG 再冷凝液化工艺和 BOG 直接压缩工艺对比表

BOG 处理工艺	优 点	缺 点
BOG 再冷凝液化工艺	能耗低	设备多，流程复杂，需要不断的冷源，若 LNG 气化中断，则 BOG 排入火炬系统，造成浪费
BOG 直接压缩工艺	设备少，流程简单	能耗高

从能耗对比分析及实际应用情况来看，气源型 LNG 接收站一般都采用 BOG 再冷凝液化工艺。

2. 青岛 LNG 接收站 BOG 再冷凝液化工艺改进措施

中石化青岛 LNG 接收站于 2014 年建成。考虑接收站实际情况，该站对常规 BOG 再冷凝液化工艺进行了改进[8]。

根据计算，青岛 LNG 接收站在不同工况下的 BOG 处理量：①卸船最小外输量时，BOG 处理量为 20.6t/h；②卸船最大外输量时，BOG 处理量为 19.9t/h；③非卸船最小外输量时，BOG 处理量为 7.3t/h；④非卸船最大外输量时，BOG 处理量为 4.3t/h。理论模拟计算得知卸船工况下的 BOG 处理量为非卸船工况下 BOG 处理量的 4.5 倍，同时，根据下游用户用气量的不同，LNG 接收站外输量也有较大波动，这些都造成 BOG 再冷凝液化工艺操作困难，尤其是当 BOG 处理量较大，而下游用户用气量较低时，会造成 BOG 无法完全液化就不得不进入火炬系统，导致能源浪费。因此，针对青岛 LNG 接收站提出 BOG 再冷凝液化及 BOG 直接压缩两种工艺混合使用的方案（图7-7），使进入再冷凝器的 LNG 流量保持恒定，没被冷凝的 BOG 经过高压压缩机增压到外输压力，与完成气化的 LNG 混合后外输。

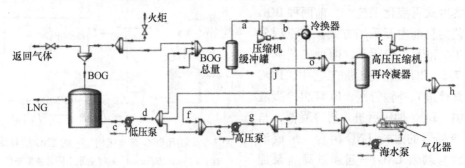

图 7-7　采用 BOG 再冷凝液化及 BOG 直接压缩两种工艺的 LNG 接收站流程
注：图中 a、b、c、d、e、f、g、h、i、j、k、o 表示不同的装置部位。

在卸船工况下再冷凝器入口的 LNG 流量为 62t/h，在再冷凝器安全运行的同时，尽可能降低高压压缩机的入口流量，从而节约总能耗。低压压缩机设计负荷为 6.7t/h，为统一设备运行参数，并节约投资成本，再冷凝器入口 LNG 流量的设定以满足高压压缩机入口 BOG 流量小于 6.7t/h 为限。

由于高压压缩机的存在，BOG 混合处理工艺的能耗大于 BOG 再冷凝液化工艺的能耗。正常工况下，采用 BOG 混合处理工艺的总能耗比单用 BOG 再冷凝液化工艺的总能耗要高 6.8%。但在最小外输量的工况下，采用 BOG 混合处理工艺可避免 BOG 进入火炬系统而造成能源浪费，同时减小再冷凝器入口流量的波动，装置运行更稳定、安全。综合考虑，青岛 LNG 接收站 BOG 处理工艺采用 BOG 再冷凝液化工艺及 BOG 直接压缩混合处理工艺可行。

7.2　LNG 储罐的自增压供气系统

7.2.1　增压供气系统概述

当储罐内的低温液体向外排出的时候，储罐内的压力会逐渐下降。为保持储罐内的压力稳定，必须对储罐进行增压。另外如果加注到储罐内的低温液体的初始压力没有达到工作压力的要求，也必须对储罐进行增压。低温容器的增压供气系统主要有三类：低温泵增压系统、外部气源增压系统和自增压系统。

1. 低温泵增压系统

这种方法是在排液口设置低温泵，利用泵的机械功使低温液体增压，以及向气化器输液。低温泵的运行需要额外耗功（虽然液体泵消耗功率不大），更重要的是需要额外的低温泵。低温泵价格比较昂贵，降低了系统经济性。若低温泵安装在储罐外部，则暴露在环境中，不便于绝热和保护；若安装在储罐内部，一则给安装与维修带来很大的不便，二则减小了储罐的有效容积。因此低温泵不适于 LNG 汽车燃料罐这一类小型的供气系统。当然，对于大型低温供气系统来说，采用低温泵增压是比较合适的。

2. 外部气源增压系统

另一种方式是利用外来的气源实现增压和排液过程。例如可以在汽车上额外安装一个压缩天然气（CNG）储罐，在汽车运行时，将 CNG 储罐中的高压天然气注入 LNG 储罐中，以实现挤压排液。此种方式对于控制 LNG 储罐内的压力非常方便准确，但需要额外的 CNG 储罐及高压压缩天然气，在车上空余空间比较充足的情况下，可以进行研究并投入使用。

3. 自增压系统

相对来说，对于不便设置低温泵或外部气源，或者设置这些设备不经济的场合，则自增压系统是比较合理的选择。

自增压系统主要有以下四种方式（图 7-8）。

（1）经典型自增压系统（图 7-8a） 该系统是目前各种低温液体储罐最常用的增压系统，通过将部分 LNG 排出储罐，经气化器气化后，再返回至储罐的气相空间，达到增压的目的。气化热源可来自于发动机的冷却水。其主要优点为结构简单，储罐内部没有维修元件，并且可有效地利用废热；其缺点为增压性能不稳定，在很大程度上受发动机冷却水温度的影响，并且在发动机起动前，发动机冷却水是冷的，特别是在冬天，不能作为起动阶段 LNG 的气化热源。

（2）电加热型自增压系统（图 7-8b） 该系统是在储罐内部设置电加热器，在车上还配有电池，其主要优点为控制方便。但其也有很大的缺点，首先储罐内有维修元件，一旦电加热器出现故障，必须拆开储罐进行维修，而储罐一般都是采用焊接密封的，不允许进行拆卸；其次必须在车上配备电池，车上可用电能本来就非常有限，再加上气化低温液体显然是不够的，并且每天进行充电，也会给使用带来很大的不便，另外充电设备又需额外的耗费。

（3）回气增压系统（图 7-8c） 该系统是对经典型自增压系统的改进，气化后的热气不直接返回至储罐气相空间，而是返回至储罐内的换热盘管，跟储罐内的液体进行热交换后，再返回至气化器，经气化器再加热后进入发动机。储罐内的液体从回气中获得热量后气化，达到增压的目的。回气量的大小可通过三通阀来控制。此系统相对于经

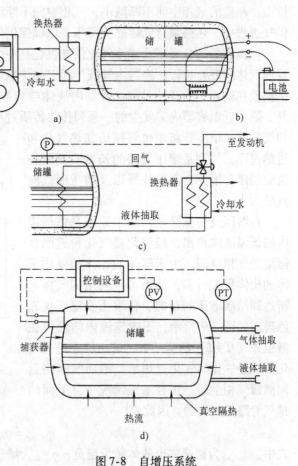

图 7-8 自增压系统

a）经典型自增压系统 b）电加热型自增压系统

c）回气增压系统 d）真空压力控制系统

典型自增压系统结构要稍微复杂一些，并且对关键元件三通阀的性能要求很高，但其供气稳定性相对要好得多。

（4）真空压力控制系统（图 7-8d）　该系统是利用捕获器吸附或脱附内外胆间的气体，改变储罐内外胆间的真空度来控制储罐的漏热，从而使储罐内液体获得热量气化，达到增压的目的。其优点是不需额外的气化器，直接利用环境的漏热来达到调节压力的目的，类似于能量放大器，经济性较好，并且控制比较方便。但是由于捕获器对内外胆间气体的吸附和脱附需要一定的时间，因此压力的调节存在一定滞后现象。另外初始增压过程需要很长的时间，也给使用带来了很大的不便。

7.2.2　自增压系统稳压供气原理[9-13]

以 LNG 汽车燃料储罐为例，要保证 LNG 汽车稳定行驶，必须要为天然气发动机提供稳定的燃料供给。目前发动机多采用高压喷射进气方式代替传统的常压进气方式，为此，LNG 汽车的燃料供给系统必须能够为发动机提供稳定的高压气体。加注到储罐的初始 LNG 一般都处在常压状态下，因此首先必须对储罐进行自增压，当压力增加到天然气发动机额定的工作压力范围后，再开始对发动机进行供气。储罐在向发动机供气时，储罐内的液体会不断地排出，相应的液相空间不断减小，气相空间不断增大，储罐内的压力又会逐渐下降，为此在供气过程中，还必须对储罐进行稳压，以确保供气压力在规定的工作压力范围内。

低温容器的自增压及排液气化供气过程是一个非常复杂的过程，它包括了增压气体与容器内气体的混合过程、容器内气液界面上的传热传质过程、容器内气体与容器壁面之间的热交换及在壁面上的凝结过程、容器内液体与容器壁面之间的热交换及液体的排出过程。此外，除了低温容器内部发生的一系列传热传质过程，低温液体在低温容器的附属增压系统，

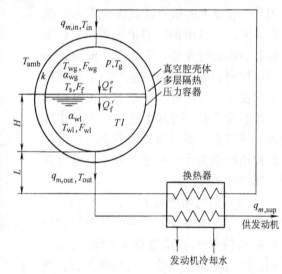

图 7-9　储罐自增压及稳压供气原理图

如气化器、增压管路中也将经历加热气化和过热过程。特别是增压管路的长度及流阻将决定储罐自增压速度的快慢以及增压回气流量的大小。

自增压及挤压排液的基本原理是将储罐内的低温液体排出，经气化器气化再返回自储罐的气相空间。由于气体的比体积要比液体的比体积大得多，从而可以利用的气体充挤达到储罐增压的目的。自增压及稳压供气原理图如图 7-9 所示，图中储罐内的液体在液位差（$H+L$）的驱动下，排出储罐进入气化器，经气化器气化过热后，沿回气管路返回储罐气相空间。在自增压情况下，下面的排气管路是关闭的，因此有

$$q_{m,out} = q_{m,in} \tag{7-5}$$

式中，$q_{m,out}$ 为储罐排出液体质量流量；$q_{m,in}$ 为增压气体质量流量。

在稳压供气情况下，排气管路打开，储罐内排出的液体气化后，一部分返回储罐实现增压，另一部分向发动机提供燃料供给，因此有

$$q_{m,\,out} = q_{m,\,in} + q_{m,\,sup} \tag{7-6}$$

式中，$q_{m,\,sup}$ 为向发动机供给气体质量流量。

考虑到容器的气相空间很小，在增压气体回流速度比较快的情况下，可以认为增压气体返回至储罐气相空间后，能够迅速地与储罐内原有的气体均匀混合，即近似地认为储罐内气相空间的混合气体温度是均匀的。对于液相，考虑到液体表面温度梯度现象的存在，将液相分为两相，即气液界面饱和相和液体主体过冷相，各相温度均匀一致。对于气液界面饱和相，由于是液体表面薄薄的一层，因此可以只考虑其存在性，而忽略其体积和质量。

下面详细分析储罐内的传热传质过程。

（1）气腔气体质量守恒方程

$$\frac{\partial}{\partial \tau}(\rho_g V_g) = q_{m,\,in} - q_{m,\,w} - q_{m,\,f} \tag{7-7}$$

式中，$q_{m,w}$ 为单位时间内在壁面上凝结的气体质量流量；$q_{m,f}$ 为单位时间内在气液界面上凝结的气体质量流量；V_g 为气腔气体体积。

（2）气腔气体能量守恒方程

$$\frac{\partial}{\partial \tau}(\rho_g V_g h_g) = q_{m,\,in} h_{in} - \alpha_{wg} A_{wg}(T_g - T_s) - q_{m,\,w} h_s'' - \alpha_f A_f(T_g - T_s) - q_{m,\,f} h_s'' \tag{7-8}$$

式中，T_g 为气腔气体温度；T_s 为储罐压力对应的饱和状态温度；A_{wg} 为气腔气体与容器内壁的接触面积；A_f 为气液界面表面积；α_{wg} 为气腔气体与壁面冷凝液体膜对流换热表面传热系数；α_f 为气液界面间的对流换热表面传热系数；h_{in} 为增压气体比焓；h_s'' 为饱和温度 T_s 下的饱和气体比焓。

（3）气腔壁面上气体冷凝量　单位时间内气体冷凝在壁面上的质量是随着垂直坐标 z 变化的，计算式如下：

$$\frac{\partial q_{m,\,w}}{\partial z} = \frac{[(\lambda_s'/\delta)(T_s - T_{wg}) - \alpha_{wg}(T_g - T_s)] U_w}{r_s} \frac{\partial \delta}{\partial z} \tag{7-9}$$

式中，T_{wg} 为气腔壁面温度；z 为界面坐标；U_w 为界面湿周；δ 为冷凝液体膜厚度；λ_s' 为冷凝膜热导率；r_s 为饱和温度 T_s 下的气化潜热。

在本模型中由于认为气相空间的气体温度是一致的，同时为简化冷凝膜厚度的计算，假设单位时间内在气相壁面上冷凝的液体是均匀的，即

$$q_{m,\,w} = \frac{[(\lambda_s'/\delta)(T_s - T_{wg}) - \alpha_{wg}(T_g - T_s)] A_{wg}}{r_s} \tag{7-10}$$

气体与冷凝膜之间的对流换热表面传热系数 α_{wg} 计算如下：

层流　　　　　$Nu = 0.518\left[1 + \left(\frac{0.599}{Pr}\right)^{3/5}\right]^{-5/12} (Gr\,Pr)^{1/4}, \quad GrPr < 10^9 \tag{7-11}$

紊流　　　　　$Nu = 0.10\,(Gr\,Pr)^{1/4}, \quad GrPr > 10^9 \tag{7-12}$

定性尺寸为储罐内筒直径。

（4）气液界面上气体冷凝量　单位时间内气体在气液界面上的冷凝量按式（7-13）计算：

$$q_{m,\,f} = \frac{\dfrac{T_s - T_1}{2} A_f \left[\dfrac{\lambda_l c_{pl}(\rho_s' + \rho_1)}{\Delta \tau}\right]^{1/2} - \alpha_f A_f(T_g - T_s)}{r_s} \tag{7-13}$$

（5）液体质量守恒方程

$$\frac{\partial}{\partial \tau}(\rho_1 V_1) = -q_{m, \text{out}} + q_{m, w} + q_{m, f} \tag{7-14}$$

（6）液体能量守恒方程

$$\frac{\partial}{\partial \tau}(\rho_1 V_1 h_1) = -q_{m, \text{out}} h_{\text{out}} + \alpha_{wl} A_{wl}(T_{wl} - T_1) +$$

$$\frac{T_s - T_1}{2} A_f \left[\frac{\lambda_l c_{pl}(\rho'_s + \rho_1)}{\Delta \tau}\right]^{1/2} + (q_{m, f} + q_{m, w}) h'_s \tag{7-15}$$

式中，T_1 为液腔液体温度；T_{wl} 为液腔壁面的温度；A_{wl} 为液腔液体与容器内壁的接触面积；α_{wl} 为液腔液体与壁面间的对流换热表面传热系数，按式（7-11）和式（7-12）计算；h_{out} 为排出液体比焓，等于液腔液体比焓，即 $h_{\text{out}} = h_1$。

（7）体积守恒方程

$$V = V_g + V_1 \tag{7-16}$$

（8）气腔壁面能量方程

$$\rho_w c_w A_{wg} \delta_w \frac{\partial T_{wg}}{\partial \tau} = \frac{\lambda'_s}{\delta}(T_s - T_{wg}) A_{wg} + K A_{wg}(T_{amb} - T_{wg}) \tag{7-17}$$

式中，δ_w 为储罐内壁的厚度；K 为储罐绝热层有效传热系数。

（9）液腔壁面能量方程

$$\rho_w c_w A_{wl} \delta_w \frac{\partial T_{wl}}{\partial \tau} = \alpha_{wl} A_{wl}(T_1 - T_{wl}) + K A_{wl}(T_{amb} - T_{wl}) \tag{7-18}$$

（10）气体状态方程

$$p = f(T_s) \tag{7-19}$$

$$\rho_g = f(p, T_g) \tag{7-20}$$

$$h_g = f(p, T_g) \tag{7-21}$$

已知边界条件和初始条件，就可以根据以上方程式求解出储罐压力上升规律，以及储罐内气体、液体、气液界面和壁面的温度变化过程。

7.2.3 增压管路传热及流动计算

1. 增压管路传热计算

增压管路的传热过程主要包括液体管路传热过程、气化器传热过程及气体管路传热过程。对于管内流体的传热又分为三个区段，即过冷段、沸腾段和过热段。在液体管路内，管内流体一般处在过冷状态，环境热量通过管壁传入管内液体。同样在气体管路中，管内流体一般处在过热状态，环境热量通过管壁传入管内气体。然而相对于增压气体的主要热量来源气化器，增压流体在液体管路和气体管路上吸收的环境漏热可以忽略不计。

气化器采用壳管式换热器，管内为低温流体，管外为发动机冷却水。气化器内的局部传热系数可按式（7-22）计算：

$$K = \frac{1}{\frac{1}{\alpha_o}\frac{d_o}{d_i} + \frac{d_o}{2\lambda}\ln\frac{d_o}{d_i} + \frac{1}{\alpha_i} + R_f} \tag{7-22}$$

式中，α_i 为管内对流换热表面传热系数；α_o 为管外对流换热表面传热系数；R_f 为污垢热阻；

λ 为气化器换热管的热导率；d_i 为换热管的内径；d_o 为换热管的外径。

由于发动机冷却水的温度有一定的变化范围，特别是在汽车开动前，发动机冷却水处在当时的环境温度，因此不能作为定值来考虑。为保证低温液体能够充分气化并达到一定的过热度，可以通过调节冷却水流量来实现。即

$$q_{m,o} = \frac{q}{c_o \left(T_{o,2} - T_{o,1} \right)} \tag{7-23}$$

式中，q 为 LNG 气化和过热所需要的换热率。按式（7-24）计算：

$$q = q_{m,in} \left(h_{in} - h_{out} \right) \tag{7-24}$$

整个增压过程所需要的换热量为

$$Q = \int_0^\tau q \mathrm{d}\tau \tag{7-25}$$

2. 增压管路流阻计算

在通常的增压计算中，设定增压气体流量是一个固定的值，而事实上增压气体流量是由液位差，即自增压循环的动力，以及增压管路中的流阻决定的。特别是在稳压供气过程中，由于储罐内的液体不断地排出，储罐液位会逐渐下降，即自增压循环的动力不断减小，相应的增压气体流量也会不断地减小。因此在增压过程中，通过计算增压管路流阻来确定增压气体流量是必须的。

低温流体在增压管路内的压降包括摩擦压降、动量压降和局部压降三个部分。针对流动中的三个不同区段（过冷段、沸腾段和过热段），流动压降计算分别如下：

（1）过冷段和过热段流动压降计算

$$\Delta p = \Delta p_f + \Delta p_a + \Delta p_j \tag{7-26}$$

1）摩擦压降：

$$\Delta p_f = \xi \frac{L}{D} \frac{\rho u^2}{2} \tag{7-27}$$

式中，ξ 为流体的摩擦阻力系数；L 为管子长度；D 为管子直径；ρ 为流体的密度；u 为流体的速度。

对于光滑管：

层流流动（$Re < 2320$）

$$\xi = 64/Re \tag{7-28}$$

过渡区（$2320 < Re < 4000$）可按式（7-28）和式（7-29）的平均值计算。

紊流流动（$4000 < Re < 10^5$）

$$\xi = 0.3164/Re^{0.25} \tag{7-29}$$

紊流流动（$10^5 < Re < 3 \times 10^6$）

$$\xi = 0.0032 + 0.221 Re^{-0.237} \tag{7-30}$$

2）动量压降：

$$\Delta p_a = q_m (u_2 - u_1) \tag{7-31}$$

3）局部压降：

$$\Delta p_j = \sum \xi \frac{\rho u^2}{2} \tag{7-32}$$

式中，ξ 为弯管、接头、阀门等的局部阻力系数。

（2）沸腾段流动压降计算

$$\Delta p = \Delta p_f + \Delta p_a + \Delta p_j \tag{7-33}$$

1）摩擦压降：

$$\Delta p_f = L\phi_1^2\left(\frac{\Delta p}{\Delta L}\right)_1 \tag{7-34}$$

$$\phi_i^2 = 1 + \frac{C}{\chi} + \frac{1}{\chi^2} \tag{7-35}$$

$$\chi^2 = \frac{(\Delta p/\Delta L)_1}{(\Delta p/\Delta L)_g} = \frac{C_1 \ (Re_g)^m \rho_g}{C_g \ (Re_1)^n \rho_1}\left(\frac{1-\chi}{\chi}\right)^2 \tag{7-36}$$

式中，χ 为干度；$(\Delta p/\Delta L)_1$ 为管子完全充满单相液体时单位管长上的压降；$(\Delta p/\Delta L)_g$ 为管子完全充满单相气体的单位管长上的压降；常数 C_g、C_1、m、n 及 C 的取值见表7-3。

雷诺数按式（7-36）计算：

$$\begin{cases} Re_1 = D_e q_m/\mu_1 \\ Re_g = D_e q_m/\mu_g \end{cases} \tag{7-37}$$

表7-3 常数 C_g、C_1、m、n 及 C 取值

常　数	层　流	紊　流	
		$3000 < Re < 5000$	$Re > 5000$
m	1	0.25	0.2
n	1	0.25	0.2
C_g	64	0.316	0.184
C_1	64	0.316	0.184

液体	气体	C	液体	气体	C
层流	层流	5	层流	紊流	12
紊流	层流	10	紊流	紊流	20

2）动量压降：

$$\Delta p_a = q_m^2\left(\frac{1}{\rho_g} - \frac{1}{\rho_1}\right) \tag{7-38}$$

3）局部压降：

$$\Delta p_j = \sum \xi \frac{\rho \ u^2}{2} \tag{7-39}$$

由于沸腾段发生在气化器内，因此该段局部压降主要来源于气化器内的弯管局部损失。

7.3　LNG 为燃料的运输工具

7.3.1　LNG 作为运输工具燃料的优势

20世纪后期，为了消除传统汽车燃料给环境，尤其是城市大气造成的巨大污染，许多国家除了采取加强产业技术升级、严格排放法规等措施外，还积极开展清洁燃料汽车的开发和推广工作，目前已经在天然气、燃料电池、醇类燃料、氢能、太阳能等领域取得了丰硕的

成果。相比之下，天然气汽车技术的发展尤其引人注目。在几十年的发展过程中，完成了从机械控制到电子控制，从进气道预混供气到电喷供气甚至缸内直喷供气的技术升级。根据不同的燃料存储形式，天然气汽车（NGV）又分为压缩天然气汽车（CNGV）、LNG 汽车（LNGV）和吸附天然气汽车（ANGV），其中 CNGV 的车用系统发展比较成熟和完善，LNGV 在 20 世纪 90 年代也已开始小规模推广使用。目前已进入快速发展阶段。从使用效果来看，LNGV 弥补了 CNGV 的许多不足之处，具有良好的推广应用价值。这里提到的 NGV 中的"V"，是英文 Vehicle 的首字母。在英文中，Vehicle 泛指各种形式的运载工具，所以，NGV 并不一定局限于汽车。

目前我国的大气污染情况相当严重，而其中汽车排放是城市大气污染的重要因素。尤其是进入 21 世纪以来，雾霾已越来越频繁地出现在我国多数地区，北方地区尤甚。推广和应用天然气汽车（NGV），是解决严峻的空气污染问题的一个很好的途径。

除了能有效减少污染物排放外，显著降低二氧化碳排放也是 NGV 能带来的重要优势。二氧化碳是最主要的温室气体，是形成全球变暖效应的最主要因素。我国能源严重依赖于煤炭，而煤则是碳排放强度最大的化石燃料，燃烧 1t 标准煤大约排放二氧化碳 2.6t。2014 年，我国政府已承诺，我国计划 2030 年左右二氧化碳排放达到峰值且将努力早日达峰。为达到此目标，增加太阳能、风能、核能等二氧化碳排放接近于零的非化石能源的利用是一方面；但另一方面，由于技术和（或）经济的原因，这些能源形式在未来一段时间内还不可能在整个能源结构中占据重要比例。在这样的形势下，天然气虽然是化石能源，但其碳排放强度只有标准煤的近 60%，因而以天然气替代燃煤在未来一段比较长的时间内将是减排二氧化碳的最重要手段之一。从趋势上看，NGV 作为解决石油资源短缺和改善汽车排放的有效手段，将在我国得到更进一步的应用和推广。

然而，众所周知，天然气作为汽车燃料的一个主要缺陷是体积能量密度太低。1L 汽油燃烧产生的热量是 34.8MJ，而 1L 标准状态下的天然气燃烧得到 0.04MJ 的热量，仅为汽油的 0.11%。因此，在车用储气瓶有限的容积内存储足够量的天然气，使得其一次充气的行驶里程达到可令人接受的范围，是将天然气用作汽车燃料的一个前提条件。

解决体积能量密度低的最简便途径，是采用压缩天然气（CNG）。典型的 CNG 操作压力在 16.5 ~ 0.34MPa 之间，更先进的可达 20.7 ~ 0.17MPa，该压力下其体积比可达 230，所对应的体积能量密度约为汽油的 26%。由于天然气压缩技术的简单易行，CNGV 的发展已比较成熟。同时，它在价格及运营与维护管理方面，与汽油汽车相比也有一定优点。以重庆为例，按重庆市政府网公告，自 2013 年 8 月起 CNG 终端销售价格为 3.65 元/m^3。2014 年 11 月，重庆 93 号汽油价格为 6.85 元/L。取 $1m^3$ 天然气热值为 1L 汽油热值 85% 计算，CNG 价格仍便宜 37%。至于运营方面，1996 年美国马里兰州的 Barwood 公司，在 Washington Gas 公司的合作下，参加了由 DOE 和 NREL 资助的 CNG 和汽油车的运营比较试验。10 辆 CNG 燃料和 10 辆燃烧汽油的 1996 年产的 Crown Victorias 车，进行了 12 个月的运营试验，结果如图 7-10 所示。由试验结果得到的统计数据，CNG 燃料汽车的每英里燃料费比汽油车低 30% 左右，维修费用低 15% 左右，总的操作费用低 25% 左右。按年运行 8047km（50000mile）计，每辆车一年就可省下 1300 美元。

技术的成熟及燃料价格、操作、维修等方面的优势，并没有使 CNG 汽车占有很大的市场份额，这主要是由 CNG 储气方式本身的缺陷导致的。因为 CNG 储气的特点，决定了其一次加注行驶的距离短，要想使 CNG 汽车真正进入商业运输，需要巨大的资金投入，以建设足够数量的 CNG 加气站。如果加气站数量不够，运营商会因为担心找不到地方加注而不愿意接受 NGV，造成的后果是已建成的加气站又不能满负荷运转，使得加气站的投资难以收回。

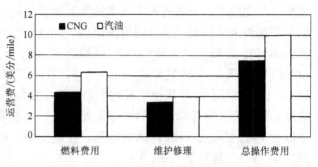

图 7-10　CNG 汽车与汽油车运营费用比较
注：1 mile = 1609.344m。

天然气低温液化以后，其密度为标准状态下甲烷的 600 多倍，体积能量密度约为汽油的 72%，为 CNG 的两倍多，因而 LNG 汽车的行程远。天然气在液化前必须经过严格的预净化，因而 LNG 中的杂质含量远低于 CNG，这为汽车尾气排放满足更加严格的标准（如欧洲的"欧-Ⅱ"甚至"欧-Ⅳ"标准）创造了条件。LNG 燃料储罐在低压下运行，避免了 CNG 因采用高压容器带来的潜在危险，同时也大大减轻了容器自身的重量。LNG 的冷量还可用于汽车空调或冷藏运输。这些方面的优越性能使 LNG 相对 CNG 具有较大的优势，因而 LNG 汽车是天然气汽车的一个重要发展方向。

表 7-4 列出了几种天然气储气方式的比较，从表中可以看出，在存储相同质量天然气时，LNG 储罐体积能量密度最高、压力最低、质量最轻，只有体积因采用双层隔热结构而略大于 CNG 储罐。由此可见，LNG 是一种比较理想的汽车燃料存储方式。

表 7-4　LNG、CNG 及 ANG 储气比较（10 加仑当量汽油）

天然气类型	NG	LNG	CNG	ANG	CNG 快充	ANG 快充
温度/℃	25	−170	25	25	25	25
压力/MPa	0.1	0.35	24.8	4.5	24.8	4.5
压缩性	1	—	0.86	0.93	—	—
存储密度/(kg/L)	0.00065	0.42	0.18	0.14	0.14	0.11
储量[①]	1	636	277	217	220	170
释放量[②]	0	575	257	200	200	150
燃料质量/kg	—	24.11	24.11	24.11	24.11	24.11
燃料体积/L	—	55.7	93	141.9	140.1	177.7
储罐体积/L	—	10	6	14.2	6	17.7
空罐质量/kg	—	25	78	57.6	118	72
炭质量/kg	—	—	—	105	—	106.6
总质量/kg	—	46.15	78	183.75	118	199.75
总体积/L	—	65.7	101	156.1	146	195.4

① 换算为 NG 的相对量，NG 取 1。
② 从存储状态释放到 NG 状态的释放量（换算为 NG 的相对量）。

7.3.2　LNG 汽车燃料系统

1. 系统概况

LNG 汽车（LNGV）燃料系统主要由 LNG 储气瓶总成、气化器、燃料加注系统等部分组成[21]。LNG 储气瓶总成包括 LNG 储气瓶及安装在储气瓶上的液位显示装置、压力表等附件。气化器包括水浴式气化器、循环水管路及附件。燃料加注系统包括快速加气接口、气相返回接口。LNG 汽车的 LNG 可采用单储气瓶或双储气瓶系统存储。单瓶和双瓶的燃料系统分别如图 7-11 和图 7-12 所示。

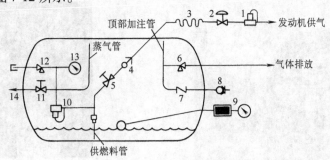

图 7-11 LNGV 单燃料罐系统

1—过压调节阀 2—自动燃料切断阀 3—气化器 4—过流阀 5—燃料切断阀 6—主安全阀 7—加气止回阀
8—加气接口 9—液位计 10—压力控制阀 11—蒸气切断阀 12—副安全阀 13—压力表 14—排气接头

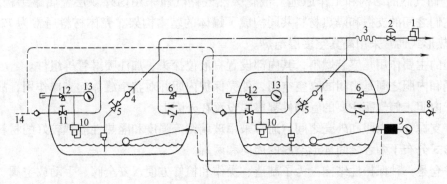

图 7-12 LNGV 双燃料罐系统

注：图注与图 7-11 相同。

2. 车用 LNG 储气瓶

（1）储气瓶的基本要求 储气瓶是 LNG 汽车燃料系统的关键部件（图 7-13）。其作用是存储燃料和根据发动机的实际工况供给燃料。由于存储的是与环境温差很大的低温液体，车用 LNG 储气瓶需要满足以下基本要求。

1）绝热性能可靠，日蒸发率小于 2%，即带液静置 7 天（对于轿车用罐为 3 天）安全阀不起跳。LNG 汽车储气瓶可以采用高真空多层的绝热形式，其绝热性能应使储气瓶在最大充装量情况下，环境温度为 21℃ 的条件下，储气瓶的压力在 80h 内不得超过其最大许用工作压力。图 7-14 是储气瓶的高真空多层绝热结构剖视图。高真空多层绝热是目前使用的最理想的绝热方式，其绝热性能较单纯高真空绝热提高 2 倍。

2）液体充装率 80% ~ 90%。由于外界不可避免有热量传入，而由此蒸发产生的气体又不能任意排放，因此必须保证储气瓶有足够的气体空间，使压力升高不致过快，保证储气瓶的安全静置时间。

3）良好的抗冲击性能。由于汽车运行过程中面临各种复杂情况，LNG 储气瓶必须具有承受 $5g \sim 6g$（g 为重力加速度）的抗冲击能力。为此，储气瓶本体、内外罐间的支承，以及连接管路必须充分考虑抗冲击的要求。

4）操作安全可靠。储气瓶应设置主、副两级安全阀，保证在紧急状态时及时泄压、放空。

5）液位和压力指示灵敏、准确，抗干扰能力强。

图7-13　车用 LNG 储气瓶　　　　　　图7-14　储气瓶绝热结构剖视图

（2）储气瓶的结构和工作原理　液化天然气储气瓶采用内外双层金属罐结构，内胆、外壳及它们之间的支撑和隔热材料共同构成了罐体的基本构架。壳体材料通常为 12Cr18Ni9（304）。热形式通常采用高真空多层绝热。

内胆的主要作用是盛装燃料，其内部设置有液位探头、加注喷淋管等组件。

外壳和内胆之间是密闭的真空空间，外壳保护内胆并对整个罐体起支撑作用，故壳体厚度略大于内胆，储气瓶主要的管阀件都集中设置在外壳上。

内壁支撑介于内胆和外壳之间，通常采用玻璃钢等强度和隔热性能都较好的材料，一般以点状形式分布于两者之间环形空间的周向和两端。

阀件仓是一种保护性结构。为了制造、操作和检修方便，安全阀、手动放空阀、饱和压力调节阀、压力表等都集中布置在储气瓶一端的阀件仓内。

加气回路是 LNG 储气瓶的功能性回路之一。储气瓶内部主要是一个加注喷淋装置，位于罐体上部 1/10 处；罐外部件主要有止回阀，保证加入的燃料不倒流。

放空回路主要由手动放空阀和放空管道组成。在紧急状态下或检修时，可以打开饱和压力调节阀，通过此回路将管内燃料排尽。

（3）储气瓶的安装　根据美国 NFPA57 标准[22]规定，储气瓶的安装应遵循以下原则：

1）置于车辆的相对安全部位，若暴露在外，应采取有效的防护措施，如加装防护栏等。

2）使用接触面带橡胶防滑垫的金属束带，将储气瓶固定在车架上。束带的具体安装位置在罐体两端，封头和直筒段焊缝内侧。束带能承受的负载为储气瓶满载质量的 8 倍。

3）储气瓶应纵向水平安装，阀件仓朝向车体的后部，以确保汽车在加速或爬坡时，取液管能始终浸没在液体中。

4）应采取防护措施，避免储气瓶的阀件仓暴露在高温环境中，如排气管附近。

（4）LNG 储气瓶实例

1）Chart（查特）公司储气瓶。Chart 公司生产的车用 LNG 储气瓶，是目前世界上广泛使用的产品。该公司在储气瓶的设计制造过程中，采用了基于气液热力动态平衡的专利技术，简化了系统结构，提高了工作的可靠性，降低了制造成本。另外，这种储气瓶在加气时，无须对罐内残余的气相做放空处理，可以使用单管加气系统，省去了加气站放空管线。密闭的储气瓶内部空间、低温的 LNG 和 LNG 的饱和蒸气构成气液热力动态平衡系统。随着外界热量的缓慢渗入，罐内液体开始气化，压力上升。随着饱和压力的升高，液体沸点温度上升，密度和气化潜热下降。当液体静止时，由于前面介绍的热分层现象，液体温度不均匀，在气液界面处温度较高，这就意味着饱和压力上升速度较快。当液体处于剧烈晃动、飞溅状态时，由于液体中温度变得均匀，饱和压力上升速度会较慢。而在温度较低的 LNG 从外界喷淋进入储气瓶时，储气瓶中原有的部分气体会被冷却液化，导致饱和压力降低，因此无须进行气相放空处理。表 7-5 是 Chart 公司 LNG 储气瓶的主要系列。

表 7-5　Chart 公司 LNG 储气瓶系列

型　号	HLNG-52	HLNG-63	HLNG-72	HLNG-97	HLNG-119	HLNG-150
直径/mm	508	610	610	610	600	660
长度/mm	1805	1270	1450	1450	1930	2285
净容量/L	177	215	245	335	410	511
总容量/L	196	240	275	365	450	468
空罐质量/kg	110	125	145	200	230	280
满罐质量/kg	185	215	250	340	400	483

2）国产储气瓶。随着近 10 年的发展，国产 LNG 储气瓶已经成为国内市场的主角。表 7-6 为张家港某公司 LNG 储气瓶部分规格，表 7-7 和表 7-8 为北京某公司的 LNG 储气瓶部分规格[22]。

表 7-6　张家港某公司 LNG 车载储气瓶技术参数（不带自增压装置）

型　号	CDPW500-275-1.59	CDPW600-335-1.59	CDPW600-375-1.59	CDPW600-450-1.59
外形尺寸（长×宽×高）/ mm×mm×mm	1740×600×625	1570×700×740	1720×700×740	1970×700×740
有效容积/L	247	300	337	405
空质量/kg	185	225	260	305
最大充液质量/kg	105	127	143	172
安全阀泄放压力/MPa	1.59	1.59	1.59	1.59

表 7-7　HPDI T4 型 LNG 车载储气瓶技术参数

型　号	HPDI T4		
公称容积/L	265	378	450
有效容积/L	230	322	394
规格/mm×mm	φ660.4×1472	φ660.4×1875	φ660.4×2143
空质量/kg	226	277	312
最大充液质量/kg	97	136	167
日蒸发率（LNG）（%）	<1.4	<1.2	<1.0
最高工作压力/MPa	1.45	1.45	1.45
液位计形式	电容指示	电容指示	电容指示

表 7-8　CDPW600 型 LNG 车载储气瓶技术参数

型　号	CDPW600-285-1.451	CDPW600-340-1.451	CDPW600-400-1.451
公称容积/L	285	340	400
有效容积/L	254	303	356
规格/mm × mm	$\phi660.4 \times 1595$	$\phi660.4 \times 1790$	$\phi660.4 \times 2000$
空质量/kg	227	249	272
最大充液质量/kg	108	128	152
日蒸发率（LNG）（%）	<1.8	<1.7	<1.5
最高工作压力/MPa	1.45	1.45	1.45
液位计形式	电容指示	电容指示	电容指示

3. 管路附件

（1）加气止回阀　它是一个具有软密封的青铜质阀门。它用于防止在加注接口连接失效或车辆发生事故时燃气从储气瓶内流出。它依赖于罐内的压力进行密封，因此，虽然它具有软密封装置，仍不能作为主动切断阀。加气止回阀连接储气瓶内的顶部充气管线。

（2）燃料切断阀　即液体阀门，它是一个具有软密封的青铜质球阀。它用于在维护检修时，对燃料管路的主动切断。燃料切断阀连接到与罐底部相通的吸液管，并通过压力控制阀连接到与罐顶部相通的吸气管。在正常行车状态时，燃料切断阀处于开启状态。

（3）过流阀　又称超流量截止阀。它是一种具有硬金属密封的特殊止回阀，用于在燃料流量超过一定程度后切段管路。其功能是在车辆事故时，防止燃料的过量排放，以保护气化器及其与储气瓶之间的管路。但它不是用来保护气化器下游管路的，这一功能由燃料自动切断阀承担。过流阀也不作为主动切断。它的硬密封使少量燃料可以通过，以便它在燃料切断阀关闭后可以自动复位。

（4）蒸气切断阀　即放空阀，它是一个软密封青铜质球阀，用于对蒸气管路的主动切断。它连接到与罐顶部相通的吸气管。在维护检修或车辆长期不使用时，打开这个阀门，可以排尽罐内残存的燃料。在正常行车状态时，燃料切断阀处于关闭状态。放空管线一般设置在车辆外廓的最高点，远离火源和蓄电池等部件。放空阀一般和安全阀共用放空管。

（5）压力控制阀　它是一个青铜质减压阀，在高于设定压力时打开，在低于设定压力时关闭。它的功能是在汽车行驶时，允许罐内蒸气进入燃料管线，使储气瓶内压力降至设定点。其动作需要燃料取液管上一个内部止回阀，提供一定压力协助完成。控制阀的设定压力在制造时确定后不能再调整。通过控制阀的流体没有方向性，在燃料管线压力高于设定值时控制阀常开。在使用过程中，如果储气瓶的工作压力低于控制阀设定压力，控制阀关闭，则系统将提供纯液态燃料。当储气瓶工作压力超过饱和压力时，控制阀打开，将储气瓶上部的气体混入外输的液体中，从而达到控制储气瓶压力的目的。

（6）主安全阀　它是一黄铜质的低温泄放阀，设定在储气瓶的最大允许工作压力（通常为 1.6MPa），用于在罐内压力高于此设定值时排放罐内介质。主安全阀连接到顶部充气管路，因而对于因充气引起的过压也能起到安全防范作用。

（7）副安全阀　它是一黄铜质的低温泄放阀，设定在储气瓶最大允许工作压力的 1.5 倍（通常为 2.5MPa），用于在发生事故，如储气瓶外壳被外力破坏、真空失效或系统压力急剧升高时，或主安全阀失效时，排放罐内介质，以避免储气瓶的灾害性破坏。它连接到吸气管路，因此也提供另一条放空路径。图 7-15 所示为这种双安全阀系统。

4. 其他附件

（1）液位计 每个 LNG 储气瓶均配有电子液位计。这种液位计由液位传感器和仪表电路两部分组成。液位计一般是电容式的，罐内低温液体的液面高低能导致液位计内电容介电常数发生变化。液位传感器将储气瓶内液位的电信号转换为仪表盘上的读数，达到在汽车仪表盘上显示液位的目的。传感器可以不受介质状态、压力和温度的影响而准确测定介质量。

图 7-15 双安全阀

（2）气化器 其重要作用是将低温液体加温气化后供给发动机。对于车用 LNG 气化器，显然间接加热式气化器不太合适。壳管式封闭循环气化器需提供另一种工质，不仅投资成本高，而且会使系统变得复杂；浸没燃烧气化器需要燃烧燃料，从节能的角度来考虑不是很有利。常温空气加热气化器由于气化量小，易受环境因素的影响，并且容易结霜、产生水雾，也不太适用于车用 LNG 气化器。考虑到汽车发动机冷却水的温度高达 75~90℃，利用发动机冷却水直接气化 LNG，既能达到气化 LNG 的目的，又能有效利用废热，并改善发动机的性能，显然这是一种有效的解决方法。当然，对于风冷型发动机，也可以采用空浴型气化器。

对气化器的基本要求如下：

1）气化量。小型车 10m³/h（标准状况）左右，大型车或重型车 30m³/h 左右。

2）气化器出口温度。发动机达到正常水温时（80~90℃），气化器出口的天然气温度在 5~30℃。

3）冷却液流量。为了保证出口气体达到所要求的温度，在发动机最高转速条件下，冷却液最小流量不得低于 9L/min。

水浴式 LNG 气化器是一种典型的小型管壳式结构，串联在发动机冷却液回路上，采用逆流换热的工作原理，利用发动机冷却液对 LNG 进行加热气化。

发动机工作在不同工况时，单位时间内流经气化器的燃料流量也将随之变化。这种流量的变化主要依赖于储气瓶和气化器出口的压力差。随着发动机负荷的增大，压力差也将随之增加，从而导致天然气流量的增加；反之亦然。

（3）加气接口 加气接口（图 7-16）一般安装在阀件仓内，带有防尘罩，常见的接口为 Parker 系列快装接口。这种接口的特点是连接、断开迅速，密封可靠，兼容性好，既可用于单管加气系统，也可用于双管加气系统。这种接口只有在与燃料管线正确连接后才会打开，一旦连接不当会立即切断。

通常制造商对加气接口和储气瓶均采用一体化的设计和制造。接口和罐体之间通过带护套管的管线连接，管线和套管之间填充有隔热材料。如果车上加气位置与储气瓶的安装位置相隔较远，接口也可以用双金属真空隔热软管和罐体相连。根据美国 NFPA57 标准的要求，加气接口应配备一个刚

图 7-16 加气接口

性的安装支架，这个支架必须具有足够的强度，以满足接口正常的插拔操作，而且在某些意外场合，如车辆在未摘下加气管就驶离的情况下，也能保持完好而不失效。

（4）自动燃料切断阀　每个LNG燃料系统必须配置自动燃料切断阀。当发动机熄火或超压时，它将自动切断向发动机的燃料供应。自动燃料切断阀最好安装在气化器出口的热气体管路上，这样可供选择的阀门会比较多。如果采用低温阀，则可直接安装在液体切断阀后过流阀的位置。但这种安装要求在燃料供给管路上有安全阀，因此不推荐使用。

（5）储气瓶压力表　机械式压力表在载货车用储气瓶上是标准配置，在公共汽车用储气瓶上也可选用，用于指示出罐内压力。

（6）过压调节阀　一些天然气发动机不能接受储气瓶最高工作压力的天然气，这些发动机的燃料系统需要配置过压调节阀，以使供气压力在发动机要求的范围内。过压调节阀安装在气化器和自动切断阀下游的发动机供气管上。它与储气瓶上的压力调节阀协同工作，确保燃料系统正常的工作压力。储气瓶上的压力调节阀设定在发动机的正常工作压力。供气管路上的过压调节阀设定在发动机的最大工作压力。过压调节阀是一个可选部件，当采用它时，其设定值应至少比压力调节阀高0.17MPa。

（7）排气接头　有的加气站要求车用储气瓶在加气时排气，在这类加气站加注的车用储气瓶，要求配备与加气站匹配的排气接头。排气接头连接到LNG储气瓶的蒸气切断阀。排气接头与加气站连接、蒸气切断阀打开后，储气瓶内压力可以通过排气控制在与加气站相适应的水平。

7.3.3　LNG 加气站

1. LNG 加气站工艺流程

LNG 加气站的作用是以 0.52~0.83MPa 的压力将 LNG 加注进汽车燃料储气瓶，这一压力是天然气发动机正常运转所需要的。图 7-17 是 LNG 加气站的简单工艺流程。

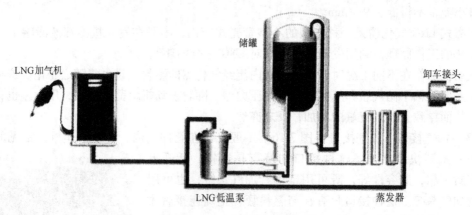

图 7-17　LNG 加气站工艺流程

LNG 加气站包括以下主要设备：LNG 低温隔热储气瓶、低温潜液泵、气化器、真空夹套管路、卸载设施、加气机及控制盘。

LNG 运输槽车按一定周期向 LNG 加气站运送 LNG。通常到达加气站的是压力低于 0.35MPa、温度较低的 LNG。运输槽车上的 LNG 通过卸载设施，将槽车中 LNG 通过泵或自增压气化器升压后，送进加气站内的 LNG 储气瓶内。卸载过程通过计算机监控，以确保 LNG 储气瓶不会过量加气。LNG 储气瓶通常的容积是 50 ~ 120m³。

储气瓶加注完成后，可通过启动控制盘上的按钮，对管内 LNG 进行升压。升压过程是通过潜液泵，使部分 LNG 进入气化器气化后，再回到罐内实现的。升压后罐内压力一般为 0.55 ~ 0.69MPa。LNG 在低温绝热储气瓶内可无损存储数星期。

当有车辆需要加注 LNG 时，先将加气接头连接到汽车燃料储气瓶接口上，启动加气机上的按钮，饱和液体就从站内储气瓶经加气机进入汽车燃料罐。通常加气机里也存有一定量的 LNG，这样可以保证立即向汽车燃料罐加气 LNG。

加气机在加气过程中不断检测液体流量。当液体流量明显减小时，加气过程会自动终止。加气机上会显示出累积的 LNG 加气量。加气过程通常需要 5min 左右。

PLC 控制盘利用变频驱动手段，调节加气站的运行状况，监测流量、压力及储气瓶液位等参数。PLC 具有启动升压过程、接收 LNG 输入、根据燃气和火焰监测数据启动报警等功能，也可将系统数据传送到远程控制室。

2. LNG 加气站的类型

根据所需服务的车辆的数量，LNG 加气站可选择不同的形式，其基本布置也有所不同。

（1）1 ~ 2 辆车　对于只使用 1 ~ 2 辆 LNG 汽车，而在附近又没有加气站，需要自己为 LNG 汽车加气的用户，可以简单地选用一个移动式低温液体储气瓶。在 LNG 用完后，可自行将储气瓶运至 LNG 加气站加气 LNG；也可让加气站派出 LNG 槽车上门加液。这种方式没有工程建设费用。

（2）30 辆车以下　对于 30 辆车以下的小型车队，有两种可能的选择：一种是直接购置一辆 LNG 运输槽车。LNG 用完后，将槽车开到大型加气站加气 LNG。这种方式方便灵活，没有建设费用。另一种方式是建设一个有 20 ~ 25m³ 储量的简单加气站，配有加气站的基本设施。这种方式比较规范，但成本比第一种方式略高。

（3）70 辆车以下　对于 70 辆车以下的中小型车队，可建设一个标准的加气站，LNG 储气瓶容量为 70 ~ 80m³。这种加气站可配置全套应有设备、仪表及监控措施。

（4）165 辆车以下　对于 165 辆车以下的中大型车队，加气站 LNG 储气瓶容量增加至 110m³ 左右，一般设置为两个储气瓶。

（5）200 辆车左右　对于 200 辆车左右的大型车队，加气站 LNG 储气瓶容量增加至 160 ~ 170m³，可设置为三个储气瓶。

以上储气瓶容积配置是根据国外经验提出的。由于现行国家标准将 LNG 储气瓶总容积 $V \le 60m^3$、$60m^3 < V \le 120m^3$ 和 $120m^3 < V \le 180m^3$ 作为划分加气站三级、二级和一级的标准，各加气站建设单位为了充分利用资源，多选择为加气站设置 1 个、2 个或 3 个 60m³ 的 LNG 储气瓶。

3. L-CNG 加气站工艺流程

在有 LNG 源同时又使用 CNG 汽车的地方，可以建设液化压缩天然气站（L-CNG），为 CNG 汽车加气。液体压缩可以通过低温泵很容易地实现。在质量流量和压缩比相同的条件下，低温泵的投资、能耗和占地面积等，均远小于气体压缩机。因此，通过 LNG 泵将 LNG 加压至 CNG 燃料罐所需压力后，再通过换热器使 LNG 气化，即可向 LNG 汽车加注。图 7-18 是 L-CNG 加气站的简单工艺流程。

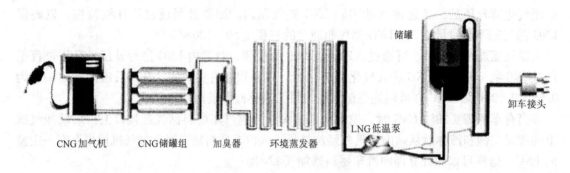

图7-18　L-CNG加气站工艺流程

在向车辆加注时，加气机首先从储气瓶吸取气体。储气瓶内压力的下降，会自动启动L-CNG泵。高压L-CNG泵将LNG的压力升高至2.5～3.0MPa后，送至高压气化器，LNG在其中气化为气体。再经过加臭以后，CNG进入储气瓶。这一过程在CNG储气瓶内压力重新达到正常储气压力后自动结束。

L-CNG加气站中的监控系统，除了具有LNG加气站监控系统的功能外，还具有检测CNG储气瓶压力并自动启停L-CNG泵的功能。当然，L-CNG加气站也可配置为同时为LNG汽车和CNG汽车服务的加气站。这只需在LNG站基础上，以较小的投资增加高压L-CNG泵、气化器、CNG储气设施和CNG加气机等设备即可。

图7-19是一个布置了3个LNG储气瓶，且可同时为LNG和L-CNG用户进行加注的LNG和L-CNG加气合建站的平面布置简图。

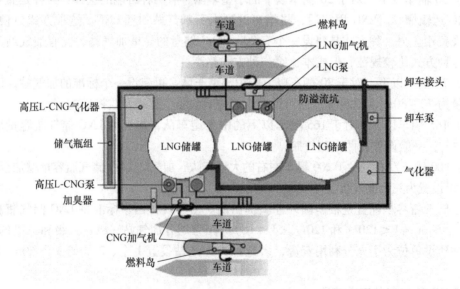

图7-19　LNG和L-CNG加气合建站平面布置简图

4. LNG加气站建设标准

前些年，国内加气站建设面临的最大问题是无标准可循，只能参照一些国外标准，如美国NFPA 57 Liquefied Natural Gas（LNG）Vehicular Fuel Systems Code（后并入包含各种车用气体燃料的NFPA 52 Vehicular Gaseous Fuel Systems Code）。但这种做法在项目建设过程中面临重重困难，很多地方以推出地方标准的形式作为权宜之计。

经过多年的努力，2011 年 7 月发布了有关 LNG 加气站建设的第一部全国性标准 NB/T 1001—2011《液化天然气（LNG）汽车加气站技术规范》[24]，于当年 11 月开始实施。同年 9 月，有关 LNG 加气站建设的第一部推荐性国家标准 GB/T 26980—2011《液化天然气（LNG）车辆燃料加注系统规范》[25]发布，并于 2012 年 1 月开始实施，该标准使用重新起草法修改采用 NFPA 52 的 2006 版。最终 GB 50456—2012《汽车加油加气站设计与施工规范》[26]于 2012 年 6 月发布，并于 2013 年 3 月开始实施。这是该标准首次纳入有关 LNG 加气站的内容，该标准的发布也以强制性国家标准的权威形式使有关 LNG 加气站建设标准的问题告一段落。GB 50456—2012 规范中涉及 LNG 的加气站类型有 LNG 加气站、L-CNG 加气站、LNG 和 L-CNG 加气合建站。以上三种类型的加气站均可与加油站合建，另外还允许 CNG 常规加气站采用 LNG 储气瓶做补充气源。

7.3.4　LNG 燃料动力船舶

如同汽车一样，各种类型的船舶也是燃料消耗大户，同时也是污染物排放和二氧化碳排放的大户。也如同汽车一样，船舶使用的燃料通常是价格较高的燃油，因此比较容易接受采用价格相对较低的天然气作为替代。这样，以 LNG 作为船用燃油的替代燃料，不但具有技术经济上的可行性，也可为实现污染物和二氧化碳减排做出重要贡献。

1. LNG 燃料动力船的发展

（1）国外发展概况[27-29]　挪威走在世界 LNG 燃料船舶的发展前列。挪威船级社（DNV）早在 2001 年就已率先制定了一系列 LNG 动力船舶的技术标准规范，并进行了 LNG 船舶技术攻关研究。目前挪威已建立了船用 LNG 的基础设施，且有一批专门为 LNG 动力船加注燃料的船舶。

2000 年 1 月，由挪威 Langsten Slip & Batbyggeri 公司生产的 Glutra 号渡轮，交付船东挪威 Moreog Romsdal Fylkesbatas 使用。这是世界上第一艘以 LNG 为燃料的渡轮，并成为世界上环保性能最好的船舶之一。该船总长 94. 80m，排水量 640t，航速 12kn，载车 96 辆，载客 300 人。该船共配有 4 台 Mitsubishi GS12R-PTK 天然气发动机，每台功率 675kW，转速 1500r/min。液化天然气发动机在船上的安装位置，以及该系统输出功率的动态特性要求，都决定了该船不能使用传统的机械传动系统，只能采用电力推进系统。因此，每台发动机直接带动一台发电机发电，发电机型号为 Siemens 1FC2 同步发电机，每台视在功率 720kV·A，转速 1500r/min。由 Siemens 公司提供的 2 套电力推进系统，采用 Schottel STP1010 双螺旋桨推进器，包括最大功率各为 1000kW 的电动机、视在功率为 1300kV·A 的转换器和 1460kV·A 的变频器。渡船在航行过程中，可以根据航速需要，开动不同数量的发动机，提供多种功率选择，有利于节省燃料，提高燃料利用效率。该渡轮的 LNG 储气瓶系统包括 2 个不锈钢制的 AGA CRYO 储气瓶，总容积 32m³，位于甲板下面。挪威决定建造这种渡轮完全是出于环保要求，该船的建造费用约为 1. 38 亿挪威克朗，比传统的以柴油为燃料的渡轮高出 30%。尽管建造费用很高，但如果能实现批量建造，由其带来的环境效益将非常显著，同时造价也可相应降低，这就是挪威研制该船的原因所在。

之后，于 2006 年连续建造了 5 艘可以说是第二代的内河渡船。现在，它们航行在挪威西海岸被称为国道的卑尔根-斯塔万格航线。2009 年后，同一家船东又建造了 6 艘渡船用于其他航线，目前挪威正在运营及建造中（含手持订单）的 LNG 燃料渡船共有 22 艘。

早期的内河渡船采用的是三菱以及罗尔斯·罗伊斯制造的专用汽轮机，并且除备用发电机外，全船没有搭载使用燃油的主机，为此气体燃烧供给系统要求拥有双壁结构。主机室采用 "ESD 保护机舱" 模式，所以设立了 2 个独立的主机室。该 ESD 概念是 2000 年在建造 Glutra 号时，因较难满足 IGC Code（国际散装液化气体船舶构造和设备规则）所提出的天然气配管需双层的要求而采取的方案。

2003 年，世界第一艘以 LNG 作为燃料的海洋工程船 Viking Energy 号在挪威投入使用。该船总长为 94.9m，型宽为 20.4m，总质量为 5073t。该船安装 4 台瓦锡兰制造的双燃料主机，以及 4 台主发电机，组成电气推进系统。2009 年挪威又投入运营了一艘推进系统几乎与 Viking Energy 号一样的 LNG 燃料船 Viking Lady 号。该船搭载的是使用 LNG 的燃料电池，可以看作是对于燃料电池是否适用于船舶的一个验证试验。现在挪威共有 7 艘采用 LNG 燃料的海工支援船正在运营，并且还有 9 艘预计到 2014 年陆续完工。

海工支援船通常安装有动力定位系统，因此需将有可能产生的天然气燃料阻断造成电源失电的影响降到最低。为此采用了可在极短的时间内从天然气模式切换到柴油机模式的双燃料主机和电气推进系统。所以其主机室与内河渡船不尽相同，采用了 "本质安全机舱" 的概念。此时，主机室和气体燃料供给系统无须双层结构。

2005 年，法国大西洋船厂为法国天然气公司建造的世界第一艘最大的双燃料 LNG 船交付使用。该船总吨位为 49700t，载重吨位为 34800t，全长为 219.5m，宽为 35m，深为 22m，满载吃水为 9.9m，主机为芬兰瓦锡兰（集团）6L50DF 型柴油和天然气的双燃料发动机，航速为 17.5 节（32.41km/h）。

2009 年，挪威皇家海岸警卫队租借的首艘环保型沿海警戒舰 KV Barentshav 号开始服役，是世界上首艘采用 LNG 和柴油驱动的舰艇。该舰采用 VS794CGV 型设计，由 Kleven Verft 公司负责建造。

2010 年，STX 挪威近海公司为 Olympic 航运公司建造 1 艘 LNG 燃料船。该船采用 PSV06LNG 型设计，船长为 95m，宽为 20m。STX 公司至今共交付了 6 艘 LNG 燃料船舶，已在运行。

瑞典船东 Tarbit Shipping AB 于 2007 年在我国建造了一艘 25000t 化学品运输船 Bit Viking 号，该船于 2011 年 10 月改造成了 LNG 燃料船。改装工程将 2 台瓦锡兰 W6L46B 重柴油柴油机改装为同公司制造的 6LW50DF 双燃料主机，实现了推进系统的 LNG 燃料化。双机双轴推进的 Bit Viking 号采用 Type-C 型 LNG 燃料储气瓶（$2 \times 500m^3$），并拥有 2 套独立的 LNG 燃料供给系统。该船主要在挪威海域航行，因此改造工程得到了 NO_x 排放基金会的资助，各项指标符合海事管理机构相关规则，并且其 LNG 燃料补给可利用现有设备，在资金、法规及基础建设等方面制约较少。

2011 年，挪威 NSK 航运公司向土耳其 TERSAN 船厂订购了世界上第一艘 LNG 燃料海货运输船，于 2012 年初交付。该船能够运输超过 2000t 的鱼产品，将长期租借给 BioMar 公司在挪威海岸运营。

2012 年交付的 NSK 航运公司的 2000t 级渔业饲料运输船，采用 1 台罗尔斯·罗伊斯公司的内燃机驱动螺旋桨推进。船上搭载 1 个 $90m^3$ 的 LNG 燃料储气瓶，通过使用方设置在终端港口的燃料补给设备供给气体燃料。

2012 年，德国航运公司 Reederei Stefan Patjens 公司联合挪威船级社等公司对 1 艘 4 年船龄的 5000 标准箱的集装箱船进行改装，采用 LNG 燃料，该项目于 2012 年底完成。该船成为全球首艘使用 LNG 作为燃料的集装箱船，也是首次在全球航线中使用 LNG 作为燃料。此后，全球第一大集装箱航运公司——丹麦的马士基集团宣布，订造 20 艘以 LNG 为动力的超大型集装箱新船。

目前，国际上 LNG 燃料船舶设计已经涉及超大型船舶。2010 年，挪威船级社（DNV）公布一艘超大型油船（Very Large Crude Carrier，VLCC）Triarity 号的设计构想。该船载质量为 291300t，总长为 361m，船宽为 70m，型深为 27.52m。该船安装 MAN 公司的 ME-GI 主机，与螺旋桨直接相连，船上 2 台各 6750m^3 的 Type-C 型 LNG 燃料储气瓶安装于上甲板。辅机则采用低压双燃料发动机，除可使用天然气和轻质燃油外，还装有 VOC（挥发性有机化合物）回收装置，可回收货物蒸汽为辅机提供燃料，可以说是一套三燃料系统。该船可在无补给燃油的状态下往返 25 000 海里（1 海里 = 1853.184m）航程的中东-墨西哥湾航线。该船除采用 LNG 燃料、回收废气再利用外，还是一艘无压载水船型，再加上利用 LNG 燃料所需的冷却系统，可减少 34% 的 CO_2、94% 的 SO_x、82% 的 NO_x、94% 的 PM、100% 的 VOC 排放量。从经济性上评价，与其他采用重质燃油的一般 VLCC 相比，该船在添设 LNG 燃料设备等方面所增加的成本在 2000 万美元左右。另一方面 LNG 燃料和重/轻质燃油在价格上的差距，加上无压载水船型在航行时所提升的燃油效率，预计在 20 年内的使用成本在 3800 万美元。与其他要素合并计算的结果，是该船具有 2400 万美元的成本优势。

2011 年，芬兰瓦锡兰公司公布了 65000t 级 LNG 燃料豪华旅游船的设计方案。该船长为 260m，船宽 34m，最大宽度为 43.2m，船员 650 人，客舱 780 间，载客能力为 1900 人。

（2）国内发展概况　我国船用 LNG 燃料动力技术已取得了关键技术上的突破，已改造成功 LNG-柴油混合动力船舶，为我国水运气代油工作积累了经验，对拓展绿色航运打下了基础。我国 LNG 燃料船舶主要是对内河航道采用柴油为燃料的船舶进行改造，改造的船舶主要为 1000 ~ 5000t 级内河航道运输船。目前已经实现了拖轮、散货船等船舶的 LNG-柴油双燃料改装试验，并试航成功[27]。

2010 年 8 月，由湖北西蓝天然气集团公司与武汉渡轮公司合作承担改造的我国内河第一艘 LNG-柴油混合动力船舶武轮拖 302 号在武汉粤汉码头下水试航成功，实现了我国内河航运清洁能源船舶零的突破。同月，由宿迁地方海事局牵头、北京油陆集团出资、海南嘉润动力有限公司提供专业船用发动机控制系统的 3000t 级 LNG-柴油混合动力船舶苏宿货 1260 号货船在京杭大运河苏北段试航成功。该船载重 2700t，长 68m，宽 15m，型深 4.5m。该船改装前后的性能对比见表 7-9。

表 7-9　苏宿货 1260 号改装前后性能对比

性 能 指 标	技 术 指 标	改装前（柴油动力）	改装后（柴油-LNG 双燃料动力）	对 比 结 论
动力性能	转矩/N·m	1772	1772	基本不变
	功率/kW	167	167	
经济性能	柴油消耗/(kg/h)	32.98	10.51	天然气替代率73%
	天然气消耗/(m^3/h)	0	28.51	

（续）

性 能 指 标	技 术 指 标	改装前（柴油动力）	改装后（柴油-LNG 双燃料动力）	对 比 结 论
环保性能	烟度值	10. 3	3. 9	排放大幅降低
	二氧化碳排放	3186kg/t 柴油	2464kg/t LNG	
	二氧化硫排放	16kg/t 柴油	0. 142kg/t LNG	
安全性能	气体泄漏处理	无排风机	增加两台防爆轴流风机	安全性改进
	气体泄漏预防	无消防系统	增加可燃气体探测器、报警器及干粉灭火器等	

根据苏宿货 1260 号实际试航数据，该船满载 3000t 黄沙从宿迁到淮安往返 280km，原消耗柴油 1.5t，改造后消耗柴油约 0.5t、LNG 约 1.0t，按照 LNG 与柴油零售价格差约 2800 元/t 计算，一次往返航行节省燃料费用 2800 元。该船一般一年运行 50 个航次，一年节省燃料费用为 14 万元。该船改造费用为 21.9 万元，约 18 个月即可收回船舶改造的投资。船舶以气代油的经济效益显著，船东易于接受，有利于项目的推广。

2011 年 3 月，由中国长航集团、北京中兴恒和能源科技有限公司共同研发的 3000t 级 LNG-柴油混合动力散货船长讯三号在长江重庆航段试航成功。

2011 年 4 月，由中石油昆仑能源有限公司承担及组织研发的 5000t 级红日 166 散货船改造为 LNG-柴油混合动力船，在芜湖四褐山太平洋码头试航成功。

截至 2013 年底，中国海事局已经审批 LNG 燃料动力船 120 余艘，其中 2 艘为新建。这 2 艘新建船舶由湖北新捷天然气有限公司联合武汉交通发展集团公司、中国石油集团济柴动力总厂武汉发动机厂共同打造，分别是 3100t 级 LNG-柴油混合动力散货船海川 3 号和海川 2 号。其中我国第 1 艘新建 LNG 燃料动力船海川 3 号于 2013 年 4 月试航，2013 年 7 月获得中国船级社（CCS）入级证书。

2. LNG 燃料动力船的设计特点[30]

（1）设计及操作注意事项　对于 LNG 燃料船舶这项新兴的技术，挪威船级社（DNV）可谓是业界先锋，早在 2001 年就率先制定了 LNG 燃料有关的船舶规范，并且截止到 2010 年，现役的 22 艘 LNG 燃料船舶（不包括使用 LNG 燃料的 LNG 运输船）均入级 DNV。美国船级社（ABS）大约 10 年后才出版了《气体燃料船舶推进与辅助系统的指南》。美国海岸警卫队（USCG）在 LNG 运输船设计领域并没有产生什么影响，但 USCG 对于所有进入美国港口进行作业的 LNG 运输船的影响还是相当大的，其 COTP 规则中关于 LNG 操作的部分已在美国港口执行多年，突出的安全纪录显示了其存在的必要性。2009 年，MSC 通过 MSC. 285（86）决议，即《船上天然气燃料发动机装置安全的临时指南》。

LNG 需要低温环境存储，且一旦泄漏会导致结构受损。为了确保管道是干燥的，应在进入卸料终端前打开 LNG 传输管系中 3/4in 口径的排放管，并向空管内吹入氮气。

为使 LNG 储气瓶容量最大化，同时还要保持较低的甲板高度，通常将甲板中板的设置紧邻 LNG 储气瓶绝缘层，其横向和纵向的扶强材设置于甲板的上方。

LNG 需存储在单层或双层舱壁的低温储气瓶中，且作为轻质液体，其密度和黏度的特性使得 LNG 容易产生晃动。由于 LNG 储气瓶内并没有设置隔板，因此在 LNG 储气瓶内的晃动程度要超过其他大多数液体，晃动会向 LNG 传递能量，并导致温度略为上升。对于 LNG，如此微小的温度变化就会产生比正常蒸发更多的气体。

假设一艘 LNG 燃料船的燃料舱采用矩形储气瓶，并设在船的横摇和纵摇中心上方较远处，当船在恶劣天气的环境下以低速航行时，因为晃动而产生的 LNG 气体将超过船舶需要的用量。这部分气体可以在海上排放，但排出不能使用的气体显然是不经济的，可将这部分气体进行再液化处理，但是对于少量气体来说，再液化所消耗的能量接近于所节约的能量。目前市场上也有小型的再液化装置，但其价格非常昂贵。

USCG LNG 运输船 COTP 规则不允许 LNG 运输船在港内进行排放，因此可以推测 LNG 燃料船舶也将不允许在港内排放。LNG 储气瓶中产生的蒸发气体温度较低，悬浮在液态 LNG 上方。微小的温度上升都会使得储气瓶内的压力升高。为保证储气瓶的安全及装卸的需要，这部分气体必须进行使用或自动排出。

如果 LNG 储气瓶到港时储量较低且在港内进行了补给，补给操作会将能量传递给存储的 LNG，形成气体。除非槽罐车、驳或岸上储气瓶等 LNG 补给装置可以完全回收燃料中形成的气体，否则船上 LNG 储气瓶的内部压力将会升高。

在美国，LNG 运输船在船厂时必须进干船坞且要保证无气环境。这就要求 LNG 运输船先在海上停留几天燃尽剩余的气体，然后对 LNG 液舱进行惰化处理。基于此，完全有理由可以设想该标准也将应用在 LNG 燃料船舶上，因而在安排停运期的时候需将 LNG 储气瓶排空并将惰化的因素考虑在内。

船上 LNG 燃料舱的高度要高于槽罐车的高度，可能会超出槽罐车自身的泵能力，因此可能需要设置一个临时的泵站。所以，当建造 LNG 补给驳或岸上设施时，应考虑要具有足够的泵能力。

（2）燃料舱及燃料补给位置的确定　LNG 燃料舱的位置只有两种可能性，即甲板上方或下方。设置在甲板上方，复杂性和成本都较低；而设置在甲板下方，则需要设有隔离区、防爆装置、专用通风系统及更多的控制器。LNG 燃料舱不能设置在可以储藏船用柴油（MDO）的位置（如翼舱），并且所需的体积是储藏船用柴油的很多倍。另一方面，若 LNG 燃料舱设置在甲板上方，远离船舶横摇和纵摇中心的位置处，则会产生更剧烈的晃动并可能会增加结构重量。另外，其在船长方向的位置还需综合考虑船上装载的货物。

加燃料的位置是随储气瓶的位置而定的，如果位于底部，那么加燃料过程中的能量损失较少且具有较好的冷却性（可设冷却器），从而减少气化。燃料加注位置设在上部的优越性在于燃料补给管不易受到外部的影响而发生故障。

另外，燃料补给结束后，必须确保补给管中的 LNG 可以完全进入 LNG 燃料舱或者流回燃料站，以免低温液体留在管道中气化。

由于晃动的原因，最理想的 LNG 储气瓶外形应为球形。后来演变为两端为半圆形的圆柱体（圆柱形储气瓶在船上通常为纵向布置），最近又出现了棱柱形的，也有非常规的 LNG 储气瓶形状，总之所有的设计都会受到其他因素的制约，从而对外形产生影响。但是，主要的目的还是减少晃动。

根据现有的规则，燃料站可能不能设置在 1/5 船宽内，且燃料站和连接到 LNG 储气瓶的管道在加气完成时必须确保没有气体残留。当氮气和惰性气体充入 LNG 管道时，还不能开始操作，直到管内 100% 为液体时才可进行加注。惰性气体可以排出，只留下 LNG 在管内。

此外，燃料站必须在集管箱的下方安装一个由低温材料制成的滴盘。该盘装满后应通过低温管线将溢出的液体排到舷外的水面上。该管路不应设置在船舶结构上。为了避免在停泊时受到损坏，有必要在入坞时对其进行调整，且当吃水改变时也应做出相应的调整。

（3）燃料补给操作和货物转运　COTP 规则规定，LNG 运输船一旦开始向岸上设施进行卸料，就不允许再装载别的货物或执行任何其他操作。LNG 运输船停泊后，应在卸料设施和 LNG 运输船之间设立计量表并进行记录，然后再进行卸料操作。

从中可以想象，USCG 可能也会对 LNG 燃料船的加注操作有所规定。以滚装船为例，如果加气管线从某层滚装甲板的上方通过，那么当进行 LNG 燃料加注的时候该区域内所有的货物操作都将被禁止。如果一艘集装箱船的 LNG 储气瓶安装在其尾部膳宿舱的前部，那么意味着舱前部的所有货物操作在加注 LNG 时都要停止；反之，如果储气瓶位于舱室后部，那么仅需停止后部舱口货物操作。

每个 LNG 储气瓶装置都应配有通风装置，通风装置的出口与任何可能的着火源至少要保持 10m 的距离。通常在储气瓶上方或附近设置有桅杆式通风装置，加气管线过压安全阀与该通风桅杆连接。除非桅杆内的液体可以全部流回储气瓶，否则桅杆底部的液体会蒸发将剩余液体推到顶部。

（4）现役船舶的改装　不仅新造船可以采用 LNG 作为燃料，现役船舶也可以通过改装，使用 LNG 或者采用 LNG-柴油双燃料主机。现有的船舶要以 LNG 或者 LNG-柴油为燃料，通常情况下需要加装的主要系统包括 LNG 储气瓶和气体处理系统，此外还需安装一些辅助系统，如通风系统、安全系统、自控系统等。最易于改装的船型包括 LPG 船、成品油船、化学品船，改装难度较大的船型为客船、渡船、集装箱船，难度最大的则是大型集装箱船、散货船和 VLCC 等远洋船舶。改装的难点主要在于如何布置储气瓶及其他气体燃料系统的子系统，以及 LNG 在液化、存储、运输时带来的麻烦。

3. LNG 燃料船的动力方案

（1）LNG 动力系统　LNG 船舶动力技术的动力系统改造有 LNG 单燃料动力系统和柴油-LNG 混合动力系统两种方案。

1）LNG 单燃料动力系统。LNG 单燃料动力系统对原有的柴油发动机进行一定程度的改造，调整发动机的进气流道、点燃方式及燃烧过程，使之适应 LNG 的燃烧工况，达到最好的燃烧效率。这种改造方式对发动机的改动较大，改造费用较高。

2）柴油-LNG 混合动力系统。这种系统在不改动原柴油机结构的基础上，加装电控的供油、供气系统，将柴油机改造成既能完全使用柴油，又能使用柴油-LNG 混合燃料的两用发动机。根据需要随时切换柴油动力和柴油-LNG 混合动力两种状态，改动较少，改造费用低。柴油-LNG 混合动力系统如图 7-20 所示。在实际的改造过程中，需要对目标船只的基本船况、作业方式、气源供应等因素综合考虑，最终决定改造方案。

（2）关键设备介绍

1）储气瓶。LNG 动力技术改动最大的地方就是在目标船只上安装了一个 LNG 储气瓶，由储气瓶代替原有的油箱向改造后的发动机提供燃料供给。LNG 储气瓶的成本占了整个动力改造成本很大的一部分。在进行方案设计时，需要综合考虑船只的耗气量、加液周期、加液方式及成本等因素来进行储气瓶容积的核算，同时安装时需要对安装位置和安装方式进行严格把关，防范可能出现的 LNG 泄漏，避免造成经济损失和人员伤亡。

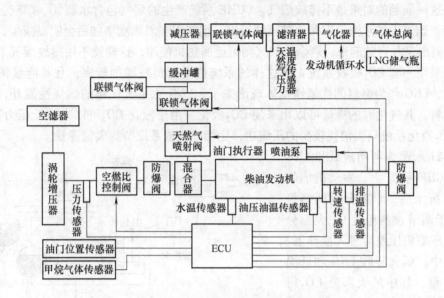

图 7-20　柴油-LNG 混合动力技术示意

目前 LNG 储气瓶在陆用市场上已经广泛应用，属于比较成熟的产品，安全性和可靠性都比较高，且国内有多家厂家可以提供相关产品。

2）气化装置。气化装置由 LNG 储气瓶至发动机之间的设备组成，包括气化器、过滤器、减压器、缓冲罐、流量计、潜液泵、低温阀件及管系等组件，具有气化、除杂、干燥、稳压和计量的功能，是供气系统中的关键设备。气化装置在安装时要求尽可能邻近储气瓶，各组件之间采用法兰连接。

（3）加气方式　根据船舶的具体作业模式和港口码头的相关条件，LNG 动力船舶的加气可以采用岸基、船基及槽车加气等方式进行。

1）岸基加气。在岸边码头建立 LNG 加气站，并在码头设置加气枪，通过管廊将加气站的 LNG 输送给目标船只加气。

2）船基加气。利用水上趸船作为加气船，船舱作为储气仓。此方式将 LNG 储气瓶从岸上移到趸船，减少了管廊输送 LNG 的环节，能够减少管廊输送产生的残液。

3）槽车加气。通过 LNG 槽车作为临时性加气装置，槽车直接开往小型船舶停靠的码头进行加气服务，灵活机动。

4. LNG 潜艇

潜艇的动力可以来自电池、放射性同位素朗肯循环、热力发电装置及核能等，但最有潜力的应该是燃料电池或闭式循环热机（CCHE）。水下发动机采用的 CCHE 通常是斯特林热机，或闭式循环狄塞尔热机。

热机的排气是潜艇需要考虑的问题。一方面，潜艇在水下航行，承受着较大的水压，对于在几千米以下深海航行或作业的潜艇尤其如此。在这么高压力下，要使烟气顺利排出艇外需要耗费大量能量，对于在 3 ~ 6km 深海的潜艇，排气所耗能量可占到热机输出能量的 25% ~

30%。另一方面，对于承担军事任务的采用不依赖空气推进技术的潜艇，热机的排气还有可能增加潜艇暴露的概率。

解决这一问题的对策是不排放烟气。CCHE 系统产生的烟气包含水蒸气、烟灰、氧气和二氧化碳。烟气中的水汽很容易使其凝结析出，烟灰则在氧浓度增加后会明显减少，如果能使 CO_2 分离出来并存储起来，剩余的氧气则可返回热机使用，这样就不用排放烟气了。常规的做法是采用一套 CO_2 吸收系统，但这样的系统使潜艇负载增加较多，且其能量消耗也较高。此时，LNG 作为燃料的优越性就体现出来了。LNG 除了其优越的燃烧性能外，作为一种低温燃料，其气化时的冷量可以用来使 CO_2 液化。由于液化 CO_2 可以在较低压力下存储，这样，CO_2 液化系统只需消耗较少的压缩功，比烟气排放系统节约大量能量。

图 7-21 所示为利用液氧和 LNG 冷量的 CCHE 系统[31]。发动机烟气在排除凝析水后，小部分返回热机（主要用于调节燃料温度），大部分通过烟气压缩机压缩后进入换热器。在换热器中，烟气吸收 LNG 和低温氧气的冷量，其中的大部分 CO_2 得到冷凝。随后，液相几乎全是 CO_2、气相为氧气和 CO_2 混合物的两相物质，被送入 CO_2 容器中，其中气相

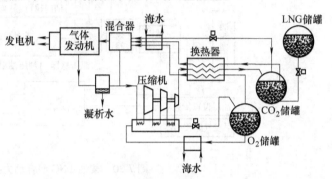

图 7-21　利用冷量液化发动机废气的潜艇动力系统

部分又被送回热机，以利用其中的氧气。LNG 在使 CO_2 液化的过程中得到气化。液氧则在冷却压缩机排气时得到气化，在这一过程中，烟气压缩机各级均被冷却到约 −53℃ 的较低温度。当然，在不采用 LNG 作燃料的潜艇里，也可利用液氧的气化来液化 CO_2，但此时整个系统的性能远不如采用 LNG 作燃料的系统。由于仅有液氧气化时冷量有限，因此 CO_2 的存储压力必须更高。同时，由于没有多余的冷量用来冷却压缩机排气，这一排气温度只能靠海水冷却到 10℃ 左右。压缩机各级的进口温度升高，而压缩机又要求得到更高的出口压力，用于烟气压缩系统的能量必然升高。实际上，采用 LNG 的系统能量消耗，只占不采用 LNG 系统的 50% 左右。在典型工况下，采用与不采用 LNG 为燃料的 CO_2 液化系统所消耗的能量，分别占热机输出能量的 3.4% 和 6.3%，均远小于烟气排放系统 25% ~ 30% 的能量消耗。

7.3.5　以 LNG 为燃料的其他运输工具

1. LNG 机车[32-35]

1993 年，美国莫里森-努逊（MK）公司推出了首台 MK1200G 型完全以 LNG 为燃料的调车机车。该台机车装用一台卡特彼勒公司生产的 G3516 型火花点火式涡轮增压中冷（SITA）低排放 V-16 发动机，配用包括低温燃料箱、输送管路、气化器和控制系统在内的先进的 LNG 单燃料系统，其中 LNG 储备量为 5300L，机车牵引功率为 895kW，最高速度 112km/h，最低持续速度 10km/h，最大持续牵引力 267kN。该机车是专门针对在相同功率等级机车中，能够提供最低的 NO_x 排放量，从而满足在大规模工商业区调车作业日益增长的需要而设计的。据测定，NO_x 排放量仅为 0.3mg/(kW·s)。

容量为 5300L 的双壁不锈钢低温燃料箱，固定在机车底架的下方。中央燃料箱直径 1143mm，两个侧燃料箱直径为 635mm。燃料箱内设有隔板，用以控制燃料的晃动。LNG 燃料通过由发动机缸套水加热的气化器气化后送压缩机。

据分析，895kW（1200 马力）的 LNG 机车，较之在许多铁路上担任调车工作而功率较大的 1119kW（1500 马力）GP7 型和 1306kW（1750 马力）GP9 型内燃机车，具有许多优点。在给定的同一运行条件（线路坡道和牵引重量）下的机车性能，MK 的 LNG 机车比 GP7 型机车高出 50%，较 GP9 型机车高出 33%。

MK1200G 型 LNG 电车机车生产成功后，已先后有联合太平洋铁路（UP）公司、圣菲铁路公司等美国著名铁路企业，在洛杉矶等地使用，获得了良好的效果。

除了采用单燃料 LNG 的机车外，伯灵顿北方铁路公司改装的 SD40-2 型机车和 GM 下属的 EMD 公司及 GE 公司分别开发的干线机车，则是燃用 LNG 和传统燃料的双燃料机车。

2. LNG 飞机[36]

在未来飞机中，采用煤油替代燃料的要求正日益增长。对于民用飞机，采用液化气体燃料是可行的，但需要大容积、大表面积的储气瓶。由于存储条件限制，不大可能设置制冷设备，因此对绝热的质量要求很高。飞机载荷和机身变形度制约着储罐的大小。在飞机上采用氢只有在航空煤油进一步涨价的条件下才可能是经济的，而这大概不会早于 2010 年。飞机最理想的低温燃料当然首推液氢。德国和俄罗斯于 1993 年合作的 Cryoplane（低温飞机）研究项目，以空中客车 A310 为原型飞机，以航程 5000km 为目标，采用液氢为燃料。液氢储罐容积 245m³，携带液氢 16t。此外，还有 Do 328 等模型机项目。但鉴于液氢价格等方面的原因，液氢燃料飞机尚未投入实际运营。因此，在氢成为一种价格合理的主要能源之前，LNG 作为飞机燃料是最佳的选择。

在国土广袤的俄罗斯北部和远东地区，燃油供应时常短缺，但当地拥有非常丰富的天然气资源，因此开发 LNG 飞机在俄罗斯具有实际意义。世界上第一架以 LNG 为燃料，发动机型号为 HK-88 的图-155 试验飞机顺利通过试飞后，在图-154 客机基础上研制的发动机型号为 HK-89 的图-156 客货两用机，成为第一架用 LNG 为燃料，能长时间飞行的飞机。在现阶段，考虑到一些机场无法加注 LNG 燃料，飞机采用航空煤油-LNG 双燃料系统，这样不仅燃料加注灵活，在飞行中两种燃料系统还可在 5s 内互换。为了保持飞机的空气动力性能，降低结构成本，把容量为 13t 的 LNG 主低温罐放在客舱后部，容量为 3.8t 的辅助低温罐放在客舱下面前行李舱内。飞机的商务载重为 14t，当只用 LNG 作燃料时，实际飞行距离 2600km，同时用两种燃料时为 3300km。低温燃料罐正常操作压力 0.2MPa，主罐直径 3100mm，长度 5400mm，罐体用低温下常用的 AMГ6 铝合金材料制作，外包 50mm 聚氨酯泡沫隔热层。低温罐采用类似发动机吊架的方式挂在机身结构上，并采取了一些减少通过吊架漏热的措施。主低温罐中隔出一个供给腔。燃料消耗过程中，用喷射泵从主腔对供给腔进行补充。用排量为 20m³/h、压差为 0.17MPa 的电动离心泵，将燃料从供给腔经过不同的管线送往 3 台发动机。HK-89 发动机有专门的涡轮泵机组，将 LNG 增压至近 4MPa 后，送进换热器气化，然后送入燃烧室。

除了图-156 客货两用飞机外，俄罗斯还开发了图-206 型客机、图-330C 运输机等低温飞机。

7.4　LNG 及其冷量利用的㶲分析

LNG 是天然气经过脱酸、脱水处理，通过低温工艺冷冻液化而成的低温（-162℃）液体混合物。随着装置规模和流程选择的不同，每生产1t LNG 的动力及公用设施耗电量约为450～900kW·h，而在 LNG 接收站，一般又需将 LNG 通过气化器气化后使用，气化时放出很大的冷量，其值大约为 830kJ/kg（包括液态天然气的气化潜热和气态天然气从存储温度复温到环境温度的显热）。这一部分冷量通常在天然气气化器中随海水或空气被舍弃了，造成了能源的浪费。为此，通过特定的工艺技术利用 LNG 冷量，可以达到节省能源、提高经济效益的目的。国外已对 LNG 冷量的应用展开了广泛研究，并在冷量发电、冷冻食品及空气液化等方面达到实用化程度，经济效益和社会效益非常明显。

7.4.1　LNG 冷量㶲分析数学模型[37]

㶲分析是能量系统的一种重要分析方法，应用㶲分析可揭示能量系统内不可逆损失分布、成因及大小，为合理利用能量提供重要理论指导。天然气液化是高能耗过程，LNG 冷量又有较大应用价值，因此对 LNG 实施㶲分析是高效设计天然气液化装置、冷量利用装置的前提。

LNG 是以甲烷为主，包括氮、乙烷、丙烷等组分的低温液体混合物，与外界环境存在着温度差和压力差。其冷量即为 LNG 变化到与外界平衡状态所能获得的能量，所以采用㶲的概念可以对 LNG 的冷量进行评价。

LNG 的冷量㶲 e_x 可分为压力 p 下由热不平衡引起的低温㶲 $e_{x,\text{th}}$ 和环境温度下由力不平衡引起的压力㶲 $e_{x,p}$，即

$$e_x(T, p) = e_{x,\text{th}} + e_{x,p} \tag{7-40}$$

其中

$$e_{x,\text{th}} = e_x(T, p) - e_x(T_0, p) \tag{7-41}$$

$$e_{x,p} = e_x(T_0, p) - e_x(T_0, p_0) \tag{7-42}$$

LNG 在定压下由低温升高到 T_0 的过程中发生沸腾相变。设 LNG 为在温度 T_s 下处于平衡状态的两相物质，气化潜热为 r，相应潜热㶲为 $\left(\dfrac{T_0}{T_s} - 1\right)r$，加上从 T_s 到 T_0 气体吸热的显热㶲，则其低温㶲 $e_{x,\text{th}}$ 为

$$e_{x,\text{th}} = \left(\frac{T_0}{T_s} - 1\right)r + \int_{T_0}^{T_s} c_p\left(1 - \frac{T_0}{T}\right)dT \tag{7-43}$$

压力㶲 $e_{x,p}$ 为

$$e_{x,p} = e_x(T_0, p) = \int_{p_0, T_0}^{p, T_0} v\,dp \tag{7-44}$$

LNG 是低温多组分液体混合物，其相变潜热、平均泡点温度等与压力、组分等有密切关系。气化后的气体如压力较高，则性质偏离理想气体。因此要对式（7-43）和式（7-44）进行计算，必须建立 LNG 相平衡关系，采用真实流体状态方程进行分析。

RKS 方程形式虽然简单，但用于轻烃混合物气液相逸度及其他有关热力学性质时，却能获得较高精度。RKS 方程标准形式为

$$p = \frac{R\,T}{v-b} - \frac{\alpha\,a}{v\,(v+b)} \tag{7-45}$$

多项式形式为

$$Z^3 - Z^2 + (A - B - B^2)\,Z - AB = 0 \tag{7-46}$$

用于混合物时，其中

$$\alpha a = \sum\sum y_i y_j (\alpha a)_{ij}$$

$$b = \sum y_i b_i$$

$$A = \sum\sum y_i y_j A_{ij}$$

$$B = \sum y_i B_i$$

$$(\alpha a)_{ij} = (1 - k_{ij})\,\sqrt{A_i A_j}$$

多元气液相平衡时，气液相温度和压力相等，各种组分化学势相等。因此各种组分在各相逸度也相等，即

$$\hat{f}_i^v = \hat{f}_i^l \tag{7-47}$$

$$\hat{\phi}_i^v y_i p = \hat{\phi}_i^l x_i p \tag{7-48}$$

则

$$K_i = \frac{y_i}{x_i} = \frac{\hat{\phi}_i^l}{\hat{\phi}_i^v} \tag{7-49}$$

式中，$\hat{f}_i$、$\hat{\phi}_i$ 为溶液中 i 组分的逸度和逸度系数。

将 RKS 方程代入，可得

$$\ln\hat{\phi}_i = \frac{B_i}{B}(Z-1) - \ln(Z-B) + \frac{A}{B}\Big[\frac{B_i}{B} - \frac{2}{\alpha a}\sum y_i (\alpha a)_{ij}\Big]\ln\Big(1 + \frac{B}{Z}\Big) \tag{7-50}$$

对气液两相，Z、A、B_i、B 均不相同。液相组分的摩尔分数 x_i 和系统压力 p 给定后，可得到气液平衡对应的泡点温度 T_s 和气相组分的摩尔分数 y_i。

气化潜热即为气相与液相之间焓差。对真实流体，焓可由剩余函数求得。由 RKS 方程可得剩余比焓为

$$h^{id} - h = R\,T\Big[1 - Z + \frac{A}{B}\Big(1 + \frac{D}{\alpha\,a}\Big)\ln\Big(1 + \frac{B}{Z}\Big)\Big] \tag{7-51}$$

其中，

$$D = \sum_i \sum_j y_i\,y_j\,m_j (1 - k_{ij})\,\sqrt{\alpha_i\,a_i}\,\sqrt{\alpha_j\,T_{rj}} \tag{7-52}$$

对相平衡气液两相，h^{id} 相同，因此气化潜热即是此偏离函数之差值，即

$$r = h_y - h_l = (h^{id} - h)_l - (h^{id} - h)_v \tag{7-53}$$

真实气体摩尔比定压热容为

$$c_{p,m} = c_{p,m}^0 + \Delta c_{p,m} \tag{7-54}$$

其中，

$$c_{p,m}^0 = \sum_j y_j c_{p,j}^0 = \sum_j y_j (A_j + B_j T + C_j T^2 + D_j T^3) \tag{7-55}$$

$$\Delta c_{p,m} = \frac{\partial(\Delta h)}{\partial T} \tag{7-56}$$

式中，A_j、B_j、C_j、D_j 为 j 组分理想气体摩尔比定压热容方程的各常数；$\Delta c_{p,m}$ 通过焓差微分求得。

将 T_s、r、$c_{p,m}$ 等代入式（7-43），即可得 LNG 低温㶲。而压力㶲为

$$e_{x,p} = \int_{p_0,T_0}^{p,T_0} v dp = \int_{p_0,T_0}^{p,T_0} d(pv) - \int_{p_0,T_0}^{p,T_0} p dv = (pv - p_0 v_0)\big|_{T_0} - \int_{p_0,T_0}^{p,T_0} p dv \tag{7-57}$$

将 RKS 方程代入积分，可得

$$e_{x,p} = RT_0\left[Z - 1 - \ln\frac{v-b}{v_0+b} + \frac{\alpha a}{bRT_0}\ln\frac{1+b/v_0}{1+b/v} \right]\bigg|_{T_0} \tag{7-58}$$

7.4.2　LNG 冷量㶲特性分析

　　许多因素影响到 LNG 冷量㶲的大小。根据前述 LNG 冷量㶲数学模型，下面对环境温度、系统压力及各组分含量等因素对 LNG 冷量㶲的影响进行分析。[37-41]

1. 环境温度 T_0 的影响

　　图 7-22 示出压力不变时，某种典型 LNG 混合物冷量㶲随环境温度 T_0 的变化。随环境温度增大，LNG 低温㶲、压力㶲及总冷量㶲均随之增大，这与㶲的定义相一致。这也说明 LNG 冷量㶲应用效率与环境温度有较大关系，环境温度增大，LNG 冷量㶲应用值将随之增大。

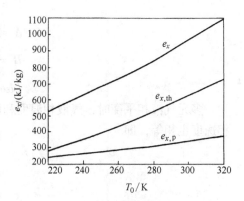

图 7-22　LNG 㶲随环境温度的
变化（$p = 1.013\text{MPa}$）

2. 系统压力 p 的影响

　　图 7-23 示出环境温度不变时某种典型 LNG 混合物冷量㶲随系统压力的变化情况。随 LNG 系统压力增大，其压力㶲随之增大，这与压力㶲定义相一致。同时还表明：随系统压力增大，LNG 低温㶲却随之降低。这有两个主要原因，其一是由于随压力增大，液体混合物泡点温度升高，使达到环境热平衡温差降低；其二是由于随压力增大，液体混合物接近临界区，致使气化潜热降低。LNG 总冷量㶲可由低温㶲与压力㶲相加获得，其值随压力升高而呈降低趋势，但当 $p > 2\text{MPa}$ 时其趋势趋于平缓。从图 7-23 中还可看到，当 $p < 1.8\text{MPa}$ 时，$e_{x,th} > e_{x,p}$；而当 $p > 1.8\text{MPa}$ 时，$e_{x,th} < e_{x,p}$。这说明 LNG 冷量㶲构成中低温㶲与压力㶲相对值是变化的。LNG 的用途不同，低温㶲和压力㶲存在差异，回收途径也不同。通常，用作管道燃气时，天然气的输送压力较高（$2 \sim 10\text{MPa}$），压力㶲大，低温㶲相对较小，可以有效利用其压力㶲。而供给电厂发电用的液化天然气，气化压力较低（$0.5 \sim 1.0\text{MPa}$），所以压力㶲小，低温㶲大，可以充分利用其低温㶲。LNG 冷量的应用要根据 LNG 的具体用途，结合特定的工艺流程有效回收 LNG 冷量。

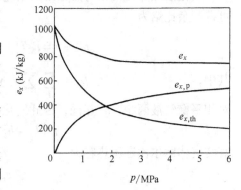

图 7-23　LNG 㶲随系统压力的
变化（$T_0 = 283\text{K}$）

3. LNG 组成的影响

　　LNG 是多组分液体混合物，混合物组成成分和各组分比例不同均会影响 LNG 冷量㶲。

由于 LNG 组成成分和组分比例变化很大，这里仅讨论由甲烷和乙烷两种组分在不同比例下 LNG 的冷量㶲。图 7-24 表示 $p = 1.013\text{MPa}$，$T_0 = 283\text{K}$ 时，LNG 冷量㶲随混合物中甲烷含量的变化关系。在系统压力、环境温度不变时，LNG 低温㶲、压力㶲及总冷量㶲均随甲烷的摩尔分数 x（CH_4）增加而增加。这是由于在系统压力不变时，甲烷摩尔分数增加，则混合物泡点温度可降低，增大了达到环境温度热平衡的温差，使低温㶲增大；而随着甲烷摩尔分数增加，气体混合物分子摩尔质量降低，这也使得单位质量混合物的压力㶲增大（对理想气体，单位摩尔体积压力㶲不变，与组成无关）。这样，随甲烷摩尔分数增加，LNG 总冷量㶲也随之增加。

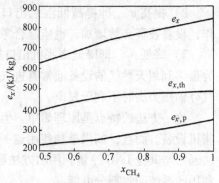

图 7-24　LNG 㶲随甲烷含量的变化（$T_0 = 283\text{K}$）

7.5　LNG 冷量发电

7.5.1　天然气直接膨胀发电

要提高 LNG 发电系统的整体效率，必须考虑 LNG 冷量的利用。否则，发电系统与利用普通天然气的系统无异，而大量 LNG 冷量则被浪费了。

如前所述，LNG 㶲包括低温㶲和压力㶲两部分。LNG 冷量的应用要根据 LNG 的具体用途，结合特定的工艺流程有效回收 LNG 冷量。概括地说，LNG 冷量利用主要有三种方式：① 直接膨胀发电；② 降低蒸汽动力循环的冷凝温度；③ 降低气体动力循环的吸气温度。本节首先分析天然气直接膨胀发电。

图 7-25 所示为利用高压天然气直接膨胀发电的基本循环。从 LNG 储气瓶来的 LNG 经低温泵加压后，在气化器受热气化为数兆帕的高压天然气，然后直接驱动透平膨胀机，带动发电机发电。

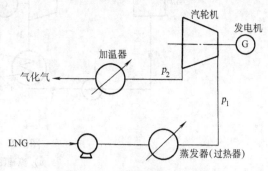

图 7-25　天然气直接膨胀发电

天然气从（p_1，T_1）等熵膨胀至（p_2，T_2）过程中，所做的功为

$$w_e = -\Delta h = h_1 - h_2 = -\int_{p_1}^{p_2} v\mathrm{d}p \tag{7-59}$$

如果膨胀过程中天然气近似看作理想气体，则

$$w_e = \frac{\kappa}{\kappa - 1} RT_1 \left[1 - \left(\frac{p_2}{p_1} \right)^{\frac{\kappa - 1}{\kappa}} \right] \tag{7-60}$$

如果忽略加压 LNG 的低温泵所耗的功，则 w_e 即为对外输出的功。可见，要增加天然气膨胀过程的发电量，可以采取以下三项措施：

1）提高 T_1，即提高气化器出口温度。但这也意味着气化器将消耗更多的热量，应综合考虑对整个系统的经济性。

2）提高 p_1，即提高低温泵出口压力。这就意味着气化器和膨胀机将在更高压力下工作，设备投资必然增加，也应综合考虑对整个系统的经济性。

3）降低 p_2，即降低膨胀机出口压力。但膨胀机出口压力的降低受整个系统的制约，因为最终利用天然气的设备通常有进气压力的要求。气体压差决定了输出功率的大小，当天然气外输压力高时不利于发电。

这一方法的特点是原理简单，但是效率不高，发电功率较小，且在系统中增加了一套膨胀机设备。而且，如果单独使用这一方法，则 LNG 冷量未能得到充分利用。因此，这一方法通常与其他 LNG 冷量利用的方法联合使用。除非天然气最终不是用于发电，这时可考虑利用此系统回收部分电能。

7.5.2　利用 LNG 的蒸汽动力循环

最基本的蒸汽动力循环为朗肯循环，如图 7-26 所示。朗肯循环由锅炉、汽轮机、冷凝器和水泵组成。在过程 4-1 中，水在锅炉和过热器中定压吸热，由未饱和水变为过热蒸汽；在过程 1-2 中，过热蒸汽在汽轮机中膨胀，对外做功；在过程 2-3 中，做功后的乏气在冷凝器中定压放热，凝结为饱和水；在过程 3-4 中，水泵消耗外功，将凝结水压力提高，再次送入锅炉。

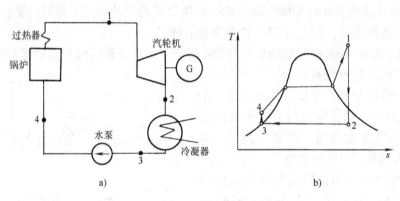

图 7-26　朗肯循环

a）流程图　b）T-s 图

朗肯循环的对外净功为汽轮机做功 w_T 与水泵耗功 w_P 之差，后者相对来说很小。

$$w = w_T - w_P = (h_1 - h_2) - (h_4 - h_3) \tag{7-61}$$

朗肯循环的效率为循环净功与从锅炉的吸热量之比。

$$\eta = \frac{(h_1 - h_2) - (h_4 - h_3)}{h_1 - h_4} \tag{7-62}$$

通常，冷凝器采用冷却水作为冷源，这样，循环的最低温度就限制为环境温度。LNG 的气化温度很低（-162℃），秋冬季由于海水本身温度较低，在海水气化器大量放热，有结冰的危险。另一方面，蒸汽轮机排出的水蒸气在冷凝器中由冷媒水冷却，这部分冷媒水吸收热量后，温度有了明显升高。因此，对于 LNG 气化来说，可以利用冷媒水气化 LNG，既避免了结冰的危险，又降低了气化费用。对于朗肯循环来说，如果保持吸热过程不变而降低冷凝器放热温度，则 w_T 会显著增大。虽然 w_P 也会略有增大，但 w_T 的增加将远远大于 w_P 的增加。因此，循环净功和循环效率都将随着冷凝温度的降低而增加，如图 7-27 所示。这种方法虽容易实现，但冷量利用率很低，在冷凝温度正常变化范围内对功率、效率的提高程度贡献程度不足 1%[42,43]。或者，在冷凝温度显著降低的情况下，蒸发温度也可显著降低，从而有可能利用工业余热或海水这一类价值低甚至无须成本的热源。事实上，这一种低温朗肯循环是利用 LNG 冷量的朗肯循环的主要方式。在这种利用 LNG 冷量的低温朗肯循环中，LNG 的气化与乏气的冷凝结合起来，LNG 气化后进入锅炉燃烧（在低温朗肯循环中天然气则送到其他用户使用），而乏气在低温下冷凝。天然气直接膨胀是利用 LNG 的压力㶲，而朗肯循环则利用了 LNG 的低温㶲。在低温朗肯循环中，由于循环几乎不需要外界输入功和有效热量，因此很值得重视。

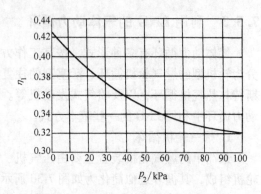

图 7-27 朗肯循环效率随冷凝压力的变化

要有效利用 LNG 的冷量，朗肯循环工质的选择十分重要。工质通常为甲烷、乙烷、丙烷等单组分，或者采用以液化天然气和液化石油气为原料的多组分混合工质。由于 LNG 是多组分混合物，沸点范围广，采用混合工质可以使 LNG 的气化曲线与工作媒体的冷凝曲线尽可能保持一致，从而提高 LNG 气化器的热效率。

图 7-28 给出了日本大阪煤气公司所属的泉北 LNG 基地低温发电厂的系统流程图，该流程综合采用了丙烷朗肯循环和天然气直接膨胀循环[44]。

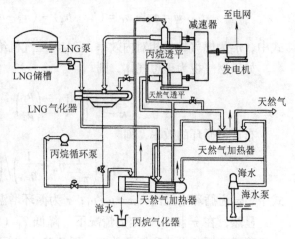

图 7-28 日本泉北低温发电站流程

当然，以上两种朗肯循环还可以结合使用[45]。图 7-29 所示的复合循环由两个朗肯循环组成，工作媒体分别为丙烷和甲烷。丙烷液体吸收蒸汽轮机排出蒸汽的废热而气化，高压蒸汽驱动透平膨胀机发电，随后在冷凝器中放热被甲烷冷凝。同时，高压液体甲烷吸热气化，驱动透平膨胀机发电，做功后的蒸汽气化 LNG 放出热量被冷凝。通过这样一个复合循环，有效地利用蒸汽废热气化 LNG 并发电，可以提高燃气轮机联合循环的热效率。

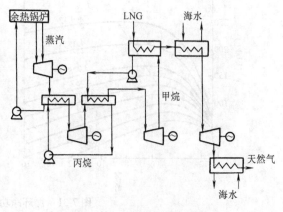

图 7-29 复合朗肯循环发电装置

7.5.3　利用 LNG 的气体动力循环

气体动力循环有多种形式，按其工作方式的不同，可分为轮机型的燃气轮机循环、活塞型的往复内燃机循环和斯特林热气机循环，以及喷气式发动机等。本节介绍气体动力循环中利用 LNG 的一些基本方式。

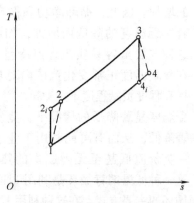

图 7-30　燃气轮机定压加热循环

1. 燃气轮机循环

最简单的燃气轮机装置主要由压气机、燃烧室、燃气轮机组成，其循环近似简化为如图 7-30 所示的燃气轮机定压机热循环（布雷顿循环）。理想的布雷顿循环由定熵压缩过程 1-2_i、定压加热过程 2_i-3、定熵膨胀过程 3-4_i 和定压放热过程 4_i-1 组成。实际循环中，定熵过程实际上不可能达到，在图 7-30 中，点 2_i 和 4_i 分别变化为点 2 和 4。

布雷顿循环的净功量为燃气轮机膨胀做功 w_T 与压气机消耗压缩功 w_C 之差。

$$w = w_T - w_C = (h_3 - h_4) - (h_2 - h_1) = (h_3 - h_{4i})\eta_{ri} - \frac{h_{2i} - h_1}{\eta_{c,s}} \quad (7-63)$$

式中，η_{ri} 为燃气轮机相对内效率；$\eta_{c,s}$ 为压气机绝热效率。

如果燃气视为理想气体，则

$$w = \frac{\kappa}{\kappa-1}R\left\{T_3\left[1 - \left(\frac{p_1}{p_2}\right)^{\frac{\kappa-1}{\kappa}}\right] - T_1\left[1 - \left(\frac{p_2}{p_1}\right)^{\frac{\kappa-1}{\kappa}}\right]\right\} \quad (7-64)$$

布雷顿循环的效率，即

$$\eta = \left(\frac{\tau}{\pi^{\frac{\kappa-1}{\kappa}}}\eta_{ri} - \frac{1}{\eta_{c,s}}\right)\bigg/\left(\frac{\tau-1}{\pi^{\frac{\kappa-1}{\kappa}}-1} - \frac{1}{\eta_{c,s}}\right) \quad (7-65)$$

式中，π 为循环增压比，$\pi = p_2/p_1$；τ 为循环增温比，$\tau = T_3/T_1$。

显然，在 π 和 T_3 确定的情况下，降低 T_1（增大 τ），即降低燃气轮机的吸气温度，将会显著提高循环做功和循环效率。图 7-31 示出了燃气轮机循环净功、效率随增温比和增压

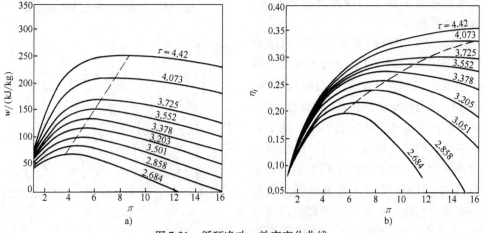

a)

b)

图 7-31　循环净功、效率变化曲线
a）净功变化　b）效率变化

比变化的趋势。

既然燃气轮机入口的空气温度对燃气透平的工作效率有明显影响，则可以利用 LNG 冷量预冷空气，以提高机组效率，增加发电量。这是由于随着温度的降低，空气密度变大，相同体积下进入燃气轮机空压机的空气量随之增加，燃烧效果更佳。

可以估算，当入口空气温度从 30℃ 降低到 5℃ 时，输出电功率可增加大约 20%，效率相对提高 5% 左右[46]。另外，根据文献 [47] 内布拉斯加州林肯市的 MS7001B 的燃气轮机电厂，以冷水通过换热器冷却进口空气降温 34℃，可增大输出功率 25%，相对提高效率约 4%，数据与上述文献相近。文献 [48] 指出在利用 LNG 来冷却燃气轮机入口空气时，针对不同湿度的空气，其整个循环的输出功有不同程度的增加。对相对湿度小于 30% 的系统，其输出功率将会增加 8%；而对相对湿度是 60% 的系统，其输出功率将增加 6%。图 7-32 所示为利用 LNG 冷却燃气轮机进气的发电系统，采用了 LNG 直接与空气换热的方式。

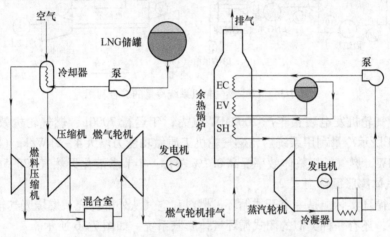

图 7-32 利用 LNG 冷却燃气轮机进气的发电系统

由于 LNG 的气化温度较低，空气的冷却是以 LNG 作为冷源，用一种易挥发的物质（乙二醇溶液）作为中间载冷剂，将冷量由 LNG 传递给空气，如图 7-33 所示。冷却温度必须严格控制在 0℃ 以上，以防止水蒸气冻结在冷却器表面。在冷却装置以后，应设置气水分离装置，以防止水滴进入压缩机。如果直径大于 40μm 的水滴进入压缩机，对压缩机叶片有潜在的液体冲击腐蚀的可能，水滴冲击金属表面能导致金属表面微裂纹的发展，产生表面疤痕，并可能导致轴系振动加大。

以 LNG 为动力的燃气轮机当然还可以采取其他形式利用冷量。图 7-34 示出一个综合采用低温朗肯循环、两级天然气直接膨胀等冷量利用方式的燃气轮机系统。状态为 -162℃、5.3MPa 的 LNG 的低温冷量通过三级设备得到利用。第一级是用于丙烷朗肯循环的冷凝器，循环以海水作为热源。通过冷凝器后，LNG

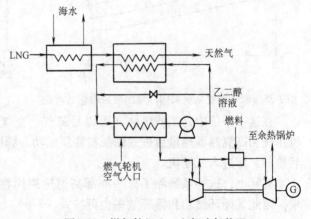

图 7-33 燃气轮机入口空气冷却装置

气化为 −35℃、5.0MPa 的天然气，先后通过两个膨胀机膨胀做功后，进入燃气轮机作为燃料，在膨胀机前后共有三个海水换热器来升高天然气温度。这样的设计充分利用了 LNG 的冷量，但设备增加较多，应按热经济学方式分析具体运用对象，以确定其合理性。

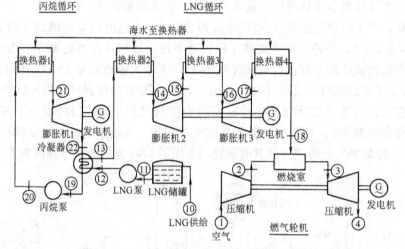

图 7-34 LNG 燃气轮机系统冷量的综合利用

假定一燃气轮机发电装置年产 2000MW 电力，年运行 7000h，燃气轮机效率 33.89%。在采用图 7-34 所示冷量利用系统后，燃气轮机工质做功能力增大 4~8kW/kg（图 7-35），年增产电力 39MW，燃气轮机整体效率提高 0.7% 左右，年节省液化天然气 62595t。

2. 闭式气体膨胀循环

燃气轮机循环实际上是一个开式循环，燃料和空气从外部补充，燃烧废气排出系统。除了这种系统外，还有一种类似的闭式循环气体膨胀系统，如图 7-36 所示。

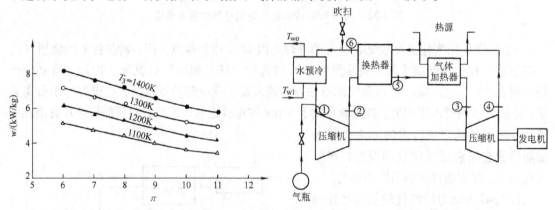

图 7-35 燃气轮机系统采用冷量回收后做功的增量 　　图 7-36 闭式循环气体膨胀系统

在这一系统中，工质气体（可以是氮气、空气、氢气、氦气等）经压缩后，吸收膨胀机排气和高温热源热量后进入膨胀机膨胀做功。膨胀后的气体向压缩机排气和低温热源放热后冷却，再进入压缩机。

实际上，这一系统除了以一外部高温热源代替燃烧室外，与燃气轮机系统没有本质区别。因此，循环做功和循环效率也可按式（7-64）、式（7-65）计算。这样，如果将这一系统的低温热源由冷却水改为 LNG，压缩机进口温度可大大降低，从而显著地提高系统性能。

3. 斯特林热气机循环

燃气轮机循环中，燃料在装置内燃烧，燃烧形成的高温高压产物膨胀做功。本节讨论的斯特林发动机则是一种外部加热的活塞式闭式循环热气发动机。它由气缸和位于气缸两端的两个活塞及三个换热器（加热器、回热器、冷却器）组成。图 7-37 示出这种热气机的理想循环。

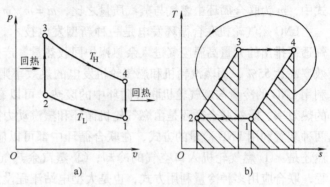

斯特林循环由两个定温过程及两个定容回热过程组成。在理想气体极限回热的情况下，循环只在定温（T_H）膨胀过程 3-4 从热源吸热，在定温（T_L）压缩过程 1-2 对冷源放热。

图 7-37　斯特林循环
a) p-v 图　b) T-s 图

循环的净功为吸热量与放热量之差，即

$$w = (T_H - T_L) R \ln \frac{v_1}{v_2} \tag{7-66}$$

循环的热效率为

$$\eta = 1 - \frac{T_L}{T_H} \tag{7-67}$$

由于在斯特林热气机中，设备的某些表面始终处于循环最高温度下，因此循环最高温度受金属耐热性能的限制不能太高，这就限制了通过提高 T_H 来改善循环性能。如果以 LNG 为低温热源，则由于 T_L 的降低，循环净功和循环效率都会有所提高。这就使斯特林热气机利用液化天然气冷量成为可能。

7.5.4　利用 LNG 的燃气-蒸汽联合循环

蒸汽动力循环中液体加热段的温度低，影响吸热平均温度的提高。燃气轮机装置的排气温度较高，因而可以利用废弃的余热来加热进入锅炉的给水，组成燃气-蒸汽联合循环。燃气-蒸汽联合循环可采用不同的组合方案，图 7-38 所示为采用正压锅炉的联合循环。

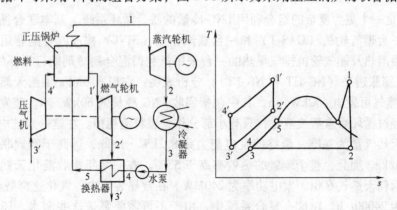

图 7-38　燃气-蒸汽联合循环

燃气-蒸汽联合循环的热效率为

$$\eta = \frac{[(h_1 - h_2) - (h_4 - h_3)] + m[(h_{1'} - h_{2'}) - (h_{4'} - h_{3'})]}{m(h_{1'} - h_{4'}) + (h_1 - h_5)} \tag{7-68}$$

式中，m 为联合循环中燃气与蒸汽质量之比，$m = m_g/m_s$。

LNG 燃气轮机联合循环发电是一种新型发电技术，天然气燃烧驱动燃气透平发电，燃气透平排出的大量高温废气进入余热锅炉回收热量，产生蒸汽驱动蒸汽透平发电。该循环热效率高达 55%，而蒸汽轮机和燃气轮机发电的热效率则仅分别为 38% ~ 41% 和 35%。综合利用 LNG 的冷量与燃气轮机联合循环中的废热，可以有效提高燃气轮机联合循环整个系统的热效率。既然联合循环是由燃气轮机循环和蒸汽动力循环两部分组成的，那么前面介绍的两种装置利用 LNG 冷量的方式，在联合循环中都可以应用，其中最主要的两种利用方式当然还是：① 燃气轮机入口空气的冷却；② 蒸汽余热气化 LNG。当然，针对具体的工艺流程，联合应用多种冷量利用方式，也是大型电站流程设计中应该考虑的问题。

图 7-39 是一个采用了压缩机进气冷却的 LNG 联合循环系统，循环最高温度按 1350℃ 设计。分析表明：在空气温度较高且湿度低于 30% 时，联合循环的做功能力在采用了压缩机进气冷却后，增加 8% 以上。如果空气湿度上升到 60%，这时空气吸收的冷量中，一部分将用于空气中水分的冷凝，造成空气温降减少，联合循环的做功能力只增加约 6%。

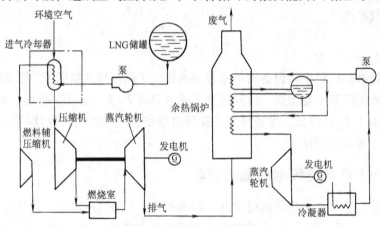

图 7-39　压缩机进气冷却的 LNG 联合循环系统

图 7-40 是一个更为复杂的组合利用 LNG 冷量的联合循环系统。基本联合循环由以天然气为燃料的一台燃气轮机（GAS-T）和一台蒸汽轮机（ST-T）构成，并配有用于回收蒸汽轮机乏气冷凝潜热及燃气轮机排气显热的一台采用氟利昂混合制冷剂朗肯循环的透平（FR-T）和天然气膨胀透平（NG-HT 和 NG-LT）。分析表明：在以 3.6MPa 供给天然气时，每蒸发 1t 液化天然气可发电 400kW·h，其中包括回收 LNG 冷量的 60kW·h。蒸发出来的天然气大部分在经过循环后重新被液化，只有小部分作为燃料消耗掉。在这一系统中，以作为燃料消耗掉的天然气量为基准，最终的发电能力是 8.2kW·h/kg，远高于常规联合循环系统的 7.0kW·h/kg。而且，整个装置的热效率高于 53%。在一个年接收液化天然气 5Mt 的电站，每小时消耗天然气 600t，发电功率为 240MW。在常规装置中，气化这样数量的 LNG 需要的海水量为 24000t/h。在这一复合系统中，由于不再需要泵送这些海水，还可额外节省 2MW 的功率消耗。

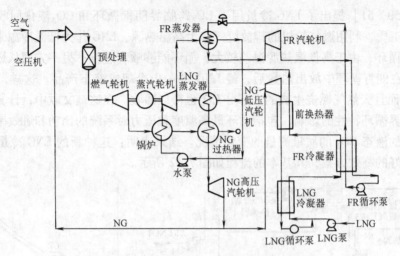

图 7-40　组合利用 LNG 冷量的联合循环系统

NG—天然气　LNG—液化天然气　FR—氟利昂

在文献［49］中，提出了一种提高联合循环电厂效率的系统和方法，它是一种提高以液化天然气为燃料，联合循环发电厂效率的系统和方法。通过一种换热流体，将汽轮机乏气的热量传递给 LNG，从而使得 LNG 气化；利用气化过程中释放出的冷量，将乏气冷凝为接近冰点的凝结水，降低汽轮机的排汽压力，提高汽轮机的输出功率和效率；凝结水与被天然气冷却了的水混合，在冷凝式换热器中吸收余热锅炉排烟中的显热和烟气中水蒸气的潜热，将排烟温度降到露点温度以下；回收了烟气余热的水，一部分作为余热锅炉的给水，其余用来加热天然气，提高进入燃气轮机燃烧室的天然气的温度，燃气轮机的效率得以提高。图 7-41 为该利用 LNG 冷量的联合循环发电流程。

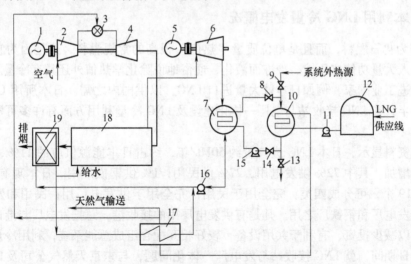

图 7-41　利用 LNG 冷量的联合循环发电图

1—发电机　2—压缩机　3—燃烧室　4—燃气轮机　5—第二发电机　6—蒸汽轮机　7—冷凝器

8、9、13、14—阀　10—气化器　11—升压泵　12—储罐　15—换热流体泵

16—凝结水泵　17—预热器　18—余热锅炉　19—冷凝式换热器

文献［50，51］提出了 LNG 冷量用于 CO_2 跨临界朗肯循环和 CO_2 液化回收。一方面采用 CO_2 作为工质，利用燃气轮机的排放废气作为高温热源、LNG 作为低温冷源来实现 CO_2 的跨临界朗肯循环，由于高低温热源温差较大，循环能够顺利进行；另一方面从燃气轮机排放的 CO_2 废气在朗肯循环中放出热量后，经 LNG 进一步冷却成液态产品。这样，不但利用了 LNG 冷量，而且天然气燃烧生成的大部分 CO_2 也得以回收。在这篇文献中，计算分析了相关参数对跨临界循环特性的影响，包括循环最高温度和压力对系统的比功和㶲效率的影响，并分析了回收的液态 CO_2 的质量流量的变化情况。结果表明：这种新的 LNG 冷量利用方案是一种环境友好的高效方案，其基本的流程如图 7-42 所示。

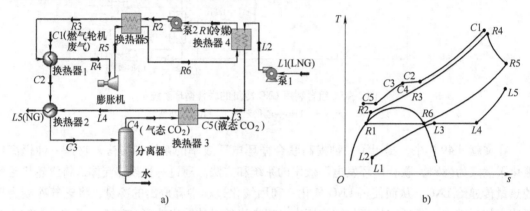

图 7-42　LNG 冷量用于 CO_2 跨临界朗肯循环和 CO_2 液化回收

a）流程图　b）$T\text{-}s$ 图

R1、R2、R3、R4、R5、R6—冷媒循环回路各状态点　C1、C2、C3、C4、C5—燃气轮机废气流程状态点

L1、L2、L3、L4、L5—LNG 流程状态点

7.5.5　日本利用 LNG 冷量发电概况

LNG 作为化石燃料，而且是单位质量"热值"很高的常规燃料，这是因为它在制备过程中还已输入大量功使之压缩、冷冻而液化，通俗地说除化学热值外还具有冷量。所以，能源缺乏的先进工业国家，例如日本就大量进口 LNG，以供国内之需。日本所用 LNG 量约占全世界的一半，在 LNG 接收站与电厂一体化建设及 LNG 冷量利用方面有许多可资借鉴的成熟经验。

据相关资料显示，日本 LNG 进口量约 50Mt/年，约占日本能源供应的 11%，其份额比例还将逐步增加。其中 72% 供发电用，27% 供民用，1% 供钢铁厂用。日本现有 LNG 接收（上岸）港 19 个，可分成四类：完全用于民用；完全用于供发电厂用；民用和发电厂两者兼供；兼供发电厂和钢铁厂之用。凡是有供发电厂用的接收港，总把发电厂与港口放在一起共同建设，以减少投资，有利于共用设备，较好相互配合组成总能系统，利用冷量。我国科学家曾在访日期间，就 LNG 接收站与发电厂一体化问题，与东京天然气公司及日本中央电力研究院专家进行过探讨，结论是：如果接收站的 LNG 有用于发电的，则必然有一个电厂要与 LNG 接收站一体化建设。

由于 LNG 是最好的燃料，并可用于任何热机，所以近年来利用 LNG 的电厂无一不利用目前最先进的热机燃气轮机-蒸汽轮机联合循环，其供电效率已达到 55% 左右，最好的装置效率已接近60%。几十年后就会完全商业化，60%效率的联合循环供应市场。现在日本只有30年前首建的根岸LNG发电厂仍沿用常规蒸汽轮机发电。

LNG的生成（液化）需要消耗不少功，当将它重新气化时，这些能量应该予以回收。目前日本在这方面的工作是世界领先的。按他们的见解，除与发电厂相配合使用外，LNG冷量利用可分为直接和间接两种利用方法。LNG直接利用有冷量发电（朗肯循环方式和天然气直接膨胀方式）、液化分离空气（液氧、液氮）、冷冻仓库、液化碳酸、干冰、空调、BOG再液化等；间接利用有冷冻食品、低温粉碎废弃物处理、冻结保存、低温医疗、食品保存等。冷量的利用不仅要看其能量的回收大小，更为重要的是品位的利用。在经济合理、安全、可靠的情况下，要符合温度对口、梯级利用的总能系统原则。

目前，日本有26台独立（与电厂无直接关系）的冷量利用设备。其中7台空气分离装置，其处理能力大致各为每小时一、两万标准立方米；3台制干冰装置，大致每天各生产100t；1台深度冷冻仓库，容量为33200t；15台低温朗肯循环独立发电装置，大致各为几千千瓦。可见，发电是日本冷量利用的主要途径。表7-10是日本LNG用于发电项目的汇总。这些实例说明：在日本，LNG冷量的确得到了很好的利用。这为我们提供了很多宝贵的经验。

表7-10　日本的LNG冷量发电项目

公司及终端名	套数	建成日期	输出功率/kW	类　型	LNG消耗量/（t/h）	输出压力/MPa
1. 大阪煤气 Senboku Daini	1	1979-12	1450	朗肯	60	3.0
Senboku Daini	1	1982-02	6000	朗肯/直接膨胀	150	1.7
Himeji	1	1987-03	2800	朗肯	120	4.0
Senboku Daini	1	1989-02	2400	直接膨胀	83	0.7
Himeji	1	2000-03	1500	直接膨胀	80	1.5
2. Toho Gas Chita Kyodo	1	1981-12	1000	朗肯	40	1.4
3. Kyushu 电力、日钢, Kitakyushu LNG	1	1982-11	8400	朗肯/直接膨胀	150	0.9
4. Chubu 电力 Chita LNG	2	1号：1983-06 2号：1984-03	各7200	朗肯/直接膨胀	各150	0.9
Yokkaichi	1	1989-12	7000	朗肯/直接膨胀	150	0.9
5. Tohoku 电力 Nihonkai LNG	1	1984-09	5600	直接膨胀	175	0.9
6. 东京煤气, Negishi	1	1985-04	4000	混合工质朗肯	100	2.4
7. 东京电力 Higashi Ogishima	1	1号：1986-05	3300	直接膨胀	100	0.8
Higashi Ogishima	2	2号：1987-09 3号：1991	各8800	直接膨胀	各170	0.4

7.6　LNG 冷量用于空气分离

7.6.1　概述

　　根据前述 LNG 冷量㶲分析的原理，低温㶲是在越远离环境温度时越大，因此应在尽可能低的温度下利用 LNG 冷量，才能充分利用其低温㶲。否则，在接近环境温度的范围内利用 LNG 冷量，大量宝贵的低温㶲已经耗散掉了。从这个角度来看，由于空分装置中所需达到的温度比 LNG 温度还低，因此，LNG 的冷量㶲能得到最佳的利用。如果说在发电装置中利用 LNG 冷量是最可能大规模实现的方式的话，在空分装置中利用 LNG 冷量应该是技术上最合理的方式。利用 LNG 的冷量冷却空气，不但大幅度降低了能耗，而且简化了空分流程，减少了建设费用。同时，LNG 气化的费用也可得到降低。

　　作为世界上最大的液化天然气进口国，日本在将 LNG 冷量应用于空气分离方面也已有较为成功的实践。表 7-11 列出了日本一些主要的利用 LNG 冷量的空分装置。图 7-43 为大阪煤气公司利用 LNG 冷量的空气分离装置流程图。与普通的空气分离装置相比，电力消耗节省 50% 以上，冷却水节约 70%[44]。

表 7-11　日本利用 LNG 冷量的空气分离装置

LNG 接收基地		根岸基地	泉北基地	袖浦基地	知多基地
生产能力 / (m³/h)	液氮	7000	7500	6000	6000
	液氧	3050	7500	6000	4000
	液氩	150	150	100	100
LNG 使用量 / (t/h)		8	23	34	26
电力消耗 / (kW·h/m³)		0.8	0.6	0.54	0.57

　　注：表中体积为标准状态。

　　其他国家也有将 LNG 冷量用于空分的成功实践。图 7-44 是法国 FOS-SUR-MER 接收站中的 LNG 冷量回收系统。在这个系统中，LNG 冷量主要用于液化空气厂，也用于旋转机械和汽轮机的冷却水系统。

　　图 7-43 和图 7-44 所示的系统中，LNG 冷量均用于冷却空分装置中的循环氮气。日本的 Velautham 等人则提出一种在 LNG 电站中将发电、空分与 LNG 气化利用相结合的零排放系统（图 7-45）。在这一系统中，LNG 与空分装置输出的冷氧气和冷氮气一起，被用来冷却空分系统中的多级空压机。根据分析，这一系统在输出氧气状态为 0.2MPa、439℃ 时的单位能耗仅为 0.34kW·h/kg（O₂）。

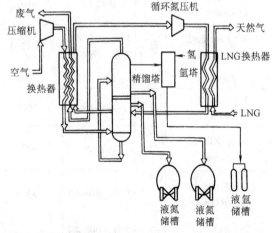

图 7-43　大阪煤气利用 LNG 冷量的空气分离系统

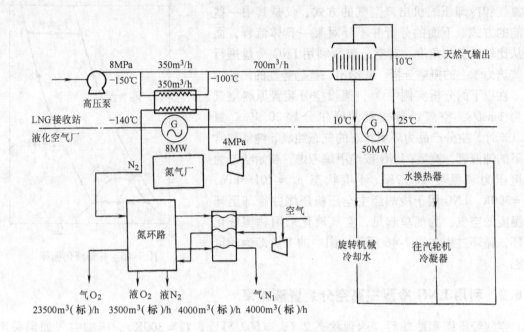

图 7-44　FOS-SUR-MER 利用 LNG 冷量的空气分离系统

空分装置利用 LNG 冷量的流程可以有多种方式，图 7-43 ~ 图 7-45 所示的用 LNG 冷却循

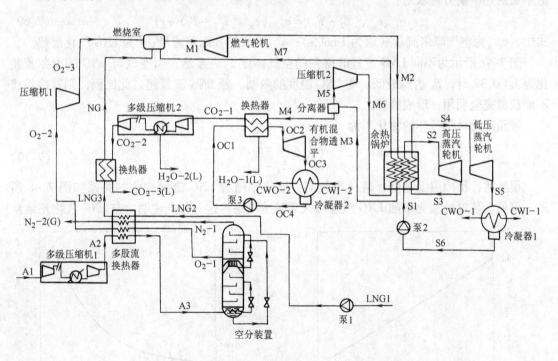

图 7-45　与空气装置联合运行的 LNG 发电系统

NG—天然气　LNG—液化天然气　A—空气　O_2—氧气　N_2—氮气　CO_2—二氧化碳　H_2O—水

S—蒸汽　M—混合物　OC—有机混合物　CWI—冷却水进　CWO—冷却水出　L—液态

环氮气和冷却压缩机出口空气的方式，仅是其中一些可能的方式。下面的分析并不针对某一具体流程，而是从比较广义的角度，对空分装置利用 LNG 冷量进行一些热力学上的概略分析，并给出一些趋势性的结论。

在以下的分析实例中[52]，假设空分装置原料空气量为 1mol/s，空气组分按氧的摩尔分数 20.9%、氮 79.1% 计，空分产品为环境状态的气态纯氧、纯氮和常压下的纯液氧、液氮；LNG 按纯甲烷考虑，初始状态为环境压力和温度 111.7K；环境状态 $p_0 = 101.3$kPa，$T_0 = 300$K。LNG 用于冷却经主空压机压缩并冷却至环境温度的空气。为简单起见，空气液化采用林德液化循环，循环过程如图 7-46 所示，图中的 1 点即为环境状态。

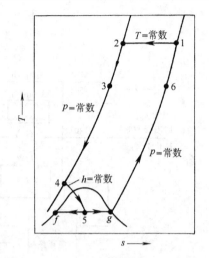

图 7-46　林德液化循环

7.6.2　利用 LNG 冷量提高空分装置液化率

空气经压缩和冷却后，达到状态 2（$p_2 = 607.8$kPa，$T_2 = 300$K）。压缩空气如果采用 LNG 预冷，可使其在等压下降温至 T_3。考虑传热温差的存在，取 T_3 至少比 LNG 初始温度高 3K，同时，天然气复温至比环境温度低 5K 的温度 T'_0。这样，随着 LNG 的量的增大，T_3 可由下面的热平衡方程求出：

$$q_{n,A}c_{p,A}(T_2 - T_3) = q_{n,G}[c_{p,G}(T'_0 - T_s) + r] \tag{7-69}$$

式中，$q_{n,A}$ 为空气摩尔流量（取为 1mol/s）；$q_{n,G}$ 为天然气摩尔流量；r 为 LNG 气化潜热。

图 7-47 所示为不同 LNG 流量时得到的空气温度 T_3。显然，当空气与 LNG 的摩尔流量比为 1:0.37 时，T_3 达到最低。受 LNG 温度的限制，若 LNG 流量超过此比例，则其冷量将不能获得完全利用，形成浪费。

带预冷的林德循环的液化率为

$$y = \frac{h_6 - h_3}{h_6 - h_f} \tag{7-70}$$

很显然，预冷温度越低，液化率越高。液化率随着 LNG 流量变化的关系如图 7-48 所示。可见，装置的液化率随 LNG 流量增大而显著提高。这一特点说明，与 LNG 气化相结合

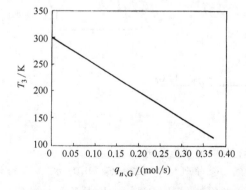

图 7-47　预热温度随 LNG 流量的变化

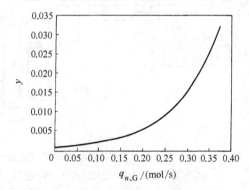

图 7-48　液化率随 LNG 流量的变化

的空分装置特别适合用于生产较多的液体产品。

再来看装置的能量利用效率。装置从外部获得的能量有压缩功 W 和 LNG 的冷量 $Q_{冷}$。

$$W = q_{n,A} R_M T_0 \ln \frac{p_2}{p_1} / \eta_T \tag{7-71}$$

$$Q_{冷} = q_{n,A} c_{p,A} (T_2 - T_3) \tag{7-72}$$

式中，等温效率取 $\eta_T = 0.7$，下标 A 代表空气。这样单位液化产品消耗的能量为

$$W_f = (W + Q_{冷}) / y \tag{7-73}$$

如图 7-49 所示，单位液化产品消耗的能量随 LNG 流量增大而下降。

装置从外界获得的㶲由两部分组成：压缩功 W 和 LNG 冷量㶲 e_{LNG}。离开装置的产品具有的㶲，包括气体分离成纯物质所获得的㶲和液体产品的低温㶲。

气体分离成纯物质所获得的㶲为

$$e_A = q_{n,A} R_M T_0 \left(n_O \ln \frac{1}{n_O} + n_N \ln \frac{1}{n_N} \right) \tag{7-74}$$

假设液空全部转化为最后的液体产品，且液体产品的组分与气体相同（这当然是很粗略的假设）。液氧和液氮的低温㶲 e_{LO} 和 e_{LN} 也可由式（7-43）求出，则液体产品的低温㶲为

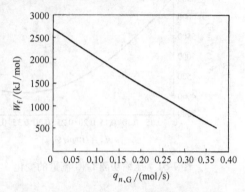

图 7-49 单位液化能量随 LNG 流量的变化

$$e_L = y q_{n,A} (n_O e_{LO} + n_N e_{LN}) \tag{7-75}$$

装置的㶲效率为

$$\eta_e = (e_A + e_L) / \left(W + \frac{q_{n,G}}{q_{n,A}} e_{LNG} \right) \tag{7-76}$$

此外，空气吸收冷量后获得的㶲为

$$e_1 = q_{n,A} c_{p,A} \ln \frac{T_0}{T_3} - q \tag{7-77}$$

LNG 中的㶲被空气吸收的比例为

$$\eta_1 = q_{n,A} e_1 / q_{n,G} e_{LNG} \tag{7-78}$$

图 7-50 清楚地显示，随着 LNG 流量增大，LNG 低温㶲被空气吸收的效率越来越高。说明随着温度的降低，LNG 冷量得到了更充分的利用，这也是温度很低的空分装置利用 LNG 冷量的独特优势。但装置总的㶲效率由于 LNG 流量较小时，低温㶲未能得到充分利用而有所降低（在约 $n_A : n_{LNG} = 1 : 0.3$ 时㶲效率最低），但毕竟装置在未多耗压缩功的情况下可得到更多的液体产品，这也是非常有利的。

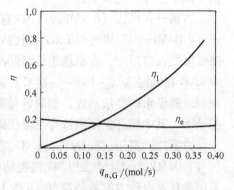

图 7-50 㶲效率随 LNG 流量的变化

7.6.3 利用 LNG 冷量降低空分装置压力

上一节的分析是假设压缩机出口压力不变得到的，其特点是利用 LNG 冷量获得更多的

液体产品。如果并不希望得到更多液体产品，则可以降低压缩机出口压力，从而节省压缩功。

假设装置㶲效率维持在初始状态，压缩机等温效率也保持不变，则可由式（7-76）求出不同 LNG 流量时所需的压缩功 w，进而由式（7-71）求出新的流程压力 p_2。

图 7-51 和图 7-52 表明，在 LNG 流量增加后，流程压力和所消耗的压缩功开始均明显下降，到后来趋于平缓。这样，通过引入 LNG 冷量，空分装置的经济性得到了提高。

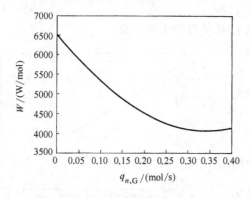

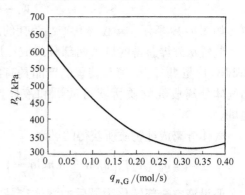

图 7-51　压缩功随 LNG 流量的变化　　　　　图 7-52　流程压力随 LNG 流量的变化

以上分析表明：将 LNG 冷量引入空分装置，将可根据需要，使装置生产更多的液体产品满足市场需要，或降低流程压力以减少装置的投资和运行费用。空分装置利用 LNG 冷量可以有多种流程组织方式，值得相关设计生产单位进行探讨。

7.6.4　利用 LNG 冷量空分装置案例

1. 某接收站规划方案

国内某进口接收站的 LNG 冷量利用规划中，根据市场分析确定了空分方案的生产规模为：空分产品 620t/天，其中液氧产品 400t/天，液氮产品 200t/天，液氩产品 20t/天，并提供了四个空分工艺方案：

方案一： 高压（8.1MPa）LNG 直接进入主换热器，被循环氮气加热，冷量利用后，高压（7.04MPa）天然气回 LNG 接收站的天然气外输系统；循环氮气采用低温氮气压缩机，降低氮气入口温度，省略压缩机级间冷却。该方案需要消耗 68t/h 的 LNG。在冷量回收过程中 LNG 在低温区（ $-145 \sim -74℃$）的冷量得到了充分利用，而在高温区 $-74℃$ 以上的冷量用制取低温水的办法回收，制取的低温水作为空压机的中间冷却器的冷却水，来降低空压机的功率，其中循环氮压缩机为低温压缩机、中间冷却器采用 LNG 冷却。

方案二： 高压（8.1MPa）LNG 直接进入主换热器，被循环氮气加热，冷量利用后，高压（7.04MPa）天然气回 LNG 接收站的天然气外输系统；采用常温循环氮压机，级间冷却采用循环水。该方案需消耗 30t/h 的 LNG，对 LNG $-74℃$ 以上的冷量回收效果较差，影响了 LNG 高温区冷量的利用率。为提高 LNG 冷量的利用率可用制取地温水的办法回收，制取的低温水作为常温循环氮压机和空气压缩机中间冷却器的冷却水，来降低循环氮压机和空气压缩机的功率。

方案三： 低压（0.7MPa）LNG 直接进入主换热器，被循环氮气加热，冷量利用后，低压（0.65MPa）天然气回 LNG 接收站的天然气外输系统；采用常温循环氮压机，同时制取液体空分产品。该方案需消耗 12.5t/h 的 LNG。由于天然气外输主管网的压力为 7.04MPa，低压气态天然气外输进入主管网需增加一台天然气压缩机增压。

方案四：低压（0.7MPa）LNG 直接进入主换热器，被循环氮气加热，冷量利用后，低压（0.65MPa）天然气回 LNG 接收站的天然气外输系统；采用低温循环氮压机。该方案需消耗 50t/h 的 LNG。

通过对各工艺方案进行技术指标、能耗、水耗、投资、安全及可靠性的分析，最后推荐了方案一，其流程图如图 7-53 所示。该方案冷量利用绝对量大，水耗和电能消耗最少，产品方案可根据市场走势做适当调整，装置运行安全可靠，符合 LNG 终端接收站的实际生产情况。与同规模常规空分相比，节电约 51%，节水约 63%。该方案空分主要设备见表 7-12，空分流程主要技术参数见表 7-13。

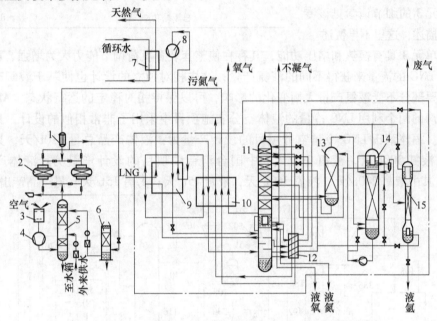

图 7-53　某接收站 LNG 冷量利用于空分的推荐流程

1—电加热器　2—分子筛吸附器　3—空气过滤器　4—空气压缩机　5—空气冷却塔　6—水冷却器　7—水箱
8—氮气压缩机　9—高压换热器　10—低压换热器　11—空气分馏塔　12—过冷器　13—粗氩塔　14、15—精氩塔

表 7-12　空分主要设备

空气压缩设备	空气预处理设备	空气分离设备	液 化 设 备	产品存储器
1）主空气压缩机及其内部冷却器、进口过滤器 2）主空气压缩机后的过冷换热器 3）冷冻水泵	1）空气预冷换热器 2）空气过滤器 3）分子筛吸附器 4）电加热器 5）分子筛	1）主换热器 2）冷凝蒸发器 3）高压分离塔 4）低压分离塔 5）粗氩分离塔 6）氩塔冷凝蒸发器 7）精氩分离塔及相关设备 8）液氩泵	1）氮压缩机 2）LNG 换热器 3）过冷器 4）节流阀	1）液氧储罐 2）液氮储罐 3）液氩储罐

2. AP 公司实施案例

美国空气产品公司（AP）提供的技术方案在福建莆田和中国台湾台中的两个 LNG 接收站得到了实施。两个项目的流程基本相同，只在产量上有所差别。

这两个项目的流程基于 AP 公司的专利，该专利在中国的授权公告号为 CN 201772697 U[53]，其流程如图 7-54 所示。图中关键部件基于 LNG 的液化器 2 和附加处理单元 3 的细节请参见该专利的具体描述，这里不再赘述。

表 7-13　空分流程主要技术参数

技术指标（或产品参数）	数　值
加工空气量/（m³/h，标准状态）	60 000
液氧产量/（t/天）（$w(O_2) \geq 99.6\%$）	400
液氮产量/（t/天）（$w(O_2) \leq 10 \times 10^{-6}$）	200
液氩产量/（t/天）（$w(O_2) \leq 2 \times 10^{-6}, w(N_2) \leq 3 \times 10^{-6}$）	20
LNG 流量/（t/h）	68
循环水量/（t/h）	555
空压机功率/ kW	4618
氮压机功率/ kW	5500
总压缩功率/ kW	8141.5

附加处理单元 3 具有换热和增压功能，其存在使整套装置负荷调节能力大为增强，可以根据需要调节 LNG 的流量来获得不同的液氮产量；这样相对独立的设计也使基于液氧产量设计的装置主要部分不受液氮产量大幅变化的影响，可以保持相对稳定的运行状态。AP 在福建和我国台湾的两个利用 LNG 冷量的液体空分实施项目中采用了非常相似的设计，只是产量有所差别。福建莆田 LNG 冷量空分项目的设计产量为：液体产品总量 610t/天，其中液氧 300t/天，液氮 300t/天，液氩 10t/天。中国台湾台中项目的设计产量为：液体产品总量 815t/天，其中液氧 240t/天，液氮 560t/天，液氩 15t/天；另有 15t/天气氮产品产出。

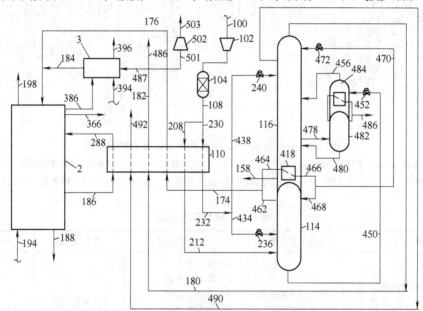

图 7-54　AP 公司 LNG 冷量空分实施流程

关键设备：2—基于 LNG 的液化器　3—附加处理单元　102—空压机　104—吸附装置　110—主换热器
114/116—空分塔　418—主冷凝蒸发器　482/484—提氩塔　502—氮压机
关键物流：100—空气　158—液氧　188—液氮　194/394—LNG　198/396—天然气
366/487/503—氮气　486—液氩　492—污氮

　　以上两个项目均已投产，在满足设计要求的情况下装置性能均优于设计指标。中国台湾台中项目由于 LNG 气化量较大，基本能长期保证向空分装置稳定提供所需 LNG 冷量，装置运行较为稳定。莆田项目则由于 LNG 供应波动太大，有时不能满足向空分装置提供 LNG，造成空分装置有较多开停，但在正常工作时装置运行效果良好。

7.7　LNG 冷量的其他利用途径

7.7.1　轻烃分离

　　目前世界贸易中许多 LNG 都是湿气（乙烷、丙烷等 C_2^+ 轻烃的摩尔含量在 10 % 以上），湿气中的 C_2^+ 轻烃是优质清洁的乙烯裂解原料，用其代替石脑油生产乙烯，装置投资可节省 30 %，能耗降低 30 %，综合成本降低 10 %。利用 LNG 的冷量分离出其中的轻烃资源，还可以省去制冷设备，以很低的能耗获得高附加值的乙烷和由 C_3^+ 组成的液化石油气（LPG）产品，同时实现 LNG 的气化，是 LNG 冷量利用的一种有效方式。

　　国外早在 1960 年就有从 LNG 中分离轻烃的专利了。近年来，在美日等国又注册了很多 LNG 轻烃分离专利。美国专利 US6941771B2[54] 的轻烃分离流程如图 7-55 所示。

　　该装置主要包括 LNG 泵 1 和泵 2，换热器、闪蒸塔、脱甲烷塔及压缩机等设备。LNG 原料首先经泵 1 增压，再由分流器分为大小两股：较大的一股（约为总流量的 85% ~ 90%）在换热器中预热而部分气化，然后进入闪蒸塔中进行气液分离，甲烷气体从闪蒸塔顶部分出，富含 C_2^+ 轻烃的 LNG 从塔底分出后，输入脱甲烷塔中进一步分离；而从分流器中分出的另一小股 LNG（约为总流量的 10% ~ 15%），则作为脱甲烷塔顶回流；经脱甲烷塔的分离，剩余的甲烷全部以气相从塔顶分出，塔底分出的液体则为 C_2^+ 轻烃产品。将从闪蒸塔和脱甲烷塔顶分离出来的两股甲烷气

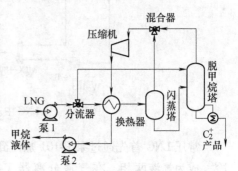

图 7-55　美国专利 US6941771B2 的轻烃分离流程图

体混合后，经压缩机压缩提高压力，然后在换热器中与增压过冷的 LNG 原料换热而全部液化，再用高压泵 2 将液体甲烷增压到外输要求后，送入气化装置。在此流程中，LNG 的冷量主要用于轻烃分离及分离出来的甲烷气体的再液化。另外，从闪蒸塔和脱甲烷塔顶分离出来的甲烷气体，其压力和经泵 1 增压后的 LNG 压力基本相当，由于 LNG 的显冷不足以将全部的甲烷气体液化，故甲烷液化需要利用一部分 LNG 的潜冷。为了能够利用 LNG 的潜冷，必须提高甲烷气体的压力，使其液化温度高于换热过程 LNG 部分气化的温度。文献 [54-58] 都是通过采用压缩机做功来提高甲烷气体的压力，所以能耗较高。

　　近年来，我国对于 LNG 冷量利用于轻烃分离也已经开展了一些研究工作。华南理工大学华贲等提出了多种改进流程。文献 [59] 提出了一种低温换热网络与轻烃分离过程相集成的 LNG 轻烃分离流程，即通过优化换热网络及热集成，使分离流程的能耗大为降低，但该流程分离获得的 C_2^+ 轻烃压力仍然较高。文献 [60] 对换热网络进行优化改进，设计了一种完全不用压缩机的 LNG 轻烃分离工艺，同时利用 LNG 的冷量使分离获得的轻烃产品过

冷，使其在低压下仍保持为液相，方便产品的储运和销售；但该流程未将 C_2^+ 进一步分离成乙烷和 C_3^+，不利于产品的直接利用。此外，这些流程通过复杂的换热网络实现能量的最大化利用，虽然大大降低了能耗，但结构复杂，设计也更具有针对性，适应性较差。

针对轻烃分离流程普遍存在的压缩机能耗过大、轻烃压力过高或未能完全分离这两大缺陷，上海交通大学高婷等提出了两种改进流程。

第一种改进流程借鉴文献 [60]，提出了一种利用 LNG 冷量的轻烃分离改进流程：通过梯级利用 LNG 的冷量将分离出的富甲烷天然气全部重新液化，使其可使用泵增压到管输压力，降低了能耗，并将重新液化后的天然气为脱乙烷塔中的冷凝器提供冷量。分离出的 C_2^+ 进一步在常压下的脱乙烷塔中分离出液态高纯乙烷和液态 C_3^+（LPG），方便产品的储运。该流程如图 7-56 所示。

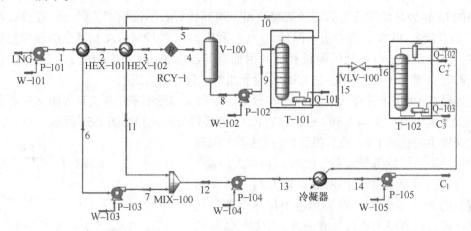

图 7-56　从 LNG 中获得液态乙烷和 LPC 的无压缩机流程

常压 LNG 首先通过泵 P-101 加压到 1.5MPa，之后经过两次加热，分别利用其显冷和潜冷，成为气液两相，在气液分离器 V-100 中分成富含甲烷的天然气 5 和富含 C_2^+ 轻烃的 LNG8。前者利用 LNG 的显冷被液化并通过泵 P-103 加压到 2.4 MPa，后者通过泵 P-102 加压到 2.5 MPa 后进入脱甲烷塔 T-101。脱甲烷塔塔顶压力为 2.4MPa，精馏分离后塔顶得到富甲烷天然气，利用 LNG 的潜冷将其液化，并与加压后的富甲烷天然气 7 混合，之后通过泵 P-104 将其进一步加压到 5 MPa。脱甲烷塔塔底的 C_2^+ 轻烃节流降压到 0.2 MPa，进入脱乙烷塔进一步分离，该塔塔顶压力为 0.12 MPa。通过精馏分离在脱乙烷塔顶得到纯度为 99.99 % 的常压液态乙烷产品，塔底得到常压 LPG 产品（C_3^+）。脱乙烷塔中冷凝器所需的冷量由富甲烷 LNG13 提供，使其升温到 -90℃ 左右，之后该 LNG 使用泵 P-105 增压到管输压力，成为 -80℃ 左右的 LNG，其冷量还可进一步加以利用。该流程中脱乙烷塔再沸器的温度为 -30℃ 左右，可直接使用空气或水加热；脱甲烷塔再沸器的温度为 25℃ 左右，可利用低温废热加热，如果没有低温废热，则可牺牲一部分天然气燃烧加热。

另一种改进流程则是在较高压力下（4.5MPa）进行轻烃分离，分离出的甲烷能以较小的能耗直接使用压缩机增压到管输压力。分离出的 C_2^+ 进一步在常压下的脱乙烷塔中分离出液态 C_3^+ 产品，塔顶则可直接得到常压下的高纯液态乙烷产品。流程不需要复杂的换热集成，结构较简单，如图 7-57 所示。

常压 LNG 通过泵加压到 4.5 MPa，预热后
进入脱甲烷塔（T-101），该塔的操作压力为
4.3MPa。通过脱甲烷塔 99.99% 以上的甲烷被
回收，浓缩后的天然气 4 通过压缩机加压到管
输压力并进入天然气管网。分离出的 C_2^+5 节流
降压至 0.2 MPa，之后进入脱乙烷塔（T-102）。
该塔的操作压力为 0.11MPa，通过精馏分离在
塔顶得到纯度为 99.99 % 的常压液态乙烷产品，
塔底得到常压 LPG 产品（C_3^+）。脱甲烷塔中再

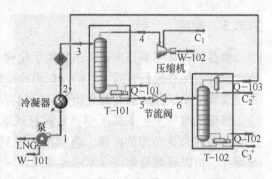

图 7-57　利用 LNG 冷量的轻烃分离高压流程

沸器的温度大约为 50 ~ 70 ℃，其热耗可由轻烃
分离后的天然气燃烧提供；脱乙烷塔中冷凝器所需的冷量由 LNG 提供，再沸器的温度大约
为 −20 ~ −35 ℃，可直接使用空气或水加热。

7.7.2　制取液化二氧化碳和干冰

液态二氧化碳是二氧化碳气体经压缩、提纯，最终液化得到的。传统的液化工艺将二氧
化碳压缩至 2.5 ~ 3.0MPa，再利用制冷设备冷却和液化。而利用 LNG 的冷量，则很容易获得
冷却和液化二氧化碳所需要的低温，
从而将液化装置的工作压力降至
0.9MPa 左右。与传统的液化工艺相
比，制冷设备的负荷大为减少，电
耗也降低为原来的 30% ~40%。

表 7-14 简介了一套利用 LNG
冷量液化二氧化碳和生产干冰的设
备，其流程如图 7-58 所示。

表 7-14　液态二氧化碳和干冰生产设备

产量/(t/天)	液态二氧化碳	162（其中高纯度液态二氧化碳85）
	干冰	72
主要应用	液态二氧化碳	食品冷藏 焊接和铸造 苏打汽水
	干冰	食品的冷藏运输 其他工业应用

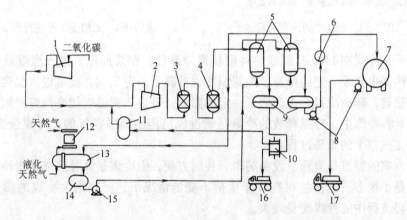

图 7-58　液态二氧化碳和干冰生产设备的系统图

1、2—压缩机　3—除臭容器　4—干燥器　5—液化设备　6—液态二氧化碳加热器　7—液态二氧化碳储槽
8—液态二氧化碳泵　9—储槽　10—干冰机　11—收集器　12—天然气回热器　13—LNG/氟利昂换热器
14—氟利昂储罐　15—氟利昂泵　16—干冰储运车　17—液态二氧化碳储运车

7.7.3　冷库

食品的腐坏主要是由于产品发生了生物化学反应，而低温环境可以延缓生物化学反应，使食品能够保存较长时间。目前，低温冷藏食品的工艺已在世界范围内被广泛采用。例如为防止腐坏变质，深海捕捞的金枪鱼必须储存在 -50 ~ -55℃的冷库里。

传统的冷库采用多级压缩机和螺杆式制冷装置维持冷库的低温，电耗很大。如果采用 LNG 的冷量作为冷库的冷源，将载冷剂氟利昂冷却到 -65℃，然后通过氟利昂制冷循环冷却冷库，可以很容易地将冷库温度维持在 -50 ~ -55℃，电耗降低 65%。

利用 LNG 冷量的冷库流程，按冷媒运行时是否有相变分为两种：冷媒无相变运行的流程；冷媒发生相变的流程。前者指整个运行过程中，冷媒保持液态不气化，冷量靠的是冷媒的显热来提供的；后者指的是冷媒在冷库的冷风机内蒸发，主要靠气化潜热来提供冷量[63]。

1. 冷媒无相变的流程

由于整个运行过程中冷媒没有发生相变，其流程的控制相对较容易，对于不同温度要求的冷库，可以考虑按照温度从低到高来进行串联，使得冷媒逐次通过它们来释放冷量，实现冷媒的串联化运行，使冷媒、管路系统化，充分利用了 LNG 的冷量，也是实现了冷媒冷量（㶲）的梯级利用，现以金枪鱼冷藏库（ -60℃）、鱼虾冻结库（ -28℃）和鱼虾冷藏库（ -18℃）为例进行说明，其串联无相变的冷库流程如图 7-59 所示。无相变冷库的冷媒 *p-h* 图如图 7-60 所示，图中 1 ~ 5 为冷媒循环的各状态点。

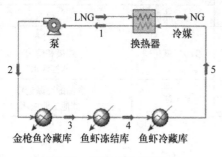

图 7-59　无相变的冷库流程

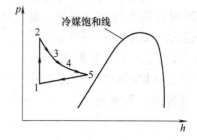

图 7-60　无相变冷库的冷媒 *p-h* 图

具体过程是冷媒在 LNG-冷媒换热器中获得冷量后，经泵加压，进入温度最低的金枪鱼冷藏库的换热器去释放一定的冷量，冷媒温度也升高了一定幅度；接着进入温度较低的鱼虾冻结库的换热器，释放冷量后也产生了一定的温升；再进入到温度较高鱼虾冷藏室的换热器内吸热升温。各冷库中，冷媒释放的冷量是通过风机传给周围空气的，冷媒最后进入 LNG-冷媒换热器完成整个的循环过程。

无相变方案的特点是流程、设备简单，控制方便，但冷媒是靠显热来携带冷量，相对于潜热来说还是小很多。这样使得在冷库负荷不变的情况下，要靠增大冷媒的质量流量来弥补，这样使得流程中的冷媒流量较大。

2. 冷媒有相变的流程

冷媒在各冷库的换热器中是发生相变的，主要通过蒸发潜热来提供冷量。对同时运行几个温度要求不同的冷库时，其冷媒的蒸发温度不同，则对应的蒸发压力也不相等，如果采用串联流程，就会带来各冷库换热器中压力控制不均衡的问题，即不能保证各换热器中实际的运行压力正好是蒸发压力，还有可能造成某些换热器中冷媒是全液态或气态的情况。为此，考虑采用并联的流程，即把这不同温度要求冷库的换热器并行在一起，通过节流阀的来控制各自的蒸发压力的需求。在这里还是以金枪鱼冷藏库、鱼虾冻结库和鱼虾冷藏库为例进行说明，其并联有相变的冷库流程如图 7-61 所示，有相变冷库的冷媒 p-h 图如图 7-62 所示。

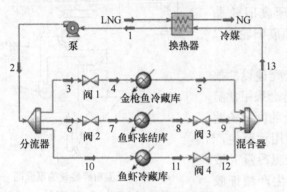

图 7-61　并联有相变的冷库流程

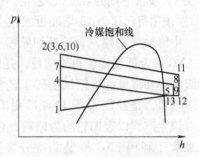

图 7-62　有相变冷库的冷媒 p-h 图

在冷库的三个并联换热器中，鱼虾冷藏库换热器的蒸发温度最高，对应的蒸发压力也最高，可以考虑作为并联起始端的压力；鱼虾冻结库的蒸发压力较低，则用阀节流降压到所需的蒸发压力；金枪鱼冷藏库的蒸发温度最低，对应蒸发压力也最低，可考虑作为并联末端的压力，其余不满足压力要求的也用节流阀来处理，此时状态点 5、9、12、13 的压力相同，但是其温度是不相等的，则焓值也不相同。

有相变方案的特点冷媒质量流量小，但流程、设备与控制均较复杂，发生了相变后，其气相部分体积流量较大，使得气态管路直径较大和相应的换热器尺寸也会较大。

7.7.4　低温破碎和粉碎

1. 概况[64,65]

大多数物质在一定温度下会失去延展性，突然变得很脆弱。目前低温工艺的进展可以利用物质的低温脆性，采用液氮进行破碎和粉碎。低温破碎和粉碎具有以下特点。

1）室温下具有延展性和弹性的物质，在低温下变得很脆，可以很容易地被粉碎。

2）低温粉碎后的微粒有极佳的尺寸分布和流动特性。

3）食品和调料的味道和香味没有损失。

根据以上特点，已对低温破碎轮胎等废料的资源回收系统和食品、塑料的低温粉碎系统进行了深入研究。目前，低温粉碎系统已投入使用。图 7-63 和图 7-64

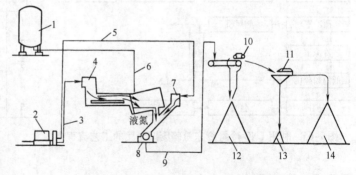

图 7-63　低温破碎装置的系统图

1—液氮罐　2—废物装置　3—低温破碎管路　4—预冷器
5—常温破碎管路　6—液氮管　7—冷却器　8—破碎器　9—输出管路
10—磁分离器　11—屏　12—铁屑　13—釉尘埃　14—铜和铜合金碎片

分别示出低温破碎装置和低温粉碎装置的示意图。

2. 应用实例

2010年底，福建LNG冷量低温橡胶粉碎项目开工。这是继冷量空分项目后又一个LNG冷量低温利用项目。该项目总投资5亿元，每年处理废旧轮胎10万t。项目一期总投资1亿元，年处理废旧轮胎2万t。该项目已于2013年底投入试生产。

中海油（福建）深冷精细胶粉有限公司建设的福建LNG冷量低温橡胶粉碎项目，是国内首套采用常温初级粉碎和液氮深冷精细粉碎工艺相结合的废旧轮胎处理项目，是我国首条LNG冷量间接利用示范生产线。该生产线以废旧轮胎为原料，依托液氮冷量（液氮来源于利用LNG冷量的空分装置），生产精细胶粉。与国内现有的常温粉碎生产线相比，具有产品质量好、颗粒细、附加值高、节能环保等优点，且生产

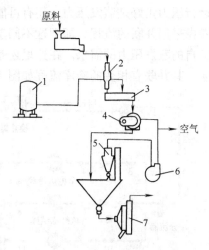

图7-64　低温粉碎装置的系统图
1—液氮罐　2—磁体　3—冷却器　4—粉磨机
5—分离器　6—循环风机　7—过滤器

出来的120～200目（0.075～0.125mm）微细胶粉将填补国内微细胶粉领域的空白。精细胶粉主要应用于轮胎胎面胶添加、热塑性弹性体、建筑涂料等领域，具有良好的经济效益和社会效益，市场开发前景良好。该项目一期投产后，年处理废旧轮胎2万t，年产精细胶粉1.3万t、副产钢丝5000t、纤维2000t。

本工程采用"常温＋低温"相结合的废旧轮胎处理工艺，其工艺流程图如图7-65所示。其中常温段包括常温预处理工段和常温初级粉碎工段，常温预处理工段两条生产线及常温初级粉碎四条生产线选用浙江菱正机械有限公司常温法废旧轮胎粉碎工艺，低温段采用吉林省松叶粉末橡胶制品有限公司LYQ13000型低温精细胶粉生产工艺。表7-15列出了该生产线的产品和产量。

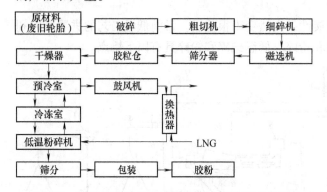

图7-65　利用LNG冷量冷冻粉碎废旧轮胎的工艺流程

表7-15　主要产品产量汇总表

序号	类别	名称	规格	产量
1	主产品	精细胶粉	80～120目	26%
2			120～200目	26%
3			200目以上	13%
4	辅助产品	钢丝	—	25%
5		纤维	—	10%

7.7.5　海水淡化

1. 概述[66-68]

LNG冷量利用于海水淡化是属于冷冻法海水淡化的一种。其原理是：海水部分冻结时，海水中的盐分富集浓缩于未冻结的海水中，而冻结形成的冰中的含盐量大幅度减少；将冰晶

洗涤、分离、融化后即可得到淡水。

冷冻法海水淡化存在一些不足之处，例如：从冷冻过程中除去热量要比加热困难；含有冰结晶的悬浮体输送、分离、洗涤困难，在输送过程中冰晶有可能长大堵塞管道；最终得到的冰晶仍然含有部分盐分，需要消耗部分产品淡水去洗涤冰晶表面的盐分。但在 LNG 冷量利用于海水淡化的系统中，就不存在冷量提供的问题，且由于少了传统的制冷设备，有些方式中还减少了部分换热设备，使得整个装置得到简化。

由于 LNG 温度较低，在常压下为 –162℃，结合考虑冷冻法海水淡化中的几种形式，归结出有一定实践意义的方法如下：引入二次冷媒，使其与 LNG 换热，换热过程中 LNG 温度升高，二次冷媒温度降低，从而实现了 LNG 冷量的转移；之后，低温的二次冷媒与海水进行换热，使海水冻结形成冰，通过搜集、洗涤、融化等一系列过程，最终得到淡水。根据二次冷媒与海水接触形式的不同，可以分为间接法和直接法两种形式。

2. 间接法

间接冷冻法海水淡化方式是利用低温二次冷媒与海水进行间接热交换，使海水冷冻结冰。间接冷冻法海水淡化流程如图 7-66 所示。原料海水首先经过换热器 2 预冷；之后进入结晶器，与二次冷媒进行间接换热，逐渐形成冰；形成的冰脱落进入储冰槽，在储冰槽经洗涤、融化后进入储水槽，其中一部分淡水作为洗涤用水而送往储冰槽，其余部分则作为产品，经换热器 2 后排出；而二次冷媒则在换热器 1 中与 LNG 换热。

结晶器是整个流程的关键元件，其工作过程类似于立式管壳式蒸发器，即二次冷媒在管外流动吸热，原料海水在管内流动放热结冰。这样一种结晶器可以参考目前市场上较为成熟的制冰机设备。根据制得的冰的形状不同，有管冰机、片冰机、板冰机等多种形式。根据不同情况可以选择不同制冰机种类。

间接法有以下优点：①从能耗的角度看，它与其他冷冻法海水淡化方法一样，具有低能耗、低腐蚀、轻结垢的特性；②从装置发展的角度看，在冷表面上的结冰所需的装置比较简单，且目前都有成熟产品可以应用；③从分离的角度看，从冷表面上剥离冰，比从冷溶液中分离颗粒冰要容易。

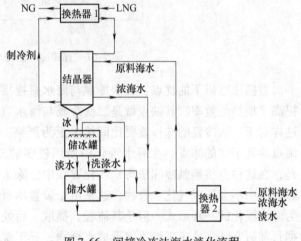

图 7-66　间接冷冻法海水淡化流程

间接法也存在一定的缺点：①由于是间接换热，换热效率不高，因而所需的换热面积大；②冷表面上开始生成冰后，会使得换热系数急剧下降，从而影响换热速度；③从表面上取下冰，易损伤冷表面。

在整个系统中，二次冷媒的选择也很重要。这里最主要还是考虑二次冷媒在与 LNG 换热时不会凝固。因此要选择凝固点比较低的制冷剂。

3. 直接法

直接法就是不溶于水的二次冷媒与海水直接接触而使海水结冰。由于接触时比表面积大，因此传热效率很高，并且能在较低的温度下就进行热交换，减少了金属换热设备的需求。其流程如图 7-67 所示。二次冷媒与 LNG 换热后温度降低，直接喷入结晶器中的海水中，二次冷媒温度升高，蒸发气化，从而吸收海水中大量的热量，致使在喷出的液滴周围形成许多小冰晶。冰晶与部分海水以冰浆的形式被输送到洗涤罐中，洗涤过后的冰晶再进入融化器融化为淡水，其中一部分淡水就是作为洗涤用水。需要指出的是：融化器中可以采用原料海水作为热流体，这样一方面使得冰晶融化，另一方面能使原料海水进入结晶器的温度降低，若与洗涤罐中出来的低温浓海水进一步换热，原料海水的温度就降低很多，这样有利于结晶器中的结晶过程。另外，气化后的二次冷媒通过干燥器，除掉夹带的水蒸气后再次进入换热器与 LNG 进行换热。

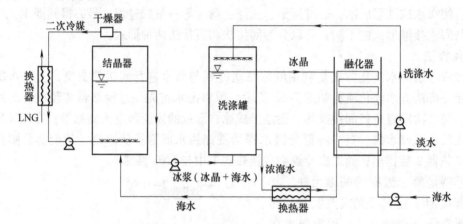

图 7-67　直接冷冻法海水淡化流程图

直接法有以下的优点：二次冷媒与海水直接接触换热，减少了金属换热面积，并且大大提高了换热的效率。其缺点就是二次冷媒与海水直接接触，会在产品淡水中残留少量冷媒。这样对于二次冷媒的选择就要比间接法更为严格，要求二次冷媒无毒、无味、与水不互溶，沸点接近于水的冰点。在海水淡化中使用较多的二次冷媒有异丁烷、正丁烷。需要指出的是，在这种直接接触冷冻法海水淡化方式中，除了保证二次冷媒不溶于水，还要保证二次冷媒在水中不会形成气化水合物，这是由于装置本身的构成决定的。虽然气化水合物也可以作为海水淡化的一种形式，但是其流程、提取、后处理产品淡水的方式都与上述方法不同。根据目前研究证实：正丁烷不能形成水合物；异丁烷可以形成水合物；当异丁烷和正丁烷混合时，若其中异丁烷的含量小于 72% ，该混合物就不会形成水合物。这对于该方法中二次冷媒的选择有一定的指导意义。

7.7.6　蓄冷装置

LNG 主要用于发电和城市燃气，LNG 的气化负荷将随时间和季节发生波动。对天然气的需求是白昼和冬季多，所以 LNG 气化所提供的冷量多；而在夜晚和夏季对天然气的需求减少，可以利用的 LNG 冷量亦随之减少。LNG 冷量的波动，将会对冷量利用设备的运行产生不良影响，必须予以重视。

日本大阪煤气公司正在研究 LNG 蓄冷装置，利用相变物质的潜热存储 LNG 冷量。原理如下：白天 LNG 冷量充裕时，相变物质吸收冷量而凝固；夜间 LNG 冷量供应不足时，相变物质溶解，释放冷量供给冷量利用设备。相变物质的选择是 LNG 蓄冷装置研究的关键，要充分考虑相变物质的熔点、沸点及安全性问题，目前正处于实验研究阶段。

参 考 文 献

[1] GB/T 20368—2012 液化天然气（LNG）生产、存储和装运 [S]. 北京：中国标准出版社，2013.

[2] GB/T 22724—2008 液化天然气设备与安装　陆上装置设计 [S]. 北京：中国标准出版社，2009.

[3] NFPA 59A—2013 Standard for the Production, Storage, and Handling of Liquefied Natural Gas (LNG) [S].

[4] EN 1473—2007 Installation and equipment for liquefied natural gas – Design of onshore installations [S].

[5] GB 50028—2006 城镇燃气设计规范 [S]. 北京：中国建筑工业出版社，2006.

[6] 刘新领. 液化天然气供气站的建设 [J]. 煤气与热力，2002，22 (1)：36-36.

[7] 金光，李亚军. LNG 接收站蒸发气体处理工艺 [J]. 低温工程，2011，179 (1)：51-56.

[8] 王小尚，刘景俊，李玉星，等. LNG 接收站 BOG 处理工艺优化——以青岛 LNG 接收站为例 [J]. 天然气工业，2014，34 (4)：125-130.

[9] 汪荣顺，高鲁嘉，徐芳. 低温容器无损贮存规律研究 [J]. 低温工程，1994，(4)：133-134.

[10] 汪顺华，鲁雪生，赵红霞. 低温液体容器无损储存传热模型 [J]. 低温工程，2001，(6)：37-41.

[11] 汪顺华. 液化天然气汽车燃料储存与供气系统特性研究 [D]. 上海：上海交通大学，2002.

[12] 赵红霞. 低温液氧储槽供气、排气和加注特性的研究 [D]. 上海：上海交通大学，2002.

[13] 汪荣顺. 抗强冲击低温储罐研究 [D]. 上海：上海交通大学，2001.

[14] 杨晓东，顾安忠. LNG 燃料汽车的研究和发展 [J]. 新能源，2000，(9)：26-32.

[15] 杨晓东，顾安忠，杨庆峰，等. 天然气汽车储气方式的技术经济性分析 [J]. 油气储运，2000，19 (11)：29-33.

[16] 张笑波，林在犁. 液化天然气汽车的开发与应用 [J]. 汽车研究与开发，2001，(3)：10-13.

[17] 王强，历彦忠，张哲，等. LNG 在汽车工业中的发展优势 [J]. 天然气工业，2002，22 (5)：93-96.

[18] 吴志新，黎苏. 液化天然气汽车的研究进展及存在问题 [J]. 世界汽车，2001，(9)：18-20.

[19] 王秉刚. 对我国燃气汽车问题的认识和建议 [J]. 世界汽车，1999，(8)：1-5.

[20] 邹利. 国内外天然气汽车发展状况 [J]. 汽车研究与开发，1999，(4)：8-11.

[21] QC/T755—2006 液化天然气（LNG）汽车专用装置技术条件 [S]. 北京：中国标准出版社，2007.

[22] NFPA 52—2013 Vehicular Gaseous Fuel Systems Code [S].

[23] 马小红，陈叔平，任永平. LNG 车载气瓶 [J]. 煤气与热力，2011，31 (9)：14-18.

[24] NB/T 1001—2011 液化天然气（LNG）汽车加气站技术规范 [S]. 北京：中国建筑工业出版社，2011.

[25] GB/T 26980—2011 液化天然气（LNG）车辆燃料加注系统规范 [S]. 北京：中国标准出版社，2012.

[26] GB 50456—2012 汽车加油加气站设计与施工规范 [S]. 北京：中国计划出版社，2012.

[27] 王卫琳，林权. 采用 LNG 作为船用燃料的探讨 [J]. 煤气与热力，2013，33 (3)：B10-B14.

[28] 沈苏雯. 挪威 LNG 燃料船最新动向 [J]. 中国船检，2013，(5)：64-67.

[29] 王绪智. M/F "GLUTRA" ——以液化气为燃料的渡轮 [J]. 国际舰艇，2001，(1)：27-28.

[30] 周羽欢. LNG 燃料船的设计 [J]. 中国船检，2012，(3)：58-62.

[31] Lee G S, Ro S T. Analysis of the Liquefaction Process of Exhaust Gases from an Underwater Engine [J]. Applied Thermal Engineering, 1998, 18：1243-1262.

[32] 乔英忍. UP 铁路将对 MK 公司制造的调车机车进行试验 [J]. 国外内燃机车，1994，(11)：4-5.

[33] 乔英忍. 以液化天然气为燃料的内燃机车 [J]. 国外内燃机车，1994 (12)：1-3.

[34] 沈一林. 型液化天然气调车机车 [J]. 国外内燃机车，1995 (5)：7-12.

[35] 韩树明. 液化天然气在美国作为铁路燃料的潜力 [J]. 国外内燃机车, 2001 (4): 33-39.

[36] 吴良彦. 用液化天然气作燃料的飞机 [J]. 国外油田工程, 2000 (9): 32-33.

[37] Liu H T, You L X. Characteristics and Applications of the Cold Heat Exergy of Liquefied Natural Gas [J]. Energy Conservation & Management, 1999, 40: 1515-1525.

[38] 贺红明, 林文胜, 顾安忠. LNG 物理㶲及其回收利用 [J]. 低温工程, 2006 (6): 58-61, 66.

[39] 朱刚, 顾安忠. 液化天然气冷量的利用 [J]. 能源工程, 1999 (3): 1-3.

[40] 游立新, 顾安忠. 液化天然气冷量㶲特性及其应用 [J]. 低温工程, 1996 (3): 6-12.

[41] Lee G S, Chang Y S, Kim M S, et al. Thermodynamic Analysis of Extraction Processes for the Utilization of LNG Cold Energy [J]. Cryogenics, 1996, 36 (1): 35-40.

[42] 刘蔚蔚, 张娜, 蔡睿贤. 利用液化天然气冷㶲的燃气轮机热力系统的研究 [D]. 北京: 中国科学院工程热物理研究所, 2003.

[43] 贺红明, 林文胜. 基于 LNG 冷量的发电技术 [J]. 低温技术, 2006, 34 (6): 432-436.

[44] 陈国邦. 液化天然气的贮运及应用——访日报告 [J]. 低温工程, 1998 (2): 55-58.

[45] 游立新, 陈玲华. 液化天然气冷量利用发电方案探讨 [J]. 能源研究与利用, 1995 (3): 12-15.

[46] Zhang N, Cai R. Analytical solutions and typical characteristics of part-load performance of single shaft gas turbine and its cogeneration [C]//. Proceedings of ECOS' 99, Tokyo, 1999.

[47] De PiolencM. LES' Iced' Inlet Net Utility Another 14MW of Peaking at Zero Fuel Cost [J]. Gas Turbine World, 1992, 22 (1): 20-25.

[48] Kim T S, Ro S T. Power Augmentation of Combined Cycle Power Plants Using Cold Energy of Liquefied Natural Gas [J]. Energy, 2000, 25: 841-856.

[49] 车得福, 史晓军. 一种提高联合循环电厂效率的系统和方法 [P]. CN200510043173.2. 2006-02-22.

[50] 贺红明. 利用 LNG 物理㶲的朗肯循环研究 [D]. 上海: 上海交通大学, 2006.

[51] Lin WS, Huang MB, He HM, Gu AZ. A Transcritical CO_2 Rankine Cycle with LNG Cold Energy Utilization and Liquefaction of CO_2 in Gas Turbine Exhaust [S]. Journal of Energy Resources Technology-Transactions of the ASME, 2009, 131 (4): 042201.

[52] 林文胜, 顾安忠, 鲁雪生, 等. 空分装置利用 LNG 冷量的热力学分析 [J]. 深冷技术, 2003 (3): 26-30.

[53] 气体产品与化学公司. 用于从与空气分离连接的基于液化天然气的液化器供应气态氮的系统 [P]. CN201020243660. X. 2010-06-25.

[54] Reddick K, Belhateche N. Liquid natural gas processing [R]. US, 6941771B2, 2006-11-23.

[55] Reddick K, Belhateche N. Liquid natural gas processing [R]. US, 6604380B1, 2003-10-09.

[56] Schroeder S, Reddick K. Cryogenic liquid natural gas recovery process [R]. US, 6907752B2, 2005-01-13.

[57] Narinsky G B. Process and apparatus for LNG enriching in methane [R]. US, 6986266B2, 2006-01-17.

[58] Prim E. System and method for recovery of C_2^+ hydrocarbons contained in liquefied natural gas [R]. US, 7069743B2, 2006-07-04.

[59] 华贲, 熊永强, 李亚军, 等. 液化天然气轻烃分离流程模拟与优化 [J]. 天然气工业, 2006, 26 (5): 127-129.

[60] 熊永强, 李亚军, 华贲. 液化天然气中轻烃分离工艺的优化设计 [J]. 华南理工大学学报 (自然科学版), 2007, 35 (7): 62-66.

[61] 高婷, 林文胜, 顾安忠, 等. 利用吸附余压预冷的煤层气氮膨胀液化流程 [J]. 天然气工业, 2009, 29 (2): 117-119.

[62] Gao T, Lin WS, Gu AZ. Improved processes of light hydrocarbon separation from LNG with its cryogenic energy utilized [J]. Energy Conversion and Management, 2011, 52 (6): 2401-2404.

[63] 黄美斌，林文胜，顾安忠．利用 LNG 冷量的低温冷库流程比较 [J]．制冷学报，2009，30（4）：58-62．

[64] 杜琳琳，滕云龙．利用 LNG 冷量橡胶低温粉碎技术 [J]．煤气与热力，2012，32（8）：B10-B13．

[65] 熊永强，华贲，李亚军，等．废旧橡胶低温粉碎中 LNG 冷量利用的继承分析 [J]．华南理工大学学报（自然科学版），2009，37（12）：58-63．

[66] 沈清清，林文胜，顾安忠，等．利用 LNG 冷量的间接冷冻法海水淡化流程及其初步分析 [J]．低温与超导，2009，37（4）：10-13．

[67] 黄美斌，林文胜，顾安忠，等．LNG 冷量用于冷媒直接接触法海水淡化 [J]．化工学报，2008，59（S2）：204-209．

[68] 黄美斌，沈清清，林文胜，等．利用 LNG 冷量的间接冷冻法海水淡化流程比较 [J]．低温与超导，2010，38（3）：16-20．

[69] 尹英男，陈长军．浅谈液化天然气冷热能的回收和利用 [J]．应用能源技术，2001，（6）：16-17．

[70] 朱文建，张同，王海华．液化天然气冷量利用的原理及方法 [J]．煤气与热力，1998，18（2）：33-35．

[71] 杨永军，黄峰．大型燃气轮机电站对 LNG 接收站冷量的利用 [J]．中国电力，2001，34（7）：5-8．

[72] 张海成．回收 LNG 冷量用于发电燃汽轮机进气冷却的可行性 [J]．中国电力，2002，35（3）：24-26．

[73] 程文龙，伊藤猛宏，陈则韶．一种回收液化天然气冷量的低温动力循环系统 [J]．中国科学技术大学学报，1999，29（6）：671-676．

[74] 程文龙，陈则韶，胡凡．电站中液化天然气可用冷量的回收利用 [J]．工程热物理学报，2001，22（2）：148-150．

[75] Iwata Y, Yamasaki Y, Yamashita Y, Et Al. New Applications Of LNG Cold Energy [C]//. Proceedings Of LNG 10. Kuala Lumpur, 1992.

[76] Chiu C-H. LNG Receiving Terminal with a Combined Cycle Gas Turbine (CCGT) Power Plant [C]//. Proceedings of LNG 11. Birmingham, 1995.

[77] Kim C W, Chang S D, Ro S T. Analysis of the Power Cycle Utilizing the Cold Energy of LNG [J]. International Journal of Energy Research, 1995, (19): 741-749.

[78] Miyazaki T, Kang Y T, Akisawa A, Kashiwagi T. A Combined Power Cycle Using Incineration and LNG Cold Energy [J]. Energy, 2000, (25): 639-655.

[79] Kim T S, Ro S T. Power Augmentation of Combined Cycle Power Plants Using Cold Energy of Liquefied Natural Gas [J]. Energy, 2000, (25): 841-856.

[80] Hisazumi Y, Yamasaki Y, Sugiyama S. Proposal for a High Efficiency LNG Power-Generation System Utilizing Waste Heat from the Combined Cycle [J]. Applied Energy, 1998, (60): 169-182.

[81] Agazzani A, Massardo A F, Karakianitis T. An Assessment of the Performance of Closed Cycles with and Without Heat Rejection at Cryogenic Temperatures [J]. Journal of Engineering for Gas Turbines and Power, 1999 (121): 458-465.

[82] Velautham S, Ito T, Takata Y. Zero-Emission Combined Power Cycle Using LNG Cold [J]. JSME International Journal (Series B), 2001, 44 (4): 668-674.

[83] Najjar Y S H, Zaamout M S. Cryogenic Power Conversion with Regasification of LNG in a Gas Turbine Plant [J]. Energy Conversation and Management, 1993, 34 (4): 273-280.

[84] Najjar Y S H. Efficient Use of Energy by Utilizing Gas Turbine Combined Systems [J]. Applied Thermal Engineering, 2001, 21: 407-438.

[85] 沈维道，郑佩芝，蒋淡安．工程热力学 [M]．2 版．北京：高等教育出版社，1983．

[86] 曾丹苓，敖越，朱克雄，等．工程热力学 [M]．2版．北京：高等教育出版社，1986.
[87] 陈文威，李沪萍．热力学分析与节能 [M]．北京：科学出版社，1999.
[88] 王如竹，汪荣顺．低温系统 [M]．上海：上海交通大学出版社，2000.
[89] 尉迟斌．实用制冷与空调工程手册 [M]．北京：机械工业出版社，2002.
[90] 顾安忠．液化天然气技术手册 [M]．北京：机械工业出版社，2010.

第 8 章 液化天然气安全技术

8.1 引言

天然气属于易燃、易爆的介质，在天然气的应用中，安全问题始终是放在非常重要的位置。液化天然气（简称 LNG）是天然气存储和输送的一种有效的方法，在实际应用中，LNG 也是要转变为气态使用，因此，在考虑 LNG 设备或工程的安全问题时，不仅要考虑天然气所具有的易燃易爆的危险性，还要考虑由于转变为液态以后，其低温特性和液体特征所引起的安全问题。

在考虑 LNG 系统的安全问题时，首先要了解 LNG 的特性及其潜在的危险性。针对这些潜在的危险性，充分考虑对人员、设备、环境等可能造成的危害，考虑相应的防护要求和措施。其次是要了解相关的标准，我国 LNG 工业起步比较晚，相关的标准还不大健全，对于不同的 LNG 系统，有必要参照一些 LNG 工业比较发达的国家的标准。如美国的 NFPA59A、NFPA57、加拿大的 49CFR193、英国的 EN—1473、国际海事组织的（IMO）关于 LNG 船运规定等。

对于 LNG 的生产、储运和气化供气各个环节，主要考虑的安全问题，就是围绕如何防止天然气泄漏，与空气形成可燃的混合气体，消除引发燃烧的基本条件，以及 LNG 设备的防火及消防要求；防止低温 LNG 设备超压，引起超压排放或爆炸；由于 LNG 的低温特性，对材料选择和设备制作方面的相关要求；在进行 LNG 操作时，操作人员的防护等。

多年来，LNG 在世界上已经大量地应用，如发电、民用燃气、气车或火车的燃料等。在城市里布有天然气的输配管线，数以千计的 LNG 罐车在美国的高速公路上运输，没有发生过重大的事故。以 LNG 或 CNG 作为燃料的气车，虽然发生一些碰撞事故。但 LNG 燃料系统没有发生重大的损坏，没有引起 LNG 的漏泄和火灾。作为汽车燃料，从某种角度上说，LNG 比汽油和柴油还安全一些。当然，LNG 的温度很低，极易产生气化，会引发一些低温 LNG 带来的安全问题。无论是设计还是操作，都应该像对待所有的易燃介质那样小心。了解和掌握天然气不同相态的物理特性及其燃烧特性，可有助于天然气的安全使用。

8.2 LNG 的有关安全特性

LNG 是以甲烷为主的液态混合物，常压下的沸点温度约为 $-162℃$，密度大约为 424 kg/m³。LNG 是非常冷的液体，在泄漏或溢出的地方，会产生明显的白色蒸气云。白色蒸气云的形成，是空气中的水蒸气被溢出的 LNG 冷却所致。当 LNG 转变为气体时，其密度为 1.5kg/m³。气体温度上升到 $-107℃$ 时，气体密度与空气的密度相当。意味着 LNG 气化后，温度高于 $-107℃$ 时，气体的密度比空气小，容易在空气中扩散。LNG 的容积大约是气体的 1/625。天然气无毒、无味、无色，漏泄到空气中不易发觉，因此，通常在天然气管网系统中，有意地加入一种难闻的气味，即加臭处理，以便气体泄漏时易于察觉。

8.2.1　燃烧范围

天然气与空气的混合物在一定的条件下是可燃的。众所周知，产生燃烧需要同时具备三个条件：可燃物、点火源、氧化剂（空气）。必须尽量防止三个条件同时存在，如果三个条件同时出现，将产生燃烧，在密闭的空间内的燃烧还有可能引起爆炸。

燃烧范围是指可燃气体与空气形成混合物，能够产生燃烧或爆炸的浓度范围。通常用燃烧下限（LEL）和燃烧上限（UEL）来界定其燃烧范围，只有当燃料在空气中的比例在燃烧范围之内，混合气体才可能产生燃烧。对于天然气，在空气中的达到燃烧的比例范围比较窄，其燃烧范围大约在体积分数为5%～15%，即体积分数低于5%和高于15%都不会燃烧。由于不同产地的天然气组分会有所差别，燃烧范围的值也会略有差别。LNG的燃烧下限明显高于其他燃料，柴油在空气中的含量只需要达到体积分数0.6%，点火就会燃烧。

在－162℃的低温条件下，其燃烧范围为体积分数6%～13%。另外，天然气的燃烧速度相对比较慢（大约是0.3m/s）。所以在敞开的环境条件下，LNG和蒸气一般不会因燃烧引起爆炸。天然气燃烧产生的黑烟很少，导致热辐射也少。

LNG组分的物性见表8-1，碳氢化合物的燃烧极限比甲烷的低。如果LNG中碳氢化合物的含量增加，将使LNG的燃烧范围的下限降低。天然气与汽油、柴油等燃料的特性比较见表8-2。LNG与其他燃料的比较见表8-3。

表8-1　LNG 主要组分的物性

气体名称	相对分子质量	沸点/℃	密度/（kg/m³）			液/气密度比	气/空密度比	气化热④/（kJ/kg）
			气体①	蒸气②	液体③			
甲烷	16.04	－161.5	0.6664	1.8261	426.09	639	0.544	509.86
乙烷	30.07	－88.2	1.2494	—	562.25	450	1.038	489.39
丙烷	44.10	－42.3	1.8325	—	581.47	317	1.522	425.89

①　常温常压条件（20℃，0.1MPa）。

②、④　常压下的沸点（0.1MPa）。

③　在空气中的体积分数。

表8-2　天然气与汽油、柴油燃烧特性比较

燃料种类	天 然 气	汽 油	柴 油
燃烧极限（%）（体积分数）	5～15	1.4～7.6	0.6～5.5
自燃温度/℃	450	300	230
空气中的最小点火能/10⁻³J	0.285	0.243	0.243
火焰峰值温度/℃	1884	1977	2054

表8-3　LNG 与其他燃料的比较

名　称	LNG	丙　烷	柴　油	汽　油	甲　醇	乙　醇
着火温度/℃	538	493	252	257	464	423
燃烧极限（%）（体积分数）	5～15	3.4～13.8	0.6～5.5	1.4～7.6	6.7～36	3.3～19
亮度（%）	60	60	100	100	0.03	3.0
蒸气密度/（kg/m³）	0.60	1.52	>4	3.4	1.1	1.59

1. 点火源

点火源包括明火、无遮挡的强光、点燃的香烟、电火花、物体撞击发出的火花和静电、高温表面、发动机排气等。有关安全和消防部门都针对这些点火源制定了相关的操作规程。总之，LNG 设备和确定的危险区域应远离和避免上述点火源。

除了指定的安全区域，都应严格禁止吸烟和非工作必需的明火。工作流程必须能确保安全区的安全。"禁止吸烟""禁止明火"等标志必须有明显的标志。如果非要在危险区使用明火，则必须使用可燃气体检测器来监控大气中可燃气体的含量。

静电、电力设备都有可能产生火花。金属或硬物之间的碰撞也可能产生热和火花，如工具、机械零件掉落或撞击。尼龙类的衣服或鞋的摩擦等，也有可能产生火花。铝制的工具在与生锈的钢铁撞击后，会产生铝热反应。该反应产生的火花也有可能点燃天然气。使用安全的工具可以减少火花的产生，操作时应防止工具的掉落或撞击。在使用工具或器具前，还应先接一下地或连接一些地线等。

化纤类的衣服容易产生静电，这种静电很难消除。进入工作区应穿安全的工作服和棉制衣服，以减少静电的产生。

电力开关或转换器在切断电源或接通电源时，会产生电火花。接线松动、电线破裂等情况下，也会产生电火花。电流过大，导致电线或设备温度很高，也可以起到点火源的作用。安装在危险区的电力设备应注意如下：

1）设备本身安全。

2）按照相应的安全等级安装设计。

3）或根据相应的安全等级将设备完全密封安装。

美国消防协会 NFPA59A 对危险区域和设备的安全等级做了规定。应当充分保证这些设备的安全。操作人员应该认识到关闭电源时，有可能会产生电弧。在危险区安装的插头和插座，都应经过安全的防爆设计，并合理地使用。

表面温度高于 649℃的物体，可以点燃天然气和空气的混合物。因此，对表面温度较高的部件，如燃烧型气化器、引擎的排放管路等，都应该当作明火来处理。

内燃机和燃气轮机产生的火花，也是潜在的点火源。在 LNG 工厂中，安装这些设备必须遵循 NFPA37 的标准。工作人员也必须注意到危险区内卡车、驳船、终端运输船等引擎产生的电火花。任何安装有发动机的设备，在危险区必须确认周围没有可燃气体，否则不能使用。

2. 可燃物

引起火灾的第二个要素是可燃物的存在。对于 LNG 系统，就是指 LNG 蒸气与空气的混合物。除了天然气和其他可燃制冷剂以外，还有油漆、纸和木材等。这些可燃材料都不能存放在危险区内。

3. 氧化剂

空气本身就是一种氧化剂，其中含有体积分数为 21% 的氧气。在燃烧的三要素中，氧化剂是很难避免的，因为空气无处不在。但在发生火灾时，应设法减少空气的对流。如 LNG 储罐发生溢出后，对积存在围堰中的 LNG，可用泡沫灭火剂喷洒，使泡沫覆盖在 LNG 的液面上，减少空气与 LNG 的接触面积。同时也可降低 LNG 的蒸发速率。

8.2.2　着火温度与燃烧速度

自动着火温度是指可燃气体混合物，在达到某一温度后，能够自动点燃着火的最低温度。自动着火温度并不是一个固定值，它和空气与燃料的混合浓度和混合气体的压力有关。在大气压条件下，纯甲烷的平均自动着火温度为650℃[3]。如果混合气体的温度高于自动着火点，则在很短的时间后，气体将会自动点燃。如果温度比着火点高得多，气体将立即点燃。LNG的自动着火温度随着组分的变化而变化，例如若LNG中碳氢化合物的重组分比例增加，则自动着火温度降低。

除了受热着火外，天然气也同样能被火花点燃。如明火、焊接火花、电火花等，甚至衣服上的静电，也能产生足够的能量点燃天然气。因此，工作人员不能穿化纤布（尼龙、腈纶等）类的衣服操作天然气，化纤布比天然纤维更容易产生静电。

燃烧速度是火焰在空气-燃料的混合物中的传递速度。燃烧速度也称为点燃速度或火焰速度。天然气燃烧速度较低，其最高燃烧速度只有0.3m/s。随着天然气在空气中的比例增加，燃烧速度亦增加。

8.2.3　LNG的低温特性

LNG既有可燃的特性，又有低温的特性。低温液体的处理和操作并不是一门新的技术。在许多标准中，低温设备的操作有比较明确的要求。对于安全的考虑，主要是在低温条件下一些材料会变脆、易碎。使设备产生损坏，引起LNG的泄漏。如今低温液体应用较为广泛。液氮和液氧的应用更为普遍。LNG的温度还没有液氮和液氧的温度低。从低温介质安全操作的角度，与液氮和液氧的安全考虑基本是一致的，主要是防止低温条件下材料的脆性断裂和冷收缩产生的应力对设备引起的危害。另外，操作时主要是防止低温流体对人体的低温灼伤。

8.2.4　对生理上的影响

曾经有过报道，人员暴露在甲烷的体积分数为9%的气氛中没有什么不良反应。如果吸入含量更高的气体，会引起前额和眼部有压迫感，但只要恢复呼吸新鲜空气，就可消除这种不适的感觉。如果持续地暴露在这样的气氛环境下，会引起意识模糊和窒息。甲烷是一种普通的窒息物质。LNG与外露的皮肤短暂地接触，不会产生什么伤害，可是持续的接触，会引起严重的低温灼伤和组织损坏。

天然气在空气中的体积分数大于40%时，如果吸入过量的天然气会引起缺氧窒息。如果吸入的是冷气体，对健康是有害的。若是短时间内吸进冷气体，会使呼吸不舒畅，而长时间的呼吸冷气体，将会造成严重的疾病。虽然LNG蒸气是无毒的，如果吸进纯的LNG蒸气，会迅速失去知觉，几分钟后死亡。当大气中的氧的含量逐渐减少时，工作人员有可能警觉不到，慢慢地窒息，待到发觉时已经很晚了。缓慢窒息的过程分成四个阶段，见表8-4。

当空气中氧气的体积分数低于10%，天然气的体积分数高于50%，对人体会产生永久性伤害。在这种情况下，工作人员不能进入LNG蒸气区域。

表8-4　窒息的生理特征的四个阶段[3]

第一阶段	氧气的体积分数14%～21%，脉搏增加，肌肉跳动影响呼吸
第二阶段	氧气的体积分数10%～14%，判断失误，迅速疲劳，对疼痛失去知觉
第三阶段	氧气的体积分数6%～10%，恶心、呕吐、虚脱，造成永久性脑部伤害
第四阶段	氧气的体积分数<6%，痉挛，呼吸停止，死亡

8.3　有关安全检测设备

在有可燃气体、火焰、烟、高温、低温等潜在危险存在的地方，安装一些必要的探测器，进行监测和预报，可以使工作人员能及时采取紧急处理措施。LNG 工厂中通常用以下几种检测器：甲烷气体检测器，火焰检测器，高、低温检测器，烟火检测器。除了低温检测器外，其他几种检测器都是必备的设备。每一个检测器都要与自动停机系统相连，在发现危险时能自动起作用。

8.3.1　可燃气体检测器（CGD）

防火控制系统必须对 LNG 的泄漏进行监测。可以通过观察、检测仪器或两者综合使用。白天 LNG 发生溢出，可以通过产生的蒸气云团看见。然而，在晚上及照明不好的情况下就不容易看清楚。如果仅仅依靠人工观察来检测泄漏，显然是不够的。

对于比较大的 LNG 装置，应当安装可燃气体检测装置，对系统进行连续的监测。在最有可能发生泄漏的位置安装传感器。当检测系统探测到空气中可燃气体的含量达到最低可燃范围下限（LFL）的 10% ~ 25% 时，将向控制室发出警报。控制室的人员确定应对措施并发出控制命令。在一些关键的地方，当含量达到燃烧下限（LFL）的 25% 时，会自动切断整个系统。考虑到 LNG 装置有限的人员配备和可燃气体的存在，有必要设置实时的监测系统，连续地进行监控，消除人为的疏忽和大意的可能性。对于比较小的装置，由于系统相对简单，产生泄漏的可能性较小，因此没有必要安装过多的自动报警系统。

经验证明，工作人员的误操作，经常引起这些系统误报警，发出一些不必要的警报。应正确分析警报器及传感器的安装位置和可燃气体源的位置，并对报警系统进行有效的定期保养。

每一个可燃气体检测系统发出的警报，控制室或操作台的工作人员都要能听得到和看得见，除此之外，气体泄漏的区域也应能听到警报声。气体检测系统安装后要进行测试，并符合有关的要求。

有 LNG 设备或管道等设施的建筑都应安装可燃气体检测系统，当可燃气体在空气中的含量达到一定的程度就能发出警报。可燃气体传感器的灵敏度要有合适的等级。安装区域和相关的检测器灵敏度等级分类如下：

1）没有可燃气体设备的区域。主要是办公区。这些区域的检测器应当非常灵敏，当检测到气体后发出警报。

2）可能含有被检测气体的区域。这里的传感器在较低含量下（最低可燃极限的 10% ~ 20%）发出警报。这种区域主要是在一般操作时，可能含有天然气。

3）很有可能含有被检测气体的区域。在这些区域中，当气体达到危险程度（最低可燃极限的 20% ~ 50%）时发出警报。该工作区可能有自动切断系统，因此在检测到可燃性气体后有两种选择：每隔 30s 发出一声报警，并切断整个设备运行；或者只是发出警报，警告工作人员。这些区域主要是安装压缩机和气体涡轮机的厂区、LNG 车补给燃料处和汽车发动机等部位。

在一些危险性比较大的区域，应合理地安装监测器，这些区域如下：

1）靠近 LNG 或天然气的设备。特别是容易发生泄漏的设备周围。

2）靠近火源或火源的空气入口处，如建筑和锅炉的进风口。

3）地势较低区域，包括 LNG 蒸气或液体容易聚集的地方。因为 LNG 蒸气在受热上升前，将向地形较低的区域聚集。

4）设备上方的封闭区域的天花板下，受热的 LNG 蒸气将聚集在这些地方，有 LNG 或 NG 的设施的建筑物应保证空气流通。

8.3.2　火焰检测器

火焰检测器有紫外线（UV）火焰检测器和红外线（IR）火焰检测器，检测热辐射产生的热量。火焰产生的辐射能通过紫外线和红外线探测器的波长信号来检测。当辐射达到一定的程度后，会发出警报。应该注意的是：某些光源可能导致误报警，如焊接产生的电弧光和太阳光的反射等，也能产生紫外线或红外线。

解决误报警的方法如下：

1）使用不同类型的检测器。如同时使用紫外线和红外线检测器来检测。检测系统中，信号必须通过两种波长的同时确认，这样可减少误报警。

2）多点检测。在危险区域内设置的传感器，有可能被一个辐射源激活，但该辐射源不能激发多个传感器。还有一种情况是工作人员接到一个报警信号，但自动切断和消防系统不起作用，只有收到确认信号后才会动作。确认信号是通过多数的检测器的探测结果来确定的。

3）延迟报警。检测系统在有连续的火焰信号后，才能发出警报。

8.3.3　高温检测器

高温检测器对固定温度和温度上升的速率都很灵敏。检测器对温度上升速度的检测，可以避免由于温度波动产生的误警报。高温检测器中有一个可熔化的钢丝，在高温下熔化（如 82℃）。熔化后可以触发警报、使设备关闭或者启动消防系统。这些检测器直接安装在有着火危险的区域或设备上。危险性高的设备不仅安装高温检测器，有时还需安装可燃气体检测器。

8.3.4　低温检测器

低温检测器在 LNG 或冷蒸气泄漏时发出警报。这些检测器的传感器主要是热电偶或热电阻。随着温度的变化，其电特性也会变化，因此可以间接的测量温度。低温检测器装在 LNG 设备的底部，以及产生溢流后，可能聚集液体和蒸气的低部位置。

8.3.5　烟火检测器

烟火检测器主要是用来检测烟雾和火焰。LNG 蒸气燃烧时产生的烟很少。因此，这些检测器主要用来检测电器设备和仪器是否着火。这些设备着火时会产生烟。除了高温检测器外，采用烟火检测器是因为少量的烟火，有可能产生不了足够的热量来触发高温检测器。主要用于防止火焰延伸到 LNG 设备。烟火检测器通常安装在控制室的电器设备和其他有可能产生烟火的设备上面。

8.3.6　缺氧检测设备

可采用多通道的气体检测系统，对不同区域是否缺氧进行检测。气体检测器使用一个内置式的取样泵，抽取来自不同区域的气体样品，通过气体成分分析，指示是否缺氧及缺氧的程度。检测系统应具有同时指示可燃气体含量和缺氧状况的功能。

8.4　LNG 溢出或泄漏

LNG 溢出通常是指大量的液化天然气泄漏出来，能使现场的人员处于非常危险的境地。这些危害包括低温灼烧、冻伤、体温降低、肺部伤害、窒息、设备损坏、火灾等。泄漏出来的 LNG 会形成蒸气云团，蒸气云团被点燃发生火灾时，有可能危害周边地区，产生的热辐射也将对人体造成伤害。

在意外情况下，如果系统或设备发生 LNG 溢出或泄漏，LNG 在短时间内将产生大量的蒸气。与空气形成可燃的混合物，并将很快扩散到下风处。于是，产生 LNG 溢出的附近区域均存在发生火灾的危险性。

LNG 蒸气受热以后，密度小于空气，有利于快速扩散到高空大气中。蒸气扩散的距离与初始溢出的数量、持续的时间、风速和风向、地形，以及大气的温度和湿度有关。从对 LNG 溢出的研究表明：风速比较高时，能很快地驱散 LNG 蒸气云团；风速较低（或无风）时，蒸气云团主要聚集在溢出附近。移动的蒸气云团容易产生燃烧的区域，主要是在可见气团的周围，因为这些区域内的部分混合气体处于燃烧范围之内。

LNG 溢出或泄漏是属于一种比较严重的事故，由于设备的损坏或操作失误等原因引起。正确评估 LNG 的溢出，以及蒸气云的产生与扩散，是有关安全的一个重要问题。溢出的 LNG 蒸发速度非常快，形成大量的蒸气云。蒸气云将四面扩散，比较危险的情况是遇到火源产生火灾。因为蒸气的数量多，溢出的 LNG 能不断地蒸发和扩散。在蒸气扩散的过程中，如果遇到有风的情况，火灾可能迅速蔓延。而且火灾本身也能产生强劲的空气对流。因此，在考虑人员和设备的安全问题时，应重视风和火的相互作用的影响。最危险的情况是由于燃烧产生强烈的空气对流，能对 LNG 设备造成进一步的损坏，扩大事故的严重性。

LNG 的溢出可分溢出到地面和水面两种类型。

1. LNG 溢出到地面

主要是指陆地上的 LNG 系统，因设备或操作原因，使 LNG 泄漏到地面。由于 LNG 与地面之间存在较大的温差，LNG 将吸收地面的热量迅速气化。这是一个非常快速的气化过程，初期的气化率很高，只有当土壤中的水分被冻结以后，土壤传递给 LNG 的热量逐渐地减少，气化速率才开始下降。另外，周围空气的传导和对流，以及太阳辐射也会增加 LNG 的气化速率。在考虑系统或设施的安全性问题时，应考虑两方面的问题：首先是设备本身，在万一发生泄漏的情况下，设备周围应具备有限制 LNG 扩散的设施（围堰或蓄液池），应使 LNG 影响的范围尽可能缩小；其次是 LNG 溢出后，抑制气体发生的速率及影响的范围。

拦蓄和集液池是用于 LNG 储罐发生泄漏时，防止 LNG 扩散的设施。拦蓄内的容积应足够容纳储罐内的 LNG。在某些设计中，则在储罐周围的地面采用低热导率的材料，如用具有隔热作用的水泥围起来，以减少蒸发的速率。另一种减少蒸发速率的安全措施是围绕拦蓄，安装有固定的泡沫发生器，在发生 LNG 溢出时，泡沫发生器喷出泡沫，泡沫覆盖在拦蓄中的 LNG 上面，既可以减少来自空气的热量，降低 LNG 蒸气产生的速率。目前有一些新的设计理念，储罐周围不设围堰。LNG 储罐安装在一钢筋混凝土的外壳内，内罐通常使用 9Ni 钢制造。如果内罐发生溢出或泄漏，溢出的液体包含在水泥外壳的内部，液体表面暴露于空气的面积相对很小，气体产生的速度比 LNG 在拦蓄内要小得多。

比较危险的是 LNG 气体在飘散的过程中，可能在途中遇到点火源，然后产生燃烧，火焰顺着蒸气云往回蔓延到蒸气发生点，对设施具有潜在的毁坏作用。

2. LNG 溢出到水面

LNG 在水面上产生溢出时，水面会产生强烈的扰动，并形成少量的冰。气化的情况与 LNG 溢出到地面差不多，当然，溢出到水面的蒸发速度要快得多。而且水是一个无限大的热源，水的流动性为 LNG 的气化提供了稳定的热量。有关的 LNG 工业机构和航运安全代理机构，对 LNG 在水上溢出的情况进行了深入的研究。根据有关的报道，LNG 溢出到水面的蒸发速率是 $0.181\text{kg/}(\text{m}^2 \cdot \text{s})$，基本上不受时间的影响。

LNG 溢出到水面上，最重要安全问题是蒸气云的形成和引起火灾的可能性。在空旷的地方，LNG 产生的蒸气云一般不会产生爆炸，但有可能引起燃烧和快速蔓延的火灾。蒸气云产生以后，主要有两个方面的问题：一是蒸气云随着风向的扩散，如果在下风方向存在高温热源或火源，就有可能点着这些可燃气体的云团；二是天然气云团被点燃后，火焰的扩散及火焰产生的热流，点燃飘逸的天然气云团。

蒸气云团在大气中的扩散是个令人关注的问题。一旦发生类似的事故以后，需要利用气象学方面的技术，对可能扩散到的区域，提前进行预报，预先采取防火和防空气污染的措施。

表 8-5 列出 LNG 和液氮在水面的蒸发量和热流范围。

表 8-5　LNG 和液氮在水面的蒸发量和热流范围

蒸发条件	蒸发率/ [kg/ (m² · s)]		热流密度/ (10³ W/m²)	
	最　大　值	平　均　值	最　大　值	平　均　值
LNG 在水面蒸发	0.229 ~ 0.303	0.146 ~ 0.195	132.5 ~ 176.6	84.9 ~ 113.3
LNG 在冰上蒸发	0.332 ~ 0.732	0.171 ~ 0.190	192.4 ~ 328.1	99.1 ~ 123.0
LN₂ 在水面蒸发	0.151 ~ 0.342	0.063 ~ 0.171	30.3 ~ 68.1	12.62 ~ 34.1

8.4.1　LNG 储罐处于火灾情况下的传热计算

在设计时，要充分考虑火灾情况对储罐的影响，绝热储罐周围发生火灾时，绝热结构要经得起消防灭火剂的冲击，不会有移动，温度高达 538℃ 时不溶化，如果绝热材料不能满足这些标准，将不能允许用作储罐的绝热。当 LNG 储罐暴露在火灾条件下，为防止储罐内的压力过高，应释放储罐内的气体。气体排放的量按照传热进行估算。这种特殊情况下的总热流可按式（8-1）计算：

$$\varPhi = 71000FA^{0.82} + \varPhi_n \qquad (8\text{-}1)$$

式中，$\varPhi$ 为总的热流量（W）；$\varPhi_n$ 为液化天然气储罐的正常热损失（W）；A 为储罐所暴露的湿表面面积（m^2）；F 为环境系数，见表 8-6。排气量按式（8-2）计算：

$$q_m = \frac{\varPhi}{r} \qquad (8\text{-}2)$$

式中，q_m 为排气量；r 为排气时的压力和温度条件下的气化潜热。

表 8-6　环境系数

基　　础	环境系数
有地基的储罐	1.0
有水的设备	1.0
减压或放空的设备	1.0
地下储罐	0
有热保护的设备	$F = \overline{K}\ (904 - T_f)\ /71000$

注：$\overline{K}$ 为绝热系统在 T_f 至 904℃温度之间的平均传热系数 [W/（$m^2 \cdot K$）]；T_f 为储罐内的介质在排气条件下的温度（℃）。

8.4.2　LNG 泄漏或溢出后的蒸气扩散

对 LNG 的溢出，希望能够预测 LNG 蒸气量与溢出距离和溢出时间的函数关系。这样可以通过用溢出的流量和时间来预测可能产生危险的区域大小。

预测首先要估计溢出发生时产生的蒸气量，有突然溢出和逐步溢出之分。突然溢出后，LNG 的蒸发速率随着时间的增加而减少。逐步溢出的 LNG 则像在溢出到没有限制的水面上一样，蒸发很快。

特别要考虑温度较低的蒸气，因密度比空气大，流出围堰后会四处弥散。LNG 蒸气充满围堰后，然后会流出围堰，所需的时间要等于或大于达到稳定蒸发的时间。蒸气在达到稳定蒸发后流出围堰区。蒸气也有可能在充满围堰前，密度就已经减小，能上升扩散到空气中，这是比较理想的情况。

溢出后蒸气量与溢出距离和溢出时间的关系由下列因素决定：

1）LNG 蒸气的产生速率。

2）围堰等限制建筑的结构型式。

3）大气条件，包括风速、垂直温度梯度及湿度。

LNG 蒸气的扩散与空气流动的情况有关。无风条件下的扩散，比较重的 LNG 蒸气受热上升前，只有少量的 LNG 蒸气与空气混合。蒸气从与之接触的地面、太阳辐射获取能量，同时冷凝和冻结大气中的水分。湿空气形成了可见的蒸气团。在无风条件下模拟 LNG 蒸气扩散的数学模型显示：高含量的 LNG 蒸气聚集在溢出点附近，随后由于温度上升，密度减小，空气的浮力作用使之扩散。溢出流量比较小的情况下，蒸气逐渐扩散和消失，而溢出流量很大时，蒸气扩散越来越严重。当蒸气受热后，开始上升，在上升过程中与空气混合。

有风的条件下扩散时，LNG 蒸气团被流动的空气带走，向下风方向移动。空气将 LNG 蒸气从溢出处带走的过程很复杂。在大气中，空气与温度很低的 LNG 蒸气混合，以及 LNG 蒸气被空气加热和混合气体变轻的过程也是很复杂的，且和风速、垂直温度梯度、障碍物情况有关。虽然过程比较复杂，但也可以用数学模型来模拟。有些研究人员用数学模型模拟了大型拦蓄区 LNG 溢出后，产生的蒸气顺风扩散的情况。同样，在水面上的无限制溢出的情况也可以模拟。风速和垂直温度梯度的共同作用，影响 LNG 蒸气的水平和垂直的扩散。LNG 蒸气在扩散的过程中，温度倒置（指空气上部的温度比靠近地面的温度高），较低的风速将使混合过程变慢，并增加顺风方向的漂移距离。

8.4.3　LNG 泄漏或溢出的预防

焊缝、阀门、法兰和与储罐壁连接的管路等，是 LNG 容易产生泄漏的地方。当 LNG 从系统中泄漏出来时，冷流体将周围的空气冷却至露点以下，形成可见雾团。通过可见的蒸气云团可以观测和判断有 LNG 的泄漏。

当发现泄漏后，应当迅速判断装置是否需要立即停机，还是在不停机的情况下可将泄漏处隔离和修复，事先应当制定评估泄漏的标准并决定相应的措施。另外，安全规程中必须防止人员接近泄漏的流体或冷蒸气，并尽量减少蒸气接近火源。工厂应当安装栅栏、警告标志、可燃气体检测器等设备。

1. 管路阀门的泄漏

阀门是比较容易漏泄的部件。虽然 LNG 系统的阀门都是根据低温条件特殊设计的，但当系统在工作温度下被冷却后，金属部分会产生严重的收缩，管路阀门可能产生泄漏。需要充分考虑这种泄漏的可能性应对措施，并安装必需的设备。另外，为了在冷却过程中操作调节这些部件，应当准备相应的工具和服装。总之，暴露在外部的 LNG 设备上的阀门，可以通过阀门上异常结霜来判断是否出现泄漏。日常的检测可以有效地防止液体的泄漏。

2. 输送软管和连接处的泄漏

LNG 从容器向外输送时，LNG 在管路中流动，并有蒸气回流。由于温度很低，造成管路螺纹或法兰连接处的泄漏。在使用软管输送 LNG 的情况下，软管本身也可能产生泄漏。柔软的软管必须通过相关标准的压力测试，并在使用前对每一根管路进行检查，尽量减少泄漏发生的可能性。

当输送管万一发生泄漏时，应当采取适当的措施将泄漏处堵住，或切断输送，更换泄漏部件。同时，个人安全保护和防止蒸气点燃等措施也要同时启动。

3. 气相管路的泄漏

在天然气液化、存储、气化等流程中，液化流程使用的制冷剂也有可能产生泄漏。连接液化部分和储罐的管路、气体回流管路及气化环路都可能产生漏泄。当气化器及其控制系统出现故障，冷气体和液体进入普通温度下运行的管路，造成设备的损坏。应当采取预防措施，使其能够迅速隔离产生泄漏的管路和气化器，同时采取紧急控制措施，阻止液体继续流入气化器。

冷气体的泄漏主要发生在焊缝、阀门、法兰、接头和容器与管路的连接处。在一个封闭空间中。大量的泄漏有可能使工作人员产生窒息的危险。

当冷气体泄漏后，应当像处理液体泄漏一样采取应对措施。这些措施包括关闭系统、隔绝泄漏区域、保护人身安全、隔离火源并尽快将蒸气云团驱散。

在离火源很近的区域（如使用燃烧设备的气化器），应当设置快速关闭系统。除了安装自动装置防止冷气体或液体进入外输管路系统外，气化器还应当安装可燃气体检测器、燃烧传感器、自动干粉灭火器等设备。

8.5　LNG 溢出与防火技术

8.5.1　概述

通过制订行之有效的安全计划和强化操作人员的安全意识，将大大减少发生事故的可能性。然而，尽管有预防措施，事故有时还是有可能发生。操作人员应当受到应付紧急情况的训练。工作人员必须对 LNG 的特性和紧急处理措施有个基本的了解，尽量减少人员伤害和财产损失。

控制 LNG 的安全排放和控制火灾，需要有良好的组织和计划。流程图应当标志清楚需要关闭的阀门、危险检测器位置、撤离路线、安全设备和紧急物资的安放地点。定期演练紧急情况的应对措施。应急设备和物资应放置在很容易取用的地方。工厂应该与当地消防部门、安全部门、急救部门和医疗部门保持联络。

如果只是少量的 LNG 泄漏或排放，将很快地蒸发，有时甚至形成不了可见的蒸气雾团，不会产生积聚。

当 LNG 的排放量大于 LNG 的蒸发量时，纯液体会喷出来，接触到地面后会产生剧烈的沸腾。地面变冷后，LNG 的气化率逐渐下降，最后稳定在较低的气化率状态。气化率主要由空气和地面的温度、风速、溢流液体流过的距离、液体聚集后的表面积所决定。通常 LNG 溢出后危险最大的时刻是在最初的几分钟内。在这几分钟内，冷液体接触的是热表面，气化速率很快。

8.5.2　紧急状态的应对措施

为了控制 LNG 溢出和预防火灾，紧急反应主要有探测、设备停机、控制及灭火四个方面。

1. 探测

快速确定 LNG 排放（液体或蒸气）的类型、溢出位置、溢出后的扩散情况、LNG 蒸气或火势的移动方向，这些都是很重要的。可以通过人工检查或探测器来确定 LNG 泄漏，另外通过声音（液体或气体的流动）、沸腾、结霜、气味（如果加了气味的话）可以帮助工作人员检查到 LNG 的泄漏。

2. 设备停机

当 LNG 系统发生泄漏时，停止设备运转可以阻止 LNG 进一步泄漏。当监测系统发出警报时，设备会自动关闭或由工作人员关闭，并控制不要产生点火源。发生事故的区域要进行隔离。

3. 控制

控制排放出的 LNG 或火势，可以减少财产的损失和人员的伤亡。排放出的 LNG 应当被引到没有点火源和不会受低温液体伤害的区域。可以通过围堰、壕沟、坡槽或其他方法来控制 LNG 的排放。用高膨胀率的泡沫可以控制 LNG 的气化率。

4. 消防

消防的主要目的是扑灭火源或防止火焰扩散。消防装备主要使用化学干粉灭火器、高膨胀泡沫灭火器或其他装备。

8.5.3　LNG 溢出的控制方法

如果 LNG 蒸气在室内发生泄漏，通风和消除点火源是首要的措施。LNG 工厂中使用通风机连续的通风，将 LNG 蒸气排出。除了引出蒸气外，风机可以使蒸气与周围的空气加速混合，因此促进了蒸气团的受热与扩散。在封闭区域，当使用 CO_2 灭火系统进行灭火时，要关闭通风的风机。

维护结构和溢流通道可以抑制蒸气的扩散。LNG 溢出如果发生，应该首先控制溢出的液体和闪蒸的蒸气，控制 LNG 液体的迁移和抑制已点燃的火源的扩散。维护结构和溢流通道的设计，由溢流区域和溢流产生危险的可能性来确定。

当 LNG 蒸气云团中没有点火源，操作人员和设备只有被低温液体损害的危险，这是种比较理想的情况。如果 LNG 流到未包覆防护材料的设备或构件表面，将快速气化。LNC 在表面流动几分钟后，物体被冷却以后，LNG 的蒸发率会有所降低。

还可以采用混凝土或泥土等材料建造围堰，或修成沟渠，或其他型式的防护结构，将溢出的 LNG 限制在一定的范围内，不让其任意流淌，可以大幅度地减少 LNG 的蒸发。

溢出的 LNG 被限制在围堰或沟渠之内，减小暴露的 LNG 表面与空气的对流换热，也可以降低蒸发量。采用高膨胀率泡沫灭火剂喷洒到 LNG 液面，使 LNG 的液面与空气隔离，能有效地降低 LNG 表面的气化率。LNG 的气化速度降低，可以减小可燃气体覆盖的范围。然而，采用这些方法以后，也将延长 LNG 存在的时间。根据溢出的 LNG 是否靠近火源和是否会产生一些潜在的低温伤害等因素，综合考虑是否有必要采用泡沫灭火剂。

在少数场合，溢出的 LNG 数量较多的情况下，如果周围是比较安全的地带，也许有必要特意将它们点燃，使它们快速气化。当然需要分析清楚短期加速气化和长期缓慢气化不同的危险性。

8.5.4　有关消防保护

防火的首要措施是控制可燃物，防止其扩散。这主要依靠 LNG 工厂的设计、建造和安全操作。其次是在 LNG 溢流发生后与控制管理人员联系，启动消防系统。使用高膨胀率、低密度的泡沫减少 LNG 蒸气的扩散。减少空气与 LNG 蒸气混合形成可燃物。

通常情况下，气体产生的大火（包括 LNG）在燃料源未被切断前，首先应该设法切断燃料源。在大火不会再次造成破坏的情况下，应当让大火烧完。然而，当人员处于危险境地、气体阀门处在火焰中或大火的热量能通过设备传热对人体造成间接伤害时，应当将火立即扑灭。将火扑灭可以减少火灾产生的损失及防止火焰的扩散。

对于小型设备，如 LNG 的容量少于 400L 的设备，如果发生火灾，在火灾被扑灭之前，溢出的 LNG 就可能燃烧得差不多了。对于大型设备产生的火灾，首要的目的是控制火焰的传播。天然气在点着的瞬间，火焰很大，在开始燃烧后，火焰的大小由气化率决定。

在某些场合，控制 LNG 的火焰比灭火的效果好，使其不能再点燃更大的天然气云团。应在上风口的位置控制火焰，灭火剂顺着风向向火焰流动，并使消防人员远离火焰。

灭火可以减少火灾造成的损失，扑灭时间越短，造成的损害越少。化学干粉灭火剂和二氧化碳灭火剂，都可以用于扑灭 LNG 产生的火焰。泡沫和水灭不了 LNG 产生的大火。对化学干粉灭火剂进行了广泛的实验研究，LNG 工厂中用得最多的是化学干粉灭火剂。在一些大型的、固定的工厂中，都安装了便携式化学干粉灭火剂。在大型工厂中，也有移动式或车装载的化学干粉灭火设备。

使用灭火剂扑灭 LNG 产生的火灾时，灭火剂必须快速工作，灭火剂的量要根据对火灾可规模的预计来确定灭火剂的量。

8.5.5　灭火剂

1. 化学干粉灭火

化学干粉灭火是通过干粉与火焰接触时产生的物理化学作用灭火。干粉颗粒以雾状形式喷向火焰，大量吸收火焰中的活性基团，使燃烧反应的活性基团急剧减少，中断燃烧的连锁反应，从而使火焰熄灭。干粉喷向火焰时，像浓云似的罩住火焰，减少热辐射。干粉受高温作用，会放出结晶水或产生分解，不仅可以吸收火焰的部分热量，还可以降低燃烧区内的氧含量。

在封闭和开放的区域，可以用化学干粉灭火剂扑灭 LNG 产生的火灾，但使用需要有一定的技巧。化学干粉灭火剂喷到火焰上后，可以破坏燃烧链。但如果化学干粉灭火剂喷到了不均匀的表面，LNG 液面有可能再次被点燃。操作化学干粉灭火剂时，应站在火焰的上风口，将灭火剂均匀喷洒到火焰上。将整个房间或封闭区域都喷上灭火剂，可以将 LNG 产生的火焰扑灭。但应防止再次点燃残存的 LNG 蒸气。

使用化学干粉灭火剂扑灭 LNG 产生的火灾时，灭火剂应当有足够的量。灭火剂的数量与火焰燃烧时间的长短、火灾区建筑物结构等因素的有关。操作人员如果对灭火器的操作比较熟练，一个 30L 化学干粉灭火器能扑灭 $2m^2$ 范围内的火焰。化学干粉灭火器也可以用来扑灭其他气体产生的火灾，但这要看火灾的形势和操作人员的能力。化学干粉灭火方法不大适合于规模很大的火灾。

可以移动的 350L 化学干粉灭火器，可扑灭 $14m^2$ 范围的大火。然而，操作人员必须受过良好的训练，在操作灭火器时没有障碍或不会将火星喷出火焰区。

由于这些灭火剂喷出后存在时间较短，当灭火剂扩散后，火焰有可能回扑。灭火剂扩散或耗尽后，暴露的设备由于被火焰加热了，因而有足够的热量将可燃蒸气或 LNG 重新点燃。

对于一些重点防火的地方，需要安装固定的灭火系统。固定的灭火系统可以迅速起动灭火，而移动的灭火器则有一定的操作时间。

灭火剂也有可能对人员产生伤害，如降低可视度、造成短暂的呼吸困难。虽然在使用灭火器的时候，这不是一个重要的问题，但对于固定灭火系统，当控制区域内有人员时，就不得不考虑这个问题。一般是先发出警报，灭火系统适当延迟启动，使人员有时间撤离。不利的是损失了灭火的最好时间，因为火灾发生后，灭火越早扑灭越容易。

在考虑 LNG 设备和装置的灭火系统时，必须充分考虑到灭火系统的能力。化学干粉灭火系统可以作为一种辅助的灭火方法。而不是主要的和首选的灭火方法。

2. 高膨胀率（Hi-Ex）泡沫灭火

高膨胀率的泡沫可用来抑制 LNG 产生的火焰扩散，并降低火焰的辐射。该灭火剂最好的膨胀效果是 600∶1。当泡沫喷到液态天然气表面后，LNG 的蒸发率会有所增大。蒸气不断受热并穿过泡沫上升，而不是在地面扩散。在使用高膨胀率泡沫后，LNG 蒸气扩散范围可明显减小。

当泡沫喷到已点燃的 LNG 表面时，它能抑制热量的传递，降低蒸发率和火焰的规模。使火焰变小，辐射热减少，灭火的难度也可以相应降低。

高膨胀率泡沫系统必须应用在特殊的场合。如用来保护 LNG 储罐围堰、输送管线、泵、液化和气化用的换热器、LNG 输送区等。

高膨胀率泡沫并不是扑灭 LNG 火灾的最好办法，它只能减少 LNG 火灾的危害。而且在安装、调试、维修等方面受容量和价格的限制。

3. 二氧化碳和水

二氧化碳和水可用来控制 LNG 产生的大火，但不是灭火。如果将水喷到液态天然气的表面，会使 LNG 的蒸发率增大，从而使 LNG 的火势增强。因此，不能用水来直接喷淋到 LNG 或 LNG 蒸气上。用水的目的主要是将尚未着火而火焰有可能经过的地方弄湿，使其不容易着火。

最常用的控制 LNG 火焰的方法是利用水雾吸收热量。安装喷淋系统，需要像安装灭火系统一样，要涵盖整个所需要的区域。然而，与灭火系统的目的不同的是，水喷淋系统主要用来延长时间、保护财产，整个系统简便、可靠。安装水喷淋系统通常是用于保护设备财产。

水喷淋系统在大型工厂中都有使用，大型的 LNG 储罐或冷箱可以在外部安装水喷淋系统。专家推荐 LNG 工厂应该安装供水系统。对于容量大于 $266m^3$ 以上的 LNG 储罐，要求安装供水和输送系统。

水系统可用于控制火势，除了可以吸热和保护暴露在火焰下的建筑使之不至于很快着火外，还可用来保护个人安全。

人工操作的便携式 CO_2 灭火器适合于较小的电器发生的火灾，小型的气体火灾。它们在灭小型的 A 级火灾时并不是很有效。这些灭火器的使用仅限于几平方米的区域或室内，风力不大，不会吹散 CO_2 的封闭区域。表 8-7 列出了 LNG 火灾的灭火方式。

表 8-7　LNG 火灾的灭火方式

灭火方式	等级[①]	使用方法	说　明
化学干粉灭火（碳酸甲）	1	应用在火的根源。决不能直接喷到火焰上	利用化学反应来灭火。需要熟练的操作。如果有障碍物的话，灭火是不可能的
化学干粉灭火（碳酸钠）	2	应用在火的根源。决不能直接喷到火焰上	利用化学反应来灭火。需要熟练的操作。如果有障碍物的话，灭火是不可能的
卤化氢（卤的气体化合物）	N/A	仅用于封闭区域。应用在火的根源。决不能直接喷到 LNG 中。在控制室、LNG 车上使用	利用化学反应来灭火或使火焰缺氧熄灭。在扑灭 LNG 产生的火灾时，需要熟练的操作。如果有障碍物的话，灭火是不可能的。周围的环境有可能使灭火剂失效
高膨胀率泡沫（Hi-Ex）	3	直接喷到火和未点燃的 LNG 上面，以减少 LNG 溢流并发生点燃的机会	使 LNG 与火焰隔绝，减小火焰大小，从而使蒸发率减小
二氧化碳（CO_2）	3	在火上方使用，不要直接喷在火焰上	可以控制但不能灭火。直接喷到 LNG 上将增大蒸气和火焰的高度。对于没有气体的火灾比较合适
水	3	仅用来保护临近的财产设备和在附近的人员。不能喷到 LNG 上面。可以以水雾形式喷到热蒸气中，帮助 LNG 蒸气团的缩小	控制没有气体源的火焰。也可以用来冷却附近的设备。水雾喷到 LNG 中可以增大蒸发率和火焰高度

① 等级：1—灭 LNG 火的最好方法；2—可以灭 LNG 火灾；3—不能灭火，但可以控制。

8.6　基础设施的安全要求

在考虑 LNG 装置的基础设施时，应充分考虑装置对附近交通、周边环境可能产生的影响。

从设备的角度，重点是防止 LNG 从系统中漏泄或溢出，同时还必须考虑意外情况下万一发生 LNG 漏泄或溢出时，应配套相应的防范措施，如在 LNG 储罐周围设置拦蓄区或蓄液区。即使发生 LNG 的漏泄或溢出的事故，可燃液体可被限制在蓄液区内，不会四处流淌。拦蓄区的作用除了控制可燃液体四处流淌以外，如果发生火灾，还能阻止火焰蔓延到周边地区。可以将事故产生的危害降低到最小。拦蓄区或蓄液区的最小容积，可按照有关的标准规定进行设计。

8.6.1　LNG 储罐的距离

LNG 储罐之间需要有适当的通道，便于设备的安装、检查和维护，按照美国消防协会 NFPA—59A 的标准。储罐之间的最小间距应符合表 8-8 规定。容量在 0.5m³ 以上的液化天然气储罐不应放置在建筑物内。具体工程设计应按照《石油天然气工程设计防火规范》和《石油化工企业设计防火规范》等相关标准和规范的有关规定。

表 8-8　储罐与边界和储罐之间的距离

储罐容量 （水容积）/m³	从拦蓄区边缘到边界线的最短距离/m	储罐之间的最短距离/m
3.8 ~ 7.6	4.6	1.5
7.6 ~ 56.8	7.6	1.5
56.8 ~ 114	15	1.5
114 ~ 265	23	
>265	储罐直径的 0.70 倍，但不小于 31m	相邻储罐直径总和的 1/4（最小 1.5m）

8.6.2　气化器等工艺设备的安装距离

气化器和工艺设备距离控制室、办公室、车间和场地边界也需要离开一定的距离。用于管道输送的 LNG 装卸码头，离附近的桥梁至少 30m 以上。LNG 装卸用的连接装置，距工艺区、储罐、控制大楼、办公室、车间和其他重要的装置至少在 15m 以上。

用于处理 LNG 的建筑物和围墙，应采用轻质的、不可燃的非承重墙。有 LNG 流体的工作间、控制室或车间之间墙体至少有 2 层，而且能承受 4.8kPa 的静压，墙体上不能有门和其他连通的通道，墙体还需要有足够的防火能力。有 LNG 流体的建筑物内，应当具有良好的通风，防止可燃气体或蒸气聚集而产生燃爆。

8.6.3　LNG 储罐的防震

在设计 LNG 储罐及其管路系统时，应该考虑它的地震负荷（抗震性）。对所选的地址要进行详细的调查，以获得有关的地震特性和地质信息，如地震活动性、地质条件、预期的频率和最大振幅等重要信息。

按照"锅炉和压力容器规范"设计和制造的 LNG 储罐，支撑系统应根据垂直方向和水平方向的加速度来设计。

8.7　LNG 存储中的安全问题

LNG 在存储期间，无论隔热效果如何好，总要产生一定数量的蒸发气体。储罐容纳这些气体的数量是有限的，当储罐内的工作压力达到允许最大值时，蒸发的气体继续增加，会使储罐内的压力上升。LNG 储罐的压力控制对安全存储有非常重要意义。涉及 LNG 的安全充注数量，压力控制与保护系统和存储的稳定性等诸多因素。

LNG 存储安全技术主要有以下几方面：

1）储罐材料。材料的物理特性应适应在低温条件下工作，如材料在低温工作状态下的抗拉和抗压等机械强度、低温冲击韧性和热膨胀系数等。

2）LNG操作管理。主要包括LNG的充注、压力控制、温度和密度的分布、液位的控制等。如LNG充注时，应根据储罐内LNG的温度（或密度）情况，采取从储罐底部充注还是从顶部充注的方式，正确的充注方式可使内部LNG的温度和密度均匀。LNG储罐中的压力控制、温度和密度监测（防止LNG产生分层）、液位控制等都是LNG储存和操作时极为重要的。

3）储罐的地基。应能经受得起与LNG直接接触的低温，在意外情况下万一LNG产生漏泄或溢出，LNG与地基直接接触，地基应不会损坏。

4）储罐的隔热。隔热材料必须是不可燃的，并有足够的牢度，能承受消防水的冲击力。当火蔓延到容器外壳时，隔热层不应出现熔化或沉降，隔热效果不应迅速下降。

5）安全保护系统。储罐的安全防护系统必须可靠，能实现对储罐液位、压力的控制和报警，必要时应该有多级保护。

8.7.1　LNG储罐的充注条件

对于任何需要充注LNG或其他可燃介质的储罐（或管路），如果储罐（或管路）中是空气，不能直接输入LNG，需要对储罐（或管路）进行惰化处理，避免形成天然气与空气的混合物。如储罐（包括管路系统）在首次充注LNG之前和LNG储罐在需要进行内部检修时，修理人员进去作业之前，也不能直接将空气充入充满天然气气氛的储罐内，而是在停止使用以后，先向储罐内充入惰化气体，然后再充入空气。操作人员方能进入储罐内进行检修。惰化的目的是要用惰性气体将储罐内和管路系统内的空气或天然气置换出来，然后才能充注可燃介质。

储罐在首次充注LNG之前，必须经过惰化处理，惰化处理是将惰性气体置换储罐内的空气，使罐内的气体中的含氧量达到安全的要求。用于惰化的惰性气体，可以是氮气、二氧化碳等。通常可以用液态氮或液态二氧化碳气化来产生惰性气体。LNG船上则设置惰性气体发生装置。通常采用变压吸附、氨气裂解和燃油燃烧分离等方法制取惰性气体。表8-9列出了常见的氮气制取方法。

充注LNG之前，还有必要用LNG蒸气将储罐中的惰化气体置换出来，这个过程称为纯化。具体方法是用气化器将LNG气化并加热至常温状态，然后送入储罐，将储罐中的惰性气体置换出来，使储罐中不存在其他气体。纯化工作完成之后，方可进入冷却降温和LNG的加注过程。为了使惰化效果更好，惰化时需要考虑惰性气体密度与储罐内空气或可燃气体的密度，以确定正确的送气部位。天然气各组分与空气的相对密度见表8-10。

表8-9　常见的氮气制取方法

制取方法	原料	氮气的体积分数（%）
空气低温分离	空气	99.5以上
膜分离	空气	99.0
变压吸附分离	空气	99.0
氨气裂解	氨气	99.4
燃油燃烧分离	燃油	99.7

表8-10　天然气各组分与空气的相对密度

介质名称	相对分子质量	相对密度（以空气为基准）	着火温度/℃	燃烧范围（%）
甲烷	16	0.55	632	5~15
乙烷	30	1.04	472	3~12.5
丙烷	44	1.52	492	2.2~9.5
丁烷	58	2.01	408	1.9~8.5

有关 LNG 的管路等设备也同样需要进行惰化处理，处理方法是一样的。有关 LNG 储罐的惰化流程如图 8-1 所示。

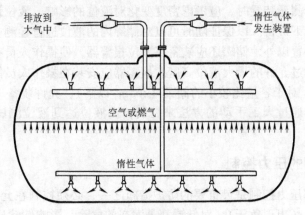

图 8-1　LNG 储罐惰化流程

8.7.2　LNG 储罐的最大充装容量

低温液化气体储罐必须留有一定的空间，作为介质受热膨胀之用，不得将储罐充满。充灌低温液体的数量与介质特性，与设计的工作压力有关，LNG 储罐的最大充注量对安全储存有着非常密切的关系。考虑到液体受热后的体积将会膨胀，可能引起液位超高，而液位超高容易引起 LNG 溢出，因此，必须留有一定的空间。究竟留多大的膨胀空间，需要根据储罐安全排放阀的设定压力和充注时 LNG 的具体情况来确定。如图 8-2 所示，可查出 LNG 的最大充装量。如果 LNG 储罐的最大许用工作压力为 0.48MPa，充装时的压力为 0.14MPa，则根据图 8-2 查得最大装填容积是储罐有效容积的 94.3%。

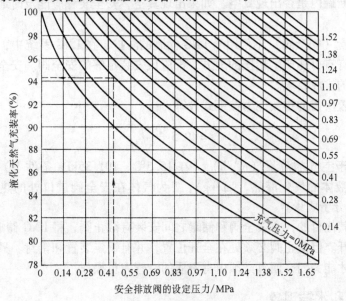

图 8-2　LNG 储罐的最大充注量

注：$1lbf/in^2 = 6894.76Pa$。

LNG 充灌数量主要通过储罐内的液位来控制。在 LNG 储罐中设置了液位指示装置，是观测储罐内部液位的"眼睛"，对储罐的安全至关重要。LNG 储罐应当装备有两套独立的液位测量装置。在选择测量装置时，应考虑密度变化对液位的影响。液位计的更换应在不影响储罐正常运行的情况下进行。以保证随时可以对储罐内的液位进行检测。

除了液位测量装置以外，储罐还应装备高液位报警器，使操作人员有充足的时间停止充注，不至于使液位超过允许的最大液位高度。报警器应安装在操作人员能够听到的地方。

NFPA59A 规定：对于容量比较小的储罐（265m³ 以下），允许装备一个液位测试阀门来代替高液位报警器，通过人工手动的方法来控制，当液位达到液位测试阀门时，手动切断进料。

8.7.3　LNG 储罐的压力控制

LNG 储罐的内部压力控制是最重要的防护措施之一，必须控制在允许的压力范围之内。罐内压力过高或过低（出现负压），对储罐都是潜在的危险。影响储罐压力的因素很多，诸如热量进入引起液体的蒸发、充注期间液体的快速闪蒸、大气压下降或错误操作，都可能引起罐内压力上升。另外，如果以非常快的速度从储罐向外排液或抽气，有可能使罐内形成负压。

LNG 储罐内压力的形成主要是液态天然气受热引起蒸发所致，过多的蒸发气体（BOG）会使储罐内的压力上升。必须有可靠的压力控制装置和保护装置来保障储罐的安全。使罐内的压力在允许范围之内。在正常操作时，压力控制装置将储罐内过多的蒸发气体输送到供气管网、再液化系统或燃料供应系统。但在蒸发气体骤增或外部无法消耗这些蒸发气体的意外情况下，压力安全保护装置应能自动开启，将蒸发气体送到火炬燃烧或放空。因此，LNG 储罐的安全保护装置必须具备足够的排放能力。

此外，有些储罐还应安装有真空安全装置。真空安全装置能感受储罐内的压力和当地的大气压，能够判断罐内是否出现真空。如果出现真空，安全装置应能及时地向储罐内部补充 LNG 蒸气。

安全保护装置（安全阀）不仅用于 LNG 储罐的防护，在 LNG 系统中，LNG 管路、LNG 泵、气化器等所有有可能产生超压的地方，都应该安装足够的安全阀。安全阀的排放能力应满足设计条件下的排放要求。

安全排放装置所需的排放能力按下式计算：

$$q_V = 49.5 \frac{\varPhi}{r} \sqrt{\frac{T}{M_r}}$$

式中，q_V 为相对于空气的流量（m³/h）（在 15.5℃、101.35kPa 条件下）；$\varPhi$ 为总热流量（kW）；r 为存储液体的气化潜热（kJ/kg）；T 为气体在安全阀进口处的热力学温度（K）；M_r 为气体的相对分子质量。

为了维修或其他目的，在安全阀和储罐之间安装有截止阀，将 LNG 储罐和压力安全阀、真空安全阀等隔开。但截止阀必须处在全开位置，并有锁定装置和铅封。只有在安全阀需要检修时，截止阀才能关闭，而且必须由有资质的专管人员操作。

8.7.4　间歇泉和水锤现象

如果储罐底部有很长的而且充满 LNG 的竖直管路，由于管内流体受热，管内的蒸发气体可能会定期地产生 LNG 突然喷发。产生这种突然喷发的原因，是由于管路蒸发的气体不能及时地上升到液面，温度不断升高，气体的密度减小，当气体产生浮力足以克服 LNG 液柱高度产生的压力时，气体会突然喷发。气体上升时，将管路中的液体也推到储罐内，由于这部分气体温度比较高，上升时与液体进行热交换，液体大量的闪蒸。使储罐内的压力迅速升高。如果竖直管路的底部又是比较长的水平管路，这种现象更为严重。在管内液体被推到储罐的过程中，管内部分空间被排空，储罐中的液体迅速补充到管内，又重新开始气泡的积聚，过一段时间以后，再次形成喷发。这种间歇式的喷发，称之为间歇泉现象。储罐内的压力骤然上升，有可能导致全阀的开启。因此，储罐底部竖直管路比较长时，有可能出现间歇泉。

　　上述提及的系统被周期性的减压和增压，则该处形成液体不断地排空和充注。管路中产生的甲烷蒸气被重新注入的液体冷凝。形成水锤现象，产生很大的瞬间高压。这种高压有可能造成管路中的垫圈和阀门损坏。

8.8　管路和阀件的安全要求

　　管道系统的材料应不仅能够承受正常运行温度，还应能承受可能遇到的紧急状况时的极限温度。管道系统应有良好的绝热或其他措施，防止管道在极端温度下出现的损坏。在紧急情况下，若管路暴露在燃烧的环境中，应将其与火焰隔离并截断管内流体流动。对于储罐的输液管线、冷箱等部件，损坏后有可能释放出大量的可燃流体，应该有防火材料保护。管路接头处一般不采用铝、铜和铜合金等材料。管道系统不允许使用 F 型接管、螺旋焊接结构和对接焊的焊接结构。铸铁类的管道也不允许使用。

　　与容器连接的管路，如果口径大于 25mm，并有液体经过的接头处，应当装备至少一个能自动关闭的阀门，或能远程控制的快速截止阀。

　　LNG 管道支架对安全也有非常重要影响。它们可能遭遇明火或接触到溢出的低温液体时，应当有足够的承受能力，或有相应的保护措施来避免其不受火灾或溢出的低温液体的破坏。用于 LNG 或低温流体管路的管架，在设计时应注意避免产生过高的热量传导，引起结冰或支架材料的脆裂。

　　管径小于等于 50mm 的管路，可以采用螺纹、焊接或法兰等密封结构。而 50mm 以上的 LNG 管路，接头不能使用压紧式法兰或螺纹连接的密封结构。可采用焊接的法兰接头，焊接材料的熔点应在 540℃ 以上。工作温度低于 − 30℃ 的管路，其支撑结构应尽量减少传热，避免结冰。在低温下工作的波纹形膨胀节内部应有绝热措施，避免在波纹上形成冰。

8.9　装卸作业

　　进行 LNG 装卸作业时，应有具有资格认证的操作人员始终参与操作。操作说明书不仅应标明正常的操作方法，也应标明紧急状态的应急措施。进行 LNG 输送时，装卸区域应杜绝一切火源，如焊接、火焰，以及一般性的电气设备运行。装卸区还应有"禁止吸烟"的警示牌。进行 LNG 输送作业时，应先对储罐内的液位进行检查。所有的阀门也应检查和调整，开始时启动应缓慢。如果压力或温度有异常，应立即停止操作，直到查明原因并予以纠正。在输送操作过程中，应密切注压力和温度的变化情况。

　　LNG 输送管道应安装液体和气体的排放接头，使输送管在卸开连接之前，排空内部的残液，排放口应连通到比较安全的地方。在 LNG 输送作业期间，整个系统不得进行重大的维修。

　　槽车在进行装卸作业时，周围禁止车辆通行。输液管连接到槽车之前，汽车应用垫块垫稳并制动。并按要求设立警示牌或警示灯。关闭槽车发动机。发动机只能在槽车输送管路断开以后，并且在所有排出的蒸气都彻底散开后才能启动。

　　把 LNG 装到一个不是专门用于 LNG 运输的车辆之前，应对储罐内的含氧量进行测定。当 LNG 专用槽车内的压力出现负压时，也需要测试含氧量，防止空气被吸入到系统内。如果氧的体积分数超过2%时，应对储罐进行置换，直到氧的体积分数低于2%后，才可用来运输 LNG。

　　用于输送 LNG 的软管应能承受可能遇到的温度和压力。其承压能力至少是工作压力的5倍以上。当设计的工作温度低于 -51℃ 时，应用金属软管或旋转接头。装卸用的管路应有足够的支撑装置，非绝热型软管上需要考虑到输送 LNG 时形成的冰所产生的载荷。对输送管应定期的检查是否存在损坏或缺陷，一般至少每年检查一次，检查压力为最大工作压力。

8.10　消防和防护

　　为了将可燃介质泄漏造成的危害降到最低。应设置有消防安全设备，以及泄漏和溢出的控制装置，同时还包括工厂安全保障的基本措施。所有的 LNG 设施均应配备消防设备。

　　防护的范围需要对实际情况进行分析和评估。评估包括下列内容：

　　1）可燃介质的泄漏检测及控制所需要的设备类型、数量和位置。

　　2）非工艺性火险情和电气产生的火灾所需要的检测和控制设备类型、数量和位置。

　　3）保护设备和建筑免受火灾影响的必要方法。

　　4）消防用水系统。

　　5）灭火及其他火势控制设施。

　　6）紧急关闭系统（ESD）中的设备和工作过程。

　　7）紧急关闭系统必要的传感器的类型和位置。

　　8）紧急情况下厂区人员的职责，以及外部接应人员应采取的应急措施。

　　9）执行紧急责任人员所需的保护装置和特别训练。不管火灾是否发生，都应准备详细的事故处理措施，防止潜在的隐患发展成为事故。这些措施包括（但不限于）以下内容：①设备的关闭或隔离措施，确保切断可燃流体的流失或尽可能减少流失；②消防设施的使用；③急救；④工作人员的职责。

　　操作控制室中应常备故障处理手册。故障处理手册应根据设备或工序的改变而不断更新内容。所有的工作人员应针对他们在故障处理手册中分工的职责进行培训。负责使用消防设备的或其他应急设备的人员，应经过培训，并至少每年训练一次。

　　通常由可燃气体引发的火灾（包括 LNG 引起的火灾），应在燃料源切断后才能扑灭。

　　控制区内禁止吸烟和非工艺性火源。焊接、切割及类似的操作只能在特别批准的时间和地点进行。

　　有潜在火源的车辆或其他运输工具禁止进入围堰区，与装有 LNG 或可燃液体的储罐和设备的距离至少在 15m 以上。除非经过特别批准，并有全程保护监视的地区或用在特殊目的的装卸货物的地区。

对于那些可能发生的可燃气体积集和 LNG 泄漏而引发火灾的地区，应进行监控。监控的内容主要有低温和可燃气体。能进行连续监控的低温传感器或可燃气体监测系统，应能在工作场所或经常有操作人员的地方发出警报。当监控的气体的含量超过其燃烧下限的 25% 时，监测系统应启动一个可听见或可视的报警信号。同时应有完备的消防用的水系统，提供足够的水来保护暴露的设备，冷却储罐的表面、管道和阀件，并控制火焰向未着火的地方蔓延。

LNG 设施内和槽车上的关键位置，应有便携式或轮式灭火器，应能扑灭气体发生的火灾。如果使用机动或移动式灭火器，则不得将它们用于其他目的。进入场区的机动车辆最少应配备一个便携式干粉灭火器，其容量不低于 9kg。

以下设施应有外层防护栏、围墙等。这些设施包括：①LNG 储罐；②可燃制冷剂储罐；③可燃液体储罐；④其他危险物的存放区域；⑤室外的工艺设备区域；⑥有工艺设备或控制设备的建筑；⑦沿岸的装卸设施。

8.11　紧急泄放和关闭

所有的 LNG 设备，包括管路系统，必须配备足够的紧急泄放装置，在压力达到紧急排放的设定值时，自动开启泄压，确保设备不超压。LNG 管路的阀门之间，不得有形成封闭空间的可能性，否则，在这段管路上也应设置紧急泄放装置。LNG 装置的紧急泄放不能随处泄放，应汇总到泄放总管进行排放。每个 LNG 设备都应装上一个紧急关闭系统（ESD），可进行 LNG 来源的隔离或切断操作，并关闭一些设备。紧急关闭系统（ESD）系统可控制 LNG 的连续释放产生的危害，如果设备的关闭会引起另外的危险或导致重要部件的损坏，这些设备或辅助设备的关闭可不包括在 ESD 系统中。

如果储存 LNG 的储罐没有保护措施，当它暴露在火灾中时，可能会受到金属过热的影响并造成灾难性的损坏，应有紧急泄放系统减压。ESD 系统本身也应有失效保护装置，使紧急情况时失控的可能性降到最小。没有失效保护的 ESD 系统，距离所要控制的设备在 15m 之内。安装在不可能被火焰直接燃烧到地方，即使被火焰包围，至少应能安全运行 10min 以上。ESD 系统的启动可以是手动、自动的或两者兼有。紧急关闭系统本身应有良好的保护系统，避免在紧急状态下不起作用。

8.12　人员安全与救护

工作人员应进行定期的培训，使他们了解 LNG 的特性及 LNG 暴露在外能产生的危害和影响，防护用品的作用和正确的使用方法。紧急情况下需要进入对健康有害的大气中时，工作人员除了应具备必需的防护衣外，还应装备头盔、面罩、手套和靴子。应配备完备的呼吸用具。由于工艺设备中的 LNG 及其蒸气都没有味道，凭嗅觉检测不到它们的存在时，需要安装有合适的可燃气体指示器。

参 考 文 献

[1] NFPA 59A Standard for the Production [R]. Storage and Handling of Liquefied Nateral Das (LNG) 2001 Edition.

[2] CH·IV Corporation *Introduction To LNG Safety* [R].

[3] Moorhouse J, Roberts P. Cryogenic Spill Protection and Mitigation [J]. Cryogenics, 1988 (28).

[4] 鲁雪生, 顾安忠, 等. 关于 LNG 安全储存的若干问题 [J]. 深冷技术, 2000 (6).

[5] 化工部第四设计院. 深冷手册 [M]. 北京: 化学工业出版社, 1973.

[6] GN16912—1997 氧气及相关气体安全技术规程 [S].

[7] 鲁雪生, 顾安忠, 汪荣顺, 等. 液化天然气储存及相关技术 [J]. 低温与超导, 1996 (2).

[8] 上海市消防局. 消防基础理论 [M]. 2002.

第 9 章　非常规天然气液化

9.1　非常规天然气概述

科学界对于天然气组分的异同，或原始母质、生成环境、赋存状态差异等方面的认识尚需深入，因而关于非常规天然气概念还有待进一步的界定。通常所说的非常规天然气是指那些难以用传统石油地质理论解释，且在地下的赋存状态和聚集方式与常规天然气藏具有明显差异的天然气聚集。非常规天然气的类型包括煤层气、致密砂岩气、页岩气、天然气水合物及浅层生物气等，目前前三种已开始进行工业规模开采。

近年来，随着美国"页岩气革命"等影响世界天然气以至世界能源格局新形势的出现，非常规天然气资源及其利用越来越受到重视，非常规天然气在世界天然气产量中的份额也逐渐增大。根据国际能源署做出的 GAS 远景模型预测（图9-1）[1]，全球常规天然气产量将从2008年的2.8万亿 m³增长到2035年的3.9万亿 m³，而非常规天然气到2035年将增加到1.2万亿 m³，非常规天然气占天然气总产量的比例也将从2008年的12%提升到2035年的24%。按照这一预测，从2008~2035年天然气需求增量的40%将由非常规天然气提供。在2035年的1.2万亿 m³非常规天然气产量中，页岩气占全部天然气产量的11%，煤层气占7%，致密气占6%。

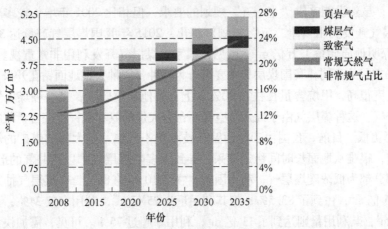

图9-1　GAS 远景模型预测

除了上面提到的严格意义上的非常规天然气之外，人们的生产、生活实践会产生出多种含大量甲烷的混合气体，如工业或农业生产过程产生的沼气、煤气化得到的合成气、焦炭生产副产的焦炉煤气、多种化工过程产生的尾气等。这些混合气体，要么甲烷本来就是主要的可燃成分，要么可以通过甲烷化的过程将以氢和一氧化碳为主的成分转化成以甲烷为主的成分。这一类燃气本来并非"天然"，但它们在很大程度上与天然气相近，因此也可以被归入非常规天然气这一大类，如合成气或焦炉煤气甲烷化后得到的气体被称为合成天然气。

鉴于煤在我国能源结构中迄今仍然具有的十分重要的地位，本章主要讨论两类与煤相关的非常规天然气的液化：煤层气和煤制合成天然气，后者可来自煤气化产生的合成气的甲烷化或者焦炉煤气的甲烷化。

9.2　煤层气液化

煤层气俗称瓦斯，是与煤矿伴生的以甲烷为主要成分的混合气体，它是一种潜在的高效洁净能源。近年来，随着能源危机的不断加剧，煤层气的开发和利用已得到世界各国的广泛重视。同时，甲烷的温室效应是二氧化碳的 21 倍，因此每利用 1 亿 m^3 煤层气就相当于减排二氧化碳 150 万 t。加快煤层气开发，不断提高利用率，可大幅度降低温室气体排放，保护生态环境。此外，瓦斯爆炸长期制约着我国煤矿安全生产。加快煤层气开发利用，强力推进煤矿瓦斯先抽后采、抽采达标，有利于从根本上预防和避免煤矿瓦斯事故。综上所述，煤层气的合理开发和利用，不仅可以在一定程度上补充天然气资源，缓解油气资源不足，而且可以减少温室气体的排放，改善煤矿生产安全，具有重要的经济效益和社会效益[2-4]。

我国煤层气资源丰富，全国大于 5000 亿 m^3 的含煤层气盆地（群）共有 14 个，据 2005 年全国煤层气资源评价成果，全国煤层埋深 2000m 以浅的煤层气总资源量达 36.81 万亿 m^3 之多，位居世界第三，与我国常规陆上天然气资源基本相当，且分布与其互补[5,6]。但是相对于丰富的储量，我国煤层气利用非常有限。2005 年，全国利用量仅约 10 亿 m^3。为促进煤层气的有效利用，国家发展改革委颁布了专项全国煤层气 "十一五" 开发利用规划，规划提出到 2010 年我国煤层气年产量达 100 亿 m^3，利用量达 80 亿 m^3，新增煤层气探明地质储量 3000 亿 m^3，逐步建立煤层气和煤矿瓦斯开发利用产业体系。2010 年全国煤层气实际抽采量 88 亿 m^3，利用量为 36 亿 m^3[7]，虽然没能完成 "十一五" 规划的要求，但相比 2005 年增长较多。国家能源局编制的《煤层气开发利用 "十二五" 规划》提出：2015 年我国煤层气产量达 300 亿 m^3，到 2015 年新增探明地质储量 1 万亿 m^3。可见，国家对煤层气开发利用非常重视。

根据开采方式的不同，我国煤层气主要可分为两种：一种为在地面钻孔开采，这种方式得到的煤层气纯度很高，甲烷含量往往在 90% 以上，其他杂质较少；另一种煤层气是在井下抽采，俗称矿井气。这种煤层气由于混入了空气而含有大量的氮和氧，甲烷含量往往很低，有些只有 30% 甚至更低。目前，我国由于地面钻孔技术仍不成熟，且大多数煤矿的煤层气与煤的结合方式紧密，很难从地面长时间稳定抽采，导致大多数煤层气都以矿井气的形式进行开采，因此很大一部分都为低浓度煤层气，利用困难。在 2010 年的 88 亿 m^3 煤层气抽采量中，矿井气抽采量 73.5 亿 m^3，占到了 83.5%，但其利用量为 25 亿 m^3，利用率仅 34%；而地面煤层气产量 14.5 亿 m^3，其利用量则达到了 11 亿 m^3，利用率超过 75%。可见，需加快发展低浓度矿井气的利用技术，从而提高煤层气资源利用率。"十二五" 规划中提出：2015 年，需达到煤层气地面开发 160 亿 m^3，基本全部利用；井下瓦斯抽采 140 亿 m^3，利用率 60% 以上[8,9]。

煤层气的利用方式主要包括发电、民用、化工等。但我国煤层气资源的分布具有偏、散、小的特点，如气源远离大型工业区，远离大城市居民区；气井分布不集中，气源形不成规模；单井产量小，可开采期短。因此，不适宜发展需要长期稳定的大量气源的大型发电厂或化工厂。而小型发电或民用需求量有限，煤层气的高效远距离输送却是限制煤层气有效利用的重要原因。煤层气远距离运输的主要途径包括管道输送和液态运输。煤层气的产地往往在偏远山区，远离天然气管网，且气质和常规天然气不同，不便或不宜进入现有管网，新建管网又投资大成本高。此外，低浓度煤层气资源更不适于管道输送。因此液化是煤层气储运的一个较好选择。开采出的煤层气经预净化处理后进行液化提纯，成为合格的液化天然气产品，且体积减小为原来的约 1/600，极大地方便了从产地到用户的储运，因而是一种高效储运技术，是煤层气利用的一种重要途径[9-13]。

地面抽采煤层气甲烷含量往往在 90% 以上，其他杂质较少，且与常规天然气组成类似，因此其液化技术可直接借鉴较为成熟的天然气液化技术，难度也不大。而矿井气含有大量的氮和氧，必须进行甲烷提纯才能生产出合格的液化天然气产品，因此其液化技术也与传统的天然气液化技术有明显差别。如今，低浓度煤层气资源量大但利用困难，可见，对含有大量氮、氧的低浓度煤层气的液化技术进行研究对煤层气资源的有效利用具有重要的现实意义。

目前，国内很多研究机构已经对含空气的低浓度煤层气的液化技术开展了研究，研究的重点在于对氮、氧的脱除。常压下甲烷在空气中的爆炸极限为体积分数 5% ~ 15%，随着压力增加爆炸极限的体积分数增加，直接从抽放气中富集甲烷存在爆炸危险，所以脱氧是煤层气回收利用的关键步骤。目前的脱氧技术主要有低温精馏法、催化燃烧脱氧法、膜分离法、变压吸附法和化学吸附法[14]。

脱氧后的煤层气主要是氮和甲烷的混合物。参考常规天然气的液化技术，含氮煤层气液化主要包括预净化、液化和甲烷提纯（退氮）三个重要部分。其中，预净化处理用于除去煤层气中的 CO_2、H_2S 及 H_2O 等杂质，该部分可直接引用成熟的常规天然气的预净化技术；液化过程则部分借鉴：针对我国煤层气资源单井规模小的特点，需要在常规天然气的各种液化流程中，选择适合小型液化装置的液化方法；甲烷提纯部分则是含氮煤层气液化区别于常规天然气液化的主要部分，目前广泛认可的提纯方法主要包括液化前进行变压吸附分离及液化后进行低温精馏分离。

高浓度氮的存在对液化技术提出了新的要求。首先，针对预净化过程，虽然其技术方案与常规天然气并无差别，但净化指标却可能有所不同。二氧化碳作为一种主要杂质，对其进行脱除的主要原因是它较高的凝固点及在低温液体中较小的溶解度会导致在低温下变成固体而堵塞管道和设备。常规天然气液化技术中二氧化碳的净化指标为小于 50×10^{-6}，这是根据二氧化碳在甲烷液体中的溶解度而定的。而对于液化后精馏提纯这种方案，氮会与甲烷一起被液化，而液化温度则会显著低于纯甲烷的液化温度。一般说来，固体在液体中的溶解度会随着溶液温度降低而减小。高含氮量的存在使得二氧化碳在煤层气液化过程中的溶解度可能明显小于传统的天然气液化过程，因此，常规的天然气液化流程中二氧化碳的净化指标也许并不适用于含氮煤层气液化。可见，通过研究得出适合于含氮煤层气液化的二氧化碳净化指标，对实际生产非常重要。高婷等[15]使用静态色谱分析法固液相平衡实验装置测试了 −190 ~ −150℃ 温区内 CO_2 在氮/甲烷混合物中的低温溶解度数据，结果表明：在相同温度下，CO_2 溶解度随含氮量的变化不大，但 CO_2 溶解度随温度的降低急剧下降。煤层气含氮量较高时，若液化煤层气存储在接近常压下，则液化温度很低（图9-2），导致 CO_2 溶解度也非

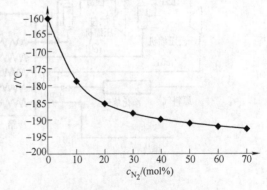

图9-2　氮/甲烷混合物在 100kPa 存储压力下的液化温度 t 随氮含量 c_{N_2} 的变化

常低，使得 CO_2 净化指标更加严格。如仍要使用常规天然气液化工艺中的 CO_2 净化指标，则应选择在较高压力下进行煤层气的液化和产品存储。其次，对于液化流程，高含氮的存在可能对液化流程的参数设置和性能造成一定的影响。最后，对于甲烷提纯过程，退氮过程会增加能耗从而影响经济性，因此，在工艺流程方面，如何更高效地将含氮煤层气通过液化和提纯得到合格的 LNG 产品，是含氮煤层气液化技术的重要研究内容。

以下分别针对含空气煤层气中氧的脱除、脱氧后氮/甲烷的吸附分离，以及含氮煤层气的吸附-液化流程、液化-精馏流程四个方面进行介绍。

9.2.1 氧的脱除

如前所述，针对煤层气中氧的安全分离，主要包括低温精馏法、催化燃烧脱氧法、膜分离法、变压吸附法和化学吸附法。

1. 低温精馏法脱氧

低温精馏分离的原理是利用混合气体在冷凝液化过程中，沸点较高的气体首先被分离出来，沸点较低的气体，随着温度的下降而被依次液化分离出来这一性质，来实现各组分的液化分离。通常，这种方法可用于同时脱除煤层气中的氧和氮。根据甲烷和氧、氮沸点的不同，调节温度进行精馏分离出煤层气中的氧和氮。

中科院理化技术研究所杨克剑等[16]首先提出采用低温分离法将煤层气中的甲烷等可燃性气体从混合气中分离、液化的方案。2005 年，他们进一步与山西阳泉煤业集团合作，开展煤层气的工业性分离与液化试验并取得成功，这是世界首次工业上成功液化分离含氧煤层气。

中国石油大学孙恒等[17]构建了对含空气煤层气低温液化 + 精馏分离的煤气层低温液化分馏工艺流程（图 9-3），并就此方案申请了相关专利[18]。精馏系统采用类似空分系统的双级精馏塔，制冷部分采用二级 MRC 系统。使用 HYSYS 软件针对含空气量为 50% 的煤层气进行了工艺模拟，结果为甲烷回收率达到 82.19%，液化分离单元能耗为 30.16kJ/kmol，LNG 产品存储压力为 110kPa，LNG 产品中氧的含量不超过 10^{-6}。但该方案并没有考虑氧进入低温液化和精馏过程的安全性问题。

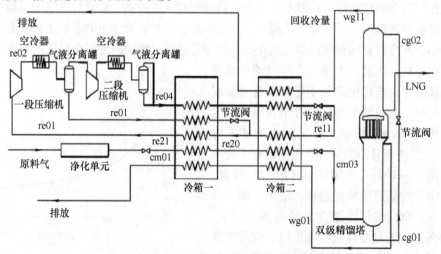

图 9-3 煤层气低温液化分馏工艺流程

甲烷是一种可燃气体，当可燃物质（可燃气体、蒸气、粉尘或纤维）与空气（氧气或氧化剂）均匀混合形成爆炸性混合物，其浓度达到一定的范围时，遇到明火或一定的引爆能量立即发生爆炸，这个浓度范围称为爆炸极限。形成爆炸性混合物的最低浓度称为爆炸下限，最高浓度称为爆炸上限。在实际操作工况条件下，爆炸极限受温度、压力及点火源的能量等因素的影响。从安全角度出发，一些研究机构通过研究含氧煤层气在液化精馏过程中可能出现的爆炸极限范围，并提出各种措施避免操作过程中混合物进入危险参数范围内，从而避免含氧煤层气的爆炸危险。

中国科学院理化技术研究所吴剑峰等[19,20]针对低温液化分离提纯含氧煤层气流程中的安全问题，提出了控制最低尾气出口温度、添加阻燃成分和预粗脱氧三种防止爆炸的技术手段。并结合低温液化分离流程特点，利用爆炸三角形理论，分别给出了上述三种防爆措施的详细实现方法。利用该技术他们已经完成了含氧煤层气深冷液化分离装置的各种试验、小试和中试。控制最低尾气出口温度方法的核心就是通过控制液化分离流程的最低温度，将尾气浓度状态点控制在爆炸三角区上限线以上；添加燃阻成分和预粗脱氧方法的核心是：使混合物在分离过程中最可能出现进入爆炸三角区的区域（对低温分离通常在可燃气体液化分离区域）内，氧浓度降低到当地温度、压力下爆炸三角形图上以临界点和纯可燃气体点的连线及以下。对于爆炸极限范围，他们将甲烷-氧-氮气的比例扩展到全浓度范围，形成在常温、常压下甲烷-氧气-氮气的爆炸三角形，如图9-4所示。甲烷气体与空气（氮氧混合物）形成的混合物在低温液化分离系统中的浓度坐标点近似位于直线①上，该直线方程为 $Y = -4.785 \cdot X_{O_2} + 100$。$Y$ 表示混合气体

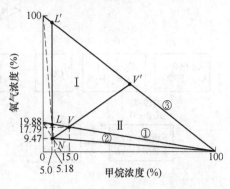

图9-4　常温、常压下甲烷-氧气-氮气的爆炸三角形

中甲烷的体积浓度，X_{O_2} 表示混合气体中 O_2 的体积浓度。常温常压条件下，甲烷气体与空气形成的混合物的爆炸下限点为 L（5.0，19.88），爆炸上限点为 V（15.0，17.79），临界爆炸浓度点为 N（5.18，9.47）。常温常压条件下，甲烷气体与空气的混合物的爆炸三角形为 LNV，LN 为常温常压下甲烷和空气的混合气体的爆炸下限线，VN 为常温常压下甲烷和空气的混合气体的爆炸上限线。基于大量文献数据，拟合出了不同温度和压力下甲烷、氮气和氧气的混合气体的爆炸下限和上限体积浓度的关联式：

$$Y = 5.0 - 0.0042(t - t_0) \tag{9-1}$$

$$Y = V_{p0}\left[1 + c\left(\frac{t - t_0}{100}\right)\right] \tag{9-2}$$

式中，$V_{p0} = 0.325\exp\ (0.23p/p_0)\ + 15.35$；$c = -0.104\exp\ (-0.313p/p_0)\ + 0.16$；$p_0 = 0.1\text{MPa}$；$t_0 = 25℃$。式（9-1）中的 Y 表示爆炸下限的混合气体中的甲烷体积浓度，式（9-2）中的 Y 表示爆炸上限的混合气体中的甲烷体积浓度；t 表示该气体的温度；p 表示该气体的压力；V_{p0}、c 为中间参数。

哈尔滨工业大学低温与超导技术研究所范庆虎等[21-24]构建了净化-液化-精馏的含空气煤层气液化系统。净化单元采用 MEA 溶液化学吸收酸性气体，液化单元采用具有高效率的混合工质制冷剂液化流程，低温部分采用精馏塔脱除氮氧组分提高 LNG 中甲烷含量。根据燃

烧爆炸学基本理论，基于 Le Chatelier 公式，采用全比例分配互相组合原则，推导出适用于含氧、氮、二氧化碳等多元混合煤层气的爆炸极限计算公式（式（9-3）～式（9-15））。可按照图 9-5 所示的计算框图进行计算。通过与实测数据进行比较，表明该计算出的爆炸极限宽度比实测的大，即爆炸下极限小，爆炸上极限大，说明该计算方法在工程上应用更加安全可靠。在对含氮氧煤层气爆炸极限计算的基础上，提出通过去掉精馏段（只保留提留段），降低甲烷回收率等措施保证装置的安全性。在此研究的基础上设计了日产 5m³ LNG 的煤层气液化装置。该装置采用可移动橇装式模块化结构，包括煤层气净化、液化、精馏、存储四个部分。

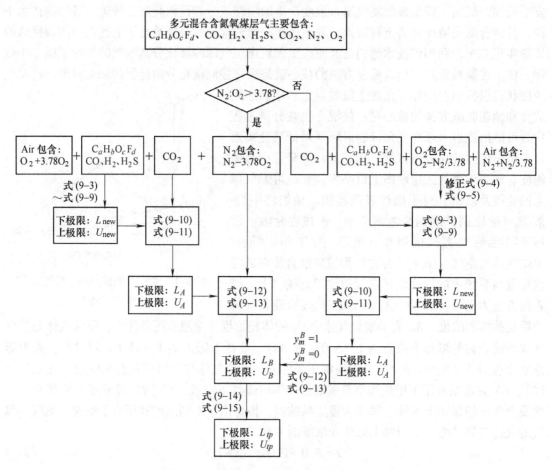

图 9-5　含氮氧多元混合煤层气爆炸极限计算框图

含氧和卤素的烃的燃烧方程式可以写为

$$C_aH_bO_cF_d + \left(a + \frac{b-2c-d}{4}\right)O_2 = a\,CO_2 + \frac{b-d}{2}H_2O + dHF \tag{9-3}$$

式中，a、b、c、d 分别表示碳、氢、氧、卤元素的原子数，$a \neq 0$，$b \neq 0$。

与单位摩尔空气完全燃烧的可燃化学计量浓度为

$$x_0 = \frac{100}{1 + 4.78 \times \left(a + \dfrac{b-2c-d}{4}\right)}\% \tag{9-4}$$

如果在纯氧中燃烧，与单位摩尔氧气完全反应的可燃化学计量浓度为

$$x_0 = \frac{100}{1 + \left(a + \frac{b-2c-d}{4}\right)}\% \tag{9-5}$$

在常压、25℃时，可燃气体的爆炸极限为

$$L = 0.55 x_0 (\%) \tag{9-6}$$

$$U = 4.8 \sqrt{x_0} (\%) \tag{9-7}$$

包含无机可燃气体 CO、H_2、H_2S 的可燃气体混合物的爆炸极限为

$$L_{new} = \frac{1}{\sum_{i=1}^{m} \frac{y_i}{L_i}} \tag{9-8}$$

$$U_{new} = \frac{1}{\sum_{i=1}^{m} \frac{y_i}{U_i}} \tag{9-9}$$

其中，y_i 为每种可燃气体在可燃气体混合物中的体积分数。

可燃气体与 CO_2 组成的新的混合气体 A 的爆炸极限为

$$L_A = \frac{y_m^A L_{new}}{y_m^A - 0.01094 y_{in}^A L_{new}} \tag{9-10}$$

$$U_A = 100 y_m^A - \frac{(y_m^A)^2 n_C (100 - U_{new})}{y_m^A n_C + (100 - U_{new})(0.00105 y_{in}^A + 0.00106 (y_{in}^A)^2 - 0.00156 (y_{in}^A)^3)} \tag{9-11}$$

其中，y_m^A 为新的混合气体 A 中可燃气体的体积分数；y_{in}^A 为混合气体 A 中二氧化碳的体积分数。

上述混合气体 A 与 N_2 继续组合成新的混合气体 B，其中混合气体 A 分数为 y_m^B，N_2 的体积分数为 $y_{in}^B = 1 - y_m^B$，则该混合气体 B 的爆炸极限为

$$L_B = \frac{y_m^B L_A}{y_m^B - 0.00187 y_{in}^B L_A} \tag{9-12}$$

$$U_B = 100 y_m^B - \frac{(y_m^B)^2 n_C (100 - U_A)}{y_m^B n_C + (100 - U_A)(0.00122 y_{in}^B + 0.00187 (y_{in}^B)^2 - 0.00242 (y_{in}^B)^3)} \tag{9-13}$$

考虑温度、压力影响后的爆炸极限为

$$L_{t,p} = L_B [1 - 8 \times 10^{-4} (t - 25)] \tag{9-14}$$

$$U_{t,p} = \{U_B + 20.6 [\lg(p) + 1]\} [1 + 8 \times 10^{-4} (t - 25)] \cdot (1 + S_F) \tag{9-15}$$

式中，p 为含氮氧煤层气绝对压力（MPa）；T 为含氮氧煤层气的温度（℃）；S_F 为安全系数，S_F 一般为 10%。

中山大学余国保等[25]提出液环泵加压煤层气的混合制冷剂循环液化新工艺：抽采的煤层气经过液环泵加压至 0.4~0.6MPa，脱水脱酸后，输入多股流换热器中液化。分析计算了煤层气液化全流程中的爆炸极限，并指出：在液环泵压缩的过程中及多股流换热器内低温冷凝相变之前，均处于爆炸极限范围之外，安全性较高；若将煤层气液化至过冷，则甲烷含量必然穿过爆炸极限范围，液化安全性降低。随着煤层气供气压力的降低，与爆炸上限相交处的温度逐次降低（表9-1），煤层气进入爆炸极限范围的温度也降低，表明较低的压力使得

煤层气液化的过程较为安全，但可能使得液化量减少，因此压缩机出口压力的调节需要综合考虑各种因素。

表9-1　各压力下煤层气极限安全温度及其爆炸极限

出口供气压力	0.4 MPa	0.5 MPa	0.6 MPa
与上限相交温度/℃	−163.1	−159.1	−155.9
对应爆炸上限（%）	19.6	21.9	23.7
过冷温度/℃	−175.0	−172.0	−169.0

上海交通大学的李秋英等[26-28]也对含氧煤层气的液化精馏全过程的爆炸极限做了计算，结果表明煤层气中甲烷浓度在压缩、液化及节流过程中都高于爆炸上限，操作过程安全性比较高。但在精馏塔顶部甲烷浓度开始低于爆炸上限而导致精馏过程存在安全隐患。要使甲烷浓度在冷量回收过程中高于爆炸上限，就要采取降低塔底采出量的方法提高冷凝器出口处杂质气体中的甲烷含量。但此方法会降低甲烷回收率。对于氧含量较高的煤层气，建议首先将氧粗脱到2%以下，然后再通过调整精馏塔塔底采出量来控制塔顶杂质气体中甲烷含量，使得其在整个液化及精馏流程中始终高于爆炸上限，才能安全可靠地通过低温精馏分离氧/氮获得较高的甲烷回收率。

苏州市兴鲁空分设备科技发展有限公司的薛鲁[29]提出在精馏塔上部的适当位置加入氧氮混合物或氯的低温工质，通过低温工质的组分、流量和气液比例的变化使精馏塔中气体和液体的氧气的体积浓度、甲烷的体积浓度在精馏的过程中不同时进入爆炸区域，从而提高甲烷分离提纯的安全性，同时提供了液化甲烷所需的低温冷量。

尽管已有通过低温精馏实现煤层气中氮氧脱除的安全性方案并经过实验性小型装置的验证，但这些方案或者需要对氧进行粗脱，或者要牺牲甲烷回收率而影响经济性。西南化工研究设计院的陶鹏万等[30]对含氧低温精馏分离液化工艺及脱氧的低温精馏分离液化工艺分别进行了计算和分析，并比较了两者的功耗。结果表明：前者分离液化功耗要高于后者。主要原因是前者出于安全考虑，必须在较低压力下进行 N_2 和 CH_4 分离，所需分离液化冷量级为液氮温度级；后者由于脱掉氧，可以加压到较高压力，在液甲烷温度级就可进行分离液化。此外，即使可以通过合理设计使得含氧煤层气液化精馏过程中不落入爆炸极限危险范围内，但煤层气气源条件变动大，需要更严格的监控手段，仍然存在安全隐患。

2. 催化脱氧法

煤层气催化脱氧原理是在催化剂的作用下将其中氧气以助燃剂的形式燃烧，同时也是目前研究较多而且较成熟的技术。而催化燃烧技术中较为成熟的催化剂研究是负载型贵金属（Ru、Rh、Pt、Ir、Pd 等）催化剂，还有非贵金属氧化物催化剂如六铝酸盐型金属氧化物催化剂等。目前常用的催化脱氧技术有焦炭燃烧脱氧法、甲烷催化燃烧脱氧法、加氢催化脱氧法、一氧化碳催化脱氧法和水蒸气催化脱氧法。

（1）焦炭燃烧脱氧法　利用焦炭脱氧工艺，将煤层气通过脱氧反应器中炽热的焦炭层或无烟煤层脱氧，控制脱氧温度为 600~1000℃、常压，然后再进行废热回收-除尘-冷却处理。经过该脱氧过程，能有效地除去煤层气中的氧，并最大限度地减少甲烷裂解。焦炭燃烧脱氧适用于氧气体积分数为5%~15%的煤层气[31]。

西南化工研究设计院的胡善霖等[32]早在2006年设计出用焦炭脱除煤层气中的氧气，该工艺能较好地控制反应温度，有效地除去煤层气中的氧气，并最大限度地减少甲烷裂解，以保证甲烷的损耗在 5% 以下，同时降低脱氧过程中爆炸的可能性，提高了安全性。

李润之等[33]提出了一种燃烧法脱氧液化工艺：常温原料气进入脱氧燃烧反应器进行脱氧之前首先与脱氧换热后的高温产品气混合，从而常温原料气被预热，同时反应器入口的氧气浓度有所降低。常温原料气脱氧后，经过换热器进行冷却，所得冷却后的产品气再与一部分常温原料气进行混合后进行加压，使得压力达到 5.0MPa，再经过深冷液化过程，最后进入储罐进行存储。含氧煤层气整个脱氧液化过程的工艺流程及脱氧过程工艺流程如图 9-6 和图 9-7 所示。其中部分重要环节各气体组分及温度见表 9-2。

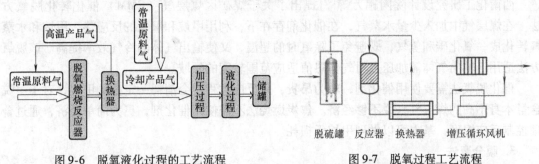

图 9-6　脱氧液化过程的工艺流程　　　　　　图 9-7　脱氧过程工艺流程

（2）甲烷催化燃烧脱氧法　当催化剂存在时，甲烷的多相催化氧化反应和均相自由基反应可能同时发生，在 377~877℃ 的温度区间内两者均起作用。这给催化燃烧机理的研究带来了很大困难，即使在研究最为广泛的贵金属催化剂上甲烷燃烧的反应机理也并

表 9-2　重要环节各气体摩尔组分及温度

环　节	CH_4(%)	O_2(%)	N_2(%)	温度/℃
常温原料气	40	12	48	25
高温产品气	34.96	0.5	49.22	500
冷却产品气	34.96	0.5	49.22	45

不是很清楚。目前较为一致的看法如下[34]：在贵金属催化剂上，甲烷解离吸附为甲基或亚甲基，它们与吸附氧作用直接生成二氧化碳和水，或者生成化学吸附的甲醛，甲醛再与吸附氧进一步反应生成二氧化碳和水；在非金属氧化物和类钙钛矿催化剂上，燃烧反应遵循 Mars Van Kererlen 机理，催化剂活性与其表面电子构型、氧移动性和晶格缺陷有关。

大连化物所的王树东等[35]研究的以惰性材料为载体，以铂族贵金属 Pd、Pt、Ru、Rh、Ir 等中的一种或几种作为催化活性组分制备的甲烷燃烧催化剂，可以在气流压力 0.01 ~ 0.03MPa、温度 250~450℃ 的情况下将煤层气中体积分数 1% ~15% 的氧气与甲烷催化燃烧，使出口气流中氧的含量小于 0.2%。潘智勇等[36]对甲烷在负载型镧锰钙钛矿催化剂上的催化燃烧研究取得了一定的进展。国内目前对于甲烷的催化燃烧的动力学研究主要集中在低浓度甲烷气体（甲烷体积分数小于 10%）。王盈、朱吉钦等[37]对低浓度甲烷的催化燃烧进行了一系列的研究，得到了催化剂 HPA（有机废气净化处理催化剂，以贵金属 Pt、Pd 为活性组分）上甲烷催化燃烧的本征动力学模型。

西南化工研究设计院开发的具有我国自主知识产权的低质煤层气非贵金属耐硫脱氧催化剂与工艺技术成果，已通过四川省科技厅组织的专家鉴定。该技术成果主要有两大创新：一是选用非贵金属耐硫、耐高温催化剂，脱氧处理费用低；二是提出合理的多段脱氧流程，显著提高脱氧处理能力，降低能耗，并且安全环保。

（3）水蒸气催化脱氧法 水蒸气催化脱氧法是将甲烷体积分数不小于 25% 的原料煤层气脱硫后混合少量水蒸气，使加入的水蒸气与煤层气中的甲烷的物质的量比为 0.2 ~ 0.5，通入脱氧反应器，在以 SiO_2 或 Al_2O_3 为载体的 Ni 系催化剂作用下，煤层气中的部分甲烷与氧反应；利用反应热使部分甲烷与水蒸气反应，转化为 CO 和 H_2，通过废热锅炉回收热量并副产蒸汽，冷却除去水后，压缩送所需用户。因为催化燃烧脱氧中，输出的气体冷气效率较低，尤其是含氧越高的煤层气其冷气效率越低。如果副产蒸汽利用困难，则其能量利用率将会明显降低。所以为了提高输出气体的冷气效率，需要往煤层气里加少量的水。由于转化后输出气体的体积增大，单位体积混合气热值有所降低，该法主要适用于对气体热值适应较宽且需要加压至较高压力的领域。

西南化工研究设计院陶鹏万等[38]提出了关于煤矿区煤层气（CMM）催化转化脱氧方法。在煤层气中加入少量水蒸气，在催化剂存在下，利用甲烷和氧气的反应热，甲烷和水蒸气转化成一氧化碳和氢气，既避免了除氧时的超温，又使输出气体的冷气效率提高。该脱氧方法适用于输出气体需加压且对气体热值适应范围较宽的领域。

催化脱氧法需要使用催化剂，较为昂贵，且反应过程中会消耗一定量的甲烷，对于甲烷含量本身不高的煤层气来说不够经济。焦炭燃烧法不需使用催化剂，更为简单经济，通过合理控制反应温度，基本可以做到甲烷无损耗。

3. 膜分离法

膜分离法是将经过处理的混空煤层气通入膜分离器，由于气体中各组分在高分子膜表面吸附能力不同及在膜内溶解扩散能力的差异，所以在膜两侧压力差驱动下，不同气体分子透过膜的速率不同，渗透速率快的气体将在渗透侧富集，而渗透速率慢的气体则在原料侧富集，最后将混空煤层气通过膜分离成碳氢化合物和空气。这是目前正在发展和极具发展潜力的气体膜分离技术，而且该技术的关键之一是通过提高膜的分离因子从而减少甲烷损失。

气体膜分离技术的工业化始于 20 世纪 40 年代，而真正实现大规模的工业化应用是以美国 Monsanto 公司 1979 年开发的 Prism 中空纤维氮/氢分离器为标志。Richard 等[39]使用硅橡胶膜作为甲烷选择性透过膜，在 −20 ~ 0℃ 的条件下得到富甲烷气体和氮气，再将含有 30% ~ 60% 甲烷的混合气体选用 6FDA 基的膜或者全氟聚合物膜作为氮气选择性透过膜，气体通过膜的作用进一步提高甲烷气体纯度达到 93% 以上。该工艺甲烷总收率可达到 80% 以上，提纯效率比较高。

膜分离法的优点包括不需要发生相态的变化、设备简单、占地面积小，以及可持续运行。但是气体对膜渗透能力与膜两侧的气体组分的分压差有关，过高的压力会对混合气产生安全隐患。煤层气富集压力仅为 3.5kPa[40]，且压缩过程存在爆炸危险。

4. 变压吸附分离法

变压吸附（PSA，Pressure Swing Adsorption）过程是利用吸附剂对不同吸附质的选择吸附特性，以及吸附质在吸附剂上的吸附容量随吸附质的分压不同而发生显著变化这两个基本性质来实现的。利用吸附剂的性质，可实现对混合气体中某些组分的优先吸附而使其他组分得以提纯。通过吸附剂在高压下吸附而在低压下解吸再生，构成吸附剂的吸附与再生循环，达到连续分离气体的目的[41,42]。

1983 年，西南化工研究设计院在河南焦作矿务局建立了一套采用 PSA 法分离煤矿瓦斯中甲烷的示范装置。该技术以活性炭为吸附剂，采用常规的 Skarstrom 循环步骤，能够将煤层气中甲烷的体积分数从 30.4% 提高到 63.9%；增加置换步骤，则可提高到 93% 以上[43]。但含氧煤层气分离存在较大安全隐患，限制了该技术的进一步发展。

PSA 技术具有能耗低、脱附时间短、设备简单、操作方便、占地面积小等优点，但其产品回收率比较低，只有 40% ~ 50% 。因为吸附层中存在空隙，吸附时空隙中存储的产品气体在脱附阶段被排放而损失掉，而且还需要用部分产品气做冲洗气。产品纯度和回收率之间存在矛盾，提高回收率则纯度又下降。因此普通的 PSA 工艺用于含氧煤层气的分离并不经济。同时，PSA 分离含氧煤层气过程中，压力变化导致气体体积分数不断变化，很有可能存在甲烷的爆炸极限，对于操作过程是不安全的。

5. 化学吸附

用化学法脱除氧气的材料具体分为化学反应型和化学吸附型两类材料。其中化学反应型的选择性脱氧剂一般采用 Mn、Ag、Cu、Ni 等[44-48]过渡金属元素作为活性组分，大多为金属型，使氧气与金属单质反应生成氧化物。另外还有变价金属氧化物型，使低价氧化物与氧气氧化反应生成高价氧化物。

选择性氧气可逆吸附剂研究，一般利用多价态过渡金属元素在低价态时形成的络合物，或者以配合物形式与氧气形成弱的化学键[49-52]，进而实现选择性吸附氧气，并且一定条件下可以实现氧气脱附。目前报道的具有选择性氧气吸附剂分为分子筛[53-57]和金属有机骨架材料[58-62]。

（1）分子筛脱氧剂　从 20 世纪 40 年代起，过渡金属载氧络合物就已被研究，Li 和 Govind[63]在 1994 年发现了双水杨醛乙二胺合钴化合物 Co（salen）的吸氧性，并发现在二氧化碳气氛下可实现材料脱氧。进入 2000 年，Huston 和 Yang[64]研究的载氧络合物 Co（salen）的吸氧能力为 3.2%（质量分数，常压下），非常低的压力下脱附时也可以释放被束缚的氧气。随后的研究将络合物安放在具有沸石孔道的笼中，即将 Co^{2+} 交换到阴离子位置，以形成稳定的 Co^{2+}，接着附着在配体上，Co^{2+} 给予材料载氧能力，其中以 MCM-41 为基质，以 Co（fluomine）络合物为载氧吸附剂相符合的材料的氧气吸附量虽然只有 0.32%（质量分数），但脱附很容易，0.1MPa 内测试的等温吸脱附曲线几乎重合。

高之爽[65]研究开发了高温超导材料 $Yba_2Cu_3O_{7-X}$（YBCO），将这个材料放在氧气气氛中调节温度，发现当升温至 900℃过程中，逐渐放氧；在降温过程中，又可以吸氧；尤其对450 ~ 650℃环境的气体除氧效果更为明显。由于 YBCO 的再生性好，抗中毒能力强，能选择性地吸附氧并且在较低的氧分压下也可以进行。于是，利用 YBCO 材料这一特性可以制备除氧分子筛，使一种性能较优良的吸氧材料在气体纯化领域得到应用。

（2）金属有机骨架材料脱氧剂　近期报道，美国科学家 Jeffrey R. Long 等人[66]在 2010 年研究合成的 MOFs 材料 Cr_3（BTC）$_2$ 具有很好的氧气吸附能力（吸氧量的质量分数高达 11%），展现了良好的应用前景。材料的吸附机理为：由六羰基铬 Cr（CO）$_6$ 与苯三酸 H_3（BTC）配位而成的 MOFs 材料，由于 Cr 在三价时为最稳定的状态，因此二价 Cr 离子与氧接触时，有转变为三价态的趋势；但又由于 MOFs 材料结构的特殊性，结构稳定时，价态一般不会发生变化，氧气会与二价 Cr 成较弱的化学键相连，因此吸附的氧气与金属铬的物质的量比为 1∶1。另外，升高温度至 50℃后，真空脱附失掉氧气，从而实现对氧气的可逆吸脱附。

2011 年，Eric D Bloch 等[67]研究的金属有机骨架材料 Fe$_2$（dobdc）（$dobdc^{4-}$ = 2，5-dioxido-1，4-benzenedicarboxylate）的吸氧能力为 9.8%（质量分数），真空脱附时可释放氧气。材料的吸附机理为：氯化亚铁 $FeCl_2$ 与有机物 2，5-二氧-1，4-苯二甲酸配位而成的 MOFs 材料，由于 Fe 在三价时为最稳定的状态，因此二价 Fe 离子与氧接触时，有转变为三价态的趋势；但又由于 MOFs 材料结构的特殊性，结构稳定时，价态一般不会发生变化，在低温下氧气会与二价 Fe 成较弱的化学键相连，当温度为 211K 时吸附的氧气与金属铁的物质的量比为 1.2∶1。这种材料虽然在室温下的吸氧不可逆，但低温时可以可逆吸脱氧气，从而实现对氧气的可逆吸脱附。

综上所述，化学吸附脱氧，特别是用低压可逆的吸附法脱氧颇为新颖，可以通过 MOFs 配位结构的设计来达到提高其对氧气的吸附选择性。由于爆炸极限会随着压力增加而增大，而化学吸附是在较低的压力（低于常压）下脱除氧气，因而降低了危险系数，确保可以安全富集煤层气并加以合理利用。因此，选择性可逆吸氧剂将是未来低浓度煤层气富集应用领域拓展的一个新的研究方向。

9.2.2　氮/甲烷的吸附分离

出于安全性的考虑，变压吸附不适于甲烷和氧的分离，但将变压吸附技术应用于煤层气中甲烷和氮的分离，具有能耗低、操作灵活方便、常温下连续运行等优点[68,69]。

目前，国内外用于分离 CH_4/N_2 的吸附剂主要是活性炭（AC）和炭分子筛（CMS）。活性炭基于平衡效应分离 CH_4/N_2，CH_4 在吸附相中富集，采取降压（压力降至常压或负压）的方式解吸产出，具有较高压力的氮气连续输出，可利用氮气余压为后继液化流程提供部分冷量；CMS 基于动力学效应进行分离，N_2 在吸附相中富集，吸附分离后的流出气即为高压浓缩 CH_4，CH_4 的连续产出有利于后续液化流程的工作。

1. 活性炭吸附分离

活性炭应用于 CH_4/N_2 混合气分离是利用 CH_4、N_2 在其上平衡吸附量的差异进行分离，采用分离系数 α_{CH_4/N_2} 表征其分离效果。α_{CH_4/N_2} 越大，CH_4 和 N_2 分离的可能性越大。

Olajossy[70] 使用真空变压吸附，以活性炭为吸附剂提纯煤层气中的 CH_4，在 278K 下将 CH_4 含量从 55.2% 提高到 96%～98%，回收率可达 86%～91%。Sheikh[71] 利用体积分析法和色谱法对纯质 N_2 和 CH_4 在一种新的高比表面活性炭（Maxsorb）上的吸附进行了研究，发现在温度为 300K，压力至 550kPa 时，CH_4 和 N_2 在 Maxsorb 上的吸附等温线均为线性，平衡分离系数为 3.0，分离效果有了一定程度的提高。波兰矿业冶金大学的 Buczek 等[72] 以活性炭及炭分子筛为吸附剂，对模拟煤层气的浓缩进行了实验研究，分离过程基于平衡效应。实验表明炭分子筛的 CH_4/N_2 平衡分离系数比活性炭高，可将 CH_4 含量为 50% 的模拟煤层气浓度提高到 80% 以上，平衡分离系数为 4，达到了较好的分离浓缩效果。

天津大学周理[73] 等对 CH_4/N_2 混合气在自制 9 种吸附剂上的吸附进行了实验研究，得到了对 CH_4/N_2 混合气的吸附分离系数达到 20.13 的超活性炭 AX-21。这是一个非常令人鼓舞的结果，但一直未见其后续研究报道。重庆大学鲜学福院士领导的研究小组对活性炭的改性进行了大量的研究，其中辜敏[74] 对商业活性炭 T103 进行改性后，其吸附分离系数为 2.9，分离性能有所提高，但是仍需要进行进一步的改性以提高分离系数。杨明莉[75] 以十二烷基硫酸钠和正二十四烷为改性剂，采用浸渍法对商业活性炭（AC-S 和 AC-L）进行了表面亲烃改性，改性后的活性炭的表面性质有利于甲烷的吸附。因此，可考虑进一步对商业活性炭进行表面亲烃改性，制成对甲烷吸附力更强的吸附剂。

利用活性炭变压吸附分离 CH_4 和 N_2 的研究主要集中在国内。这类吸附剂的缺点是气体循环量大、效率低，随着性能优良的分子筛吸附剂的出现，活性炭已不再单独使用，仅作为

一种辅助手段提高 CH_4 回收率。

2. 炭分子筛吸附分离

鉴于平衡效应分离 CH_4/N_2 的分离效果很难一次性将甲烷由 50% 以下浓缩至 80% 以上，科研人员将关注目光投向了利用动力学效应进行分离。

国外已有大量关于不同气体分子在 CMS 微孔内的扩散机理研究。如 Bae 等[76]的研究表明：在所研究条件下，N_2 与 CH_4 单质气体分子的表观时间常数之比位于 21.731 ～ 415.1。Huang 等[77]的结果同样表明：虽然 CH_4 相对于 N_2 是强吸附质，但 N_2 的扩散速率在各种吸附剂及各种工况下均远大于 CH_4。Cansado 等[78]研究了再生温度（吸附剂活化温度）对 O_2、N_2、CO_2 和 CH_4 在 Takeda CMS 3A 上吸附的影响，实验结果表明：吸附剂微孔孔口位阻控制 N_2 的传质过程；当解析温度有较大幅度升高时，由于 N_2 的吸附速率大大加快，CH_4 的吸附速率基本不变，可以提高 CH_4/N_2 分离效果。

在对 CH_4/N_2 混合气吸附分离方面，已有较多学者进行了研究[79-83]。表 9-3 为具有代表性的部分研究的研究条件及其分离结果，可以看出，目前的研究主要集中在常规天然气的 CH_4 富集方面，仅有部分实验进行了 CH_4 含量低于 70% 的非常规天然气的 CH_4 富集研究，且分离效果仍有待提高。

表 9-3　部分研究的研究条件及其分离结果

吸　附　剂	吸　附　工　艺	原料($CH_4 + N_2$)(体积分数，%)	产品中甲烷含量	回　收　率
Takeda CMS 3A[28]	Skarstrom 单柱循环	80% + 20%	>93%	40%
Takeda CMS 3A + 13X[29]	Skarstrom 单柱循环	70% + 10% + 20% （CO_2）	92.5%	54.5%
CMS[30]	Skarstrom 循环	50% + 50%	80%	55%
BF(Bergbau - Forschung)[31]	双床四级变压循环	60% + 40%	76%	—
		92% + 8%	96%	—
Takeda CMS3A[32]	四步 Skarstrom 循环	90% + 10%	>96%	—

同济大学慈红英等[84]测定了 253 ～ 333 K 下 CH_4 和 N_2 纯组分在一种新的炭分子筛颗粒上的吸附动力学数据及 CH_4 和 N_2 纯组分及其混合体系在 333 K 下的穿透曲线，并选择 Fick 扩散模型对数据进行了模拟。结果表明：对于 CH_4 初始浓度为 47.46% 的混合气，产品气浓度可达到 100%，当 CH_4 浓度要求在 99% 以上时，回收率可达 75.6%。

上海交通大学章川泉等[85]采用国产 CMS 对 CH_4/N_2 吸附分离进行了研究。实验采用单床吸附系统，混合气中 CH_4 的体积含量为 40%。考虑到采用液化方式回收 CH_4 时，可由 LNG 提供冷量，并可提高吸附压力以优化后续液化过程，研究了室温及 223K，压力为 1 ～ 3MPa 工况下 CH_4/N_2 的分离效果。结果显示：在常温下混合气的分离效果更显著，CH_4 含量可到达 68%，但低温下仅在 55% 左右；该范围内的压力对分离影响很小。

上海交通大学席芳等[86,87]对 CH_4/N_2 混合气在 SL-CMS3 上的变压吸附分离进行了大量的研究工作，得出了可将 CH_4 浓度一次性由 30% 和 50% 提浓至 90% 以上的吸附剂，并在单床实验装置上研究了吸附压力、原料气表观线速度及原料气中 CH_4 含量对分离效果的影响，在双床实验装置上重点研究了循环中吸附时间对分离效果的影响。双床实验结果表明：在所有实验工况下，均可在一个合适的吸附时间内将 CH_4 含量提浓至 90% 以上。

CH_4/N_2 的分离是综合利用煤层气中 CH_4 的难点。目前，国内外关于 PSA 浓缩 CH_4 仍局限于理论实验研究阶段, 未能进入工程试验阶段, 故仍有大量的工作亟待展开。

9.2.3　吸附-液化流程

一般来说, 吸附分离过程会在一定的压力下进行, 吸附分离过后未被吸附的那部分气体也就会带有一定的余压。上海交通大学的祝家新等[88]首次尝试将吸附分离和低温液化过程结合起来考虑, 提出可将 CH_4/N_2 吸附分离过程在较高的压力下进行, 使动力学分离出的甲烷带有一定的压力从而减小甲烷增压所需的能耗, 并考察了吸附出口压力、吸附出口温度和吸附净化后氮气含量对液化流程能耗的影响。

对于目前较多采用的平衡吸附分离过程, 分离出的废氮气连续释放出来, 且还带有一定的压力。上海交通大学林文胜、高婷等[89-91]对低浓度煤层气吸附-液化过程进行了整体研究, 提出将吸附余压用于液化过程的吸附-液化一体化流程。针对氮膨胀液化流程和混合制冷剂液化流程提出了三种方案: ①将吸附分离出的带余压氮气直接膨胀预冷煤层气的氮膨胀液化流程 (图9-8); ②将吸附分离出的带余压氮气引入原本的氮膨胀循环形成的半开式氮膨胀循环液化流程 (图9-9); ③将吸附分离出的带余压氮气直接膨胀预冷煤层气的混合制冷剂液化流程。对于第三种整体流程, 由于随着煤层气含氮量的增加, 利用带余压氮气膨胀预冷后的煤层气温度大大下降, 最低可至 $-90℃$ 以上 (图9-10), 因此还可以减少混合制冷剂的冷却级数, 从而简化流程。针对不同的含氮量对各种整体流程进行了优化分析, 结果表明,

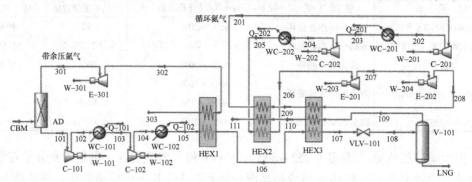

图9-8　带余压氮气膨胀预冷的氮膨胀液化流程

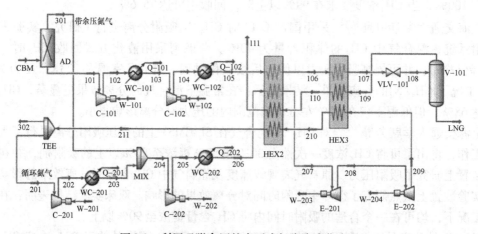

图9-9　利用吸附余压的半开式氮膨胀液化流程

利用吸附分离出的带余压废氮直接膨胀产生冷量，并对分离出的浓缩煤层气进行预冷，可以有效降低液化过程的单位能耗。尤其对于高含氮量的煤层气，节能效果非常显著，弥补了高含氮煤层气提浓过程能耗增加的劣势。且只要煤层气氮含量足够高，吸附余压不需要很高也可达到较好的节能效果（图 9-11 和图 9-12）。对于半开式氮膨胀液化流程，煤层气氮含量较高时，也能达到较好的节能效果（图 9-13）。

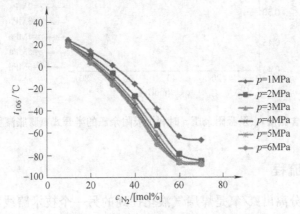

图 9-10　煤层气预冷后温度 t_{106} 随含氮量 c_{N_2} 及吸附余压 p 的变化

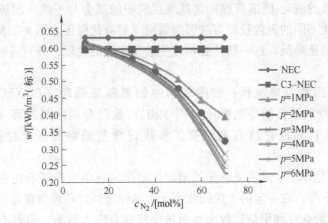

图 9-11　不同含氮量 c_{N_2} 及吸附余压 p 时余压预冷的一体化氮膨胀流程的节能效果

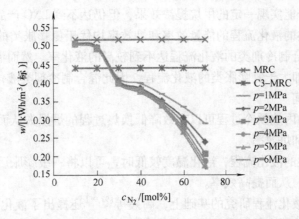

图 9-12　不同含氮量 c_{N_2} 及吸附余压 p 时余压预冷的一体化混合制冷剂液化流程的节能效果

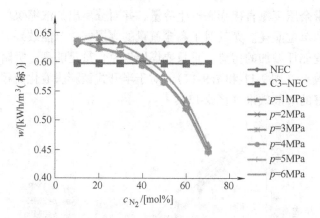

图 9-13　不同含氮量 c_{N_2} 及吸附余压 p 时利用吸附余压的半开式氮膨胀流程的节能效果

9.2.4　液化-精馏流程

　　液化后通过精馏分离出氮/氧是煤层气液化提纯的另一个技术路线。9.2.1 节中已经针对低温精馏脱氧进行了介绍。该节将重点介绍脱氧后的含氮煤层气的液化-精馏工艺。

　　对于含氮煤层气的液化-精馏流程，含氮煤层气中的氮会与甲烷一起被冷却液化。氮的沸点低于甲烷，因此不同的氮含量将直接影响煤层气的液化温度。图 9-2 表明，随着氮含量的增加，液化温度迅速降低。这一特性必将改变液化流程的性能，并对流程的参数设置提出新的要求。

　　高婷等[92]针对四种经典流程：带丙烷预冷的氮膨胀循环（C_3-NEC）、氮膨胀循环（NEC）、带丙烷预冷的混合制冷剂循环（C_3-MRC）及混合制冷剂循环（MRC），考察了氮含量（0% ~ 70%）对液化流程的选择、参数设置及最终的系统性能的影响。结果表明：

　　1）在一定的液化率下，随着氮含量的增加，液化流程单位产品能耗先急剧增加，然后增速放缓甚至有所下降。在一定的甲烷回收率下，单位能耗则随着含氮量的增加一直增大。

　　2）液化流程的液化率和甲烷回收率也对单位能耗有较大影响，但都不是越低越好，而是存在一个最优值。

　　3）液化过程本身能实现一定的甲烷提浓效果，但仍达不到 LNG 产品要求的甲烷浓度。

　　4）混合制冷剂类的液化流程的能量效率和㶲效率均优于氮膨胀类的液化流程，但煤层气氮含量较高时，混合制冷剂类的液化流程达不到较高的液化率。然而混合制冷剂类液化流程换热系统的㶲损失却大于氮膨胀类的液化流程，因此混合制冷剂类液化流程在换热系统部分有着更大的优化空间。

　　5）在高温段增加丙烷预冷过程可以有效降低换热过程的㶲损失从而在一定程度上提高液化系统的能量效率和㶲效率。

　　6）对于氮膨胀类的液化流程，液化温度较低时，可以将一级膨胀后的氮气进一步冷却后再进行第二级膨胀，从而提高效率。

　　在对含氮煤层气液化流程研究的基础上，高婷等[93,94]还提出了液化-精馏相结合的一体化流程：将液化和精馏两个部分通过三个方面进行能量的匹配和利用：塔顶冷凝器冷量由液化流程中的制冷循环提供；塔底再沸器的热量可由合适温位下的煤层气提供，同时可将煤层气冷却；精馏塔顶分离出的冷氮气重新引入液化流程中提供冷量。氮膨胀液化-精馏一体化流程（L-D-NEC）和混合制冷剂液化-精馏一体化流程（L-D-MRC）分别如图 9-14 和图 9-15 所示。对一体化流程优化分析的结果表明，通过液化与精馏过程的能量整合，可以获得 15% ~ 20% 的节能效果，对实际生产意义重大。采用混合制冷剂液化-精馏一体化流程相比氮膨胀液化-精馏一体化流程有着更高的效率，但其优势在高含氮量下有所减弱。因此，对于高含氮量的煤层气，可以优先选择氮膨胀液化-精馏一体化流程。两种一体化流程的节能效果如图 9-16 和图 9-17 所示。图 9-16 和图 9-17 还表明：随着含氮量的增加，整体流程的能耗还是增长明显。通过降低分离后的氮产品纯度，可以大大降低流程单位能耗，同时获得较高的甲烷回收率。煤层气氮含量较高时，也可适当降低 LNG 产品中甲烷纯度，使得单位能耗有所降低。

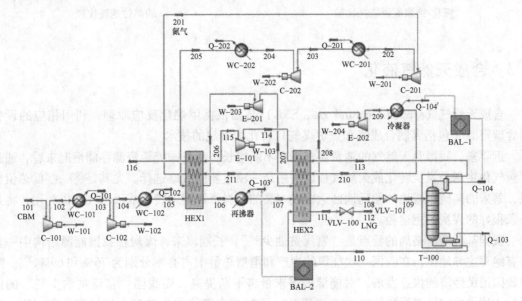

图 9-14　L-D-NEC 流程

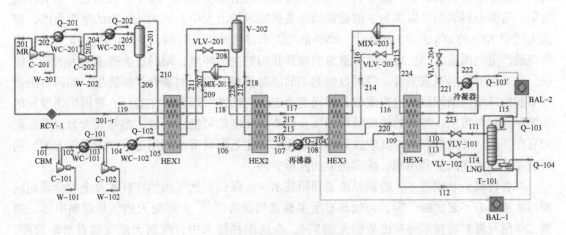

图 9-15　L-D-MRC 流程

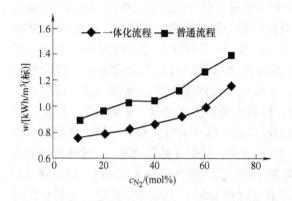

图 9-16　液化-精馏一体化流程与普通
液化-精馏流程能耗比较

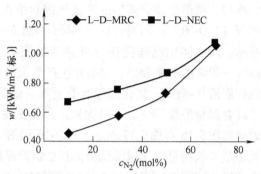

图 9-17　L-D-MRC 流程与 L-D-NEC 流程
的单位能耗比较

9.3　合成天然气液化

合成天然气（synthetic natural gas，SNG）是指根据甲烷化反应原理，利用相应的设备将含碳资源（包括煤制合成气和焦炉煤气）转化为甲烷的技术。

近年来，我国对天然气的消费需求正在不断增长。从我国能源资源存储情况来看，通过煤炭气化将部分煤炭转化成天然气加以利用是一项重要的战略选择。尤其是将一些低热值褐煤、禁采的高硫煤或地处偏远地区运输成本高的煤炭资源就地转化成天然气加以利用，将是一条很好的煤炭利用途径。

我国基础能源格局的特点是"富煤贫油少气"，长期以来，煤炭在我国能源结构中一直占有绝对主导地位，在我国一次能源的生产和消费总量中占有率分别为76%和69%[95]。随着我国国民经济的快速发展，对能源的需求量将不断提高，而我国"富煤贫油少气"的能源结构特点决定了煤炭资源将在未来很长一段时期内继续作为能源主体被开发和利用。然而，煤炭中含有的硫、氯、氮等有害物质在直接燃烧后被排放到环境中，会引起严重的环境污染。有关资料表明，以煤为主的能源结构是形成以城市为中心的大气污染的重要原因，排入大气中90%的 SO_2、70%的烟尘、85%的 CO_2 来自于燃煤。目前，我国已成为世界上环境污染最严重的国家之一，这不仅严重地威胁到我国的生态环境，同时也会造成极大的经济损失。从长远的发展观点来看，我国以煤为主的能源消费结构正面临着严峻挑战，如何解决燃煤引起的环境污染问题已迫在眉睫，煤炭工业走可持续发展道路势在必行。我国快速增长的能源和原材料需求，特殊的能源结构，以及经济与环境的可持续发展，都需要大力发展煤炭的有序、清洁和高效利用，其中发展新型煤化工产业是煤炭清洁利用过程中的重要方面，同时也是我国提高煤炭利用率、减少污染的发展方向。

在各种煤炭利用技术，特别是清洁利用技术中，煤制天然气虽然在技术及全生命周期的碳排放上尚有不足之处[96-98]，但也具有很多独到的优势[99,100]。煤制天然气与煤制甲醇、煤制二甲醚及煤制油技术的对比数据见表 9-4。在这四种技术中，煤制天然气能量效率最高，耗水量和 CO_2 排放量均较低，是煤制能源产品有效的利用方式。

表 9-4　几种煤炭利用技术工艺指标[101,102]

指　标	每吨煤制甲醇	每吨煤制二甲醚	每吨间接煤制油	每 1000 m^3 煤制天然气①	每 1000 m^3 煤制天然气②
低位热值 /GJ	20.259	28.405	42.642	34.612	34.878
能耗/GJ	46.194	75.063	122.213	65.836	75.852
能量效率（%）	43.86	37.84	34.89	52.57	45.98
水耗/t	15.0	22.0	16.0	5.63	6.84
单位热值水耗/（t/GJ）	0.746	0.775	0.375	0.160	0.196
CO_2 排放/（t/GJ）	0.159	0.160	0.143	0.126	0.134

① 采用 Lurgi 气化技术；② 采用水煤浆气化技术。

　　煤制天然气是指将煤气化产生的合成气通过甲烷化制成合成天然气。经过干燥脱水后的主要组成是 CH_4 和 CO_2，以及少量的 H_2、CO 和 N_2，见表 9-5。各工艺产品含氢量为 0.7% ~ 17.5%。其中得到商业化应用的 Lurgi 和 TREMP 工艺生产的 SNG 含氢量分别为 0.9% 和 3.2%；而后三种工艺的产品含氢量均大于 10%，但这三种工艺均未得到工业化应用。TREMP 工艺因中间气中含 4.4% 的 N_2，因此其产品含氮量较高。各工艺产品的 CO、C_2^+ 含量等均相差不大。

表 9-5　各甲烷化工艺的产品组成[103]　　　　　　　　（单位:%）

组　分	Lurgi		TREMP		HICOM		RMP		ICI	
	原料	产品	原料	产品	原料	产品	原料	产品	原料	产品
H_2	69.1	0.9	71.9	3.2	20.5	11.7	49.8	17.5	57.0	15.6
CO	17.8	0.1	10.8	0.0	22.1	2.3	49.8	1.6	41.3	0.8
CH_4	11.8	96.4	12.4	84.5	55.6	83.6	0.3	80.9	0.1	78.2
C_2^+	0.2	0.1	0.0	0.0	0.0	0.0	0.0	0.0	0.0	0.0
N_2	1.0	2.5	4.8	12.4	1.8	2.3	0.0	0.0	1.6	5.4
总计	100	100	100	100	100	100	100	100	100	100

注：表中组分为除去水分与 CO_2 后的值。

　　焦炉煤气又称焦炉气，是指用几种烟煤配制成炼焦用煤，在炼焦炉中经过高温干馏后，在产出焦炭和焦油产品的同时所产生的一种可燃性气体，是炼焦工业的副产品。焦炉煤气的主要成分为氢气和甲烷。我国每年有大量的焦炉煤气直接排放燃烧，经济损失达数百亿元[104]。由于国家节能减排的政策，焦炉煤气的综合利用受到了越来越多的关注。在焦炉煤气的各种利用方式中[105]，对于焦炉煤气产量小的中、小型焦化企业，不适合生产甲醇。为此，王清涛等[106-108]多人都提出了利用焦炉煤气甲烷化合成天然气的工艺。可见，煤制天然气和焦炉煤气的组分与常规天然气有所区别，特别是含有氢气，都属于含氢甲烷气。对这种含氢甲烷气进行液化，必须考虑含氢量的影响。

9.3.1　含氢甲烷的物性与相平衡特性

　　本节首先讨论含氢甲烷的物性与相平衡特性。

1. 氢气的物性

　　氢气（正常氢）的标准沸点为 20.39K，临界温度 33.24K，临界压力 1.297MPa，常压下的气化潜热为 0.9012kJ/mol。氢的转化温度比室温低得多，其最高转化温度约为 204K。因此，必须把氢预冷到该温度以下再节流膨胀才能产生冷效应。

氢气无色、无味、无嗅，极难溶解于水，标准状态下密度为 0.0899kg/m³，只有空气密度的 1/14.38。在所有的气体中比热容最大、导热率最高、黏度最低。氢分子以超过任何其他分子的速度运动，具有最高的扩散能力，甚至能透过一些金属。

易燃易爆，氢气在氧或空气中燃烧时产生几乎无色的火焰（不含杂质），传播速度达 2.7m/s；着火能很低，为 0.2mJ。常态下氢与空气混合物中体积浓度为 4% ~75% 时燃烧，浓度为 18% ~65% 时极易引起爆炸。因此进行液氢操作时需对液氢纯度进行严格控制与检测。

另外，按氢分子的两个氢原子自旋方向的不同分为正氢（$o-H_2$）和仲氢（$p-H_2$）。正氢和仲氢在比热容，热导率上都有较大的差异，而在黏度、密度、热膨胀率、压缩度、声速、三相点和临界点等参数几乎相等。

某一温度下，正氢和仲氢的平衡混合物称为平衡氢（$e-H_2$），常温下的平衡氢是 75% 正氢和 25% 仲氢的混合物，称为正常氢（$n-H_2$）。不同温度下平衡氢中仲氢的浓度见表9-6。

表9-6　不同温度下平衡氢中仲氢的浓度

温度/K	20.39	30	40	70	120	200	250	300
仲氢浓度（体积分数,%）	99.8	97.02	88.73	55.88	32.96	25.97	25.26	25.07

高于常温时，平衡氢的组成不变；低于常温时，随温度降低，仲氢所占百分率增加。在液氢的标准沸点时，氢的平衡组成为 0.2% 正氢和 99.8% 仲氢。

正氢转化为仲氢是放热反应，转化过程中放出的热量随温度升高而迅速减少，不同温度下的转化热见表9-7。在温度低于 60K 时，转化热基本保持恒定，约等于 1.417kJ/mol。

表9-7　氢气正-仲态转化的转化热

温度/K	60	80	100	150	200	300
转化热/（kJ/mol）	1.417	1.382	1.296	0.8674	0.4404	0.07415

在气态时，正-仲态转化只能在有催化剂（触媒）的情况下发生；而在液态时，正-仲态转化会自发地发生，但转化速率很缓慢。因此，液化的正常氢最初的组成与原来的气态氢的组成基本相同。

2. SNG 的热物性

表9-6 中得到工业化应用的 Lurgi 和 TREMP 工艺生产的 SNG 含氢量分别为 0.9% 和 3.2%。另外，在 SNG 各组分中，CO 和 N_2 具有相近的热物理性质，且与甲烷相差不大，因而对 SNG 整体热物性的影响较小。而 H_2 含量虽然很低，但它作为一种量子气体，与其他各组分的热物性区别很大，因此可能会对 SNG 的整体热物性产生较大影响。为了便于分析这种影响，将 SNG 简化为氢气与甲烷的两元混合物，且氢气含量不超过 5%。

气体液化过程中的换热一般可近似为等压过程，对其起决定性作用的是气体的温度、焓、熵等物性参数。对比 SNG 与纯甲烷在 T-s 中的等压线（图9-18），在气相区，SNG 与纯甲烷的等压线区别不大；但进入两相区后，两条等压线之间的区别随着干度的下降而逐步凸显并扩大，并在干度为 0 时达到最大；而进入液相区后，两条等压线基本保持平行。这表明：虽然氢气在 SNG 中的含量很低，但因其热物性与甲烷相差很大，因此其对 SNG 焓、熵等物性参数具有一定的影响，特别是液相区及低干度的两相区。

3. 物性计算

天然气及其混合物的物性计算是其液化流程设计、模拟、分析的基础，国内外对其物性的研究也做了大量的工作[109-114]，但这些研究多针对氮气、甲烷、乙烷、二氧化碳等常规天然气的组分展开。而对于这些组分与氢气混合物的物性研究则很少，其中甲烷与氢气两元混合物的实验数据也很有限。

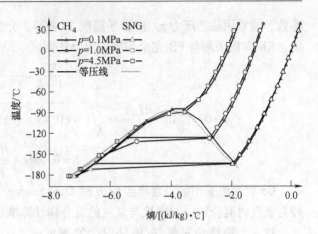

图 9-18 SNG 与纯甲烷的 T-s 图

目前用于计算混合物物性主要有状态方程与对应态原理。其中状态方程包括幂级数形式的维里方程，立方形状态方程（包括 PR、SRK 等），多参数的状态方程（包括 BWR，MBWR 等），以及基于亥姆霍兹自由能的基本状态方程。目前针对氢气与甲烷混合物的计算方法主要有：GERG-2004 方程[109]；Estela-Uribe 和 Trusler 提出的两种扩展对应态模型[112]；RK 方程，其方程系数由 Zudkevitch 和 Joffee 提出的针对石油馏分和氢的 RK 方程系数确定法[113]确定。

在天然气工业得到广泛认可的 Aspen HYSYS 软件，其对于含有氢气系统的计算推荐采用 PR、ZJ 和 GS 三种物性包。

其中 PR 方程[114]的形式见式（9-16），方程中的系数 a 和 b 为各物质特有的参数，通常用临界压力 p_C 和临界温度 T_C 求得，分别见式（9-17）和式（9-18）。

$$p = \frac{RT}{V-b} - \frac{a}{V^2 + 2bV - b^2} \tag{9-16}$$

$$a = 0.457235 \frac{(RT_C)^2}{p_C} \cdot \sqrt{1 + (0.37464 + 1.54226\omega - 0.26992\omega^2)\left[1 - \left(\frac{T}{T_C}\right)^{0.5}\right]} \tag{9-17}$$

$$b = 0.077796 \frac{RT_C}{p_C} \tag{9-18}$$

式中，ω 为偏心因子，对于偏心因子大于 0.46 的物质，HYSYS 对 a 进行修正，见式（9-19）。

$$a = 0.457235 \frac{(RT_C)^2}{p_C} \cdot \sqrt{1 + (0.37464 + 1.48503\omega - 0.164423\omega^2 - 1.016666\omega^3)\left[1 - \left(\frac{T}{T_C}\right)^{0.5}\right]}$$

$$\tag{9-19}$$

对于混合物，PR 方程采用式（9-20）所示的混合规则，其中 k_{ij} 为两元交互系数。

$$a = \sum_{i=1}^{N} \sum_{j=1}^{N} x_i x_j (a_i a_j)^{0.5} (1 - k_{ij}), \quad b = \sum_{i=1}^{N} x_i b_i \tag{9-20}$$

ZJ 物性包采用的是对 RK 状态方程修正后的模型，其对碳氢化合物及含氢气系统气液相平衡的计算准确度较高。需要注意的是，该模型采用离子平衡法计算所有 k 值，因此计算过程比其他状态方程要慢。

RK 方程的基本形式见（9-21），与 PR 方程一样，其方程系数 a 和 b 也为各物质特有的参数，通常用临界压力 p_C 和临界温度 T_C 求得，分别见式（9-22）和式（9-23）。对于混合物，RK 方程采用与 PR 完全相同的混合法则。

$$p = \frac{RT}{V-b} - \frac{a}{V^2 + bV} \tag{9-21}$$

$$a = 0.42748 \frac{(RT_C)^2}{p_C} \cdot \sqrt{1 + (0.48 + 1.574\omega - 0.176\omega^2)\left[1 - \left(\frac{T}{T_C}\right)^{0.5}\right]} \tag{9-22}$$

$$b = 0.08664 \frac{RT_C}{p_C} \tag{9-23}$$

GS 物性包采用的是对半经验方程 Chao-Seader[115] 的修正模型，但其被推荐用于计算重烃与氢气的混合物，对甲烷与氢气的混合物计算准确度较差。

这三个物性包对氢气/甲烷混合物密度的计算数据与实验数据[116,117] 的对比如图 9-19 所示，当压力不太高时，PR 与 ZJ 计算的密度与实验数据吻合的很好，但当压力很高时，误差会变大。而 GS 物性包的计算数据则偏差很大，仅当压力较高时，误差略有降低。

由于缺少低温中低压下氢气/甲烷混合物的实验数据，因此这三个物性包在天然气液化工况下的计算准确度尚无法比较。

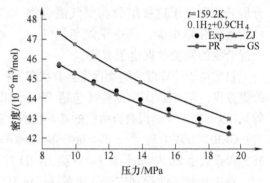

图 9-19　各物性包与实验数据的对比

另外，通过对比这三个物性包对氢气/甲烷混合物的泡点温度计算，如图 9-20 所示，三个物性包给出的趋势均相同——随着氢气含量的增加，泡点温度迅速下降。其中 GS 与另外两个物性包的计算数据相差非常大，当氢气含量为 10×10^{-6} 时，混合物的泡点温度为 $-178℃$，比纯甲烷低 $16℃$；且仅当氢气含量为 40×10^{-6} 时，泡点温度便已经低于甲烷的凝固点，而此含量下，另外两个物性包的温度只是略低于甲烷的沸点。另外，对于 PR，当氢气含量大于 300×10^{-6} 时，混合物泡点温度已经接近甲烷的凝固点；而对于

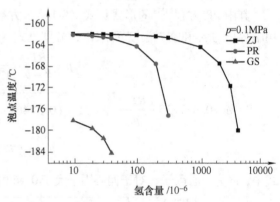

图 9-20　三个物性包对氢气/甲烷混合物泡点的预测

ZJ，则当氢气含量为 4000×10^{-6} 时，泡点温度才与甲烷的凝固点接近。

尽管氢气对其与甲烷混合物的物性影响极大，但不至于 400×10^{-6} 的氢气含量就导致混合物无法液化。因此，ZJ 对氢气/甲烷混合物的计算数据稍显合理。

9.3.2　采用常规流程的合成天然气液化方案

用于常规天然气中的液化流程也可考虑用于合成天然气液化。天然气在液化之前，对原料气必须进行预处理。预处理是指脱除天然气中的硫化氢、二氧化碳、水分、重烃和汞等杂质，以免这些杂质腐蚀设备及在低温状态下产生冻结而堵塞阀门和管道。对于 SNG，由于

在甲烷化前已经脱除了大部分杂质，因此其液化前的预处理主要是脱水和脱二氧化碳。预处理工艺可直接引用常规天然气的预处理技术。经过预处理后的 SNG 主要成分为 CH_4、H_2、CO、N_2 和少量的 C_2^+。CO 和 N_2 的热物性相差不大，而氢含量会对流程有较大影响。

张林等[118]将原料气简化成 CH_4 和 H_2 的二元混合物（甲烷化得到的合成天然气中氢气含量通常不超过5%），着重考察了 H_2 含量对流程的影响。分别构建了氮气膨胀液化流程（图9-21），混合制冷剂液化流程（图9-22）和 AP-X 液化流程（图9-23），通过 Aspen HYSYS 软件进行模拟优化，对比分析了三种流程分别用于纯甲烷液化和 SNG 液化的性能参数，如表9-8所示。结果表明：常规天然气的液化流程用于液化 SNG 是完全可行的，但是需要增加15%~20%的能耗。且通过直接液化 SNG，只能得到氢气含量约0.3%的产品，产品的温度也因氢气的存在而比纯甲烷低约8℃。因此，若需要生产低氢含量的 LNG 产品，还需要采取一定的措施将氢气分离。

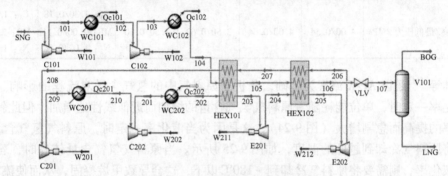

图 9-21 SNG 的氮气膨胀液化流程图

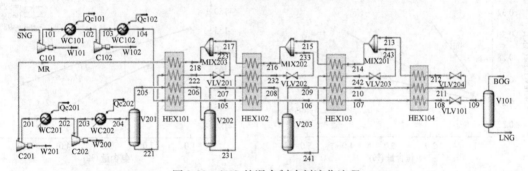

图 9-22 SNG 的混合制冷剂液化流程

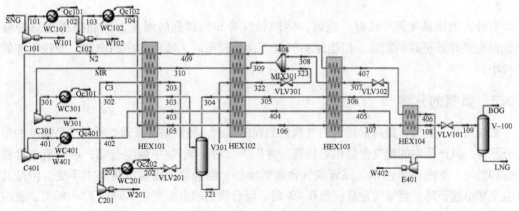

图 9-23 SNG 的 AP-X 液化流程

表9-8　SNG/纯甲烷常规液化流程的对比

参　数	氮气膨胀液化流程		混合制冷剂液化流程		AP-X 液化流程	
原料气	SNG	纯甲烷	SNG	纯甲烷	SNG	纯甲烷
原料气流量/（kmol/h）	100.0	100.0	100.0	100.0	100.0	100.0
甲烷回收率（%）	95.04	95.0	95.15	95.0	95.19	95.0
单位能耗/（kWh/m³（标））	0.4707	0.4075	0.3475	0.2843	0.2807	0.2416
液化率（%）	90.78	95.0	90.88	95.0	90.7	95.0
原料气节流前温度/℃	-164.2	-155.3	-164.3	-155.3	-164.9	-155.3
产品温度/℃	-168.4	-160.6	-168.6	-160.6	-168.9	-160.6
产品甲烷含量（%，mol）	99.75	100.0	99.74	100.0	99.71	100.0
制冷剂最高/最低压力/MPa	4.00/0.54	4.00/0.64	3.50/0.62	3.50/0.60	C_3：1.30/0.18 MR：2.00/0.11 N_2：1.00/0.56	C_3：1.30/0.24 MR：2.00/0.11 N_2：1.00/0.75

张林等[118]还以 AP-X 流程为基础，分析了原料气中的氢气含量对流程的影响。结果表明：液化率一定时，单位能耗随着原料气氢气含量的增加而近似线性地增加，但此斜率会随着液化率的提高而急剧增大（图9-24）。这是因为当液化率一定时，原料气氢气含量越高，则需要将原料气冷却到越低的温度，如图9-25所示。当原料气氢气含量较高时，若要获得较高的液化率，则需要将原料气冷却到 -180℃ 以下，这会导致甲烷凝固，从而使流程失效。

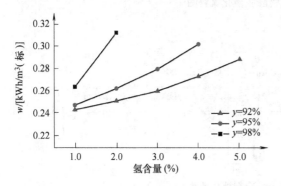

图9-24　原料气氢气含量对单位能耗的影响

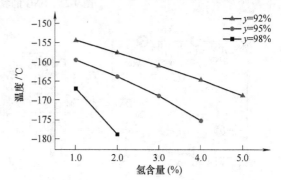

图9-25　液化率一定时，不同原料气的液化温度图

另外，当原料气氢气含量一定时，将原料气冷却到越低的温度，则能获得越高的液化率，但也会导致更高的能耗。但当原料气氢气含量较低时，随液化率的增加，能耗增加的幅度较小。

9.3.3　氢气的分离

如前所述，氢气含量对常规天然气液化流程的影响，特别是对流程能耗与产品温度的影响十分显著，且产品中的氢气含量相对较高。常压下，对于氢气/甲烷混合物，不同氢气含量下的饱和温度，如图9-26所示。随着氢气含量的增加，混合物的露点温度基本不变，但是其泡点温度却迅速下降。当氢气含量仅为 0.4% 时，混合物的泡点温度就下降到了 -180℃，比纯甲烷的标准沸点低18℃，仅比甲烷的凝固点 -182.5℃ 高 2.5℃。因此较高的氢气含量会对 SNG

的液化、存储等方面产生负面影响：①液化系统需要提供比常规天然气低得多的温度才能将煤制气液化，而这会显著增加液化系统的能耗；②产品储罐的设计温度也需要大大降低；③由于氢气的沸点比甲烷低很多，因此液体产品中的氢气会在储罐中优先闪蒸，导致储罐中蒸气的含氢量更高，从而给储罐安全带来潜在威胁。

因此，不论从液化系统的能耗还是储罐的安全考虑，适当降低煤制气中氢气的含量都是十分有利的。

目前分离氢气常见的方法有：低温分离

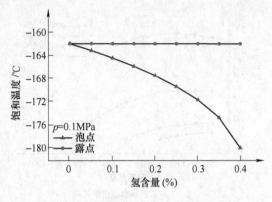

图 9-26 不同含氢量的 H_2/CH_4 混合物的饱和温度

法、吸附法、金属氢化物净化法和膜分离法[119]。低温分离法是利用原料气中各组分的沸点不同，在低温条件下将部分气体冷凝，从而达到分离的目的。吸附法是利用吸附剂只吸附特定气体实现气体的分离，包括低温吸附法、变压吸附法和低温吸收法。金属氢化物净化法是利用储氢合金在低温下对氢气进行选择性化学吸收，生成金属氢化物，并在较高温度（约100℃）发生分解反应释放出氢，从而实现氢的分离。膜分离法则是利用膜对特定气体组分具有选择性渗透和扩散的特性来实现气体分离和纯化的目的。

以上分离方法各有优缺点[119-122]，但对于低含氢量的煤制天然气及其相对较大的规模，技术成熟的分离方式为低温分离与变压吸附。当利用煤制天然气生产 LNG 时，恰好可以为低温分离提供环境与冷量，从而简化设备。

低温分离的方法有闪蒸分离与精馏分离两种。其中闪蒸分离适用于分离组分沸点相差较大的情况，很难获得高纯度的产品；精馏分离适用于分离组分沸点相近的情况，能够获得高纯度产品，但其分离过程复杂、设备庞大，且能耗相对较高。张林等[118]还提出了闪蒸与精馏联合分离方法。

1. 闪蒸分离

由于 H_2 与 CH_4 的沸点相差极大，因此通过直接闪蒸也有可能达到分离的目的。闪蒸分离是简单的气液分离过程，在混合物组分一定的情况下，分离结果可由分离压力与温度唯一确定。

对于氢气含量为 5% 的 SNG，在不同压力下，产品的氢气含量与液化率随闪蒸温度的变化曲线如图 9-27 所示。在压力较低时，随着闪蒸温度降低，产品氢气含量逐步增加，并在接近甲烷凝固点时达到最大值。当压力较高时，随闪蒸温度的降低，产品氢气含量先逐步上升后略有降低。这是因为当压力较高时，甲烷的沸点也较高，当闪蒸温度大大低于甲烷的沸点时，甲烷几乎完全被液化，从而降低了产品的氢气含量。而在一定的压力下，当闪蒸温度较低时，其对液化率的影响很小，但当闪蒸温度较高时，液化率会随着闪蒸温度的升高而急剧下降。

另外，在闪蒸温度确定的情况下，闪蒸压力越低，产品氢气含量也越低，同时液化率也会有所降低。当闪蒸压力一定时，对于不同氢气含量的 SNG，产品的氢气含量几乎一样；而由于产品的主要成分是甲烷，因此液化率随原料气氢气含量的增加而降低，且闪蒸温度越高，其下降速率越快，如图 9-28 所示。

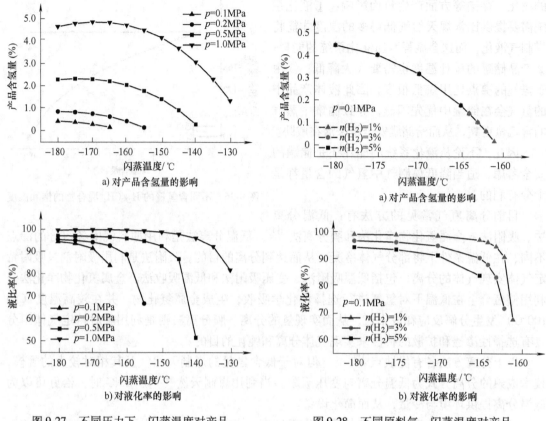

a) 对产品含氢量的影响

b) 对液化率的影响

图 9-27　不同压力下，闪蒸温度对产品
含氢量与液化率的影响

a) 对产品含氢量的影响

b) 对液化率的影响

图 9-28　不同原料气，闪蒸温度对产品
含氢量与液化率的影响

从图 9-27 和图 9-28 可以看出，若想获得较高纯度的产品，需要在较低的压力与较高的温度下进行闪蒸分离，但此时液化率很低，且很难获得高纯度的产品（氢气含量小于 0.1%）；若想获得较高的液化率，闪蒸压力越低，相应的闪蒸温度也越低。

上述分析表明：通过直接闪蒸很难得到高纯度的产品，且不易获得较高的液化率，因此这种分离方式只能用于氢气的初步分离。

2. 精馏分离

当多元组分的液体定压蒸发时，把产生的蒸气连续不断地抽出，这种蒸发过程称为部分蒸发；而当多元组分的液体定压冷凝时，把产生的冷凝液连续不断地抽出，这种过程称为部分冷凝。连续多次的部分蒸发和部分冷凝称为精馏过程，可分为单级精馏和多级精馏。对于两元混合物，通过单级精馏只能获得一种高纯度的产品；若想同时获得两种高纯度产品，则需要通过双级精馏过程。

SNG 通过单级精馏可以获得高纯度甲烷或者高纯度氢气，但相应的精馏设备有所不同。对于生产 LNG，则采用生产高纯度甲烷的精馏塔，如图 9-29 所示。气液两相的 SNG 从精馏塔顶部进入，其中的液体自塔顶沿塔板下流，与上升的蒸气在塔板上充分接触，甲烷含量逐步

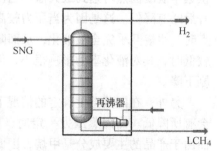

图 9-29　SNG 单级精馏塔

增加，塔底再沸器通过蒸发部分液体，可以提升塔底液体中的甲烷含量。当塔板数足够多时，在塔底可以得到纯甲烷。而从塔顶引出的气体与入塔的 SNG 接近气液相平衡状态，因而不能获得高纯度的氢气，其氢气含量约为 90%。

SNG 通过双级精馏，可以同时获得高纯度甲烷和高纯度氢气。对于合成天然气液化，虽然不需要生产高纯度氢气，但可以利用双级精馏提升甲烷回收率。SNG 的双级精馏过程如图 9-30 所示，气液两相的 SNG 从精馏塔塔中部进入，液体沿塔板逐步流下，甲烷含量逐步升高，通过塔底再沸器进一步提高甲烷含量后，可获得高纯度甲烷。从塔底再沸器蒸发的蒸气自下而上穿过每一块塔板，氢气含量逐步升高，并在塔顶冷凝器中部分冷凝，冷凝液返回塔顶。通过控制塔顶冷凝器的温度可以控制塔顶引出气体的氢气含量。通过双级精馏过程，可以获得比单级精馏更高的甲烷回收率。

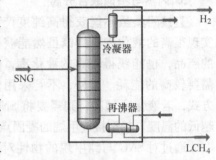

图 9-30　SNG 双级精馏塔

然而，张林等[118]通过模拟计算表明，由于氢气与甲烷的沸点相差很大，仅仅通过单级精馏就可以达到 99% 的甲烷回收率。因此双级精馏对增加甲烷回收率的贡献很小，但却增加了设备的复杂程度。

张林等[118]对合成天然气精馏分离氢气的过程进行了具体分析：对于氢气含量为 5% 的 SNG，在不同压力下，精馏过程的㶲损失及液化率随精馏塔入口温度的变化曲线如图 9-31 所示。在压力一定时，精馏过程的㶲损失与精馏塔入口温度呈双曲线关系；而液化率则随着入口温度的升高而下降，且当入口温度较高时，下降速率急剧增加。另外，在精馏塔入口温度一定时，㶲损失及液化率均随着压力的升高而升高。而当精馏压力一定时，原料气的氢气含量对精馏过程的㶲损失几乎没有影响，如图 9-32 所示。但液化率会随着原料气氢气含量的升高而下降，且这种区别会随着精馏塔入口温度的升高而逐渐扩大。

从图 9-31 中可以看出，对于含氢量为 5% 的 SNG，若想获得接近 95% 的液化率，若在低压下精馏，则需要将 SNG 冷却到 -175℃ 左右；而若将精馏压力提高到 0.5MPa 或以上，则只需将 SNG 冷却到常规天然气的液化温度（-160℃）左右，但这会显著增加精馏过程的㶲损失。而从图 9-32 中可以看出，当精馏压力为 0.5MPa 时，若想获得 95% 以上的液化率，则必须降低原料气中的氢气含量。

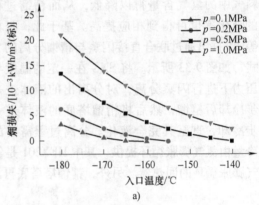

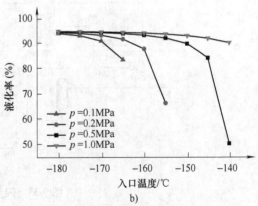

图 9-31　不同压力下，精馏塔入口温度
对精馏过程的影响

a）对分离过程㶲损的影响　b）对液化率的影响

通过上述分析，采用精馏过程能够从 SNG 中分离出高纯度的液态甲烷，即 LNG，且拥有相对较高的液化率。但是会导致分离过程的㶲损增大，从而增加系统能耗。

3. 闪蒸与精馏联合分离

直接闪蒸虽不能获得高纯度产品，但能实现很高的液化率；精馏虽然能获得高纯度的产品，也能获得较高的液化率，但其分离需要较高的能耗。另外，不管采用何种分离方式，若液化率越高，则需要将 SNG 冷却到越低的温度，甚至接近甲烷的凝固点。

通过对 SNG 与纯甲烷的物性对比，发现其物性的区别主要集中的液相区和压力较高时的两相区，因此如果在温度较高时先将部分氢气分离，可能降低负荷，从而降低系统能耗。而通过直接闪蒸分离部分氢气后，原料气中的氢气含量得以降低，从而精馏过程的液化率也可得到相应提高。基于此，张林等[118]提出通过联合直接闪蒸与精馏分离的方式，如图 9-33 所示。将 SNG 在一定的温度与压力下进行闪蒸分离，对分离出的液体进一步冷却后精馏，然后将精馏塔底的液体进一步冷却，直至其完全液化。分离过程需要的冷量由氮气膨胀循环提供，其中 HEX201 是氮气膨胀循环的回热器。另外，精馏塔塔底再沸器的热量也由氮气提供。

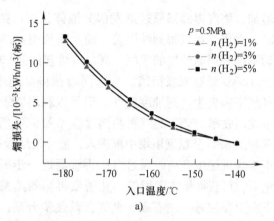

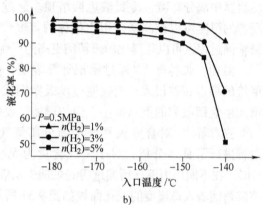

图 9-32　不同原料气，精馏塔入口温度对精馏过程的影响

a) 对分离过程㶲损的影响　b) 对液化率的影响

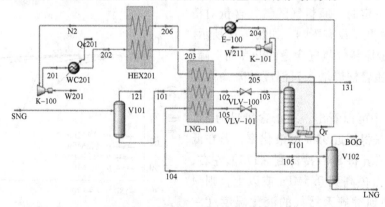

图 9-33　闪蒸与精馏联合分离

通过对上述分离过程的模拟，得到的结果如图 9-34 所示。在压力一定时，分离过程的能耗随着 SNG 温度的上升而近似线性的增加；而当 SNG 的温度一定时，随着操作压力的升高，能耗也有所增加。而系统液化率则是随着压力的升高而升高，随着 SNG 温度的升高而

下降。

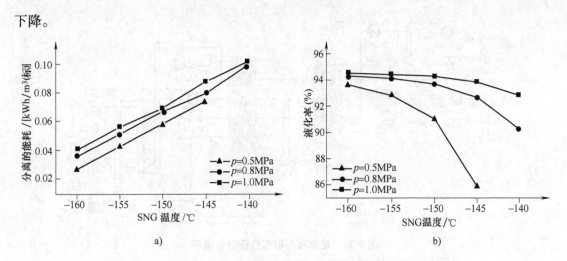

a)　　　　　　　　　　　　　　b)

图 9-34　不同压力下，SNG 的温度对联合分离过程能耗与液化率的影响
a) 对分离过程单位能耗的影响　b) 对液化率的影响

当 SNG 入口温度为 -160℃ 时，分离过程的能耗仅 0.03kWh/m³（标），而此时的液化率高达 94%，约 99% 的甲烷被液化下来。除了当操作压力为 0.5MPa 时，分离系统的液化率均在 90% 以上，且多接近 94%。

9.3.4　液化与氢气分离整合流程

直接闪蒸无法获得高纯度产品。若需要生产氢气含量低于 0.1% 的 LNG，需要采用精馏或其他方式将氢气分离。张林等[118]进一步提出了液化与氢气分离的整合流程：将分离过程（包括常压精馏、带压精馏和闪蒸与精馏联合分离）与常规液化流程（包括氮膨胀流程，混合制冷剂流程和 AP-X 流程）整合，实现煤制天然气的液化与分离，获得高纯度的 LNG 产品。以氮膨胀液化流程为例，与三种分离方法整合的流程分别如图 9-35 ~ 图 9-37 所示。常压精馏是将 SNG 完全冷却节流后进行精馏的过程，被完全液化的 SNG 经过节流后进入精馏塔 T-101，分离出高纯度的 LNG 产品。精馏塔再沸器的热量则由二级膨胀前的氮气流提供。带压精馏后得到的是具有一定压力的饱和液体产品，需要对其进一步冷却后节流才能得到常压下的 LNG 产品：被完全液化的 SNG 先节流到中间压力 p_{107}，精馏后的饱和液体在 HEX102 中进一步冷却后节流到常压，最后进入储罐。精馏塔再沸器的热量同样由二级膨胀前的氮气流提供。对于联合分离的整合流程，被液化的 SNG 先节流到中间压力 p_{107} 进行闪蒸分离，分离出的液体在 HEX103 中被冷却后节流到中间压力 p_{110} 进行精馏分离，分离出的液体再进入 HEX103 并过冷，最后节流到常压进入储罐。由于需要为对闪蒸后液体的冷却及对精馏后的液体的过冷提供冷量，因此需要从一级膨胀后的氮气中抽出一部分，再进一步冷却后膨胀，为换热器 HEX103 提供冷量，最后与二级膨胀后的氮气混合后返回压缩机。精馏塔再沸器的热量由抽出的这一部分氮气在膨胀前提供。

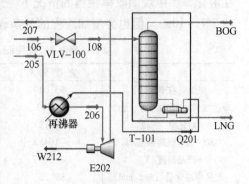

图 9-35　氮气膨胀液化流程的常压精馏部分

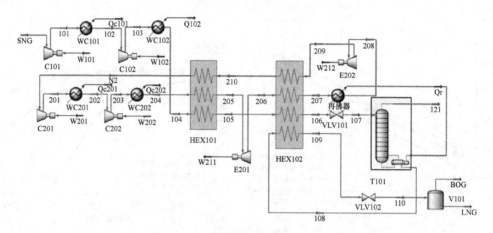

图 9-36　氮膨胀与带压精馏整合流程

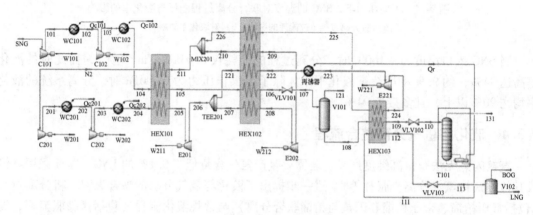

图 9-37　氮膨胀与联合分离整合流程

对三种整合流程的模拟优化结果与常规液化流程的对比见表 9-9。结果表明：无论是精馏还是联合分离，都将产品中的氢气含量控制在 0.03% 以下，从而使得产品温度比直接闪蒸要高出 7～8℃，系统的单位能耗也能降低约 5%，而流程液化率、甲烷回收率等方面的变化不大。对比常压精馏与带压精馏，无论是单位能耗，还是液化率等都相差不大，但后者原料气节流前的温度要比前者高约 10℃，这或许对原料气的预处理以及系统的安全运行有利。在液化率、甲烷回收率相当的情况下，采用联合分离流程的单位能耗比其他三种分离方式低约 7%～10%。但也会增加流程的复杂程度。

表 9-9　氮膨胀与各分离方式整合流程的对比

参　　数	直接闪蒸	常压精馏	带压精馏	联合分离
甲烷回收率（%）	95.04	95.01	95.01	95.07
单位能耗/（kWh/m³（标））	0.4707	0.4640	0.4615	0.4276
液化率（%）	90.78	90.28	90.28	90.35
原料气节流前温度/℃	-164.2	-166.2	-156.6	-159.0
产品温度/℃	-168.4	-160.8	-160.9	-161.1
产品甲烷含量（%，mol）	99.75	99.98	99.98	99.97
制冷剂最高/最低压力/MPa	4.00/0.54	4.00/0.45	4.00/0.63	4.00/0.36

参 考 文 献

[1] IEA. World Energy Outlook 2011：Are we entering a golden age of gas [R]. 2011.

[2] Cheng Y P, Wang Lei, Zhang X L. Environmental impact of coal mine methane emissions and responding strategies in China [J]. International Journal of Greenhouse Gas Control, 2011, 5 (1)：157-166.

[3] Karacan C Ö, Ruiz F A, Cotè M, et al. Coal mine methane：a review of capture and utilization practices with benefits to mining safety and to greenhouse gas reduction [J]. International Journal of Coal Geology, 2011, 86 (2-3)：121-156.

[4] 张蓉蓉. 我国煤层气开发的现状及其对策 [J]. 石油与化工设备, 2011, 14 (4)：5-7.

[5] 王升辉, 孙婷婷, 赵亚利. 煤层气与煤炭产业分析 [J]. 中国矿业, 2011, 20 (增刊)：20-31.

[6] Tan Z T, Wang S L, Ma Lu. Current status and prospect of development and utilization of coal mine methane in China [J]. Energy Procedia, 2011, 5：1874-1877.

[7] 郭力方. 去年煤矿瓦斯抽采量达88亿方 [J]. 中国能源报, 2011-01-10.

[8] 黄盛初, 刘文革, 赵国泉. 中国煤层气开发利用现状及发展趋势 [J]. 中国煤炭, 2009, 35 (1)：5-10.

[9] Lin W S, Gu M, Gu A Z, et al. Analysis of coalbed methane enrichment and liquefaction processes in China// [C] Proceedings of 15th International Conference & Exhibition on Liquefied Natural Gas. Barcelona, Spain, 2007.

[10] Unsworth N J. Wheeler, F. LNG from CSG-challenges and opportunities// [C] Proceedings of 16th International Conference & Exhibition on Liquefied Natural Gas. Oran, Algeria, 2010.

[11] 余国保, 郭开华, 梁栋, 等. 高效煤层气储运及低温液化技术可行性研究 [J]. 油气田地面工程, 2008, 27 (5)：9-10.

[12] 余国保, 孙志高, 郭开华, 等. 煤层气小型液化前景与可行性探讨 [J]. 中山大学学报论丛, 2007, 27 (2)：96-100.

[13] 李红艳, 贾林祥. 煤层气液化技术 [J]. 中国煤层气, 2006, 3 (3)：32-33.

[14] 于秋红, 杨江峰, 赵强, 等. 煤层气脱氧的研究进展 [J]. 天然气化工, 2012, 37 (3)：63-68.

[15] Gao T, Lin W S, Shen T T, et al. Experimental determination of CO_2 solubility in saturated liquid CH_4/N_2 mixture at cryogenic temperatures [J]. Industrial & Engineering Chemistry Research, 2012, 51：9403-9408.

[16] 杨克剑. 含氧煤层气的分离与液化 [J]. 中国煤层气, 2007, 4 (4)：20-22.

[17] 孙恒, 朱鸿梅, 舒丹. 一种低浓度煤层气低温液化分馏工艺的模拟与分析 [J]. 低温与超导, 2009, 37 (8)：21-23.

[18] 孙恒, 舒丹. 一种含空气煤层气的全液化分离工艺 [P]. CN：201010155466.0, 2010-09-01.

[19] 吴剑峰, 孙兆虎, 公茂琼. 从含氧煤层气中安全分离提纯甲烷的工艺方法 [J]. 天然气工业, 2009, 29 (2)：113-116.

[20] 吴剑峰, 公茂琼, 孙兆虎. 一种以低温液化分离从含氧煤层气中提取甲烷的方法 [P]. CN：200810101908.6, 2009-09-16.

[21] 范庆虎, 李红艳, 尹全森, 等. 低浓度煤层气液化技术及其应用 [J]. 天然气工业, 2008, 28 (3)：117-120.

[22] 季中敏, 范庆虎, 刘晓东. 适合于低浓度煤层气的低温液化精馏浓缩的工艺流程模拟与分析 [J]. 煤炭技术, 2010, 29 (6)：11-13.

[23] 范庆虎, 李红艳, 尹全森, 等. 低浓度煤层气液化技术理论分析// [C] 第八届全国低温工程大会暨中国航天低温专业信息网年度学术交流会论文集. 北京, 2007. 130-137.

[24] 范庆虎. 含氮氧煤层气液化装置中关键技术的研究 [D]. 哈尔滨：哈尔滨工业大学, 2011.

[25] 余国保，李廷勋，郭开华，等. 煤层气液化全流程爆炸极限分析 [J]. 武汉理工大学学报，2008，30 (6)：48-51.

[26] Li Q Y, Wang L, Ju Y L. Analysis of flammability limits for the liquefaction process of oxygen-bearing coalbed methane [J]. Applied Energy, 2011, 88：2934-2939.

[27] 李秋英，王莉，巨永林. 含氧煤层气液化流程爆炸极限分析 [J]. 化工学报，2011，62 (5)：1471-1477.

[28] 李秋英，巨永林. 含氧煤层气的液化精馏方法 [P]. CN：201010274504.4，2010-12-22.

[29] 薛鲁. 含氧煤层气分离的方法 [P]. CN：201110083032.9，2011-10-05.

[30] 陶鹏万. 煤矿区煤层气低温分离液化工艺功耗分析 [J]. 中国煤层气，2009，6 (1)：37-41.

[31] 董卫果，徐春霞，王鹏，等. 煤层气焦炭燃烧除氧实验研究 [J]. 煤炭转化，2009，32 (4)：74-77

[32] 胡善霖，廖炯，曾健，等. 一种煤层气焦炭工艺 [P]. CN：200610021720，2007.

[33] 李润之，司荣军，茅晓辉. 含氧煤层气脱氧液化系统爆炸危险性分析 [J]. 中国煤层气，2010，7 (1)：45-47.

[34] 亓新华，谷永庆，王红娟. 甲烷催化燃烧催化剂研究进展 [J]. 天然气工业，2007，27 (2)：125-127.

[35] 王胜，高典楠，张纯希，等. 贵金属甲烷催化燃烧剂 [J]. 化工进展，2008，20 (6)：789-797.

[36] 潘智勇，张长斌，余长春，等. 负载型镧锰钙钛矿催化剂上甲烷催化燃烧的研究 [J]. 分子催化，2003，17 (4)：274-278.

[37] 王盈，朱吉钦，李攀，等. 低浓度甲烷流向变换催化燃烧的研究 [J]. 燃料化学报，2005，33 (6)：760-762.

[38] 陶鹏万，成雪清. 一种冷气效率高的煤层气脱氧法 [J]. 中国煤层气，2008，(3)：34-37.

[39] Richard W B, Kaacid A L, Jobannes G W, et al. Nitrogen removal from natural gas using two types of membranes [J]. US：6630011，2003.

[40] 孟翠翠，牟文荷，罗新荣. 膜法分离净化煤层气的基础研究 [J]. 能源技术与管理，2009，(3)：101-103.

[41] 周立群，许艺，王玉. 除氧技术综述 [J]. 精细石油化工进展，2006，7 (10)：51-56.

[42] 王树东. 大连物化所煤层气脱氧成套技术示范成功运行 [J]. 中国西部科技，2008，8 (24)：82.

[43] 王刚. 应用 PSA 浓缩煤层气技术的探讨 [J]. 当代化工，2008，37 (5)：526-528.

[44] 马磊，古共伟，曾健，等. 煤层气非贵金属耐硫催化剂脱氧的动力研究 [J]. 天然气化工 (C1 化学与化工)，2009，34 (5)：5-16.

[45] 朱志敏，沈冰，蒋刚. 煤层气开发利用现状与发展方向 [J]. 矿产综合利用，2006，(6)：40-42.

[46] 李小定. 脱氧催化剂的研究 [J]. 工业应用及发展趋势湖北化工，1997，(2)：2-4.

[47] Vaska L. Dioxygen-metal complexes：toward a unified view [J]. Acc Chem Res, 1976, 9 (5)：175-183.

[48] Hirota S, Kawahara T, Lonardi E, et al. Oxygen binding to tyrosinase from streptomyces antibioticus studied by laser flash photolysis [J]. J Am Chem SOC, 2005, 127 (51)：17966-17967.

[49] Lucas H R, Meyer G J, Karlin K D. CO and O_2 binding to pseudo-tetradentate ligand-copper (I) complexes with a variable N-donor moiety：Kinetic/thermodynamic investigation reveals ligand-induced changes in reaction mechanism [J]. J Am Chem SOC, 2010, 132 (37)：12927-12940.

[50] Kodera M, Kano K. Reversible O_2-binding and activation with dicopper and diiron complexs stabilized by various hexapyridine ligands：Stability, modulation, and flexibility of the dinuclear structure as key aspects for the dimetal/O_2 chemistry [J]. Bull Chem SOC Jpn, 2007, 80 (4)：662-676.

[51] Collman J P, Ghosh S, Dey A, et al. Catalytic reduction of O_2 by cytochrome causing a synthetic model of cytochrome cooxidase [J]. J Am Chem SOC, 2009, 131 (14)：5034-5035.

[52] Diebold A R, Brown-Marshall C D, Neidig M L, et al. Activation of α-keto acid-dependent dioxygenases：Ap-

plication of an（FeNO）$_7$/（FeO$_2$）$_8$ methodology for characterizing the initial steps of O$_2$ activation［J］. J Am Chem SOC, 2011, 133（45）: 18148-18160.

［53］ Li J R, Kuppler R J, Zhou H C. Selective gas adsorption and separation in metal-organic frameworks［J］. Chem SOC Rev, 2009（38）: 1477-1504.

［54］ 晏志强，陈胜洲，刘自力，等. 分子筛的表征及其催化环己烷氧化性能［J］. 化学反应工程与艺, 2009, 25（2）: 153-158.

［55］ Vaduva M, Stanciu V. Separation of nitrogen from air［J］. Rev Roum Chim, 2008, 53（3）: 223-228.

［56］ Yoon J W, Jhung S H, Hwang Y K, et al. Gas-sorption selectivity of CUK-1: a porous coordination solid made of cobalt（II）and pyridine-2, 4-dicarboxylic acid［J］. Adv Mater, 2007, 19（14）: 1830-1834.

［57］ Nabais J M V, Carrott P J M, Ribeiro Carrott M M L, et al. New acrylic monolithic carbon molecular sieves for O$_2$/N$_2$ and CO$_2$/CH$_4$ separations［J］. Carbon, 2006, 44（7）: 1158-1165.

［58］ Liu X F, Oh M, Lah M S. Adsorbate selectivity of isoreticular microporous metal-organic frameworks with similar static pore dimensions［J］. Cryst Growth Des, 2011, 11（11）: 5064-5071.

［59］ Chang Z, Zhang D S, Chen Q, et al. Rational construction of 3D pillared metal-organic frameworks: synthesis, structures, and hydrogen adsorption properties［J］. Inorg Chem, 2011, 50（16）: 7555-7562.

［60］ Park H J, Cheon Y E, Suh M P. Post-synthetic reversible incorporation of organic linkers into porous metal-organic frameworks through single-crystal-to-single-crystal transformations and modification of gas sorption properties［J］. Chem Eur J, 2010, 16（38）: 11662-11669.

［61］ Liang Z J, Marshall M, Chaffee A L. CO$_2$ adsorption, selectivity and water tolerance of pillared-layer metal organic frameworks［J］. Microporous Mesoporous Mater, 2010, 132（3）: 305-310.

［62］ Mu B, Schoenecker P M, Walton K S. Gas adsorption study on mesoporous metal-organic framework UMCM-1［J］. J Phys Chem C, 2010, 114（14）: 6464-6471.

［63］ Li G Q, Govind R. Separation of oxygen from air using coordination complexes: A review［J］. Ind Eng Chem Res, 1994, 33（4）: 755-783.

［64］ Huston N D, Yang R T. Synthesis and characterization of the sorption properties of oxygen-binding cobalt complexes immobilized in nanoporous materials［J］. Ind Eng Chem Res, 2000, 39（7）: 2252-2259.

［65］ 高之爽，侯志坚，杜宝石，等. 高温电阻率与氧含量的关系［J］. 低温与超导, 1988, 16（4）: 44-48.

［66］ Murray L J, Dinca M, Yano J, et al. Highly-selective and reversible O$_2$ binding in Cr$_3$（1, 3, 5-benzenetricarboxylate）$_2$［J］. J Am Chem SOC, 2010, 132（23）: 7856-7857.

［67］ Bloch E D, Murray L J, Queen W L, et al. Selective binding of O$_2$ over N$_2$ in a redox-active metal-organic framework with open iron coordination sites［J］. J Am Chem SOC, 2011, 132（23）: 7856-7857.

［68］ Kapoor A, Yang R T. Kinetic separation of methane-carbon dioxide mixture by adsorption on molecular sieve carbon［J］. Chemical Engineering Science, 1989, 44（8）: 1723-1733.

［69］ 叶振华. 化工吸附分离过程［M］. 北京：中国石化出版社, 1992.

［70］ Olajossy A. Methane separation from coal mine methane gas by vacuum pressure swing adsorption［J］. Chemical Engineering Research and Design, 2003, 81（4）: 474-482.

［71］ Sheikh M A. Adsorption equilibrium and rate parameters for nitrogen and methane on Maxsorb activated carbon［J］. Gas Separation Purification, 1996, 10（3）: 161-168.

［72］ Buczek B. Development of texture of carbonaceous sorbent for use in methane recovery form gaseous mixtures［J］. Inzynierk Chemiczna Procesowa, 2000, 21: 385-391.

［73］ Zhou L. A feasibility study of separating CH$_4$/N$_2$ by adsorption［J］. Chem Eng, 2002, 10（5）: 558-561.

［74］ 辜敏，鲜学福. 提高煤层气甲烷浓度的吸附剂的选择研究［J］. 矿业安全与环保, 2006, 33（3）.

［75］ 杨明莉. 煤层甲烷变压吸附浓缩的研究［D］. 重庆：重庆大学, 2004.

[76] Bae Y S, Lee C H. Sorption kinetics of eight gases on a carbon molecular sieve at elevated pressure [J]. Carbon, 2005 (43): 95-107.

[77] Huang Q L, Farooq S, Karimi I A. Prediction of binary gas diffusion in carbon molecular sieves at high pressure [J]. AIChE Journal, 2004 (2), 50: 351-367.

[78] Cansado I P P, Carrott M R, Carrott P J M. Influence of degassing temperature on the performance of carbon molecular sieves for separations involving O$_2$, N$_2$, CO$_2$ and CH$_4$ [J]. Energy Fuels, 2006, 20 (2): 766-770.

[79] Grande C A. Carbon molecular sieves for hydrocarbon separations by adsorption [J]. Industrial and Engineering Chemistry Research, 2005, 44 (18): 218-227.

[80] Cavenati S, Grande C A. Layered pressure swing adsorption for methane recovery from CH$_4$/CO$_2$/N$_2$ streams [J]. Adsorption, 2005, 11 (1): 549-554.

[81] Ackley M W, Yang R T. Kinetic separation by pressure swing adsorption: Method of characteristics model [J]. AIChE Journal, 1990, 36 (8): 1229-1238.

[82] Fatehi A. Separation of methane nitrogen mixtures by pressure swing adsorption using a carbon molecular sieve [J]. Gas Separation & Purification, 1995, 31 (9): 199-204.

[83] Sodzawiczny W, Warmuzinski K. Pressure swing adsorption system for the enrichment of CH$_4$/N$_2$ mixtures in methane [J]. Inz Chem Proc, 2001, 22 (3): 1291-1296.

[84] 慈红英, 李明, 卢少瑜, 等. CH$_4$/N$_2$在炭分子筛上的吸附动力学 [J]. 煤炭学报, 2010, 35 (2): 316-319.

[85] 章川泉, 林文胜, 顾安忠, 等. CH$_4$/N$_2$混合气体在CMS上的低温吸附分离实验研究 [J]. 低温技术, 2008, 36 (5): 9-12.

[86] 席芳, 林文胜, 顾安忠. CH$_4$/N$_2$混合气在炭分子筛上的变压吸附分离 [J]. 煤炭学报, 2011, 36 (6): 1032-1035.

[87] Xi F, Lin W S, Gu A Z. PSA Separation of CH$_4$/N$_2$ mixture with carbon molecular sieve// [C] Proc. 2011 AIChE Spring Meeting. Chicago, USA: 2011.

[88] 祝家新. 高含氮量煤层气吸附液化研究 [D]. 上海: 上海交通大学, 2007.

[89] Lin W S, Gao T, Gu A Z, et al. CBM nitrogen expansion liquefaction processes using residue pressure of nitrogen from adsorption separation [J]. Journal of Energy Resources Technology-Transactions of the ASME, 2010, 132 (3): 0325011-0325016.

[90] 林文胜, 高婷, 顾安忠, 等. 利用变压吸附余压预冷的煤层气氮膨胀液化工艺 [P]: 中国, 200810038555. X. 2010-08-11.

[91] 林文胜, 高婷, 顾安忠, 等. 利用变压吸附余压的半开式煤层气氮膨胀液化工艺 [P]: 中国, 200810038554. 5. 2010-12-15.

[92] 高婷. 含氮煤层气二氧化碳净化指标与液化提纯流程研究 [D]. 上海: 上海交通大学, 2012.

[93] Gao T, Lin W S, Gu A Z. CBM liquefaction process integrated with distillation separation of nitrogen// [C] Proc. 16th International Conference & Exhibition on Liquefied Natural Gas, Oran, Algeria, 2010: Paper No. PO1-4.

[94] 高婷, 林文胜, 刘薇, 等. 与精馏相结合的煤层气MRC液化流程// [C] 中国工程热物理学会工程热力学与能源利用学术会议论文集. 南京: 2010.

[95] 张海滨. 浅析我国发展煤制天然气的必要性及其风险 [J]. 中国高新技术企业, 2009 (6): 92-93.

[96] 王小伍, 华贲. 液化天然气, 管道天然气与煤制天然气的比较分析 [J]. 化工学报, 2009, 60 (S1): 35-38.

[97] 付子航. 煤制天然气碳排放全生命周期分析及横向比较 [J]. 天然气工业, 2010, 30 (9): 100-104.

[98] Paulina J, Michael G W, Scott M H. Comparative life-cycle air emissions of coal, domestic natural gas, LNG, SNG for electricity generation [J]. Environment Science Technology, 2007, 41 (17): 6290-6296.

[99] 李大尚. 煤制合成天然气竞争力分析 [J]. 煤化工, 2007 (6): 1-3, 7.

[100] 杨春生. 煤制天然气产业发展前景分析 [J]. 中外能源, 2010, 15 (7): 35-40.

[101] BP. BP Statistical Review of World Energy June 2011. http://www.bp.com/.

[102] 刘志光, 龚华俊, 余黎明. 我国煤制天然气发展的探讨 [J]. 煤化工, 2009, (2): 1-5.

[103] Kopyscinski J, Schildhauer T J, Biollaz S M A. Production of synthetic natural gas (SNG) from coal and dry biomass - a technology review from 1950 to 2009 [J]. Fuel, 2010, (89): 1763-1783.

[104] 张振国, 包向军, 廖洪强, 等. 焦炉煤气综合利用技术 [J]. 工业加热, 2008, 37 (6): 1-4.

[105] 王太炎. 焦炉煤气开发利用的问题与途径 [J]. 燃料与化工, 2009, 35 (6): 1-3.

[106] 王清涛, 委肖杰, 刘金刚, 等. 一种焦炉煤气甲院化合成天然气的工艺 [P]. CN101649232A, 2009-08-25.

[107] 申曙光, 张翠. 一种焦炉煤气制合成气的方法 [P]. CN101717073 A, 2010-06-02.

[108] 钟锦文, 李希民, 司登里. 一种补碳返氢工艺实现焦炉煤气甲烷化合成天然气的方法 [P]. CN101712897A. 2009-11-19.

[109] Kunz O, Klimec R, Wagner W, et al. The GERG-2004 wide-range equation of state for natural gas and other mixtures. TM15 (2007).

[110] Marrucho I M, Palavra A M F, Ely J F. An improved extended-corresponding-state theory for natural gas mixtures [J]. Int. J. Thermophys, 1994, 15 (6): 1261-1269.

[111] 彭继军, 田贯三, 刘燕. 高压天然气状态方程的选择与应用 [J]. 煤气与热力, 2004, 24 (9): 481-485.

[112] Estel-Uribe J F, Mendoza A D, Trusler J P M. Extended corresponding states model for fluids and fluid mixtures II: application to mixtures and natural gas system [J]. Fluid Phase Equilibra, 2004 (216): 59-84.

[113] Zudkevitch D, Joffee J. Correlation and prediction of vapor-liquid equilibria with the Redlich-Kwong equation of state [J]. AIChE Journal. 1970, 16 (1): 112-119.

[114] 童景山. 流体的热物理性质 [M]. 北京: 中国石化出版社, 1996.

[115] Chao K C, Seader J D. A general correlation of vapor-liquid equilibria in hydrocarbon mixtures [J]. AIChE Journal, 1961: 598-605.

[116] Machado J R S, Streett B. PVT measurements of hydrogen/methane mixtures at high pressure [J]. Journal of Chemical and Engineering Data. 1998 (33): 148-152.

[117] Magee J W, Pollin A G, Martin R J, et al. Burnett-isochoric P-V-T measurements of a nominal 20 mol% hydrogen-80 mol% methane mixture at elevated temperatures and pressures [J]. Fluid Phase Equilibra, 1985 (22): 155-173.

[118] 张林. 煤制合成天然气液化与氢气分离流程研究 [D]. 上海: 上海交通大学, 2012.

[119] 林小芹, 贺跃辉, 江垚, 等. 氢气分离技术的研究现状 [J]. 材料导报, 2005 (8): 33-35.

[120] 许景洋. SrA 吸附剂制备及用于焦炉煤气中氢气甲烷分离 [D]. 大连: 大连理工大学化工学院, 2008.

[121] 张润虎, 郑孝英, 谢冲明. 膜技术在氢气分离中的应用 [J]. 过滤与分离, 2006, 16 (4): 33-35.

[122] 李世善. 氢气的分离与纯化技术的发展 [J]. 沈阳化工, 1993 (4): 11-14, 53.

附　录

附录 A　附表（表 A-1 ~ 表 A-10）

表 A-1　R50（甲烷）饱和液体、蒸气热物性数据之一

温度 /K	压力 /MPa	蒸气比体积 /(m³/kg)	液体密度 /(kg/m³)	液体比焓 /(kJ/kg)	蒸气比焓 /(kJ/kg)	液体比熵 /[kJ/(kg·K)]	蒸气比熵 /[kJ/(kg·K)]
90.68[①]	0.011719	3.9781	451.23	−357.68	185.75	4.2894	10.2823
92	0.013853	3.4112	449.52	−353.36	188.31	4.3367	10.2244
94	0.017679	2.7268	446.90	−346.76	192.16	4.4075	10.1408
96	0.022314	2.2022	444.26	−340.10	195.97	4.4775	10.0616
98	0.027877	1.7954	441.59	−333.39	199.73	4.5466	9.9866
100	0.034495	1.4769	438.89	−326.63	203.44	4.6147	9.9154
102	0.042302	1.2250	436.15	−319.84	207.10	4.6818	9.8478
104	0.051441	1.0240	433.39	−313.00	210.70	4.7480	9.7835
106	0.062063	0.8622	430.59	−306.13	214.23	4.8132	9.7223
108	0.074324	0.7308	427.76	−299.22	217.70	4.8775	9.6638
110	0.088389	0.6235	424.89	−292.28	221.11	4.9408	9.6080
111.63	0.101325	0.5500	422.53	−286.59	223.83	4.9919	9.5643
112	0.10443	0.5350	422.00	−285.31	224.44	5.0033	9.5546
113	0.11324	0.4967	420.53	−281.81	226.08	5.0342	9.5288
114	0.12261	0.3265	419.06	−278.30	227.69	5.0649	9.5035
115	0.13257	0.4297	417.58	−274.79	229.29	5.0954	9.4787
116	0.14313	0.4005	416.10	−271.26	230.87	5.1257	9.4545
117	0.15432	0.3737	414.60	−267.73	232.43	5.1558	9.4307
118	0.16616	0.3491	413.09	−264.33	233.96	5.1858	9.4073
119	0.17867	0.3265	411.57	−242.73	235.47	5.2155	9.3844
120	0.19189	0.3057	410.05	−257.07	236.97	5.2450	9.3620
121	0.20583	0.2865	408.51	−253.50	238.43	5.2744	9.3399
122	0.22052	0.2688	406.97	−249.92	239.88	5.3035	9.3183
123	0.23599	0.2524	405.41	−246.33	241.30	5.3325	9.2970
124	0.25225	0.2373	403.85	−242.73	242.69	5.3614	9.2760
125	0.26933	0.2233	402.27	−239.12	244.06	5.3900	9.2555
126	0.28727	0.2103	400.69	−235.49	245.41	5.4185	9.2352
127	0.30607	0.1982	399.09	−231.86	246.73	5.4469	9.2153
128	0.32578	0.1870	397.48	−228.21	248.02	5.4751	9.1957
129	0.34641	0.1766	395.86	−224.56	249.28	5.5032	9.1763

（续）

温度/K	压力/MPa	蒸气比体积/(m³/kg)	液体密度/(kg/m³)	液体比焓/(kJ/kg)	蒸气比焓/(kJ/kg)	液体比熵/[kJ/(kg·K)]	蒸气比熵/[kJ/(kg·K)]
130	0.36800	0.1669	394.23	−220.89	250.51	5.5311	9.1572
131	0.39056	0.1578	392.58	−217.20	251.72	5.5589	9.1384
132	0.41413	0.1494	390.93	−213.51	252.90	5.5865	9.1199
133	0.43872	0.1415	389.26	−209.80	254.04	5.6140	9.1016
134	0.46437	0.1341	387.57	−206.08	255.16	5.6414	9.0835
135	0.49111	0.4911	385.87	−202.34	256.24	5.6687	9.0656
136	0.51895	0.5190	384.16	−198.58	257.29	5.6959	9.0476
137	0.54793	0.5479	382.43	−194.81	258.31	5.7229	9.0304
138	0.57807	0.5781	380.69	−191.03	259.29	5.7499	9.0131
139	0.60941	0.6094	378.93	−187.22	260.24	5.7768	8.9959
140	0.64196	0.6420	377.15	−183.40	261.15	5.8036	8.9789
142	0.71082	0.7108	373.54	−175.70	262.85	5.8569	8.9453
144	0.78488	0.7849	369.85	−167.92	264.41	5.9099	8.9121
146	0.86436	0.8644	366.08	−160.05	265.79	5.9627	8.8794
148	0.94948	0.9495	362.22	−152.09	267.00	6.0152	8.8469
150	1.04050	1.0405	358.26	−144.02	268.02	6.0677	8.8146
152	1.13760	1.1376	354.19	−135.84	268.84	6.1200	8.7824
154	1.24100	1.2410	350.01	−127.54	269.45	6.1724	8.7502
156	1.35100	1.3510	345.69	−119.11	269.83	6.2247	8.7179
158	1.46790	1.4679	341.23	−110.53	269.96	6.2772	8.6854
160	1.59180	1.5918	336.61	−101.79	269.82	6.3299	8.6525
162	1.72300	1.7230	331.82	−92.88	269.40	6.3828	8.6191
164	1.86180	1.8618	326.83	−83.77	268.66	6.4361	8.5851
166	2.00850	2.0085	321.63	−74.45	267.58	6.4898	8.5502
168	2.16330	2.1633	316.19	−64.89	266.11	6.5422	8.5144
170	2.32660	2.3266	310.47	−55.07	264.21	6.5992	8.4773
172	2.49870	2.4987	304.45	−44.94	261.83	6.6552	8.4387
174	2.67990	2.6799	298.06	−34.46	258.91	6.7122	8.3983
176	2.87050	2.8705	291.26	−23.58	255.35	6.7707	8.3555
178	3.07110	3.0711	283.95	−12.22	251.03	6.8310	8.3099
180	3.28200	3.2820	276.00	−0.24	245.79	6.8937	8.2605
182	3.50380	3.5038	267.22	12.52	239.37	6.9597	8.2061
184	3.73700	3.7370	257.26	26.41	231.33	7.0307	8.1444
186	3.98250	3.9825	245.42	42.04	220.81	7.1099	8.0710
188	4.24140	4.2414	229.93	61.08	205.67	7.2059	7.9750
190	5.51550	5.5155	201.54	92.20	175.09	7.3638	7.8000
190.555[2]	4.59500	4.5450	162.20	132.30	132.30	7.5720	7.5720

① 三相点。
② 临界点。

表 A-2　R50（甲烷）饱和液体、蒸气热物性数据之二

温度 /K	饱和液体粘度 /μPa·s	饱和蒸气粘度 /μPa·s	气体粘度 /μPa·s (0.1MPa)	饱和液体热导率 /[mW/(m·K)]	饱和蒸气热导率 /[mW/(m·K)]	气体热导率 /[mW/(m·K)] (0.1MPa)	饱和液体比定压热容 /[kJ/(kg·K)]	饱和液体比定容热容 /[kJ/(kg·K)]	饱和蒸气比定压热容 /[kJ/(kg·K)]	饱和蒸气比定容热容 /[kJ/(kg·K)]	气体比定压热容 /[kJ/(kg·K)] (0.1MPa)	气体比定容热容 /[kJ/(kg·K)] (0.1MPa)	饱和液体声速 /(m/s)	饱和蒸气声速 /(m/s)	气体声速 /(m/s) (0.1MPa)
100	156.3	4.09	—	206	10.2	—	3.369	2.059	2.11	1.56	2.09	1.56	1480	260	—
110	122.3	4.42	—	189	11.8	—	3.478	2.061	2.16	1.58	2.08	1.56	1372	270	—
111.63①	118.3	4.47	4.47	186	12	12	3.493	2.055	2.17	1.58	2.08	1.56	1354	271	272
120	98.4	4.75	4.78	173	13.1	12.9	3.57	2.025	2.24	1.6	2.08	1.56	1266	279	283
130	80.7	5.13	5.14	158	14.7	14	3.679	1.979	2.36	1.63	2.08	1.56	1159	283	296
140	66.9	5.54	5.5	143	16.4	15.1	3.849	1.956	2.54	1.67	2.08	1.56	1052	280	308
150	55.8	6.04	5.87	129	18	16.2	3.985	1.949	2.84	1.72	2.08	1.56	927	286	319
160	46.4	6.78	6.24	115	20.1	17.3	4.47	1.919	3.33	1.78	2.08	1.56	801	283	330
170	38	7.44	6.62	101	23	18.4	5.156	1.858	4.39	1.88	2.08	1.56	663	277	341
180	30	9.09	6.99	88	28.4	19.5	7.275	1.91	7.45	2.06	2.09	1.57	500	264	351
190	18.7	11.16	7.36	89+	42+	20.6	70+	2.56	50+	2.8+	2.09	1.57	272	244	360
190.65②	16.5	16.5	7.39	∞	∞	20.7	∞	∞	∞	∞	2.09	1.57	0	0	—
200	—	—	7.73	—	—	21.8	—	—	—	—	2.09	1.57	—	—	370
210	—	—	8.09	—	—	23	—	—	—	—	2.1	1.57	—	—	379
220	—	—	8.45	—	—	24.2	—	—	—	—	2.1	1.58	—	—	388
230	—	—	8.81	—	—	25.4	—	—	—	—	2.11	1.59	—	—	397
240	—	—	9.17	—	—	26.6	—	—	—	—	2.12	1.6	—	—	405

（续）

温度 /K	饱和液体粘度 /μPa·s	饱和蒸气粘度 /μPa·s	气体粘度 /μPa·s (0.1MPa)	饱和液体热导率 /[mW/(m·K)]	饱和蒸气热导率 /[mW/(m·K)]	气体热导率 /[mW/(m·K)] (0.1MPa)	饱和液体比定容热容 /[kJ/(kg·K)]	饱和液体比定压热容 /[kJ/(kg·K)]	饱和蒸气比定容热容 /[kJ/(kg·K)]	饱和蒸气比定压热容 /[kJ/(kg·K)]	气体比定容热容 /[kJ/(kg·K)] (0.1MPa)	气体比定压热容 /[kJ/(kg·K)] (0.1MPa)	饱和液体声速 /(m/s)	饱和蒸气声速 /(m/s)	气体声速 /(m/s) (0.1MPa)
250	—	—	9.53	—	—	27.8	—	—	—	—	2.14	1.62	—	—	413
260	—	—	9.88	—	—	29.1	—	—	—	—	2.15	1.63	—	—	421
270	—	—	10.22	—	—	30.4	—	—	—	—	2.17	1.65	—	—	428
280	—	—	10.55	—	—	31.7	—	—	—	—	2.19	1.67	—	—	436
290	—	—	10.88	—	—	33	—	—	—	—	2.21	1.69	—	—	443
300	—	—	11.2	—	—	34.4	—	—	—	—	2.23	1.71	—	—	450
320	—	—	11.84	—	—	37	—	—	—	—	2.28	1.76	—	—	463
340	—	—	12.46	—	—	39.7	—	—	—	—	2.33	1.82	—	—	476
360	—	—	13.07	—	—	42.5	—	—	—	—	2.4	1.88	—	—	488
380	—	—	13.66	—	—	45.4	—	—	—	—	2.46	1.94	—	—	499
400	—	—	14.22	—	—	48.4	—	—	—	—	2.53	2.01	—	—	511
420	—	—	14.78	—	—	51.8	—	—	—	—	2.6	2.08	—	—	521
440	—	—	15.34	—	—	55.4	—	—	—	—	2.67	2.16	—	—	532
460	—	—	15.88	—	—	59.2	—	—	—	—	2.75	2.23	—	—	542
480	—	—	16.42	—	—	63.1	—	—	—	—	2.82	2.3	—	—	552
500	—	—	16.95	—	—	67.1	—	—	—	—	2.89	2.73	—	—	562

注：∞ 表示非常大。
d 表示大。
① 表示正常沸点。
② 表示临界点。

表 A-3 R170（乙烷）饱和液体、蒸气热物性数据

温度 /K	压力 /MPa	蒸气比体积 /(m³/kg)	液体密度 /(kg/m³)	液体比焓 /(kJ/kg)	蒸气比焓 /(kJ/kg)	液体比熵 /[kJ/(kg·K)]	蒸气比熵 /[kJ/(kg·K)]
90.35①	1.10E-06	21946	651.92	176.84	771.91	2.5602	9.1467
95	3.60E-06	7219.6	646.83	187.38	777.65	2.6739	8.8843
100	0.000011	2484.4	641.35	198.73	783.82	2.7904	8.6359
105	0.00003	957.8	635.86	210.11	789.99	2.9015	8.4174
110	0.000075	407.07	630.35	221.52	796.17	3.0076	8.2235
115	0.000169	188.2	624.83	232.95	802.35	3.1092	8.0518
120	0.000354	93.61	619.29	244.4	808.54	3.2067	7.8988
125	0.000696	49.628	613.73	255.87	814.75	3.3003	7.7622
130	0.001291	27.825	608.14	267.37	820.96	3.3905	7.6399
135	0.002275	16.387	602.51	278.9	827.17	3.4775	7.5301
140	0.003831	10.08	596.86	290.46	833.38	3.5616	7.4313
145	0.006198	6.4445	591.16	302.06	839.58	3.643	7.3422
150	0.009672	4.2637	585.42	313.7	845.76	3.7219	7.2616
155	0.014617	2.09084	579.63	325.4	851.92	3.7985	7.1885
160	0.021461	2.0388	573.78	337.15	858.03	3.8731	7.1222
165	0.0307	1.4646	567.88	348.97	864.09	3.9457	7.0618
170	0.042899	1.0754	561.91	360.86	870.09	4.0166	7.0067
172	0.048745	0.95581	559.5	365.64	872.47	4.0445	6.9859
174	0.055207	0.85206	557.07	370.43	874.84	4.0721	6.966
176	0.06233	0.76178	554.64	375.24	877.19	4.0995	6.9466
178	0.07016	0.68296	552.19	380.06	879.53	4.1267	6.928
108	0.078743	0.61393	549.73	384.9	881.85	4.1536	6.9099
182	0.088129	0.55328	547.25	389.75	884.16	4.1803	6.8925
184	0.098367	0.49984	544.76	394.62	886.44	4.2068	6.8756
184.55	0.101325	0.48634	544.08	395.96	887.07	4.214	6.8711
186	0.10951	0.45263	542.25	399.51	888.71	4.2331	6.8592
188	0.12161	0.4108	539.73	404.41	890.96	4.2592	6.8434
190	0.13472	0.37365	537.19	409.33	893.19	4.2851	6.828
192	0.14889	0.34056	534.63	414.27	895.4	4.3109	6.8132
194	0.16419	0.31102	532.06	419.23	897.59	4.3364	6.7987
196	0.18066	0.28458	529.64	424.21	899.75	4.3618	6.7847
198	0.19837	0.26087	526.85	429.21	901.88	4.387	6.771
200	0.21738	0.23955	524.21	434.24	903.99	4.4121	6.7578
202	0.23774	0.22035	521.55	439.24	906.08	4.437	6.7449
204	0.25951	0.20302	518.88	444.35	908.13	4.4617	6.7324
206	0.28277	0.18733	516.17	449.45	910.16	4.4864	6.7201
208	0.30756	0.17312	513.45	454.56	912.15	4.5109	6.7082

（续）

温度 /K	压力 /MPa	蒸气比体积 /(m³/kg)	液体密度 /(kg/m³)	液体比焓 /(kJ/kg)	蒸气比焓 /(kJ/kg)	液体比熵 /[kJ/(kg·K)]	蒸气比熵 /[kJ/(kg·K)]
210	0.33395	0.16022	510.7	459.71	914.11	4.5352	6.6966
212	0.36201	0.14847	507.92	464.88	916.04	4.5595	6.6852
214	0.39181	0.13777	505.12	470.08	917.94	4.5836	6.6741
216	0.42339	0.128	502.28	475.31	919.8	4.6077	6.6633
218	0.45684	0.11907	499.42	480.57	921.61	4.6316	6.6526
220	0.49222	0.11089	496.53	485.86	923.4	4.6554	6.6422
222	0.52959	0.10338	493.61	491.18	925.14	4.6792	6.632
224	0.56903	0.09648	490.65	496.54	926.84	4.7028	6.622
226	0.61059	0.09013	487.65	501.93	928.49	4.7264	6.6121
228	0.65436	0.08428	484.62	507.35	930.1	4.7499	6.6024
230	0.70039	0.07888	481.56	512.82	931.66	4.7734	6.5928
232	0.74876	0.07389	478.45	518.32	933.17	4.7968	6.5834
234	0.79954	0.06927	475.29	523.87	934.63	4.8201	6.574
236	0.8528	0.06499	472.1	529.45	936.03	4.8434	6.5648
238	0.90861	0.06102	468.86	535.08	937.38	4.8666	6.5557
240	0.96704	0.05733	465.56	540.76	938.67	4.8899	6.5466
242	1.0282	0.0539	462.22	546.49	939.9	4.9131	6.5376
244	1.0921	0.05071	458.82	552.26	941.06	4.9363	6.5286
246	1.1588	0.04773	455.37	558.09	942.15	4.9595	6.5179
248	1.2285	0.04495	451.85	563.97	943.18	4.9827	6.5108
250	1.3011	0.04235	448.27	569.91	944.12	5.0059	6.5019
252	1.3769	0.03992	444.62	575.91	945	5.0291	6.493
254	1.4558	0.03764	440.9	581.98	945.79	5.0524	6.484
256	1.5379	0.03551	437.1	588.1	946.49	5.0757	6.475
258	1.6233	0.0335	433.22	594.34	947.1	5.0992	6.4659
260	1.7121	0.03162	429.24	600.26	947.61	5.1228	6.4567
265	1.9496	0.02738	418.89	616.81	948.42	5.1822	6.4332
270	2.2101	0.02371	407.81	633.55	948.45	5.2424	6.4085
275	2.4951	0.02051	395.83	650.99	947.55	5.3038	6.3821
280	2.8062	0.0177	382.72	669.31	945.47	5.3669	6.3533
285	3.1452	0.01519	368.07	688.76	941.85	5.4326	6.3208
290	3.5142	0.01293	351.22	709.79	936.05	5.5021	6.2826
295	3.9159	0.01081	330.86	733.28	926.85	5.5784	6.2349
300	4.3541	0.008722	303.49	761.58	911.05	5.6689	6.1675
305	4.8371	0.005877	241.98	813.34	865.79	5.8339	6.0063
305.33②	4.8714	0.00489	204	837.6	837.6	5.913	5.913

①三相点。
②临界点。

表 A-4　R290（丙烷）饱和液体、蒸气热物性数据之一

温度 /K	压力 /MPa	蒸气比体积 /(m³/kg)	液体密度 /(kg/m³)	液体比焓 /(kJ/kg)	蒸气比焓 /(kJ/kg)	液体比熵 /[kJ/(kg·K)]	蒸气比熵 /[kJ/(kg·K)]
85.47[①]	3.00E-10	53716674	732.9	124.92	690.02	1.8738	8.3548
90	1.50E-09	11180892	728.37	133.56	693.58	1.9723	8.0953
95	7.50E-09	2362188	723.37	143.13	697.78	2.0758	7.8413
100	3.20E-08	585463	718.36	152.74	702.23	2.1743	7.6163
105	1.20E-07	166434	713.34	162.37	706.88	2.2682	7.4163
110	3.90E-07	53276	708.32	172.03	711.71	2.3581	7.2377
115	1.10E-06	18913	703.29	181.73	716.71	2.4443	7.0778
120	3.10E-06	7351.7	698.25	191.46	721.78	2.5271	6.9343
125	7.60E-06	3095.9	693.2	201.23	726.98	2.6069	6.8051
130	0.000018	1399.6	688.14	211.03	732.27	2.6838	6.6885
135	0.000038	674.08	683.07	220.88	737.64	2.7581	6.5833
140	0.000077	343.54	677.99	230.77	743.07	2.83	6.4881
145	0.000149	184.22	672.9	240.7	748.57	2.8997	6.4018
150	0.000274	103.41	667.79	250.67	754.12	2.9374	6.3237
155	0.000484	60.504	662.66	260.7	759.72	3.0331	6.2529
160	0.000882	36.755	657.51	270.78	765.37	3.0971	6.1886
165	0.001347	23.102	652.34	280.91	771.06	3.1594	6.1304
170	0.002139	14.979	647.15	291.1	776.8	3.2202	6.0775
175	0.003297	9.9919	641.93	301.34	782.58	3.2796	6.0296
180	0.004945	6.8399	636.68	311.66	788.4	3.3377	5.9862
185	0.007238	4.7946	631.41	322.03	794.26	3.3946	5.9469
190	0.010354	3.4347	626.09	332.48	800.15	3.4503	5.9114
195	0.014506	2.51	620.74	343.01	806.08	3.5049	5.8793
200	0.019934	1.8681	615.35	353.61	812.03	3.5586	5.8502
205	0.026912	1.4138	609.91	364.29	8818.01	3.6113	5.8241
210	0.035741	1.0867	604.43	375.07	824.01	3.6631	5.8005
215	0.046753	0.84713	598.89	385.94	830.02	3.7142	5.7793
220	0.060307	0.66902	593.29	396.9	836.04	3.7645	5.7603
225	0.076789	0.5347	587.62	407.97	842.06	3.8141	5.7433
230	0.096607	0.43206	581.89	419.16	848.08	3.8631	5.728
231.07	0.101325	0.41333	580.65	421.57	849.37	3.8735	5.7249
232	0.10556	0.39788	579.58	423.68	850.49	3.8827	5.7224
234	0.11515	0.36698	577.25	428.24	852.89	3.9022	5.717
236	0.1254	0.33899	574.91	432.83	855.28	3.9217	5.7118
238	0.13634	0.31358	572.55	437.44	857.68	3.9412	5.7069
240	0.148	0.29049	570.19	442.07	860.07	3.9605	5.7022

（续）

温度/K	压力/MPa	蒸气比体积/(m³/kg)	液体密度/(kg/m³)	液体比焓/(kJ/kg)	蒸气比焓/(kJ/kg)	液体比熵/[kJ/(kg·K)]	蒸气比熵/[kJ/(kg·K)]
242	0.16041	0.26946	567.8	446.72	862.45	3.9798	5.6977
244	0.17361	0.25028	565.41	451.4	864.83	3.999	5.6934
246	0.18761	0.23275	562.99	456.1	867.21	4.0182	5.6894
248	0.20246	0.21672	560.57	460.84	869.58	4.0373	5.6855
250	0.21819	0.20202	558.12	465.58	871.94	4.0563	5.6817
252	0.23483	0.18854	555.66	470.36	874.3	4.0753	5.6782
254	0.25242	0.17614	553.18	475.16	876.64	4.0942	5.6748
256	0.27098	0.16474	550.68	479.98	878.98	4.113	5.6716
258	0.29056	0.15423	548.16	484.82	881.3	4.1318	5.6685
260	0.31118	0.14453	545.62	489.7	883.62	4.1505	5.6656
262	0.33288	0.13557	543.06	494.6	885.93	4.1692	5.6628
264	0.35569	0.12727	540.48	499.52	888.22	4.1878	5.6601
266	0.37966	0.11959	537.88	504.47	890.5	4.2063	5.6576
268	0.40482	0.11247	535.25	509.45	892.77	4.2248	5.6551
270	0.4312	0.10586	532.61	514.45	895.02	4.2433	6.6528
275	0.50276	0.09128	525.87	527.07	900.58	4.2893	6.6475
280	0.58278	0.07905	518.97	539.88	906.03	4.3349	5.6426
285	0.67186	0.06874	511.88	552.87	911.36	4.3804	5.6383
290	0.77063	0.05998	504.58	566.06	916.54	4.4257	5.6343
295	0.87971	0.0525	497.05	579.47	921.57	4.4709	5.6305
300	0.99973	0.04608	489.26	593.11	926.41	4.516	5.627
305	1.1314	0.04054	481.17	607.01	931.05	4.5611	5.6235
310	1.2753	0.03574	472.76	621.18	935.45	4.6062	5.62
315	1.4321	0.03155	463.97	635.66	939.57	4.65616	5.6164
320	1.6027	0.02788	454.74	650.49	943.38	4.6971	5.6164
325	1.7876	0.02465	445	665.7	946.81	4.7431	5.608
330	1.9876	0.02179	434.65	681.37	949.79	4.7896	5.603
335	2.2036	0.01925	423.56	697.56	952.21	4.8368	5.5969
340	2.4362	0.01696	411.55	714.38	953.92	4.885	5.5896
345	2.6866	0.01489	398.35	731.96	954.71	4.9346	5.5803
350	2.9556	0.01299	383.54	750.52	954.23	4.9861	5.5681
355	3.2445	0.01121	366.37	770.44	951.9	5.0405	5.5516
360	3.5551	0.00949	345.34	792.5	946.56	5.0997	5.5277
365	3.8902	0.007715	316.22	818.95	935.15	5.1699	5.4883
369.80[2]	4.242	0.00457	219	579.2	879.2	5.33	5.33

① 三相点。
② 临界点。

·362· 液化天然气技术 第2版

表A-5 R290（丙烷）饱和液体、蒸气热物性数据之二

温度/K	饱和液体粘度/μPa·s	饱和蒸气粘度/μPa·s	气体粘度/μPa·s (0.1MPa)	饱和液体热导率/[mW/(m·K)]	饱和蒸气热导率/[mW/(m·K)]	气体热导率/[mW/(m·K)] (0.1MPa)	饱和液体比定容热容/[kJ/(kg·K)]	饱和液体比定压热容/[kJ/(kg·K)]	饱和蒸气比定容热容/[kJ/(kg·K)]	饱和蒸气比定压热容/[kJ/(kg·K)]	气体比定容热容/[kJ/(kg·K)] (0.1MPa)	气体比定压热容/[kJ/(kg·K)] (0.1MPa)	饱和液体声速/(m/s)	饱和蒸气声速/(m/s)	气体声速/(m/s) (0.1MPa)
150	661	4.25	—	190.9	6	—	2	1.35	1.1	0.91	1.1	0.91	1649	185	—
160	554	4.5	—	182.9	6.45	—	2.02	1.36	1.14	0.94	1.14	0.94	1575	190	—
170	467	4.74	—	174.6	6.99	—	2.04	1.37	1.17	0.98	1.17	0.98	1505	195	—
180	397	4.99	—	166.3	7.6	—	2.07	1.39	1.21	1.01	1.21	1.01	1436	199	—
190	327	5.25	—	158.2	8.29	—	2.1	1.4	1.24	1.05	1.24	1.05	1370	203	—
200	298	5.52	—	150.3	9.05	—	2.13	1.42	1.28	1.09	1.27	1.08	1306	207	—
210	265	5.8	—	142.8	9.86	—	2.16	1.44	1.32	1.13	1.31	1.12	1243	210	—
220	236	6.09	—	135.7	10.72	—	2.2	1.46	1.37	1.16	1.35	1.15	1182	213	—
230	207	6.39	—	128.9	11.62	—	2.25	1.49	1.42	1.21	1.39	1.19	1122	216	—
231.08①	205	6.42	6.42	128.2	11.73	11.73	2.25	1.49	1.43	1.22	1.39	1.2	1115	218	218
240	186	6.7	6.66	122.5	12.72	12.52	2.29	1.51	1.48	1.26	1.43	1.24	1062	219	222
250	169	7.02	6.93	116.5	13.84	13.4	2.34	1.53	1.55	1.31	1.47	1.28	1003	220	227
260	153	7.38	7.19	110.8	14.93	14.34	2.41	1.56	1.63	1.36	1.51	1.32	944	220	231
270	140	7.78	7.46	105.5	16.1	15.31	2.48	1.59	1.7	1.41	1.55	1.36	885	219	236
280	129	8.22	7.72	100.4	17.35	16.33	2.56	1.62	1.81	1.47	1.59	1.41	826	218	240
290	119	8.7	7.99	95.5	18.7	17.37	2.65	1.66	1.93	1.53	1.64	1.45	766	216	244
300	110	9.22	8.26	90.8	20.23	18.44	2.76	1.69	2.06	1.6	1.68	1.49	705	214	248

（续）

温度/K	饱和液体粘度/μPa·s	饱和蒸气粘度/μPa·s	气体粘度/μPa·s(0.1MPa)	饱和液体热导率/[mW/(m·K)]	饱和蒸气热导率/[mW/(m·K)]	气体热导率/[mW/(m·K)](0.1MPa)	饱和液体比定容热容/[kJ/(kg·K)]	饱和液体比定压热容/[kJ/(kg·K)]	饱和蒸气比定容热容/[kJ/(kg·K)]	饱和蒸气比定压热容/[kJ/(kg·K)]	气体比定容热容/[kJ/(kg·K)](0.1MPa)	气体比定压热容/[kJ/(kg·K)](0.1MPa)	饱和液体声速/(m/s)	饱和蒸气声速/(m/s)	气体声速/(m/s)(0.1MPa)
310	93.4	9.78	8.52	86.3	21.89	19.54	2.89	1.73	2.22	1.67	1.73	1.54	642	211	252
320	82.3	10.4	8.79	81.9	23.7	20.66	3.06	1.77	2.43	1.74	1.77	1.58	577	206	256
330	71.9	11	9.05	77.5	25.64	21.79	3.28	1.81	2.72	1.82	1.82	1.63	509	198	260
340	61.6	11.7	9.32	73.3	27.71	22.96	3.62	1.85	3.12	1.9	1.86	1.67	437	188	264
350	51.7	12.5	9.58	69.4	29.92	24.13	4.23	1.89	4.3	2	1.91	1.72	359	174	268
360	40.1	14.7	9.85	66.4	40.3	25.34	5.98	1.96	7.66	2.18	1.95	1.76	269	155	271
369.96②	28.8	28.8	10.11	∞③	∞	26.54	∞	∞	∞	∞	2	1.81	0	0	275
370	—	—	10.11	—	—	26.55	—	—	—	—	2	1.81	—	—	275
380	—	—	10.38	—	—	27.79	—	—	—	—	2.04	1.85	—	—	278
390	—	—	10.64	—	—	28.03	—	—	—	—	2.08	1.9	—	—	282
400	—	—	10.9	—	—	30.3	—	—	—	—	2.13	1.94	—	—	285
420	—	—	11.41	—	—	32.87	—	—	—	—	2.22	2.03	—	—	292
440	—	—	11.92	—	—	35.5	—	—	—	—	2.3	2.12	—	—	299
460	—	—	12.42	—	—	38.18	—	—	—	—	2.39	2.2	—	—	305
480	—	—	12.92	—	—	40.93	—	—	—	—	2.47	2.28	—	—	311
500	—	—	13.41	—	—	43.73	—	—	—	—	2.55	2.36	—	—	317

① 表示正常沸点。
② 表示临界点。
③ ∞表示非常大。

表 A-6　R600（正丁烷）饱和液体、蒸气热物性数据

温度/K	压力/MPa	蒸气比体积/(m³/kg)	液体密度/(kg/m³)	液体比焓/(kJ/kg)	蒸气比焓/(kJ/kg)	液体比熵/[kJ/(kg·K)]	蒸气比熵/[kJ/(kg·K)]
134.86①	6.70E-07	28631	735.27	−0.001	494.21	2.3056	5.9702
135	6.90E-07	27909	735.14	0.27	494.37	2.3076	5.9676
140	1.70E-06	11635	730.48	9.953	499.96	2.3778	5.8779
145	4.00E-06	5196	725.82	19.678	505.64	2.446	5.7974
150	8.70E-06	2468	721.15	29.444	511.39	2.5121	5.7251
155	0.000018	1238.9	716.48	39.252	517.23	2.5764	5.6601
160	0.000035	653.74	711.8	49.102	523.13	2.6389	5.6016
165	0.000065	360.83	707.11	58.997	529.11	2.6998	5.549
170	0.000117	207.45	702.41	68.938	535.16	2.7592	5.5017
175	0.000202	123.77	697.7	78.928	541.29	2.8172	5.4592
180	0.000337	76.368	692.98	88.969	547.48	2.8738	5.4211
185	0.000554	48.591	688.25	99.065	553.74	2.9292	5.387
190	0.000853	31.797	683.5	109.22	560.07	2.9835	5.3564
195	0.001304	21.349	678.74	119.43	566.47	3.0366	5.3291
200	0.001944	14.675	673.96	129.71	572.93	3.0887	5.3048
205	0.002835	10.308	669.16	140.05	579.46	3.1398	5.2833
210	0.004048	7.386	664.34	150.45	586.06	3.19	5.2643
215	0.005672	5.39	659.5	160.93	592.71	3.2394	5.2476
220	0.007808	4.0004	654.63	171.49	599.42	3.2879	5.2331
225	0.010575	3.0158	649.74	182.12	606.2	3.3357	5.2205
230	0.014106	2.3065	644.81	192.83	613.02	3.3828	5.2097
235	0.018553	1.7877	639.85	203.62	619.9	3.4292	5.2006
240	0.024083	1.4029	634.85	214.5	626.83	3.4749	5.1929
245	0.030882	1.1135	629.81	225.47	633.8	3.5201	5.1867
250	0.039153	0.89335	624.73	236.52	640.82	3.5647	5.1818
255	0.049112	0.7238	619.61	247.67	647.88	3.6087	5.1781
260	0.060996	0.59183	614.43	258.92	654.97	3.6523	5.1755
262	0.066343	0.54736	612.34	263.45	657.81	3.6696	5.1748
264	0.072055	0.50691	610.25	267.99	660.66	3.6868	5.1742
266	0.078148	0.47005	608.15	272.55	663.52	3.7039	5.1737
268	0.08464	0.43641	606.03	277.13	666.38	3.721	5.1734
270	0.091547	0.40566	603.91	281.72	669.24	3.738	5.1732
272.64	0.101325	0.36906	601.09	287.8	673.02	3.7603	5.1732
274	0.10668	0.35175	599.63	290.96	674.98	3.7718	5.1733
276	0.11495	0.32808	597.47	295.6	677.85	3.7886	5.1736
278	0.12371	0.30634	595.31	300.26	680.72	3.8054	5.1739

（续）

温度 /K	压力 /MPa	蒸气比体积 /(m³/kg)	液体密度 /(kg/m³)	液体比焓 /(kJ/kg)	蒸气比焓 /(kJ/kg)	液体比熵 /[kJ/(kg·K)]	蒸气比熵 /[kJ/(kg·K)]
280	0.13297	0.28634	593.13	304.94	683.6	3.822	5.1744
282	0.14277	0.26791	590.94	309.64	686.47	3.8387	5.175
284	0.15311	0.25092	586.74	314.36	689.35	3.8552	5.1756
286	0.16403	0.23522	586.52	319.09	692.23	3.8718	5.1764
288	0.17553	0.22071	584.29	323.85	695.11	3.8882	5.1773
290	0.18765	0.20728	582.05	328.62	697.99	3.9046	5.1783
292	0.20039	0.19484	579.79	333.41	700.87	3.921	5.1794
294	0.21379	0.1833	577.52	338.22	703.75	3.9373	5.1806
296	0.22786	0.17258	575.24	343.05	706.62	3.9536	5.1819
298	0.24263	0.16261	572.93	347.9	709.49	3.9698	5.1832
300	0.25811	0.15334	570.62	352.77	712.36	3.986	5.1846
305	0.3001	0.13284	564.75	365.05	719.53	4.0263	5.1885
310	0.34706	0.11556	558.77	377.46	726.67	4.0663	5.1928
315	0.39934	0.10094	552.67	390.01	733.77	4.1062	5.1975
320	0.45731	0.08848	546.44	402.71	740.84	4.1458	5.2025
325	0.52133	0.07783	540.06	415.58	747.85	4.1854	5.2077
330	0.59179	0.06866	533.53	428.61	754.8	4.2248	5.2132
335	0.66906	0.06075	526.82	441.84	761.69	4.2642	5.2189
340	0.75354	0.05388	519.92	455.25	768.49	4.3035	5.2248
345	0.84563	0.0479	512.81	468.88	775.2	4.3428	5.2307
350	0.94573	0.04267	505.46	482.74	781.79	4.3822	5.2367
355	1.0543	0.03807	497.86	496.85	788.27	4.4217	5.2426
360	1.1717	0.03402	489.96	511.22	794.6	4.4613	5.2485
365	1.2984	0.03043	481.73	525.89	800.76	4.5012	5.2542
370	1.435	0.02724	473.11	540.88	806.72	4.5412	5.2597
375	1.5819	0.02439	464.07	556.21	812.43	4.5817	5.2649
380	1.7396	0.02183	454.51	571.94	817.865	4.6225	5.2696
385	1.9088	0.01953	444.34	588.1	822.93	4.6638	5.2738
390	2.0901	0.01744	433.43	604.76	827.56	4.7058	5.2771
395	2.2844	0.01553	421.61	621.97	831.63	4.7485	5.2793
400	2.4923	0.01377	408.6	639.85	834.95	4.7922	5.28
405	2.7151	0.01214	394	658.55	837.27	4.8373	5.2786
410	2.9538	0.01059	377.09	678.3	838.1	4.8842	5.274
415	3.2101	0.009075	356.41	699.62	836.57	4.9342	5.2641
420	3.4863	0.007502	328.05	723.89	830.34	4.9903	5.2437
425.16[2]	3.7961	0.00441	227	783.5	783.5	5.129	5.129

① 三相点。
② 临界点。

表 A-7　R600a（异丁烷）饱和液体、蒸气热物性数据

温度 /K	压力 /MPa	蒸气比体积 /（m³/kg）	液体密度 /（kg/m³）	液体比焓 /（kJ/kg）	蒸气比焓 /（kJ/kg）	液体比熵 /[kJ/（kg·K）]	蒸气比熵 /[kJ/（kg·K）]
113.55①	1.90E-08	859732	741.38	0	485.3	1.8625	6.1364
115	2.80E-08	597742	739.99	2.47	486.58	1.8841	6.0938
120	9.30E-08	183981	735.21	11.029	491.05	1.957	5.9572
125	2.80E-07	62914	730.44	19.654	495.63	2.0274	5.8352
130	7.90E-07	23603	725.65	28.347	500.33	2.0956	5.7262
135	2.00E-06	9611.8	720.87	37.113	505.14	2.1617	5.6286
140	4.80E-06	4209.8	716.08	45.951	510.06	2.2261	5.5411
145	0.000011	1967.5	711.28	54.866	515.09	2.2886	5.4626
150	0.000022	974.6	706.47	63.858	520.22	2.3496	5.3921
155	0.000044	508.61	701.66	72.93	525.45	2.4092	5.3287
160	0.000082	278.2	696.84	82.082	530.78	2.4673	5.2717
165	0.000149	158.77	692	91.318	536.21	2.5242	5.2206
170	0.000258	94.158	687.15	100.64	541.73	2.58	5.1746
175	0.000432	57.824	682.29	110.04	547.35	2.6345	5.1334
180	0.000701	36.656	677.42	119.54	553.04	2.6881	5.0965
185	0.001104	23.92	672.52	129.13	558.83	2.7407	5.0634
190	0.00169	16.028	667.61	138.81	564.7	2.7924	5.0339
195	0.002525	11.003	662.68	148.58	570.65	2.8432	5.0076
200	0.003685	7.7231	657.72	158.46	576.67	2.8932	4.9843
205	0.005266	5.533	652.73	168.44	582.78	2.9425	4.9636
210	0.00738	4.0392	647.72	178.52	588.95	2.991	4.9455
215	0.010156	3.0004	642.67	188.72	595.2	3.0389	4.9296
220	0.013744	2.2647	637.6	199.02	601.52	3.0862	4.9158
225	0.018313	1.7349	632.48	209.45	607.91	3.133	4.9039
230	0.024053	1.3473	627.32	219.99	614.36	3.1791	4.8938
235	0.03117	1.0597	622.12	230.65	620.87	3.2248	4.8853
240	0.039893	0.84322	616.87	241.43	627.44	3.27	4.8783
245	0.050466	0.67829	611.57	252.34	634.05	3.3147	4.8727
250	0.006315	0.55111	606.22	263.38	640.72	3.359	4.8683
255	0.078231	0.45194	600.8	274.55	647.42	3.4028	4.8651
260	0.095995	0.3738	595.32	285.84	654.16	3.4463	4.8629
261.36	0.101325	0.3555	593.81	288.93	655.99	3.4581	4.8625
262	0.10392	0.34724	593.1	290.4	656.86	3.4636	4.8623
264	0.11234	0.32297	590.88	294.97	659.56	3.4809	4.8619
266	0.12129	0.30075	588.64	299.57	662.27	3.498	4.8616
268	0.13077	0.28038	586.39	304.18	664.99	3.5152	4.8614

（续）

温度 /K	压力 /MPa	蒸气比体积 /(m³/kg)	液体密度 /(kg/m³)	液体比焓 /(kJ/kg)	蒸气比焓 /(kJ/kg)	液体比熵 /[kJ/(kg·K)]	蒸气比熵 /[kJ/(kg·K)]
270	0.14081	0.26169	584.13	308.82	667.7	3.5322	4.8614
272	0.15144	0.2445	581.85	313.48	670.42	3.5493	4.8615
274	0.16267	0.22868	579.56	318.17	673.13	3.5662	4.8617
276	0.17452	0.2141	577.26	322.87	675.85	3.5831	4.8621
278	0.18703	0.20065	574.94	327.6	678.57	3.6	4.8625
280	0.2002	0.18822	572.61	332.34	681.29	3.6169	4.8631
282	0.21406	0.17672	570.26	337.12	684.01	3.6336	4.8638
284	0.22863	0.16608	567.89	341.9	686.72	3.6504	4.8645
286	0.24394	0.15621	565.51	346.72	689.44	3.6671	4.8654
288	0.26001	0.14705	563.11	651.56	692.15	3.6837	4.8664
290	0.27686	0.13854	560.69	356.42	694.86	3.7004	4.8674
295	0.32256	0.11976	554.57	368.68	701.63	3.7418	4.8704
300	0.37365	0.10399	548.32	381.09	708.36	3.783	4.8739
305	0.43048	0.09068	541.93	393.66	715.06	3.824	4.8777
310	0.49344	0.07937	535.39	406.4	721.71	3.8649	4.882
315	0.56289	0.06972	528.69	419.32	728.31	3.9057	4.8866
320	0.63921	0.06143	521.81	432.42	734.84	3.9463	4.8914
325	0.72279	0.05428	514.73	445.72	741.3	3.987	4.8965
330	0.814	0.04808	507.43	459.22	747.66	4.0276	4.9016
335	0.91327	0.04269	499.89	472.95	753.91	4.0682	4.9069
340	1.021	0.03796	492.08	486.93	760.04	4.1089	4.9122
345	1.1376	0.03381	483.95	501.16	766.01	4.1497	4.9174
350	1.2636	0.03014	475.48	515.67	771.81	4.1907	4.9225
355	1.3995	0.02689	466.61	530.48	777.38	4.2319	4.9273
360	1.5457	0.02398	457.28	545.63	782.69	4.2733	4.9318
365	1.7029	0.02138	447.4	561.16	787.67	4.3151	4.9357
370	1.8719	0.01904	436.86	577.12	792.26	4.3574	4.9389
375	2.0532	0.01691	425.52	593.57	796.34	4.4004	4.9411
380	2.2479	0.01497	413.17	610.6	799.77	4.4442	4.942
385	2.4571	0.01317	399.5	628.36	802.32	4.4891	4.941
390	2.682	0.0115	383.99	647.07	803.66	4.5357	4.9373
395	2.9242	0.009905	365.69	667.16	803.18	4.5851	4.9294
400	3.1862	0.008333	342.51	689.59	799.64	4.6394	4.9145
405	3.4709	0.006627	307.19	717.73	789.12	4.7068	4.8831
408.00②	3.6549	0.00446	224	752.5	752.5	4.791	4.791

① 三相点。
② 临界点。

表 A-8　R1150（乙烯）饱和液体、蒸气热物性数据

温度 /K	压力 /MPa	蒸气比体积 /(m³/kg)	液体密度 /(kg/m³)	液体比焓 /(kJ/kg)	蒸气比焓 /(kJ/kg)	液体比熵 /[kJ/(kg·K)]	蒸气比熵 /[kJ/(kg·K)]
125	0.002521	14.661	626.87	287.58	828.46	3.4624	7.7895
130	0.004414	8.6963	620.57	299.53	834.22	3.5561	7.6692
135	0.007376	5.3961	614.26	311.45	839.93	3.646	7.5608
140	0.011823	3.4835	607.88	323.35	845.55	3.7325	7.4627
145	0.018267	2.3288	601.4	335.25	851.09	3.816	7.3738
150	0.027314	1.6057	594.81	347.16	856.53	3.8967	7.2928
155	0.039665	1.1378	588.09	359.11	861.85	3.9749	7.2189
160	0.056114	0.82615	581.23	371.11	867.05	4.0509	7.1511
165	0.07754	0.61299	574.24	383.15	872.09	4.1248	7.0887
169.41	0.101325	0.47879	567.95	393.83	876.42	4.1884	7.0377
170	0.1049	0.4637	567.1	395.26	876.99	4.1968	7.0311
172	0.11773	0.41677	564.21	400.13	878.89	4.2251	7.0093
174	0.13175	0.37557	561.29	405	880.77	4.2531	6.9881
176	0.14702	0.33931	558.35	409.89	882.62	4.2809	6.9676
178	0.16361	0.30728	555.38	414.79	884.44	4.3084	6.9476
180	0.1816	0.27892	552.39	419.7	886.23	4.3357	6.9282
182	0.20107	0.25374	549.38	424.63	887.98	4.3627	6.9093
184	0.22208	0.23131	546.34	429.57	889.7	4.3895	6.8908
186	0.24471	0.2113	543.28	434.53	891.39	4.4161	6.8729
188	0.26905	0.19339	540.2	439.5	893.04	4.4424	6.8554
190	0.29517	0.17732	537.08	444.49	894.65	4.4686	6.8384
192	0.32315	0.16288	533.95	449.5	896.22	4.4945	6.8217
194	0.35308	0.14986	530.78	454.52	897.75	4.5202	6.8054
196	0.38502	0.13811	527.59	459.57	899.23	4.5458	6.7895
198	0.41907	0.12747	524.36	464.63	900.68	4.5712	6.7739
200	0.45531	0.11783	521.11	469.72	902.08	4.5964	6.7586
202	0.49382	0.10907	517.82	474.83	903.43	4.6215	6.7436
204	0.53469	0.10109	514.5	479.97	904.74	4.6464	6.7289
206	0.578	0.09382	511.15	485.13	905.99	4.6712	6.7145
208	0.62383	0.08717	507.76	490.33	907.19	4.6958	6.7002
210	0.67228	0.08109	504.33	495.55	908.34	4.7203	6.6863
212	0.72343	0.07552	500.86	500.8	909.43	4.7448	6.6725
214	0.77736	0.0704	497.34	506.08	910.46	4.7691	6.6588
216	0.83417	0.06569	493.78	511.41	911.43	4.7933	6.6454

（续）

温度 /K	压力 /MPa	蒸气比体积 /(m³/kg)	液体密度 /(kg/m³)	液体比焓 /(kJ/kg)	蒸气比焓 /(kJ/kg)	液体比熵 /[kJ/(kg·K)]	蒸气比熵 /[kJ/(kg·K)]
218	0.89395	0.06135	490.17	516.77	912.34	4.8174	6.6321
220	0.95678	0.05735	486.51	522.17	913.18	4.8415	6.6189
222	1.0228	0.05365	482.79	527.61	913.95	4.8655	6.6058
224	1.092	0.05023	479.01	533.1	914.64	4.8895	6.5928
226	1.1645	0.04706	475.17	538.64	915.26	4.9134	6.5799
228	1.2405	0.04412	471.26	544.23	915.8	4.9373	6.567
230	1.3199	0.04139	467.28	549.87	916.25	4.9612	6.5542
232	1.403	0.03884	463.21	555.58	916.62	4.9852	6.5413
234	1.4898	0.03647	459.07	561.34	916.88	5.0091	6.5285
236	1.5804	0.03426	454.83	567.18	917.05	5.0331	6.5155
238	1.675	0.03219	450.5	573.09	917.11	5.0572	6.5025
240	1.7735	0.03026	446.06	579.07	917.05	5.0813	6.4894
242	1.8761	0.02845	441.5	585.14	916.88	5.1055	6.4762
244	1.983	0.02675	436.82	591.3	916.57	5.1298	6.4628
246	2.0942	0.02515	432.01	597.56	916.12	5.1543	6.4492
248	2.2098	0.02365	427.05	603.92	915.52	5.179	6.4354
250	2.33	0.02224	421.93	610.39	914.76	5.2039	6.4212
252	2.4549	0.0209	416.63	616.99	913.82	5.2289	6.4068
254	2.5846	0.01964	411.13	623.72	912.68	5.2543	6.3919
256	2.7192	0.01845	405.42	630.6	911.32	5.28	6.3765
258	2.8589	0.01732	399.46	637.64	909.73	5.306	6.3606
260	3.0039	0.01624	393.23	644.86	907.87	5.3325	6.344
262	3.1542	0.01521	386.69	652.29	905.7	5.3595	6.3267
264	3.31	0.01424	379.8	659.95	903.19	5.3871	6.3084
266	3.4715	0.0133	372.48	667.89	900.28	5.4154	6.289
268	3.639	0.0124	364.65	676.14	896.89	5.4446	6.2683
270	3.8126	0.01152	356.21	684.78	892.92	5.475	6.2458
272	3.9926	0.01067	346.99	693.92	888.23	5.5068	6.2211
274	4.1792	0.009832	336.72	703.7	882.57	5.5406	6.1934
276	4.3728	0.00899	324.94	714.41	975.58	5.5774	6.1613
278	4.5739	0.008119	310.72	726.61	866.47	5.6192	6.1223
280	4.7831	0.007148	291.6	741.79	853.26	5.6711	6.0692
282.343①	5.0401	0.004669	214.2	795.5	795.5	5.858	5.858

① 临界点。

表 A-9　R728（氮气）饱和液体、蒸气热物性数据之一

温度 /K	压力 /MPa	蒸气比体积 /(m³/kg)	液体密度 /(kg/m³)	液体比焓 /(kJ/kg)	蒸气比焓 /(kJ/kg)	液体比熵 /[kJ/(kg·K)]	蒸气比熵 /[kJ/(kg·K)]
63.15①	0.01253	1.4817	867.78	−150.45	64.739	2.4271	5.8381
64	0.014612	1.2862	864.59	−148.78	65.552	2.4534	5.8057
65	0.017418	1.0942	860.78	−146.79	66.498	2.4841	5.7688
66	0.020641	0.93608	856.9	−144.79	67.433	2.5146	5.7334
67	0.024323	0.80498	852.96	−142.77	68.357	2.5449	5.6992
68	0.028509	0.69569	848.96	−140.75	69.27	2.5748	5.6664
69	0.033246	0.60406	844.9	−138.71	70.17	2.6045	5.6348
70	0.038584	0.52685	840.77	−136.67	71.058	2.6338	5.6042
71	0.044572	0.46146	836.58	−134.62	71.931	2.6627	5.5748
72	0.051265	0.40581	832.33	−132.57	72.791	2.6913	5.5463
73	0.058715	0.35824	828.02	−130.51	73.635	2.7196	5.5188
74	0.066979	0.31739	823.65	−128.45	74.463	2.7475	5.4922
75	0.076116	0.28217	819.22	−126.39	75.275	2.775	5.4664
76	0.086183	0.25168	814.74	−124.32	76.07	2.8022	5.4414
77	0.097241	0.22519	810.2	−122.25	76.847	2.8291	5.4172
77.35	0.101325	0.2168	808.61	−121.53	77.113	2.8384	5.409
78	0.10935	0.20208	805.6	−120.18	77.606	2.8557	5.3937
79	0.12258	0.18185	800.95	−118.1	78.345	2.8819	5.3708
80	0.13699	0.16409	796.24	−116.02	79.065	2.9078	5.3486
81	0.15264	0.14844	791.48	−113.94	79.763	2.9334	5.3269
82	0.1696	0.13461	786.66	−111.85	80.44	2.9588	5.3058
83	0.18794	0.12235	781.79	−109.76	81.095	2.9839	5.2852
84	0.20773	0.11146	776.86	−107.66	81.726	3.0087	5.2651
85	0.22903	0.10174	771.87	−105.56	82.334	3.0333	5.2455
86	0.25192	0.09306	766.82	−103.45	82.917	3.0576	5.2263
87	0.27646	0.08527	761.71	−101.33	83.474	3.0818	5.2074
88	0.30272	0.07828	756.54	−99.2	84.005	3.1057	5.189
89	0.33078	0.07199	751.3	−97.062	84.508	3.1294	5.1709
90	0.36071	0.06631	745.99	−94.914	84.982	3.153	5.1531
91	0.39258	0.06117	740.62	−92.756	85.428	3.1763	5.1356
92	0.42646	0.05651	735.18	−90.585	85.842	3.1996	5.1183
93	0.46242	0.05228	729.66	−88.401	86.225	3.2226	5.1014
94	0.50055	0.04843	724.06	−86.203	86.575	3.2456	5.0846

（续）

温度 /K	压力 /MPa	蒸气比体积 /(m³/kg)	液体密度 /(kg/m³)	液体比焓 /(kJ/kg)	蒸气比焓 /(kJ/kg)	液体比熵 /[kJ/(kg·K)]	蒸气比熵 /[kJ/(kg·K)]
95	0.5409	0.04491	718.38	−83.991	86.89	3.2684	5.068
96	0.58357	0.0417	712.62	−81.765	87.17	3.2911	5.0516
97	0.62862	0.03876	706.77	−79.517	87.413	3.3137	5.0354
98	0.67614	0.03607	700.83	−77.253	87.616	3.3363	5.0192
99	0.72619	0.03359	694.79	−74.97	87.78	3.3587	5.0032
100	0.77886	0.03132	688.79	−72.666	87.901	3.3811	4.9873
101	0.83422	0.02921	682.4	−70.34	87.977	3.4034	4.9714
102	0.89235	0.02728	676.04	−67.99	88.007	3.4257	4.9555
103	0.95334	0.02548	669.55	−65.616	87.988	3.448	4.9396
104	1.0173	0.02382	662.94	−63.215	87.917	3.4703	4.9237
105	1.0842	0.02228	656.2	−60.785	87.791	3.4926	4.9078
106	1.1542	0.02085	649.31	−58.324	87.607	3.5149	4.8917
107	1.2275	0.01951	642.26	−55.83	87.361	3.5372	4.8755
108	1.304	0.01827	635.04	−53.3	87.048	3.5597	4.8592
109	1.3838	0.01711	627.64	−50.731	86.664	3.5822	4.8426
110	1.4671	0.01602	620.04	−48.119	86.203	3.6084	4.8258
111	1.554	0.015	612.21	−45.461	85.659	3.6276	4.8087
112	1.6445	0.01405	604.14	−42.751	85.023	3.6506	4.7912
113	1.7388	0.01315	595.8	−39.984	84.288	3.6738	4.7733
114	1.8369	0.0123	587.15	−37.152	83.441	3.6972	4.7549
115	1.939	0.0115	578.14	−34.247	82.471	3.7211	4.7358
116	2.0452	0.01074	568.72	−31.258	81.36	3.7454	4.7159
117	2.1555	0.01002	558.82	−28.17	80.088	3.7702	4.6952
118	2.2703	0.009331	548.35	−24.967	78.629	3.7957	4.6733
119	2.3895	0.008671	537.17	−21.624	76.948	3.822	4.6501
120	2.5133	0.008035	525.12	−18.105	74.996	3.8495	4.6251
121	2.642	0.007417	511.92	−14.362	72.702	3.8785	4.5978
122	2.7757	0.006808	497.15	−10.316	69.957	3.9097	4.5674
123	2.9147	0.006198	480.11	−5.829	66.576	3.944	4.5324
124	3.0592	0.005566	459.33	−0.627	62.194	3.9836	4.4901
125	3.2099	0.004863	431.03	6.015	55.882	4.0342	4.4331
126.20②	3.4	0.003184	314	30.7	30.7	4.227	4.227

① 三相点。
② 临界点。

表 A-10　R728（氮气）饱和液体、蒸气热物性数据之二

温度/K	饱和液体粘度/(μPa·s)	饱和蒸气粘度/(μPa·s)	气体粘度/(μPa·s)(0.1MPa)	饱和液体热导率/[mW/(m·K)]	饱和蒸气热导率/[mW/(m·K)]	气体热导率/[mW/(m·K)](0.1MPa)	饱和液体比定压热容/[kJ/(kg·K)]	饱和液体比定容热容/[kJ/(kg·K)]	饱和蒸气比定压热容/[kJ/(kg·K)]	饱和蒸气比定容热容/[kJ/(kg·K)]	气体比定容热容/[kJ/(kg·K)](0.1MPa)	气体比定压热容/[kJ/(kg·K)](0.1MPa)	饱和液体声速/(m/s)	饱和蒸气声速/(m/s)	气体声速/(m/s)(0.1MPa)
65	274	4.4	—	160	6.1	—	2	1	1.06	0.752	1.039	0.747	1248	163	—
70	217	4.84	—	151	6.6	—	2.025	1.018	1.08	0.758	1.039	0.746	1092	168	—
75	177	5.24	—	141.3	7.1	—	2.05	1.002	1.1	0.766	1.039	0.745	982	173	—
77.36[①]	162	5.44	5.44	137	7.4	7.4	2.06	0.993	1.12	0.771	1.039	0.745	938	175	175
80	148	5.6	5.59	132.2	7.7	7.6	2.07	0.982	1.14	0.776	1.039	0.744	894	177	178
85	127	5.96	5.9	123.1	8.4	8	2.09	0.964	1.19	0.789	1.039	0.744	817	180	184
90	110	6.36	6.22	114.2	9.1	8.5	2.13	0.949	1.26	0.804	1.039	0.743	746	182	190
95	97.2	6.8	6.54	105.3	10	8.9	2.2	0.938	1.35	0.822	1.039	0.743	679	183	196
100	86.9	7.28	6.87	96.6	11.1	9.4	2.31	0.935	1.47	0.842	1.039	0.743	613	183	202
105	78.5	7.82	7.19	88	12.3	9.8	2.46	0.935	1.66	0.867	1.039	0.743	549	182	207
110	70.8	8.42	7.52	79.5	13.8	10.3	2.71	0.936	1.97	0.897	1.039	0.742	484	181	212
115	59.9	9.25	7.83	71	16	10.7	3.15	0.94	2.57	0.937	1.039	0.742	415	179	217
120	48.4	10.7	8.15	62.8	19.5	11.2	4.35	0.959	4.14	0.987	1.039	0.742	338	176	222
125	31.6	14.4	8.46	∞	∞	11.7	16^+	1.025	17^+	1.072	1.039	0.742	209	172	226
126.2[②]	19.1	19.1	8.65	∞	∞	11.8	∞	1.096	∞	1.096	1.039	0.742	0	0	227
130	—	—	8.78	—	—	12.1	—	—	—	—	1.039	0.742	—	—	231
140	—	—	9.4	—	—	13	—	—	—	—	1.039	0.742	—	—	240
150	—	—	10	—	—	13.9	—	—	—	—	1.039	0.742	—	—	249
160	—	—	10.6	—	—	14.7	—	—	—	—	1.039	0.742	—	—	257

（续）

温度/K	饱和液体粘度/(μPa·s)	饱和蒸气粘度/(μPa·s)	气体粘度/(μPa·s)(0.1MPa)	饱和液体热导率/[mW/(m·K)]	饱和蒸气热导率/[mW/(m·K)]	气体热导率/[mW/(m·K)](0.1MPa)	饱和液体比定容热容/[kJ/(kg·K)]	饱和液体比定压热容/[kJ/(kg·K)]	饱和蒸气比定容热容/[kJ/(kg·K)]	饱和蒸气比定压热容/[kJ/(kg·K)]	气体比定容热容/[kJ/(kg·K)](0.1MPa)	气体比定压热容/[kJ/(kg·K)](0.1MPa)	饱和液体声速/(m/s)	饱和蒸气声速/(m/s)	气体声速/(m/s)(0.1MPa)
180	—	—	11.8	—	—	16.5	—	—	—	—	1.039	0.742	—	—	273
200	—	—	12.9	—	—	18.3	—	—	—	—	1.039	0.742	—	—	288
220	—	—	13.9	—	—	19.9	—	—	—	—	1.039	0.742	—	—	302
240	—	—	15	—	—	21.5	—	—	—	—	1.039	0.742	—	—	315
260	—	—	16	—	—	23	—	—	—	—	1.039	0.742	—	—	328
280	—	—	16.9	—	—	24.5	—	—	—	—	1.039	0.742	—	—	341
300	—	—	17.9	—	—	26	—	—	—	—	1.039	0.742	—	—	353
320	—	—	18.8	—	—	27.4	—	—	—	—	1.039	0.743	—	—	365
340	—	—	19.7	—	—	28.7	—	—	—	—	1.04	0.743	—	—	376
360	—	—	20.5	—	—	30	—	—	—	—	1.041	0.744	—	—	387
380	—	—	21.3	—	—	31.3	—	—	—	—	1.042	0.745	—	—	398
400	—	—	22.1	—	—	32.5	—	—	—	—	1.044	0.746	—	—	408
420	—	—	22.9	—	—	33.8	—	—	—	—	1.046	0.748	—	—	418
440	—	—	23.7	—	—	35	—	—	—	—	1.048	0.75	—	—	428
460	—	—	24.4	—	—	36.3	—	—	—	—	1.05	0.752	—	—	437
480	—	—	25.2	—	—	37.5	—	—	—	—	1.053	0.755	—	—	446
500	—	—	25.9	—	—	38.6	—	—	—	—	1.056	0.758	—	—	455

① 表示正常沸点。
② 表示临界点。

附录 B 附图（图 B-1～图 B-7）

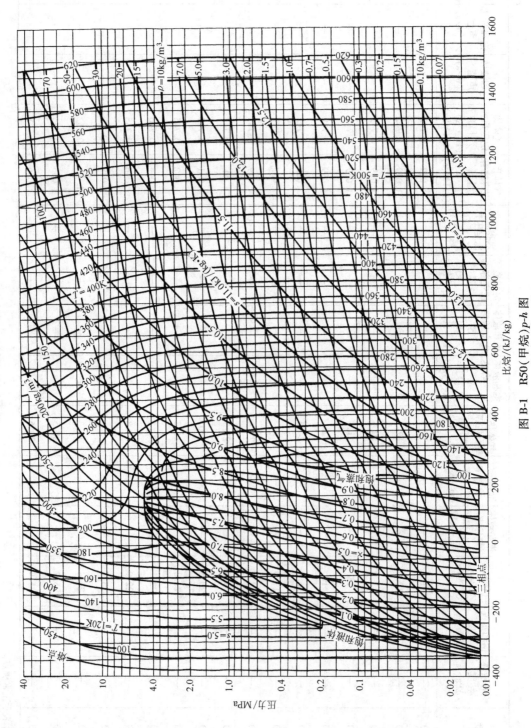

图 B-1 R50（甲烷）p-h 图

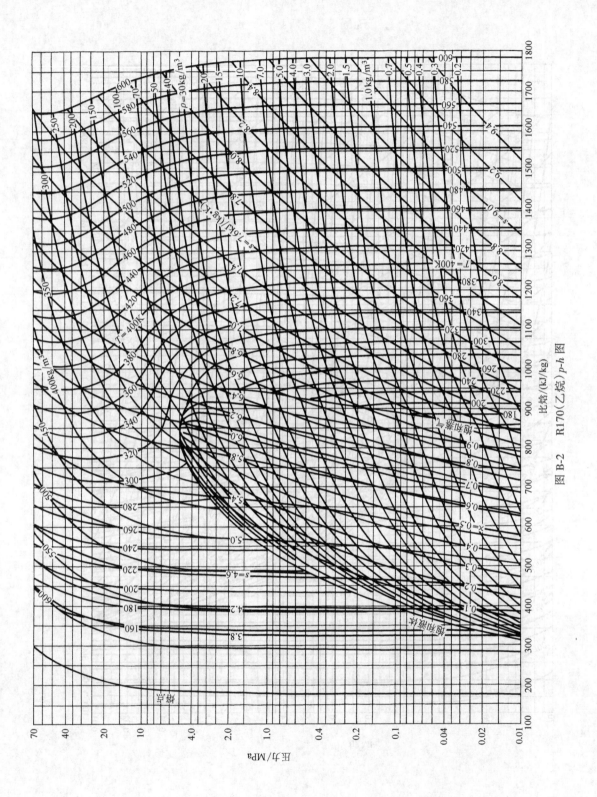

图 B-2　R170（乙烷）p-h 图

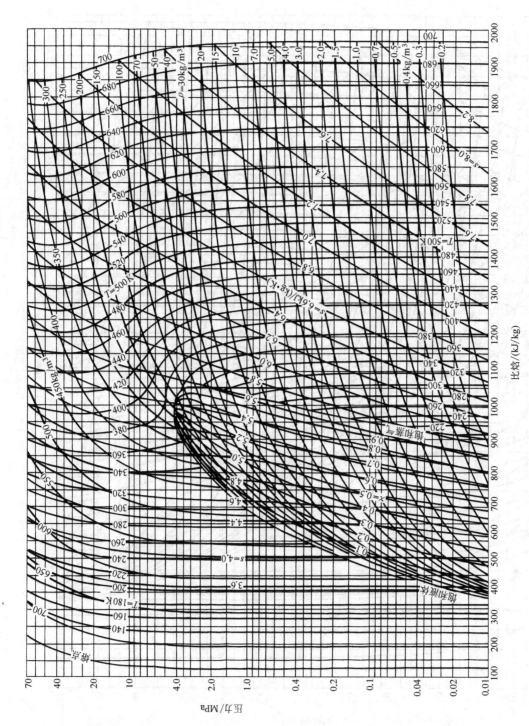

图 B-3　R290（丙烷）p-h 图

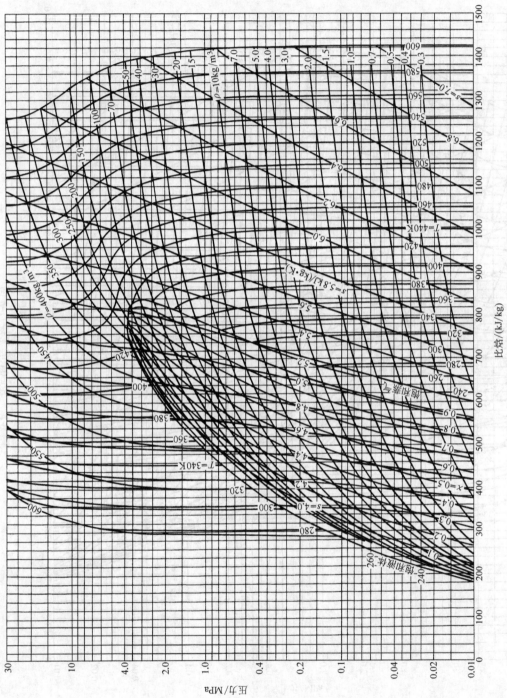

图 B-4 R600(正丁烷) p-h 图

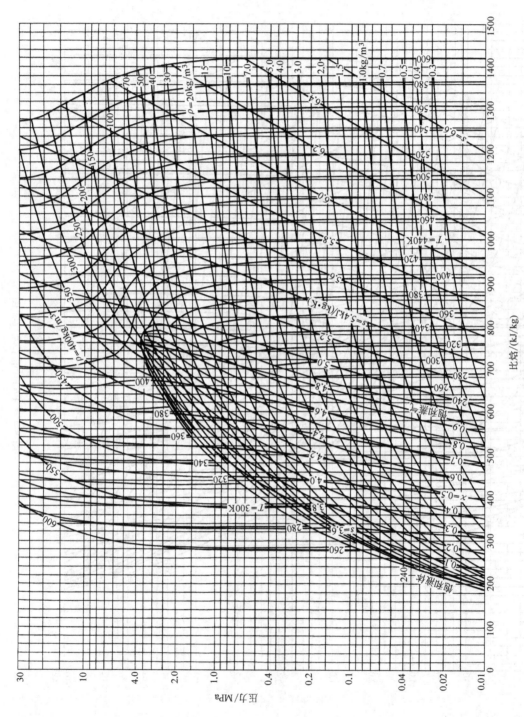

图 B-5　R600a（异丁烷）p-h 图

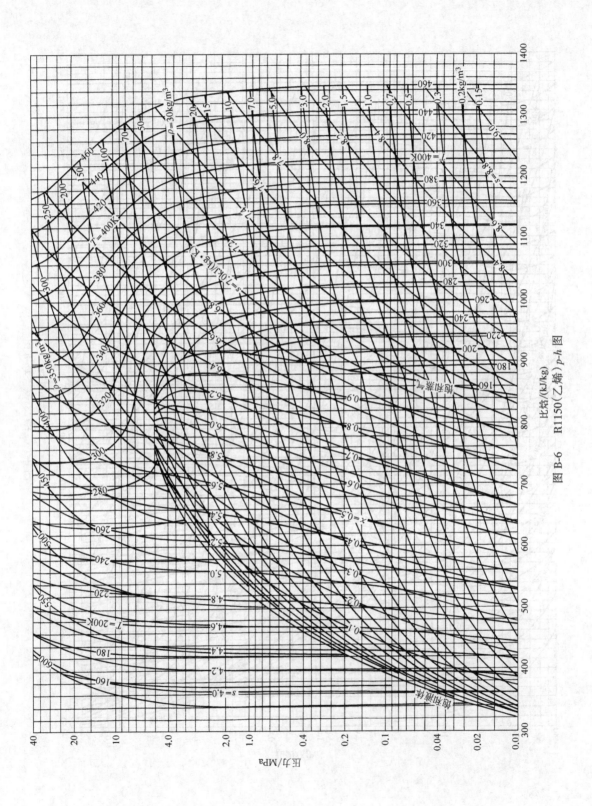

图 B-6　R1150（乙烯）p-h 图

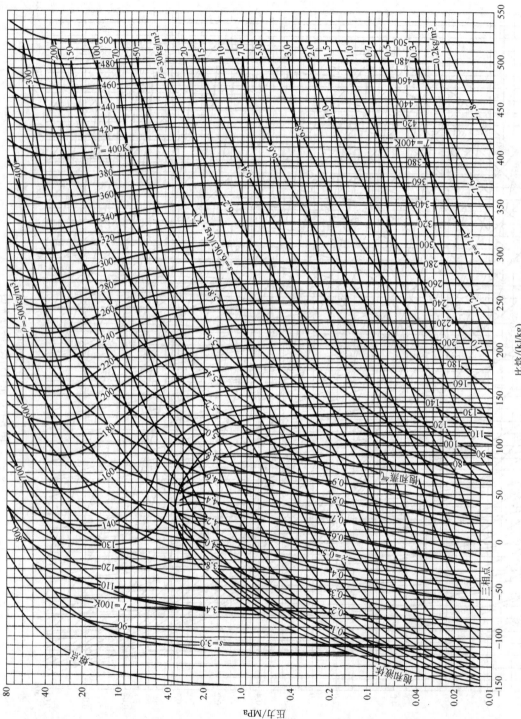

图 B-7 R728（氮气）p-h 图